3

松坂和夫 | 数学入門シリーズ

代数系入門

Algebraic Systems
Kazuo Matsuzaka's
Introduction to Mathematics

岩波書店

は　し　が　き

　本書は，群・環・加群・体など，基本的な代数系の基礎理論について解説した，現代代数学の入門書である．以下ひととおり，本書の構成について述べよう．

　第1章では整数について述べる．この章は第2章以後の抽象的な一般論への導入または準備という意味をもつと同時に，後の第6章および付録とともに，'数の体系'の理論の一部を形成している．第2章，第3章では，それぞれ，群および環の一般論について述べる．どちらもきわめて基礎的な内容だけにしぼっているが，第2章では一応 Sylow の定理までを，第3章では単項イデアル整域や多項式環の素元分解のあたりまでを述べた．

　第4章では線型代数学の基本的な事項を通観する．代数学のテキストとして，より完備なものとするためには，もっと広汎に線型代数学の内容を取り入れることが必要であろう．しかし本書では，群・環などの代数的構造の理論に重点をおく書物として，最小限必要と思われる事項に話題を限定して書いた．線型代数学に深入りし過ぎると，書物があまりに厖大になるからである．第5章では，いわゆる'体の拡大'の理論を扱う．この章の後半で古典的な Galois の理論とその応用が述べられるが，このような理論が発端となって，今日の抽象代数学が発展してきたのである．

　第6章では，実数および複素数の構成を厳密な形で述べる．もちろん，実数や複素数は具体例の提示のために欠かせない材料であるから，この章以前にも，これらの数の性質は既知のものとして用いられているが，その論理的な構成は，この最後の章で与えられるのである．さらに付録で，Peano の公理系による自然数の理論を述べ，論理的には順序不同ながら，本書全体を通ずれば，'数の体系'についての議論が一応完結するようにした．

　本書は初学者向きのものであって，本書を読むための予備知識は特に必要ではない．読者はせいぜい高校2年級程度の数学の素養をもっておられれば十分である．著者は本書を書くにあたって，形式上の完備性よりも，初学者にとっ

て親しみやすく，読みやすいことを，まず第一に心がけた．そのため，できるだけ形式的な叙述を避け，抽象的な概念の導入および説明には身近な例を豊富に与え，本書を読み進むうちに，初学者が'自然に'代数学の基本的な概念と手法を習得し得るようにと配慮した．各節の終りに，かなり多量の練習問題を配置したのも，読者の練習効果を考えてのことである．これらの問題は大多数簡単なものであるが，'力だめし'になることでもあり，本文に引用される命題も含まれているので，読者はぜひこころみていただきたいと思う．

ふたたび強調しておくが，本書は初学者に対して代数系の一般的な基礎理論を説いた'基礎教育'用のものである．より高度な，あるいはより専門的な内容を望む読者は，他に適当な書物を選ぶべきであろう．

終りに，いささか私事にわたるが，本書ができあがるまでのいきさつについて少し述べさせていただきたい．

著者は8年前に「集合・位相入門」を書き，その出版についても岩波書店の手を煩わせたが，その書の'はしがき'の終りに，著者は次のようなことを書いた．"本書は集合および位相についての入門を述べたものであるが，これに，群・環・ベクトル空間など，代数系についての入門をつけ加えれば，現代数学を学ぶための基礎は一応できあがるであろう．著者としては，機会があれば，代数系の方面についても本書に似た形の書物を著わしてみたいと思っている．"——この'はしがき'にいったような性格の書物を書くことは，書店の側からも勧められ，著者は間もなくその執筆にとりかかったのであるが，身辺の多事のために筆は意のようにははかどらず，「集合・位相入門」の出版以来，今日まで8年の歳月を閲してしまった．その間には，しばらく執筆が中絶した状態も続き，本書の完成を断念しかけたことも一再ではなかったが，そのような著者を支えてくださったのは，岩波書店の荒井秀男氏である．著者は，氏の寛容と温情とに励まされて，今日ようやく前著の姉妹篇としての本書を完成することができた．ここに特に記して深い謝意を表する次第である．

1976年3月

著　　者

目　　次

はしがき

第1章　整　　数 …………………………………………… 1
　§1　集　　合 ………………………………………………… 1
　§2　数学的帰納法と除法の定理 ………………………………… 3
　§3　最大公約数 ………………………………………………… 9
　§4　最小公倍数 ………………………………………………… 13
　§5　素数，素因数分解 ………………………………………… 14
　§6　同値関係，合同式 ………………………………………… 22
　§7　1次の合同式 ……………………………………………… 27
　§8　2つの整数論的関数 ……………………………………… 33
　§9　Euler の定理と Fermat の定理 …………………………… 37

第2章　群 …………………………………………………… 39
　§1　写　　像 ………………………………………………… 39
　§2　群とその例 ………………………………………………… 45
　§3　部分群と生成系 …………………………………………… 51
　§4　剰余類分解 ………………………………………………… 57
　§5　正規部分群と商群 ………………………………………… 60
　§6　準同型写像 ………………………………………………… 65
　§7　自己同型写像，共役類 …………………………………… 74
　§8　巡　回　群 ………………………………………………… 78
　§9　置　換　群 ………………………………………………… 81
　§10　置換表現，群の集合への作用 …………………………… 89
　§11　直　　積 ………………………………………………… 96
　§12　Sylow の定理 …………………………………………… 101

第3章 環と多項式 ……………………………………………107
§1 環とその例 ……………………………………………107
§2 整域, 体 ………………………………………………111
§3 イデアルと商環 ………………………………………116
§4 Z の商環 ………………………………………………120
§5 準同型写像 ……………………………………………123
§6 商 の 体 ………………………………………………130
§7 多項式環 ………………………………………………135
§8 体の上の多項式, 単項イデアル整域 ………………140
§9 素元分解とその一意性 ………………………………144
§10 $Z[i]$ の素元 ……………………………………………153
§11 多項式の根, 代数的閉体 ……………………………156
§12 Z または Q の上の多項式 …………………………158
§13 多変数の多項式 ………………………………………167

第4章 ベクトル空間, 加群 ……………………………170
§1 ベクトル空間 …………………………………………170
§2 基底と次元 ……………………………………………177
§3 線型写像 ………………………………………………182
§4 線型写像の空間, 双対空間 …………………………186
§5 線型写像と行列 ………………………………………191
§6 加 群 …………………………………………………199
§7 自由加群とその階数 …………………………………204
§8 単項イデアル整域の上の加群 ………………………208
§9 加群の構造定理 ………………………………………212
§10 一意性の証明 …………………………………………221
§11 Jordan の標準形 ………………………………………224

第5章 体 論 ………………………………………………229
§1 体の拡大 ………………………………………………229

§2	多項式の根	231
§3	単純拡大	235
§4	有限拡大と代数拡大	240
§5	分解体	243
§6	重根と導多項式	247
§7	自己同型群と固定体	250
§8	正規拡大	256
§9	Galois 理論の基本定理	261
§10	有限分離拡大の単純性	266
§11	有限体	268
§12	1のべき根(累乗根)	273
§13	可解群	278
§14	交代群の単純性	280
§15	3次方程式の解法	283
§16	べき根による方程式の可解性	286
§17	定規とコンパスによる作図	292

第6章 実数，複素数 299

§1	順序環	299
§2	Archimedes 的順序体，完備性	302
§3	完備性の他の条件	305
§4	実数体の構成	309
§5	実数体の性質	315
§6	複素数	317
§7	基本定理の証明	322

付録 自然数 326

§1	Peano の公理と帰納的定義	326
§2	自然数の加法，乗法	329
§3	自然数の大小	331

§4　整数の構成 …………………………………………334
補　　遺 ……………………………………………………337
問題解答 ……………………………………………………343
索　　引 ……………………………………………………371

第1章 整　　数

§1　集　　合

　ものの集まりを**集合**といい，集合を構成する個々のものをその集合の**要素**あるいは**元**とよぶ．x が集合 S の元であることを，x は S の**中にある**，x は S に**属する**（または**含まれる**）ともいい，
$$x \in S$$
と書く．x が S の元でないときには，$x \notin S$ と書く．また，便宜上，ある種の集合はしばしば特定の記号によって表わされる．たとえばわれわれは，整数 0, $\pm 1, \pm 2, \cdots$ の集合を $\mathbf{Z}$ という文字で表わすことにする．それゆえたとえば，$1 \in \mathbf{Z}$, $-4 \in \mathbf{Z}$ であり，他方 $1/2 \notin \mathbf{Z}$ である．

　S が元 $a, b, c, \cdots$ から成る集合であるときには，$S = \{a, b, c, \cdots\}$ と書く．たとえば，$\{1\}$ はただ1つの元 1 をもつ集合である．また，通常の場合，集合はある与えられた条件を満たすものの全体として定義される．一般に，対象 x に関するある条件を $C(x)$ で表わすとき，$C(x)$ を満たすような x 全部の集合を $\{x \mid C(x)\}$ あるいは $\{x : C(x)\}$ という記号で表わす．たとえば，
$$\{x \mid x \in \mathbf{Z},\ x > 1\}$$
は 1 より大きいすべての整数の集合である．さらに，われわれは元を1つももたないような集合をも考え，それを**空集合**と名づける．たとえば，$2x+1=0$ を満たす整数 x は存在しないから，
$$\{x \mid x \in \mathbf{Z},\ 2x+1 = 0\}$$
は空集合である．本書では，空集合を記号 $\emptyset$ で表わす．

　S と S' が2つの集合で，S' の任意の元が S の元であるとき，S' は S の**部分集合**であるという．これは $S' = S$ である場合，すなわち S' が S と全く同じ元から成る場合も除外しない．たとえば，正の整数全部の集合を $\mathbf{Z}^+$ で表わせば，もちろん $\mathbf{Z}^+$ は $\mathbf{Z}$ の部分集合であるが，$\mathbf{Z}$ 自身もまた $\mathbf{Z}$ の1つの部分集合である．S' が S の部分集合で，$S' \neq S$ であるときには，S' は S の**真部分集合**とよばれる．上記の例で $\mathbf{Z}^+$ は $\mathbf{Z}$ の真部分集合である．S' が S の部分集合である

ことを，S' は S に**含まれる**ともいい，$S' \subset S$ と書く．明らかに，$S' \subset S$ かつ $S \subset S'$ であるならば，$S = S'$ である．実際上，数学の議論において，2つの集合 S, S' が等しいことの証明は，いつも $S' \subset S$ および $S \subset S'$ の両方を示すことによってなされるのである．

S, S' を任意の2つの集合とするとき，S あるいは S' の少なくとも一方に属する元全部の集合を，S と S' の**和集合**とよび，$S \cup S'$ で表わす．また S, S' の両方に属する元全部の集合を，S と S' の**共通部分**または**交わり**とよび，$S \cap S'$ で表わす．たとえば，S を ≥ 0 である整数全部の集合，S' を ≤ 0 である整数全部の集合とすれば，

$$S \cup S' = \mathbf{Z}, \qquad S \cap S' = \{0\}$$

である．一般に $S \cap S' \neq \phi$ であるときには，S と S' は**交わる**といい，そうでないときには両者は**交わらない**という．

もちろん，和集合や共通部分の概念は，任意個数の集合に対しても定義することができる．たとえば，ある集合 I の各元 i に対してそれぞれ1つの集合 S_i が与えられているとき，'集合族' $\{S_i\}_{i \in I}$ の和集合および共通部分は，それぞれ，少なくとも1つの S_i に属するような元全部の集合，すべての S_i に属するような元全部の集合として定義される．

それらをそれぞれ

$$\bigcup_{i \in I} S_i, \qquad \bigcap_{i \in I} S_i$$

で表わす．

ふたたび S, S' を任意の集合とする．S の元 x と S' の元 x' との組 (x, x') 全部の集合を S と S' の**直積**または単に**積**とよび，$S \times S'$ で表わす．さらに $S_1, S_2, \cdots, S_n$ を n 個の集合とするとき，$x_i \in S_i$ であるような組 $(x_1, x_2, \cdots, x_n)$ 全部の集合を，$S_1 \times S_2 \times \cdots \times S_n$ または

$$\prod_{i=1}^{n} S_i$$

で表わす．$S_i \, (i=1, 2, \cdots, n)$ のうちに空集合があるならば，明らかに $\prod_{i=1}^{n} S_i$ は空集合である．

§2 数学的帰納法と除法の定理

以後本章では，整数に関する基本的な事項について述べる．これらのうちには読者がすでによく知っていることがらも多いが，ここでそれらを述べる理由は，第1に，高等学校までの課程では整数に関する議論が十分厳密にはおこなわれていないからであり，第2に，抽象的な代数系の一般論にはいる前に，われわれに親しい対象を素材として，代数的手法の1つのモデルをみておくことが有効と思われるからである．しかし，整数の理論を，全く最初から公理的に展開することは少し退屈であろう．それゆえ本章では，整数の加法や乗法，また不等式(大小関係)などに関する初等的法則は既知のものと仮定する．これらの法則がどのような公理から導かれるかについては，後の第3章§1，第6章§1，および付録を参照されたい．

ここでは'整列性'とよばれる整数の1つの性質を議論の出発点とすることにしよう．はじめに，記号や用語について，二，三の約束を述べておく．

§1にも述べたように，われわれは整数全部の集合を $\boldsymbol{Z}$ で表わし，正の整数全部の集合を $\boldsymbol{Z}^+$ で表わす．また，正の整数と0とを合わせて**自然数**とよび，自然数全部の集合を $\boldsymbol{N}$ で表わす．すなわち，$\boldsymbol{N}$ は $\geqq 0$ であるすべての整数の集合であり，

$$\boldsymbol{N} = \boldsymbol{Z}^+ \cup \{0\}$$

である．(本書では0も自然数のうちに含める．)さらに，今後'整数の集合'，'自然数の集合'などという場合には，それぞれ $\boldsymbol{Z}$ あるいは $\boldsymbol{N}$ のある部分集合を意味するものとする．すなわち，'整数の集合'ということばを'整数全部の集合'とはっきり区別して用いるのである．

さて，'整列性'とよばれるのは，次の性質である．

整列性 任意の空でない自然数の集合は最小元をもつ．

これは次のことを意味する：S を空でない自然数の集合とすれば，S の元 n で，すべての $x \in S$ に対し $n \leqq x$ となるものが存在する．

この性質にもとづいて，まず次の基本的な原理を証明することができる．

数学的帰納法の原理(第1形式) 自然数の集合 S が次の2つの性質をもつと仮定する．

(1) S は0を含む．

(2) 自然数 n が S に含まれるならば，$n+1$ も S に含まれる．

このとき，S はすべての自然数の集合 $\boldsymbol{N}$ と一致する．

証明 S に含まれない自然数全部の集合を S' とする．$S'=\phi$ であることを示せばよい．もし $S'\neq\phi$ ならば，整列性によって S' は最小元 n_0 をもつ．仮定 (1) によって $n_0>0$，したがって $n_0-1\geq 0$ であるが，n_0 は S に含まれない最小の自然数であるから，n_0-1 は S の元である．したがって仮定 (2) により
$$n_0 = (n_0-1)+1 \in S$$
となる．これは矛盾である．（証明終）

次にあげるのは上の形式を少し変形したものである．

数学的帰納法の原理（第2形式） 自然数の集合 S が次の2つの性質をもつと仮定する．

(1′) S は 0 を含む．

(2′) n を >0 である任意の整数とするとき，$0\leq k<n$ であるすべての整数 k が S に含まれるならば，n も S に含まれる．

このとき，S はすべての自然数の集合 $\boldsymbol{N}$ と一致する．

この証明は第1形式の証明とほとんど同様にしてなされるから，練習問題として読者に残しておこう．

上に述べた数学的帰納法の原理から，次の定理は直ちに導かれる．

定理1 おのおのの自然数 n について命題 $P(n)$ が与えられたとし，それについて次の2つのことが示されたとする．

(1) $P(0)$ は正しい．

(2) $P(n)$ が正しいと仮定すれば，$P(n+1)$ も正しい．

そのとき，$P(n)$ はすべての自然数 n に対して正しい．

証明 $P(n)$ が正しいような n 全部の集合を S とすれば，上の (1)，(2) によって，S は第1形式の仮定 (1)，(2) を満たす．したがって S は $\boldsymbol{N}$ と一致する．ゆえに $P(n)$ はすべての自然数 n に対して正しい．（証明終）

定理1′ 命題 $P(n)$ について次の2つのことが示されたとする．

(1′) $P(0)$ は正しい．

(2′) n を >0 である任意の整数とするとき，$0\leq k<n$ であるすべての整数 k に対して $P(k)$ が正しいと仮定すれば，$P(n)$ も正しい．

§2 数学的帰納法と除法の定理

そのとき，$P(n)$ はすべての自然数 n に対して正しい．

この命題は，帰納法の第1形式から定理1が導かれたのと同様に，帰納法の第2形式から導かれる．

注意 帰納法の第1形式，第2形式および定理1，定理 $1'$ において，自然数という語を正の整数に，N を Z^+ に，0 を 1 におきかえても，明らかに，やはりこれらの命題が成り立つ．

われわれは次に，帰納法の1つの応用として，整数における'除法の定理'を証明しよう．この定理は，以下の議論にとって基本的である．

定理2(除法の定理) a, b を整数とし，$b>0$ とする．そのとき

$$(*) \qquad a = bq+r, \qquad 0 \leq r < b$$

を成り立たせる整数 q と r がただ1組だけ存在する．

証明 まず，$(*)$ を成立させる q と r が存在することを証明しよう．はじめに $a \geq 0$ の場合を，a に関する帰納法によって証明する．$a=0$ ならば $q=r=0$ とおけばよいから，$a>0$ とし，a より小さい自然数については，$(*)$ を満たす q, r が存在すると仮定する．もし $a<b$ ならば $q=0, r=a$ とおけばよい．$a \geq b$ ならば，$0 \leq a-b < a$．したがって帰納法の仮定により

$$a - b = bq_1 + r_1, \qquad 0 \leq r_1 < b$$

を成り立たせる整数 q_1, r_1 がある．これを書き直せば

$$a = b + bq_1 + r_1 = b(q_1+1) + r_1.$$

よって $q_1 + 1 = q, r_1 = r$ とおけば，$(*)$ が成り立つ．

a が負の整数の場合には，$-a > 0$ であるから，上に示したことによって，

$$-a = bq_2 + r_2, \qquad 0 \leq r_2 < b$$

を成り立たせる q_2, r_2 が存在する．このとき，$r_2 = 0$ ならば

$$a = b(-q_2),$$

$r_2 > 0$ ならば

$$a = b(-q_2 - 1) + (b - r_2), \qquad 0 < b - r_2 < b$$

であるから，前の場合には $q = -q_2, r = 0$，後の場合には $q = -q_2 - 1, r = b - r_2$ とおけばよい．

一意性については，

$$a = bq + r, \qquad 0 \leq r < b,$$

$$a = bq' + r', \quad 0 \leq r' < b$$

とする．もし $q \neq q'$ ならば，たとえば $q'>q$ として引き算すれば

$$b(q'-q) = r-r'.$$

ここで $q'-q$ は正の整数であるから $b(q'-q) \geq b$．一方明らかに $r-r'<b$．これは矛盾であるから $q=q'$，したがってまた $r=r'$ でなければならない．（証明終）

定理2の q, r を，それぞれ a を b で割った**整商**，**余り**（または**剰余**）という．（くわしくは，r は a を b で割った**負でない最小剰余**とよばれる．）$r=0$，すなわち $a=bq$ となる場合には，a は b で割り切れるという．

練習のため，最後にもう1つ，帰納法による証明の例を挙げよう．これは少し複雑な形式のものである．

例 a, r を任意の正の整数とするとき，a を最小の数とする r 個の連続する整数の積

$$a(a+1)\cdots(a+r-1)$$

を簡単のため $(a;r)$ で表わす．特に $(1;r)=1\cdot 2\cdots\cdots r$ を r の**階乗**とよび，$r!$ と書く．$(a;r)$ は $r!$ で割り切れることを証明せよ．

証明 r に関する帰納法による．$r=1$ の場合は明らかであるから，$r>1$ とし，任意の正の整数 a に対して $(a;r-1)$ は $(r-1)!$ で割り切れることを仮定して，r の場合を証明しよう．

さて，r の場合を証明するためには，あらためて a に関する帰納法を用いる．$a=1$ ならば $(a;r)=r!$ であるから，われわれの命題はやはり明らかである．そこで，ある $a \in \mathbf{Z}^+$ に対して $(a;r)$ は $r!$ で割り切れると仮定する．そのとき $(a+1;r)$ を

$$\begin{aligned}(a+1;r) &= (a+1)(a+2)\cdots(a+r-1)\cdot(a+r) \\ &= a(a+1)\cdots(a+r-1)+r(a+1)(a+2)\cdots(a+r-1) \\ &= (a;r)+r(a+1;r-1)\end{aligned}$$

のように2つの項の和として表わせば，この第1項は仮定により $r!$ で割り切れる．また $(a+1;r-1)$ は r に関する帰納法の仮定によって $(r-1)!$ で割り切れるから，第2項の $r(a+1;r-1)$ も $r\cdot(r-1)!=r!$ で割り切れる．したがって $(a+1;r)$ は $r!$ で割り切れる．以上で，r の場合にも，任意の $a \in \mathbf{Z}^+$ に対し

て $(a;r)$ が $r!$ で割り切れることが示され，われわれの証明は完結した．（上の証明に用いたような論法は**二重帰納法**とよばれる．）

上の例によって
$$\frac{(a;r)}{r!} = \frac{a(a+1)\cdots(a+r-1)}{r!}$$
は整数である．$a+r-1=n$ とおき，上式の分子を逆の順序に並べかえれば，
$$\frac{n(n-1)\cdots(n-r+1)}{r!}$$
となる．ここに r,n は整数で $1 \leqq r \leqq n$ である．よく知られているように，この数は通常 ${}_nC_r$ あるいは $\binom{n}{r}$ という記号で表わされる．便宜上 $0!=1$ と規約すれば，$r=n$ の場合も含めて，これを次の形に書くことができる：
$$\binom{n}{r} = \frac{n!}{r!(n-r)!}.$$
さらに $\binom{n}{0}=1$ と規約すれば，この式は $r=0$ の場合にも成り立つ．おそらく読者は，$\binom{n}{r}$ が 'n 個のものから r 個をとる組合せの数' としての意味をもっていることを知っているであろう．このように '組合せの数' という意味から考えれば，この数が整数であることは実は自明なことなのである．

問　題

1. 整列性を用いて帰納法の第 2 形式を証明せよ．
2. S を空でない整数の集合とする．S が '下に有界' ならば S は最小元をもち，'上に有界' ならば最大元をもつことを，整列性を用いて証明せよ．ただし，S が下に有界（あるいは上に有界）であるとは，ある $m \in \mathbf{Z}$ が存在して，すべての $x \in S$ に対し $m<x$（あるいは $m>x$）が成り立つことをいう．
3. 帰納法により，すべての正の整数 n に対して次の等式が成り立つことを示せ．

   (a) $1+2+\cdots+n = \dfrac{n(n+1)}{2}$

   (b) $1^2+2^2+\cdots+n^2 = \dfrac{n(n+1)(2n+1)}{6}$

   (c) $1^3+2^3+\cdots+n^3 = \dfrac{n^2(n+1)^2}{4}$

   (d) $1\cdot 2+2\cdot 3+\cdots+n(n+1) = \dfrac{1}{3}n(n+1)(n+2)$

(e) $1-\dfrac{1}{2}+\dfrac{1}{3}-\dfrac{1}{4}+\cdots+\dfrac{1}{2n-1}-\dfrac{1}{2n}=\dfrac{1}{n+1}+\dfrac{1}{n+2}+\cdots+\dfrac{1}{2n}$

(f) $(n+1)(n+2)(n+3)\cdots(2n)=2^n\cdot 1\cdot 3\cdot 5\cdots(2n-1)$

(g) $1+2x+3x^2+\cdots+nx^{n-1}=\dfrac{1-x^n}{(1-x)^2}-\dfrac{nx^n}{1-x}$

(x は 1 でない任意の実数)

4. n,r を整数, $1\leqq r\leqq n$ とするとき
$$\binom{n}{r-1}+\binom{n}{r}=\binom{n+1}{r}$$
が成り立つことを証明せよ.

5. (**二項定理**) 任意の実数 x,y に対して
$$(x+y)^n=\sum_{r=0}^{n}\binom{n}{r}x^{n-r}y^r$$
が成り立つことを, n に関する帰納法によって証明せよ. [この定理によって, 数 $\binom{n}{r}$ は **二項係数** とよばれる.]

6. f を実数のある区間で定義された実数値関数とする. その区間に属する任意の 2 点 a, b と, $s+t=1, s\geqq 0, t\geqq 0$ を満足する任意の 2 つの実数 s, t に対して, つねに
$$f(sa+tb)\leqq sf(a)+tf(b)$$
が成り立つとき, f は**凸関数** くわしくは**下に凸な関数**であるといわれる. また, 上と反対の向きの不等式が成り立つ場合には, f は**凹関数**あるいは**上に凸な関数**であるといわれる. f を凸関数とする. そのとき, 区間に属する任意の n 個の点 $a_1, a_2, \cdots, a_n$ と,
$$t_1+t_2+\cdots+t_n=1,\quad t_1\geqq 0,\quad t_2\geqq 0,\quad \cdots,\quad t_n\geqq 0$$
を満足する任意の実数 $t_1, t_2, \cdots, t_n$ に対して
$$f(t_1a_1+t_2a_2+\cdots+t_na_n)\leqq t_1f(a_1)+t_2f(a_2)+\cdots+t_nf(a_n)$$
が成り立つことを証明せよ. [ヒント: $t_n\neq 1$ の場合には, $s_i=t_i/(1-t_n)$ ($i=1,\cdots,n-1$) とおく. そのとき帰納法の仮定によって
$$f(s_1a_1+\cdots+s_{n-1}a_{n-1})\leqq s_1f(a_1)+\cdots+s_{n-1}f(a_{n-1})$$
が成り立つ. この両辺に $(t_n/(1-t_n))f(a_n)$ を加えて, $1-t_n$ を掛けよ.]

f が凹関数である場合, これに対応する不等式はどうなるか.

7. (この問題では微分法の基礎的知識を仮定する.)

(a) b を与えられた正の実数, n を整数 $\geqq 2$ とする. 微分法を用いて, 任意の正の実数 x に対し
$$\left(\dfrac{b+x}{n}\right)^n\geqq\left(\dfrac{b}{n-1}\right)^{n-1}x$$
が成り立つことを証明せよ.

(b) 上の不等式を用い, 帰納法によって, 任意の n 個の正の実数 $a_1, a_2, \cdots, a_n$ に対し

$$\left(\frac{a_1+a_2+\cdots+a_n}{n}\right)^n \geqq a_1 a_2 \cdots a_n$$

が成り立つことを示せ．

§3　最大公約数

a, b を 2 つの整数とする．もし $a=bq$ となる整数 q が存在するならば，a は b で**割り切れる**，b は a を**割り切る**という．またこのとき，a は b の**倍数**，b は a の**約数**とよばれる．このことを記号で

$$b\,|\,a$$

と書く．

　明らかに 0 は任意の整数の倍数であるが，他方 0 の倍数は 0 のみである．また a が b の倍数，m が a の倍数ならば，m は b の倍数であり，$a_1, a_2, \cdots, a_n$ がすべて b の倍数ならば，$a_1+a_2+\cdots+a_n$ も b の倍数である．また，$b\,|\,a, \varepsilon_i=\pm 1$ $(i=1,2)$ ならば，$\varepsilon_1 b\,|\,\varepsilon_2 a$ であるから，数の符号は'整除関係'に影響しない．したがって，ある整数の約数について考える場合には，正の約数だけについて考えれば十分である．

　$a_1, a_2, \cdots, a_n (n\geqq 2)$ を与えられた n 個の整数とし，そのことごとくは 0 でないとする．これらをすべて割り切る整数は，$a_1, a_2, \cdots, a_n$ の**公約数**とよばれる．d が正の公約数で，さらに次の性質($*$)をもつとき，d は $a_1, a_2, \cdots, a_n$ の**最大公約数**とよばれる．

　($*$)　e を $a_1, a_2, \cdots, a_n$ の任意の公約数とすれば，$e\,|\,d$ である．

　定義から明らかに，d を最大公約数とすれば，任意の公約数 e に対して $e\leqq d$ である．したがって，最大公約数は(もし存在すれば)一意的に定まる．実際 d, d' がともに最大公約数ならば，$d'\leqq d$ かつ $d\leqq d'$ であるから，$d=d'$ となる．

　われわれは次の定理で最大公約数の存在を証明するが，この定理は，実質的にもっと多くの内容を含んでいる．

　定理 3　$a_1, a_2, \cdots, a_n (n\geqq 2)$ をことごとくは 0 でない n 個の整数とする．$x_1, x_2, \cdots, x_n$ を任意の整数として

$$a_1 x_1+a_2 x_2+\cdots+a_n x_n$$

の形に表わされる整数全部の集合を J とし，J に含まれる最小の正の元を d と

する．そのとき，d は $a_1, a_2, \cdots, a_n$ の最大公約数である．また，J は d のすべての倍数の集合と一致する．

証明 $1 \leq i \leq n$ である任意の1つの i に対し，$x_i = \pm 1$ とおき，他の $x_j (j \neq i)$ をすべて0とおけば，$\pm a_i$ が J の元であることがわかる．$a_1, a_2, \cdots, a_n$ はことごとくは0でないと仮定しているから，$\pm a_1, \pm a_2, \cdots, \pm a_n$ のうちには正のものがある．したがって J は正の整数を含み，整列性によって，J に属する正の整数のうちに最小の元 d が存在する．d は J の元であるから，適当な $u_1, u_2, \cdots, u_n$ によって

(1) $$d = a_1 u_1 + a_2 u_2 + \cdots + a_n u_n$$

と表わされる．いま，この d が J に属する任意の整数

(2) $$z = a_1 x_1 + a_2 x_2 + \cdots + a_n x_n$$

を割り切ることを証明しよう．定理2によって

(3) $$z = dq + r, \quad 0 \leq r < d$$

を成り立たせる整数 q, r がある．(1), (2) を (3) に代入して書き直せば，
$$r = a_1(x_1 - u_1 q) + \cdots + a_n(x_n - u_n q).$$
したがって r も J の元であるが，d は J に属する最小の正の元で，$0 \leq r < d$ であるから，$r = 0$ でなければならない．ゆえに $z = dq$，すなわち $d | z$ である．

特に $a_i \in J (i = 1, \cdots, n)$ であるから，$a_1, \cdots, a_n$ はすべて d で割り切れる．すなわち，d は $a_1, \cdots, a_n$ の公約数である．一方，e を $a_1, \cdots, a_n$ の任意の公約数とすれば，式(1)からわかるように $e | d$ となる．ゆえに d は $a_1, \cdots, a_n$ の最大公約数である．

最後の主張については，すでにみたように J の任意の元は d の倍数であるが，他方(1)から明らかに d の任意の倍数は J の元である．したがって J は d の倍数全部の集合と一致する．以上で証明は完了した．（証明終）

$a_1, a_2, \cdots, a_n$ の最大公約数を，Greatest Common Divisor の頭文字を用いて，$\mathrm{GCD}(a_1, a_2, \cdots, a_n)$ と表わす．しかし整数論では，通常これを単に $(a_1, a_2, \cdots, a_n)$ と略記することが多い．本書でも以下この慣例の記法に従う．

上の定理から導かれるいくつかの系を挙げよう．

系1 整数 $a_1, a_2, \cdots, a_n$ （ことごとくは0でない）の最大公約数を d とすれば，
$$d = a_1 u_1 + a_2 u_2 + \cdots + a_n u_n$$

となるような整数 $u_1, u_2, \cdots, u_n$ が存在する.

この系は定理自身のうちに含まれている.

系2 m を任意の正の整数とすれば,
$$(ma_1, ma_2, \cdots, ma_n) = m(a_1, a_2, \cdots, a_n).$$

証明 任意の整数 $x_1, \cdots, x_n$ によって
$$(ma_1)x_1 + \cdots + (ma_n)x_n = m(a_1 x_1 + \cdots + a_n x_n)$$
の形に表わされる整数全部の集合を J' とすれば, J' は定理3の J に属する数の m 倍全部の集合となる. したがって特に, J' に属する最小の正元は J に属する最小の正元の m 倍となる. ゆえに系2の等式が成り立つ.

系3 δ を $a_1, a_2, \cdots, a_n$ の任意の正の公約数とすれば,
$$\left(\frac{a_1}{\delta}, \frac{a_2}{\delta}, \cdots, \frac{a_n}{\delta}\right) = \frac{(a_1, a_2, \cdots, a_n)}{\delta}.$$

証明 系2によって
$$(a_1, \cdots, a_n) = \left(\delta \frac{a_1}{\delta}, \cdots, \delta \frac{a_n}{\delta}\right) = \delta\left(\frac{a_1}{\delta}, \cdots, \frac{a_n}{\delta}\right).$$
これから系3の等式が得られる.

特に δ として $a_1, \cdots, a_n$ の最大公約数 d をとれば, 系3によって, $a_1/d, \cdots, a_n/d$ の最大公約数は1となる.

次に, 与えられた整数 $a_1, \cdots, a_n$ の最大公約数を求める実際的な方法について述べよう.

補題A $a_1, a_2, \cdots, a_n (n \geq 3)$ をどれも0に等しくない整数とするとき,
$$(a_1, a_2) = d_2, \quad (d_2, a_3) = d_3, \quad \cdots, \quad (d_{n-1}, a_n) = d_n$$
とすれば, d_n は $a_1, a_2, \cdots, a_n$ の最大公約数である.

この補題によれば, いくつかの整数の最大公約数を求める問題は, 2つの整数の最大公約数を求める問題に帰着させられる. 補題Aの証明は容易であるから, 節末の練習問題(問題1)に残しておこう.

2つの整数の最大公約数を求める方法としては, よく知られているように **Euclid の互除法** がある. それは次の簡単な補題にもとづく.

補題B 整数 a, b の差 $a - b$ が $m (\neq 0)$ で割り切れるならば,
$$(a, m) = (b, m)$$

である.

証明 $a-b=mq$ とすれば, $b=a-mq$ また $a=b+mq$. それゆえ, a,m の任意の公約数は b の約数となり, 逆に b,m の任意の公約数は a の約数となる. したがって, a,m の公約数の全体と b,m の公約数の全体とは一致する. 特に, それらの公約数のうちの最大の正の数は一致する. （証明終）

この補題にもとづいて, 次のように2つの正の整数 a,b の最大公約数を求めることができる. いま $a \geqq b$ と仮定し, 定理2をくり返し用いて, 次のような等式の系列をつくる:

$$a = bq_1 + r_2, \qquad 0 < r_2 < b$$
$$b = r_2 q_2 + r_3, \qquad 0 < r_3 < r_2$$
$$r_2 = r_3 q_3 + r_4, \qquad 0 < r_4 < r_3$$
$$\cdots\cdots\cdots\cdots$$
$$r_{n-2} = r_{n-1} q_{n-1} + r_n, \qquad 0 < r_n < r_{n-1}$$
$$r_{n-1} = r_n q_n.$$

上記の系列における $b, r_2, r_3, \cdots$ は正の整数の減少数列で, たかだか b 個の数しか含み得ないから, 必ず何回かの後には割り切れる場合が生ずるのである. このとき, 最後の除数 r_n が a,b の最大公約数である. 実際, 補題Bによって

$$(a,b) = (b, r_2) = (r_2, r_3) = \cdots = (r_{n-1}, r_n)$$

となるが, $r_n | r_{n-1}$ であるから $(r_{n-1}, r_n) = r_n$. ゆえに $(a,b) = r_n$ となる.――これが Euclid の互除法である.

整数 a,b に対して $(a,b)=1$ であるとき, a,b は**互いに素**であるという. また整数 $a_1, \cdots, a_n$ のうちの任意の2つ $a_i, a_j (i \neq j)$ が互いに素であるときには, これらの整数は**対ごとに素**であるという. 整数 a,b が互いに素ならば, 定理3の系1によって,

$$au + bv = 1$$

となるような整数 u, v が存在する. このことを用いて次の定理が証明される.

定理4 $(a,b)=1$ で $a|bc$ ならば, $a|c$ である.

証明 $au+bv=1$ の両辺に c を掛ければ

$$acu + bcv = c$$

となるが, $a|bc$ であるから, この左辺は a の倍数である. ゆえに $a|c$ となる.

系 $(a, b)=1, (a, c)=1$ ならば, $(a, bc)=1$.

証明 $(a, bc)=d$ とする. d は a の約数で $(a, b)=1$ であるから, $(d, b)=1$ である. そして $d|bc$ であるから, 定理によって $d|c$ となる. したがって d は a, c の公約数となるが, $(a, c)=1$ であるから, $d=1$ でなければならない.

問　題

1. 補題 A を証明せよ.

2. Euclid の互除法および補題 A を用いて, 次の最大公約数を求めよ.
 (a)　$(5796, 7935)$
 (b)　$(39600, 32670, 25542, 16863)$

3. $(a_1, \cdots, a_n)=d$ とし, m を与えられた整数とする. $x_1, \cdots, x_n$ に関する方程式
$$a_1 x_1 + \cdots + a_n x_n = m$$
が整数解をもつための必要十分条件は $d|m$ であることを示せ.

4. $(a, b)=1$ ならば, $(a, bc)=(a, c)$ であることを示せ.

5. $a_1, a_2, \cdots, a_m$ のおのおのが $b_1, b_2, \cdots, b_n$ のおのおのと互いに素ならば, 積 $a_1 a_2 \cdots a_m$ と $b_1 b_2 \cdots b_n$ とは互いに素であることを証明せよ.

§4　最小公倍数

どれも 0 に等しくない整数 $a_1, a_2, \cdots, a_n$ のすべての倍数である整数を, これらの数の**公倍数**という. 整列性により, $a_1, a_2, \cdots, a_n$ の正の公倍数 (たとえば $\pm a_1 a_2 \cdots a_n$ のいずれか一方は正の公倍数である) のうちに最小の元 l が存在する. それを $a_1, a_2, \cdots, a_n$ の**最小公倍数**という. p.9 に挙げた最大公約数の性質 (∗) と双対的に, 最小公倍数は次の性質をもつ.

(∗)　m を $a_1, a_2, \cdots, a_n$ の任意の公倍数とすれば, $l|m$ である.

これは次のように証明される. いま, m を l で割って
$$m = lq + r, \quad 0 \leq r < l$$
とする. 1 から n までの各 i について, m, l は a_i の倍数であるから, r も a_i の倍数である. すなわち, r は $a_1, a_2, \cdots, a_n$ の公倍数となる. しかも $0 \leq r < l$ であるから, l の最小性によって, $r=0$ でなければならない.

上の (∗) によって, $a_1, a_2, \cdots, a_n$ の公倍数の全体は最小公倍数の倍数の全体と一致することがわかる.

最小公倍数についても，最大公約数に関する補題Aと全く類似の命題が成り立つが，その証明は読者の練習問題に残しておくことにしよう．ここでは，2つの整数の最小公倍数に関する次の命題だけを述べておく．

定理5 2つの正の整数 a,b の最小公倍数 l は，積 ab を $(a,b)=d$ で割ったものに等しい．

証明 $a=a_1 d, b=b_1 d$ とおけば，定理3の系3によって $(a_1,b_1)=1$ である．l は a の倍数であるから，
$$l=ak=(a_1 k)d$$
と書かれる．一方 l は $b=b_1 d$ の倍数でもあるから，$b_1|a_1 k$ となるが，$(a_1,b_1)=1$ であるから，定理4によって $b_1|k$ である．したがって
$$k=b_1 t, \quad l=ak=ab_1 t$$
となる．ところが
$$ab_1=a\frac{b}{d}=\frac{a}{d}b=a_1 b$$
であるから，$ab_1=(ab)/d$ はすでに a,b の公倍数である．ゆえに $t=1, l=(ab)/d$ となる．（証明終）

問　題

1. 2つの0でない整数 a,b の最小公倍数を $[a,b]$ で表わすとき，次のことを証明せよ：$a_1, a_2, \cdots, a_n (n\geqq 3)$ をすべて0でない整数とし，
$$[a_1, a_2]=l_2, \quad [l_2, a_3]=l_3, \quad \cdots, \quad [l_{n-1}, a_n]=l_n$$
とすれば，l_n は $a_1, a_2, \cdots, a_n$ の最小公倍数である．

2. 正の整数 $a_1, a_2, \cdots, a_n$ が対ごとに素ならば，それらの最小公倍数は $a_1 a_2 \cdots a_n$ に等しいことを示せ．

3. $(a,b)=1$ で，$a|m, b|m$ ならば，$ab|m$ であることを示せ．

§5 素数，素因数分解

a を1より大きい整数とすれば，a は少なくとも2つの正の約数1と a をもつ．a がこれら以外に正の約数をもたないとき，a を**素数** (prime number) という．はじめのほうの素数をいくつか挙げれば，$2, 3, 5, 7, 11, 13, 17, \cdots$ である．素数でない整数 $\geqq 2$ は**合成数**とよばれる．

§5 素数，素因数分解

素数はふつう p, q などの文字で表わされる．

p を1つの素数とし，a を任意の整数とする．そのとき (a, p) は p の正の約数であるから，$(a, p)=1$ または $(a, p)=p$ となるが，後の場合は a は p の倍数である．すなわち，任意の整数 a は p と互いに素であるか，または p の倍数となる．このことから直ちに次の補題が得られる．

補題 C 素数 p が整数の積 $a_1 a_2 \cdots a_r$ を割り切るならば，少なくとも1つの a_i が p で割り切れる．

証明 $r=2$ とし，$p|a_1 a_2$ とする．もし a_1 が p の倍数でなければ，上の注意によって $(a_1, p)=1$ であるから，定理4により $p|a_2$ となる．一般の場合は，帰納法によって $r=2$ の場合に帰着する．（証明終）

さて，いわゆる‘整数論の基本定理’は次のように述べられる．

定理 6 任意の整数 $a \geqq 2$ は，素数（必ずしも異なるとはかぎらない）の積として
$$a = p_1 p_2 \cdots p_r$$
と表わされる．かつ，この分解は因数の順序を度外視すれば一意的である．

注意 上で‘素数の積’といったのには，もちろん‘素数’自身も含まれるのである．すなわち，a がそれ自身素数であるときには，
$$a = a$$
という式を a の‘素因数分解’の式とみるのである．‘素数の積’の中に‘素数’も含めるというような言葉の用法は，必ずしも正確ではないが，文脈によって数学では慣用されている．読者はこのことを記憶しておかれるとよい．

証明 まず，任意の整数 $\geqq 2$ は素数の積として表わされることを，背理法によって証明しよう．もし素数の積に表わされない整数 $\geqq 2$ が存在したとすれば，そのような整数のうちに最小の元 m がある．m はもちろん素数ではないから，$1, m$ 以外の正の約数 d をもち，$m=de$ となる．ここで $1<d<m$，$1<e<m$ であるから，m の最小性により，d や e は素数の積として
$$d = p_1 p_2 \cdots p_r, \quad e = p_1' p_2' \cdots p_s'$$
と表わされる．したがって
$$m = de = p_1 p_2 \cdots p_r p_1' p_2' \cdots p_s'$$
も素数の積となるが，これは矛盾である．

次に，整数 $a \geqq 2$ の'素因数分解'は一意的であることを証明しよう．いま p_i, q_j を素数として

$$a = p_1 p_2 \cdots p_r = q_1 q_2 \cdots q_s$$

とする．そのとき p_1 は $q_1 q_2 \cdots q_s$ を割り切るから，補題 C によって，q_j のうちに p_1 で割り切れるものがある．必要があれば番号をつけかえて q_1 が p_1 で割り切れるとしよう．そうすれば，q_1 は素数であるから，$p_1 = q_1$ でなければならない．そこで，等式

(*) $\qquad\qquad p_1 p_2 \cdots p_r = q_1 q_2 \cdots q_s$

の両辺を $p_1 = q_1$ で約せば

$$p_2 \cdots p_r = q_2 \cdots q_s$$

となる．同様にして $q_2, \cdots, q_s$ のうちに p_2 に等しいものがあり，それを q_2 とすれば，$p_3 \cdots p_r = q_3 \cdots q_s$ となる．以下同じ論法をくり返せば，等式 (*) の左辺の各因数に対して，それに等しい因数が右辺の中に1つずつあることがわかる．したがって $r \leqq s$ で，(番号の適当なつけかえのもとに) $p_1 = q_1, \cdots, p_r = q_r$ となるが，ここで $r < s$ ではあり得ない．もし $r < s$ ならば，$1 = q_{r+1} \cdots q_s$ という矛盾が起きるからである．これで，分解の一意性も証明された．(証明終)

整数 $a \geqq 2$ の素因数分解に現われる素数のうちには，もちろん同じものもあり得る．同じ素因数はまとめて'べき'(累乗)の形に書くことにすれば，a の素因数分解は，$p_1, p_2, \cdots, p_k$ を相異なる素数，α_i を正の整数として，

$$a = p_1^{\alpha_1} p_2^{\alpha_2} \cdots p_k^{\alpha_k}$$

の形に表わされる．引用の便宜上，以後これを a の**標準分解**とよぶことにしよう．

例1 整数 58800 の標準分解は $58800 = 2^4 \cdot 3 \cdot 5^2 \cdot 7^2$ である．

注意 通常のように $x \neq 0$ に対して $x^0 = 1$ と定めれば，必要に応じ，a の素因数分解を，自然数 α_i を指数として

$$a = p_1^{\alpha_1} \cdots p_t^{\alpha_t} \qquad (\alpha_i \in \boldsymbol{N})$$

の形に書くこともできる．この書き方では，p_i のうちに a の素因数でないものがあってもよい．

定理6('基本定理')は整数の理論の基礎をなすものである．以下に挙げるいくつかの例はその簡単な応用である．

例2 整数 a の標準分解を

(1) $$a = p_1^{\alpha_1} p_2^{\alpha_2} \cdots p_k^{\alpha_k}$$

とする.そのとき,a の正の約数の全体は

(2) $$d = p_1^{\beta_1} p_2^{\beta_2} \cdots p_k^{\beta_k}$$

$$0 \leq \beta_1 \leq \alpha_1, \quad 0 \leq \beta_2 \leq \alpha_2, \quad \cdots, \quad 0 \leq \beta_k \leq \alpha_k$$

の形の数の全体となる.

証明 (2)の形の数が a の約数であることは明らかである.逆に d を a の約数とし,$a=dq$ とすれば,d および q の素因数はもちろん a の素因数であるから,

$$d = p_1^{\beta_1} \cdots p_k^{\beta_k}, \quad q = p_1^{\gamma_1} \cdots p_k^{\gamma_k} \qquad (\beta_i, \gamma_i \in \mathbf{N})$$

と書くことができる.これより

$$a = dq = p_1^{\beta_1+\gamma_1} \cdots p_k^{\beta_k+\gamma_k}.$$

したがって分解の一意性により $\beta_i + \gamma_i = \alpha_i$,ゆえに $0 \leq \beta_i \leq \alpha_i \,(i=1,\cdots,k)$ となる.

例3 整数 a の標準分解が(1)で与えられるとする.a の正の約数の総数を $\tau(a)$ とすれば,

$$\tau(a) = (\alpha_1+1)(\alpha_2+1)\cdots(\alpha_k+1)$$

である.

証明 (2)において,おのおのの β_i は 0 から α_i までの α_i+1 個の整数値をとり得るが,$\beta_1,\cdots,\beta_k$ がそれぞれ $\beta_1',\cdots,\beta_k'$ と一致しない限り,$d = p_1^{\beta_1} \cdots p_k^{\beta_k}$ と $d' = p_1^{\beta_1'} \cdots p_k^{\beta_k'}$ とは異なる数である.これから上の結論が得られる.

例4 ふたたび a の標準分解が(1)で与えられるとする.$\sigma(a)$ を a のすべての正の約数の和とすれば,

(3) $$\sigma(a) = \frac{p_1^{\alpha_1+1}-1}{p_1-1} \cdot \frac{p_2^{\alpha_2+1}-1}{p_2-1} \cdots \frac{p_k^{\alpha_k+1}-1}{p_k-1}$$

である.

証明 例2によって

$$\sigma(a) = \sum_{\beta_1=0}^{\alpha_1} \sum_{\beta_2=0}^{\alpha_2} \cdots \sum_{\beta_k=0}^{\alpha_k} p_1^{\beta_1} p_2^{\beta_2} \cdots p_k^{\beta_k}$$

である.この右辺の和は,明らかに

$$\left(\sum_{\beta_1=0}^{\alpha_1} p_1^{\beta_1}\right)\left(\sum_{\beta_2=0}^{\alpha_2} p_2^{\beta_2}\right)\cdots\left(\sum_{\beta_k=0}^{\alpha_k} p_k^{\beta_k}\right)$$

に等しい．この各項は等比数列の和であるから，よく知られた公式によって求められ，(3) が得られる．

上の例 4 に関連して，よく知られた古典的な命題を 1 つ次に述べておこう．(このような命題は読者の整数論への興味をひき起こすのに役立つであろう．)

例 5 正の整数 a の a と異なる (正の) 約数を a の**真の約数**という．a がその真の約数の総和に等しいとき，a は**完全数**とよばれる．たとえば 6 や 28 は完全数である：

$$6 = 1+2+3, \quad 28 = 1+2+4+7+14.$$

例 4 の記号を用いれば，a が完全数であることは，明らかに $\sigma(a)=2a$ が成り立つことにほかならない．

次のことを証明せよ：$a=2^{e-1}(2^e-1)\,(e>1)$ において，2^e-1 が素数ならば，a は完全数である．逆に，偶数の完全数はこのような形の数に限る．

証明 前半は容易である．実際，$a=2^{e-1}(2^e-1)\,(e>1)$ で，$2^e-1=p$ が素数ならば，公式 (3) によって

$$\sigma(a) = \frac{2^e-1}{2-1}\cdot\frac{p^2-1}{p-1} = (2^e-1)(p+1)$$
$$= 2^e(2^e-1) = 2a$$

となる．

後半は，Euler が次のようにきわめて巧妙に証明した．まず整数 m, n が互いに素ならば

$$\sigma(mn) = \sigma(m)\sigma(n)$$

であることに注意しておく．これは例 4 から直ちに証明される (節末の問題 7)．

さて，a を偶数の完全数とし，$a=2^{e-1}b$, $e>1$, b は奇数，とおく．そのとき，上の注意によって

$$\sigma(a) = \sigma(2^{e-1})\sigma(b) = (2^e-1)\sigma(b).$$

$\sigma(a)=2a=2^e b$ であるから，

$$(2^e-1)\sigma(b) = 2^e b,$$

したがって

$$\sigma(b) = b + \frac{b}{2^e - 1}.$$

これからわかるように，$b/(2^e-1)$ は整数で，$e>1$ であるから，これは b の真の約数である．すなわち，$\sigma(b)$ は b 自身と b の 1 つの真の約数との和となる．したがって，b は 2 つより多くの約数をもたない．ゆえに b は素数で，$b/(2^e-1)=1$，すなわち $b=2^e-1$ でなければならない．これで命題の後半が証明された．

注意1 奇数の完全数は 1 つも知られていない．($4k+3$ の形の完全数がないことはわかっている．)

注意2 上記の完全数の考察において，われわれは 2^e-1 という形の素数に遭遇した．一般にこの形の素数は **Mersenne 数**とよばれる．2^e-1 が素数となるためには e が素数であることが必要であるが，十分ではない．(たとえば $2^{11}-1=23\cdot 89$ となる．) Mersenne 数が無限に存在するかどうかは今日まだ不明である．

ついでながら，ここで似たような概念を紹介しておこう．すなわち，2^e-1 のかわりに 2^e+1 という形の素数を考えるのである．この形の素数は **Fermat 数**とよばれる．(この概念には本書で後に出会う機会がある．) 2^e+1 が素数となるためには，e が 2 のべきであることが必要であるが，やはり十分ではない．実際，$\nu=0,1,2,3,4$ に対しては $F_\nu=2^{2^\nu}+1$ はたしかに素数となることがたしかめられるが，$F_5=2^{32}+1$ は素数ではない．実は多くの ν に対して F_ν は素数でないことが証明されており，現在までに知られている Fermat 数は F_0, F_1, F_2, F_3, F_4 の 5 つだけである．——

本論にもどろう．

2 つの整数 m, n ($n\neq 0$) の商 m/n の形に書かれる数は**有理数**とよばれ，有理数全部の集合は文字 **Q** で表わされる．$a=m/n$ が 0 でない有理数であるとき，$(m, n)=d$ とし，$m=dm', n=dn'$ とおけば，m', n' は互いに素で $a=m'/n'$ となる．すなわち，0 でない任意の有理数は '既約分数' の形に書くことができる．さしあたってしばらくは，有理数の四則演算や大小関係に関する基本法則についても，読者は十分に知っているものと仮定する．後に，**Q** が **Z** からどのようにして論理的に構成されるか，またその性質がどのようにして証明されるかを示すであろう．

本節の最後に，次の定理を述べておく．

定理7 素数は無限に存在する．

証明 p を任意に与えられた1つの素数とするとき，p よりもさらに大きい素数が存在することを示せばよい．
$$a = 2 \cdot 3 \cdot 5 \cdots\cdots p + 1$$
とおく．ここに積は $\leqq p$ であるすべての素数にわたるのである．a は $2, 3, 5, \cdots, p$ のいずれでも割り切れないから，a の任意の素因数は p よりも大きい．（証明終）

問　題

1. 次のことを証明せよ．
 (a) 合成数 a は $\sqrt{a}$ をこえない約数 $\neq 1$ をもつ．
 (b) N を整数 > 2 とし，$\sqrt{N}$ をこえない素数の全体が知られているとする．そのとき，$\sqrt{N} < a \leqq N$ である整数 a のうちからそれらの素数の倍数を全部除去すれば，除去されずに残っている数はすべて素数である．

2. 正の整数 a, b の素因数分解を
$$a = p_1^{\alpha_1} \cdots p_k^{\alpha_k}, \qquad b = p_1^{\beta_1} \cdots p_k^{\beta_k}$$
($p_1, \cdots, p_k$ は相異なる素数，$\alpha_i, \beta_i \in \mathbf{N}$) とし，$\max\{\alpha_i, \beta_i\} = \gamma_i$, $\min\{\alpha_i, \beta_i\} = \delta_i$ とする．ただし，$\max, \min$ はそれぞれ最大値，最小値を表わす記号である．そのとき a, b の最小公倍数，最大公約数はそれぞれ
$$p_1^{\gamma_1} \cdots p_k^{\gamma_k}, \qquad p_1^{\delta_1} \cdots p_k^{\delta_k}$$
で与えられることを証明せよ．またこの結果を，2より多くの正の整数に対して一般化せよ．

3. p を素数，r を $1 \leqq r \leqq p-1$ である整数とすれば，$\binom{p}{r}$ は p で割り切れることを示せ．

4. $a_1, \cdots, a_n$ を整数とする．方程式
$$x^n + a_1 x^{n-1} + \cdots + a_n = 0$$
が有理数の根をもつならば，それは整数であることを証明せよ．

5. a, n を正の整数とする．$x^n = a$ となるような整数 x が存在しないならば，この方程式を満たす有理数 x も存在しないことを示せ．[この命題によって，たとえば $\sqrt{2}, \sqrt[3]{5}, \cdots$ などは有理数でないことがわかる．]

6. 記号 $\tau(a), \sigma(a)$ は例3，例4 の意味のものとする．$\tau(58800), \sigma(58800)$ を求めよ．

7. $(a, b) = 1$ ならば，$\tau(ab) = \tau(a)\tau(b)$, $\sigma(ab) = \sigma(a)\sigma(b)$ であることを証明せよ．

§5 素数，素因数分解

8. $2^e-1\,(e>1)$ が素数ならば，e は素数でなければならないことを示せ．［ヒント：e が 1 と異なる真の約数 d をもてば，2^e-1 は 2^d-1 で割り切れる．］

9. $2^e+1\,(e\geqq 1)$ が素数ならば，$e=2^p$ でなければならないことを示せ．［ヒント：e が奇数の素因数 p をもてば，2^e+1 は $2^{e/p}+1$ で割り切れる．］

10. $641=5^4+2^4=5\cdot 2^7+1$ に注意して，$2^{32}+1$ は 641 を約数にもつことを示せ．［ヒント：$5^4\cdot 2^{28}+2^{32}$，$5^4\cdot 2^{28}-1$ はともに 641 で割り切れる．］

11. $a_1,a_2,\cdots,a_n$ を対ごとに素な 0 でない整数とする．そのとき
$$\frac{1}{a_1a_2\cdots a_n}=\frac{x_1}{a_1}+\frac{x_2}{a_2}+\cdots+\frac{x_n}{a_n}$$
となるような整数 $x_1,x_2,\cdots,x_n$ が存在することを示せ．

12. a を 0 でない有理数とし，それを既約分数で表わしたときの分母の標準分解を $p_1^{\alpha_1}\cdots p_k^{\alpha_k}$ とする．そのとき，適当な整数 $x_1,\cdots,x_k$ によって
$$a=\frac{x_1}{p_1^{\alpha_1}}+\cdots+\frac{x_k}{p_k^{\alpha_k}}$$
と表わされることを証明せよ．

13. $a_1,\cdots,a_n\,(n\geqq 2)$ を 0 でない整数とする．ある素数 p と正の整数 h とが存在して，$a_1,\cdots,a_n$ のうちの 1 つの a_i だけが p^h で割り切れ，他の $a_j\,(j\neq i)$ はどれも p^h では割り切れないとする．そのとき
$$S=\frac{1}{a_1}+\frac{1}{a_2}+\cdots+\frac{1}{a_n}$$
は整数でないことを証明せよ．［ヒント：a_i を割り切る p の最大のべきを $p^k\,(k\geqq h)$ とし，$a_1,\cdots,a_{i-1},a_i/p^k,a_{i+1},\cdots,a_n$ の最小公倍数 m を S に掛けてみよ．］

14. 次のことを証明せよ．

(a) $1+\dfrac{1}{2}+\dfrac{1}{3}+\cdots+\dfrac{1}{n}\,(n>1)$ は整数ではない．

(b) $1+\dfrac{1}{3}+\dfrac{1}{5}+\cdots+\dfrac{1}{2n-1}\,(n>1)$ は整数ではない．

15. a を整数 >1 とする．そのとき，任意の $n\in \mathbf{Z}^+$ は
$$n=c_0+c_1a+\cdots+c_ka^k$$
$$0\leqq c_0<a,\quad\cdots,\quad 0\leqq c_{k-1}<a,\quad 0<c_k<a$$
の形に一意的に表わされることを証明せよ．この表現を n の **a 進展開** という．［ヒント：$n<a$ ならば $n=c_0$ が求める表現である．$n\geqq a$ ならば，除法の定理を用いて $n=aq+c_0$ とし，帰納法を用いよ．一意性についても帰納法を用い，$c_0,c_1,\cdots,c_r$ の一意性を仮定して，c_{r+1} の一意性を導け．］

16. a を整数 $\geqq 2$ とする．a がそのいくつかの真の約数の和に等しいとき，a を **準完全数** という．明らかに，a が準完全数ならば $ka\,(k>0)$ も準完全数である．a が準完全数で，

その真の約数($\geqq 2$)はけっして準完全数とはならないとき，a を**既約な準完全数**という．次のことを証明せよ：$a=2^n p$ ($n\geqq 1$) で，p が $2^n < p < 2^{n+1}$ を満たす素数ならば，a は既約な準完全数である．[ヒント：a が準完全数であることを示すには，p の2進展開を考えよ．また，等式 $1+2+2^2+\cdots+2^{n-1}=2^n-1$ を利用せよ．a が既約であることを示すには，a の任意の真の約数 b に対して $\sigma(b)<2b$ であることを示せ．]

17. n 個ずつの整数から成る m 個の組

$$x_1^{(1)},\ x_2^{(1)},\ \cdots,\ x_n^{(1)};$$
$$x_1^{(2)},\ x_2^{(2)},\ \cdots,\ x_n^{(2)};$$
$$\cdots\cdots\cdots\cdots$$
$$x_1^{(m)},\ x_2^{(m)},\ \cdots,\ x_n^{(m)};$$

を作り，各組からそれぞれ1つずつ適当に数を選んで和をとると 0 から n^m-1 までのすべての整数が得られるようにせよ．

18. 任意の実数 x に対して，x をこえない最大の整数を x の**整数部分**といい，$[x]$ で表わす(Gauss の記号)．n を正の整数，p を素数とする．積 $n!$ の標準分解に現われる p のべき指数は

$$\left[\frac{n}{p}\right]+\left[\frac{n}{p^2}\right]+\left[\frac{n}{p^3}\right]+\cdots$$

に等しいことを示せ．

19. 前問を用いて，積 $1234!$ に含まれる5のべき指数を求めよ．

20. α を無理数，N を正の整数とする．そのとき

$$|m\alpha-n|<\frac{1}{N}$$

を満たすような整数 $m, n, 0<m\leqq N$ が存在することを証明せよ．[ヒント：実数の区間 $0\leqq x\leqq 1$ を N 等分せよ．また $N+1$ 個の数 $x=0, \alpha, 2\alpha, \cdots, N\alpha$ の'小数部分'$x-[x]$ を考えよ．それらのうちの少なくとも2つはある同一の小区間に含まれるであろう．]

§6 同値関係，合同式

S を空でない任意の集合とする．S の元の対(つい)のうち，ある種のものに対して $a\sim b$ で表わされる関係が定義されており，次の3つの条件が満たされるとき，$\sim$ を S における**同値関係**(equivalence relation)という．

ER 1 任意の $a\in S$ に対して $a\sim a$． (反射律)

ER 2 $a\sim b$ ならば $b\sim a$． (対称律)

ER 3 $a\sim b$ かつ $b\sim c$ ならば $a\sim c$． (推移律)

§6 同値関係，合同式

いま，集合 S に 1 つの同値関係 $\sim$ が与えられたとする．そのとき，S の与えられた元 a に対して，$a \sim x$ となるような S の元 x 全部の集合を，関係 $\sim$ に関する a の**類**，くわしくは**同値類**という．それを C_a で表わすことにすれば，ER 1 によって $a \in C_a$ である．また，a, b を S の 2 元とするとき，もし $a \sim b$ ならば

$$C_a = C_b$$

であり，$a \sim b$ でなければ

$$C_a \cap C_b = \phi$$

である．実際，$a \sim b$ ならば，ER 2 によって $b \sim a$ でもあるから，ER 3 により，S の元 x に対して $a \sim x$ であることと $b \sim x$ であることとは同等となる．すなわち，C_a の任意の元は C_b の元であり，逆に C_b の任意の元は C_a の元である．ゆえに $C_a = C_b$ となる．次に $a \sim b$ でないとしよう．このとき，もし C_a, C_b が共通の元 c をもったとすれば，$a \sim c$ かつ $b \sim c$ であるから，ER 2, ER 3 によって $a \sim b$ となり，仮定に反する．ゆえにこの場合は $C_a \cap C_b = \phi$ となる．以上で，任意の 2 つの類は一致するかまたは交わらないことが示された．

それゆえ，S に 1 つの同値関係 $\sim$ が与えられたときには，S は互いに交わらないいくつかの（一般には無限個の）同値類に分割されることとなる．この分割を，関係 $\sim$ による S の**類別**という．1 つの類に属するおのおのの元はその類の**代表**とよばれる．

われわれは以後本書で，いろいろな種類の同値関係に出会うであろう．ここでは最初の例として，'$\mathbf{Z}$ における合同関係' について述べよう．これは整数論において基本的な意味をもつものである．

m を 1 つの与えられた正の整数とする．a, b を 2 つの整数とするとき，もし $a - b$ が m で割り切れるならば，a, b は m を**法**(modulo)として（あるいは法 m に関して）**合同**であるという．このことを記号で

$$a \equiv b \pmod{m}$$

と書く．

この関係が $\mathbf{Z}$ における 1 つの同値関係であることは直ちにたしかめられる．すなわち

(1) 任意の $a \in \mathbf{Z}$ に対して $a \equiv a \pmod{m}$．

(2) $a \equiv b \pmod{m}$ ならば $b \equiv a \pmod{m}$.

(3) $a \equiv b \pmod{m}$ かつ $b \equiv c \pmod{m}$ ならば $a \equiv c \pmod{m}$.

これらの検証は全く容易である．

合同式はさらに等式と類似の次のような性質をもつ．

(4) $a \equiv b \pmod{m}$, $a' \equiv b' \pmod{m}$ ならば，
$$a+a' \equiv b+b' \pmod{m}, \quad a-a' \equiv b-b' \pmod{m}.$$

(5) $a \equiv b \pmod{m}$, $a' \equiv b' \pmod{m}$ ならば，
$$aa' \equiv bb' \pmod{m}.$$

すなわち，合同式は辺どうし加えたり，引いたり，掛けたりすることができるのである．（特に，与えられた合同式の両辺に同じ整数を加えたり，掛けたりすることができる．）(4)の証明は簡単であるから，ここでは(5)の証明だけを述べておこう．

仮定 $a \equiv b \pmod{m}$, $a' \equiv b' \pmod{m}$ によって，$a-b, a'-b'$ はともに m の倍数である．したがって
$$aa' - bb' = (a-b)a' + b(a'-b')$$
も m の倍数となる．ゆえに $aa' \equiv bb' \pmod{m}$.

合同式の，他の容易に証明される基本性質は練習問題の中に与えることにしよう（節末の問題 1-6）．今後必要がある場合には，それらの性質をも自由に使用する．

例 整数 a を通常のように十進法で表わして
$$a = a_0 + a_1 \cdot 10 + a_2 \cdot 10^2 + \cdots + a_n \cdot 10^n$$
とする．このとき $10 \equiv 1 \pmod 9$, $10^k \equiv 1 \pmod 9$ であるから
$$a \equiv a_0 + a_1 + \cdots + a_n \pmod 9,$$
また $10 \equiv -1 \pmod{11}$, $10^k \equiv (-1)^k \pmod{11}$ であるから
$$a \equiv a_0 - a_1 + a_2 - a_3 + \cdots + (-1)^n a_n \pmod{11}.$$

特に，a が 9 で割り切れるためには，各けたの数の和が 9 の倍数であることが必要十分であり，a が 11 で割り切れるためには，$a_0 - a_1 + a_2 - a_3 + \cdots$ が 11 の倍数であることが必要十分である．

たとえば，
$$1859132 \equiv 2+3+1+9+5+8+1 = 29 \equiv 2 \pmod 9,$$

$$1859132 \equiv 2-3+1-9+5-8+1 = -11 \equiv 0 \pmod{11}.$$

すなわち 1859132 を 9 で割った余りは 2 である．またこの数は 11 で割り切れる．

次に，m を法とする合同関係による $\boldsymbol{Z}$ の類別について考えよう．この場合の各類は**法 m に関する剰余類**とよばれる．1 つの剰余類は m を法として互いに合同な数全体の集合である．すなわち，a をその剰余類の代表とすれば，$a+mt$ の形に表わされる整数全体の集合である．

定理 2 によれば，任意の整数 a は

$$a = mq+r, \quad 0 \leq r < m$$

の形に一意的に表わされる．したがって，a は $0 \leq r < m$ であるような 1 つしかもただ 1 つの r と，m を法として合同となる．いいかえれば，任意の整数 a は，それぞれ $0, 1, \cdots, m-1$ を代表とする m 個の剰余類のいずれか 1 つ，しかもただ 1 つだけに含まれる．ゆえに，法 m に関する剰余類は全部でちょうど m 個存在する．

たとえば，$m=2$ とすれば，法 2 に関して $\boldsymbol{Z}$ は 2 個の剰余類に分割される．その一方は，法 2 に関して 0 と合同な数すなわち偶数の全体から成り，他方は，1 と合同な数すなわち奇数の全体から成る．

また，法 3 に関しては，$\boldsymbol{Z}$ は 3 つの剰余類に分割される．それらは，3 の倍数全部の集合，3 で割ると 1 余る数全部の集合，3 で割ると 2 余る数全部の集合，である．

一般に，法 m に関する m 個の剰余類からそれぞれ 1 つずつ代表をとって作った m 個の整数の組を，法 m に関する**完全剰余系**という．たとえば，$0, 1, \cdots, m-1$ は 1 つの完全剰余系である．またたとえば，m が偶数ならば

$$-\frac{m}{2}+1, \ \cdots, \ -2, \ -1, \ 0, \ 1, \ 2, \ \cdots, \ \frac{m}{2}$$

も 1 つの完全剰余系であり，m が奇数ならば

$$-\frac{m-1}{2}, \ \cdots, \ -2, \ -1, \ 0, \ 1, \ 2, \ \cdots, \ \frac{m-1}{2}$$

も 1 つの完全剰余系である．明らかに，m 個の整数 $x_1, \cdots, x_m$ が法 m に関する完全剰余系であるためには，それらのうちのどの 2 つも m を法として合同で

ないことが必要かつ十分である．

次の補題は，上の注意を用いて直ちに証明される．

補題 D m を正の整数とし，$(a,m)=1$ とする．そのとき，$x_1,\cdots,x_m$ を法 m に関する完全剰余系とすれば，$ax_1,\cdots,ax_m$ も法 m に関する完全剰余系である．

証明 もし，ある $i \neq j$ に対して $ax_i \equiv ax_j \pmod{m}$ であったとすれば，
$$ax_i - ax_j = a(x_i - x_j)$$
は m の倍数となるが，$(a,m)=1$ であるから，定理 4 によって $m|(x_i-x_j)$，すなわち $x_i \equiv x_j \pmod{m}$ となる．これは仮定に反するから，$ax_1,\cdots,ax_m$ はどの 2 つも m を法として合同でない．

問　題

1. $a \equiv b \pmod{m}$ ならば，任意の整数 k に対して $a \equiv b+mk \pmod{m}$ であることを示せ．

2. $ac \equiv bc \pmod{m}$ で，$(c,m)=1$ ならば，$a \equiv b \pmod{m}$ であることを示せ．（この命題は，合同式の両辺を法と互いに素な公約数で割ってもよいことを示している．）

3. $a \equiv b \pmod{m}$ ならば，任意の正の整数 k に対して $ak \equiv bk \pmod{mk}$ であることを示せ．

4. $a \equiv b \pmod{m}$ とし，d を a,b,m の公約数とする．そのとき $a = a_1 d, b = b_1 d, m = m_1 d$ とすれば，$a_1 \equiv b_1 \pmod{m_1}$ であることを示せ．

5. $a \equiv b \pmod{m}$ ならば，m の任意の正の約数 d に対して $a \equiv b \pmod{d}$ であることを示せ．

6. $a \equiv b \pmod{m_1}$, $a \equiv b \pmod{m_2}$, $\cdots$, $a \equiv b \pmod{m_k}$ ならば，$m_1, m_2, \cdots, m_k$ の最小公倍数 m に対して $a \equiv b \pmod{m}$ が成り立つことを示せ．

7. p を素数とすれば，任意の整数 x, y に対して
$$(x+y)^p \equiv x^p + y^p \pmod{p}$$
であることを示せ．「ヒント：§2 問題 5(二項定理)と §5 問題 3 を用いよ．」

8. p を素数とすれば，任意の整数 $x_1, \cdots, x_n$ に対して
$$(x_1 + \cdots + x_n)^p \equiv x_1^p + \cdots + x_n^p \pmod{p}$$
が成り立つことを示せ．

9. p を素数，a を $0 \leq a \leq p-1$ である整数とすれば，
$$\binom{p-1}{a} \equiv (-1)^a \pmod{p}$$
であることを証明せよ．

10. $(2^{100}-1)^{99}$ を 100 で割った余りを求めよ.
11. $3^{30} \equiv 1+17 \cdot 31 \pmod{31^2}$ を証明せよ.

§7 1次の合同式

m を正の整数とし,$f(x)=a_n x^n + a_{n-1} x^{n-1} + \cdots + a_0$ を整係数の多項式とする.合同(方程)式

(1) $$f(x) \equiv 0 \pmod{m}$$

を**解く**というのは,この合同式を満足させるすべての整数 x をみいだすことである.a_n が m で割り切れなければ,この合同式の**次数**は n であるといわれる.

合同式(1)がある x_1 によって満足させられるならば,これは x_1 と法 m に関して合同なすべての整数によって満足させられる.実際,$x_1 \equiv x_1' \pmod{m}$ ならば,前節の(4),(5)によって

$$a_n x_1^n + a_{n-1} x_1^{n-1} + \cdots + a_0 \equiv a_n x_1'^n + a_{n-1} x_1'^{n-1} + \cdots + a_0 \pmod{m},$$

すなわち $f(x_1) \equiv f(x_1') \pmod{m}$ となるからである.それゆえ,この場合,x_1 を含む剰余類 $\{x \mid x \equiv x_1 \pmod{m}\}$ を'1つの解'とみなすことにする.したがって,合同式(1)の解の個数というのは,法 m に関するある完全剰余系のうちで(1)を満たすものの個数である.

ここでは,われわれは1次の合同式についてだけ考えることにしよう.合同式の理論についてもっと深く学びたい読者は,整数論の書物を参照されたい.

1次の合同式は,定数項を右辺に移項すれば,

$$ax \equiv b \pmod{m}$$

の形に表わされる.これについて次の定理が成り立つ.

定理8 $(a,m)=1$ ならば,合同式 $ax \equiv b \pmod{m}$ はただ1つの解をもつ.

証明 $x_1, \cdots, x_m$ を法 m に関する完全剰余系とすれば,前節末の補題Dによって,$ax_1, \cdots, ax_m$ も法 m に関する完全剰余系となる.したがって,与えられた b に対し,$ax_i \equiv b \pmod{m}$ となる x_i がちょうど1つだけ存在する.ゆえに与えられた合同式はただ1つの解 $x \equiv x_i \pmod{m}$ をもつ.(証明終)

次に1次合同式の解き方の例を挙げよう.1次合同式の解法は本質的には Euclid の互除法に帰着するのであるが,通常は,合同式の四則演算に関する法則を利用した計算によって,簡単に解を求めることができる.

例1 合同式 $25x \equiv 1 \pmod{56}$ を解け．

与えられた合同式の両辺を 2 倍すれば
$$50x \equiv 2 \pmod{56}.$$
$50 \equiv -6 \pmod{56}$ であるから，これより
$$-6x \equiv 2 \pmod{56}$$
が得られ，この両辺を 4 倍すれば
$$-24x \equiv 8 \pmod{56}$$
が得られる．これと最初の合同式とを辺々加えれば
$$x \equiv 9 \pmod{56}$$
を得る．

上記の解法はいわゆる 'trial and error' によるもののようにみえる．しかし，法の値があまり大きくない場合には，この種の方法でも十分に実効があるのである．

例2 合同式 $80x \equiv 339 \pmod{583}$ を解け．

今度は少し体系的な方法で解いてみよう．そのために前節の問題 1, 2 を用いる．すなわち，与えられた合同式の左辺の係数は $80 = 2^4 \cdot 5$ であることに注意し，右辺に法の適当な整数倍を加えて 2 あるいは 5 で割り切れるようにする．そして両辺をその公約数で割るのである．まず b, m が奇数ならば，$b \pm m$ のいずれか一方は 4 で割り切れることに注意しよう．（読者は証明を考えよ．）今の場合は $339 - 583 = -244$ が 4 で割り切れる．よって，与えられた合同式は
$$80x \equiv 339 - 583 = -244 \pmod{583}$$
と同等で（§6 問題 1），この両辺を 4 で約せば（§6 問題 2），
$$20x \equiv -61 \pmod{583}$$
を得る．次にふたたび同じような操作をおこなえば，
$$20x \equiv -61 - 583 = -644 \pmod{583}$$
となり，両辺を 4 で約せば

(*) $\qquad\qquad 5x \equiv -161 \pmod{583}$

となる．

最後に (*) を解かなければならない．そのために
$$-161 + 583t \equiv 0 \pmod{5}$$

となるような t を求める．明らかに，この合同式は $-1+3t \equiv 0 \pmod{5}$ と同等で，$t=2$ がこれを満たす1つの整数となる．そこで(*)の右辺に $2 \cdot 583$ を加えて

$$5x \equiv -161+2 \cdot 583 = 1005 \pmod{583}.$$

この両辺を5で約せば

$$x \equiv 201 \pmod{583}.$$

これが求める答である．読者は201がたしかに与えられた合同式を満たしていることを検算されたい．[**注意**：この例で述べたような方法は，x の係数 a の素因数が小さい場合に有効である．]

次に，1つの未知数に関する，いくつかの異なる法をもつ合同式から成る連立1次合同式について考えよう．これについては，次の定理が基本的である．

定理9 $m_1, m_2, \cdots, m_k (k \geq 2)$ を対ごとに素な正の整数とし，$b_1, b_2, \cdots, b_k$ を任意の整数とする．そのとき，連立合同式

(2) $\begin{cases} x \equiv b_1 \pmod{m_1}, \\ x \equiv b_2 \pmod{m_2}, \\ \cdots\cdots\cdots\cdots \\ x \equiv b_k \pmod{m_k} \end{cases}$

は，積 $m = m_1 m_2 \cdots m_k$ を法としてただ1つの解をもつ．(これは次のことを意味する：法 m に関するある1つの剰余類に属するすべての整数，またそのような整数だけが，連立合同式(2)を満足する．)

証明 $m = m_1 m_2 \cdots m_k = m_i M_i (i=1,2,\cdots,k)$ とおく．m_i と M_i は互いに素であるから(定理4の系)，定理8によって

$$M_i t_i \equiv 1 \pmod{m_i}$$

となるような整数 t_i が存在する．おのおのの $i=1,2,\cdots,k$ に対し，このような $t_1, t_2, \cdots, t_k$ を1つずつ定めて

$$x_0 = M_1 t_1 b_1 + M_2 t_2 b_2 + \cdots + M_k t_k b_k$$

とおく．そうすれば，x_0 は連立合同式(2)を満たす1つの整数となる．実際，$i (1 \leq i \leq k)$ を任意に固定するとき，i 以外の j に対しては M_j は m_i で割り切れるから，

$$x_0 \equiv M_i t_i b_i \equiv b_i \pmod{m_i}.$$

ゆえに x_0 は(2)の合同式をすべて満足する.

このとき，連立合同式(2)は，明らかに

(2′) $\qquad x \equiv x_0 \pmod{m_i} \qquad (i=1, 2, \cdots, k)$

と同等となる．今の場合 $m_1, m_2, \cdots, m_k$ の最小公倍数は $m = m_1 m_2 \cdots m_k$ であるから，§6の問題5および6によって，整数 x が(2′)を満たすためには，

$$x \equiv x_0 \pmod{m}$$

であることが必要かつ十分である．すなわち，連立合同式(2′)，したがって(2)は，法 m に関して x_0 と合同なすべての整数，しかもそのような整数のみによって満たされる．(証明終)

例3 b_1, b_2, b_3 を任意の整数として，連立合同式

$$x \equiv b_1 \pmod{4}, \quad x \equiv b_2 \pmod{5}, \quad x \equiv b_3 \pmod{7}$$

を解いてみよう．

この場合 $m_1=4, m_2=5, m_3=7, m=4\cdot5\cdot7=140, M_1=35, M_2=28, M_3=20$ である．そこで

$$35t_1 \equiv 1 \pmod{4}, \quad 28t_2 \equiv 1 \pmod{5}, \quad 20t_3 \equiv 1 \pmod{7}$$

となるような t_1, t_2, t_3 を求める．これらはそれぞれ

$$-t_1 \equiv 1 \pmod{4}, \quad 3t_2 \equiv 1 \pmod{5}, \quad -t_3 \equiv 1 \pmod{7}$$

と同等であるから，容易にわかるように $t_1=-1, t_2=2, t_3=-1$ がこれらの合同式を満たす1組の整数となる．それゆえ，

$$x_0 = 35\cdot(-1)b_1 + 28\cdot 2b_2 + 20\cdot(-1)b_3 = -35b_1 + 56b_2 - 20b_3.$$

したがって，与えられた連立合同式の解は

$$x \equiv -35b_1 + 56b_2 - 20b_3 \pmod{140}$$

となる．

たとえば，連立合同式

$$x \equiv 2 \pmod{4}, \quad x \equiv 1 \pmod{5}, \quad x \equiv 3 \pmod{7}$$

の解は，

$$x \equiv -35\cdot 2 + 56\cdot 1 - 20\cdot 3 = -74 \equiv 66 \pmod{140}$$

である．

注意 上の定理9の証明では，(2)のすべての合同式を'対称的に'取り扱った．しかし，次のように合同式を'前のほうから順に解いていく'方法もある．

§7 1次の合同式

まず，第1の合同式 $x \equiv b_1 \pmod{m_1}$ を満たす x は，t を任意の整数として

(3) $$x = b_1 + m_1 t$$

で与えられる．これが第2の合同式 $x \equiv b_2 \pmod{m_2}$ をも満たすようにするには，

$$b_1 + m_1 t \equiv b_2 \pmod{m_2},$$

すなわち

(4) $$m_1 t \equiv b_2 - b_1 \pmod{m_2}$$

となるように t を選べばよい．仮定により $(m_1, m_2) = 1$ であるから，(4)は m_2 を法としてただ1つの解をもつ．すなわち，(4)を満たす t は，t_0 をある1つの整数，t' を任意の整数として，

(5) $$t = t_0 + m_2 t'$$

と表わされる．(5)を(3)に代入すれば，$b_1 + m_1 t_0 = b_2'$ として，

$$x = b_1 + m_1(t_0 + m_2 t') = b_2' + m_1 m_2 t',$$

すなわち

(6) $$x \equiv b_2' \pmod{m_1 m_2}$$

となる．これが第1，第2の合同式の解であり，したがってはじめの2つはこの1つの合同式に'還元'される．よって今度は，(6)を第3の合同式 $x \equiv b_3 \pmod{m_3}$ と連立させて，上と同じ方法を用いることができる．そうすれば，上と同様にして，

$$x \equiv b_3' \pmod{m_1 m_2 m_3}$$

の形の解を得る．以下同じ方法をくり返していけば，結局最後に，(2)のすべての連立合同式と同等な1つの合同式

$$x \equiv x_0 \pmod{m}, \quad m = m_1 m_2 \cdots m_k$$

が得られるのである．

読者は今述べた方法によって，この注意のすぐ前に挙げた連立合同式

$$x \equiv 2 \pmod{4}, \quad x \equiv 1 \pmod{5}, \quad x \equiv 3 \pmod{7}$$

をもう一度解いてみるとよい．

問　題

1. $(a, m) = d > 1$ とする．合同式 $ax \equiv b \pmod{m}$ が解をもつための必要十分条件は $d \mid b$

であることを示せ．またその場合，この合同式は m を法として d 個の (m/d を法とすればただ 1 個の) 解をもつことを示せ．

2. $m_1, m_2, \cdots, m_k$ の最小公倍数を $[m_1, m_2, \cdots, m_k]$ で表わすことにする．次のことを証明せよ．

(a) $d = (m_1, m_2)$ とすれば，連立合同式
$$x \equiv b_1 \pmod{m_1}, \quad x \equiv b_2 \pmod{m_2}$$
は，$b_1 \equiv b_2 \pmod{d}$ であるときまたそのときに限って解をもち，その解は $[m_1, m_2]$ を法として一意的である．

(b) 一般に，連立合同式
$$x \equiv b_1 \pmod{m_1}, \quad x \equiv b_2 \pmod{m_2}, \quad \cdots, \quad x \equiv b_k \pmod{m_k}$$
が解をもつ場合には，その解は $[m_1, m_2, \cdots, m_k]$ を法として一意的である．

[ヒント：本節末の注意に述べた方法に従え．また前問を用いよ．]

3. 次の合同式を解け．

(a) $19x \equiv 27 \pmod{35}$ (b) $47x \equiv 89 \pmod{111}$
(c) $256x \equiv 147 \pmod{333}$ (d) $81x \equiv 127 \pmod{250}$
(e) $111x \equiv 75 \pmod{321}$ (f) $80x \equiv 55 \pmod{185}$

4. 例 2 を参照して，次の方程式
$$80x - 583y = 339$$
を満たす整数 x, y のすべての組を決定せよ．

5. 連立合同式
$$x \equiv b_1 \pmod{3}, \quad x \equiv b_2 \pmod{7}, \quad x \equiv b_3 \pmod{16}$$
の解を求めよ．次にそれを用いて，3, 7, 16 で割った余りがそれぞれ 1, 4, 11 であるようなすべての整数を求めよ．

6. 次の連立合同式を解け．
$$x \equiv 3 \pmod{8}, \quad x \equiv 11 \pmod{20}, \quad x \equiv 1 \pmod{15}.$$

7. x に 5 を法とするある完全剰余系の値，たとえば $0, 1, 2, 3, 4$ を代入することによって，合同式
$$x^5 + 2x^2 + 3x + 4 \equiv 0 \pmod{5}$$
の解を求めよ．

8. 前問と同様にして，合同式
$$x^5 + x + 1 \equiv 0 \pmod{7}$$
の解を求めよ．

9. 合同式 $x^5 + x + 1 \equiv 0 \pmod{35}$ を解け．[ヒント：この合同式は，連立合同式 $x^5 + x + 1 \equiv 0 \pmod{5}$, $x^5 + x + 1 \equiv 0 \pmod{7}$ と同等である．]

10. p を素数とし,$0<a<p$ とする.§5問題3によって $a'=\dfrac{1}{p}\binom{p}{a}$ は整数である.合同式 $ax\equiv 1 \pmod{p}$ の解は
$$x \equiv (-1)^{a-1}a' \pmod{p}$$
によって与えられることを証明せよ.[ヒント:§6問題9を用いよ.]

§8 2つの整数論的関数

一般に,すべての正の整数 n に対して定義され,実数値あるいは複素数値をとるような関数は**整数論的関数**とよばれる.ここでは特に重要な2つの整数論的関数を紹介しよう.これらは本書で後にも用いられる.

まず,**Euler の関数** $\varphi(n)$ を定義しよう.これは,任意の $n\in \mathbf{Z}^+$ に対し,$1,2,\cdots,n$ のうち n と互いに素であるものの個数を表わすのである.たとえば

$$\varphi(1)=1, \quad \varphi(2)=1, \quad \varphi(3)=2, \quad \varphi(4)=2,$$
$$\varphi(5)=4, \quad \varphi(6)=2, \quad \varphi(7)=6, \quad \varphi(8)=4$$

である.

上の定義を,応用上もっと融通性のあるように述べかえることができる.一般に2つの整数 a,b が n を法として合同ならば,§3の補題Bによって $(a,n)=(b,n)$ である.したがって,法 n に関するある剰余類の1つの元が n と互いに素ならば,その剰余類に属するすべての元は n と互いに素である.このような剰余類を法 n に関する**既約剰余類**とよぶことにすれば,明らかに,$\varphi(n)$ は法 n に関する既約剰余類の個数に等しい.

おのおのの既約剰余類からそれぞれ1つずつ代表をとって作った $\varphi(n)$ 個の整数の組を,法 n に関する**既約剰余系**という.明らかに,法 n に関する1つの完全剰余系のうちから n と互いに素な数だけを選び出せば,n に関する1つの既約剰余系が得られる.また,与えられた $\varphi(n)$ 個の整数が法 n に関する既約剰余系をなすためには,それらがすべて n と互いに素で,またそのうちのどの2つも n を法として合同でないことが必要かつ十分である.

定理 10 整数 n の標準分解を $n=p_1^{\alpha_1}p_2^{\alpha_2}\cdots p_k^{\alpha_k}$ とすれば,

(1) $\qquad \varphi(n)=(p_1^{\alpha_1}-p_1^{\alpha_1-1})(p_2^{\alpha_2}-p_2^{\alpha_2-1})\cdots(p_k^{\alpha_k}-p_k^{\alpha_k-1}),$

あるいは

(1')
$$\varphi(n) = n\Bigl(1-\frac{1}{p_1}\Bigr)\Bigl(1-\frac{1}{p_2}\Bigr)\cdots\Bigl(1-\frac{1}{p_k}\Bigr).$$

特に

(2) $\qquad\qquad \varphi(p^\alpha) = p^\alpha - p^{\alpha-1}, \qquad \varphi(p) = p-1.$

証明 まず(2)は明らかである．実際，1から p^α までの整数のうちで，p^α したがって p と互いに素でないものは，p の倍数 $p, 2p, \cdots, p^\alpha$ だけであり，それらは $p^{\alpha-1}$ 個存在するからである．

一般の場合の公式は(2)と次の補題とから導かれる．

補題 E $(m, n) = 1$ ならば，$\varphi(mn) = \varphi(m)\varphi(n)$.

補題の証明 S, T, U をそれぞれ，任意に与えられた，法 m, n, mn に関する完全剰余系とする．また，S^*, T^*, U^* をそれぞれ S, T, U に含まれるような，法 m, n, mn に関する既約剰余系とする．（したがって，たとえば S の元の個数は m，S^* の元の個数は $\varphi(m)$ である．）完全剰余系の定義から明らかに，U の任意の元 z に対して，

(∗) $\qquad\qquad z \equiv x \pmod{m}, \qquad z \equiv y \pmod{n}$

となる $x \in S, y \in T$ がそれぞれただ1つ存在する．逆に $S \times T$ の元 (x, y) を任意に与えたとき，仮定 $(m, n)=1$ と定理9によって，(∗)を満たす $z \in U$ がただ1つだけ定まる．すなわち，関係式(∗)によって，U の元 z と $S \times T$ の元 (x, y) とは1対1に対応することになる．しかもこの z と (x, y) との対応において，

$$(z, mn) = 1$$

であるためには，

$$(x, m) = 1 \quad \text{かつ} \quad (y, n) = 1$$

であることが必要かつ十分である．実際，$(z, mn)=1$ は '$(z, m)=1, (z, n)=1$' と同等であるが，(∗)によってこれは '$(x, m)=1, (y, n)=1$' と同等となるからである．いいかえれば，上記の z と (x, y) との対応において，$z \in U^*$ であるためには，$(x, y) \in S^* \times T^*$ であることが必要かつ十分である．したがって U^* の元の個数 $\varphi(mn)$ は，$S^* \times T^*$ の元の個数 $\varphi(m)\varphi(n)$ に等しい．（証明終）

補題Eによって，$n_1, n_2, \cdots, n_k$ が対ごとに素ならば，

$$\varphi(n_1 n_2 \cdots n_k) = \varphi(n_1)\varphi(n_2)\cdots\varphi(n_k)$$

である．このことと上の(2)とを用いれば，直ちに一般の場合の公式(1)が得ら

れる．さらに (1) の右辺を
$$p_1{}^{\alpha_1}\Bigl(1-\frac{1}{p_1}\Bigr)p_2{}^{\alpha_2}\Bigl(1-\frac{1}{p_2}\Bigr)\cdots p_k{}^{\alpha_k}\Bigl(1-\frac{1}{p_k}\Bigr)$$
と書きあらためれば，$(1')$ の形の表現も得られる．以上で定理 10 の証明が完了した．

例 $720=2^4\cdot 3^2\cdot 5$ であるから
$$\varphi(720) = 720\Bigl(1-\frac{1}{2}\Bigr)\Bigl(1-\frac{1}{3}\Bigr)\Bigl(1-\frac{1}{5}\Bigr) = 192.$$

次に **Möbius** の関数 $\mu(n)$ について述べよう．これは次のように定義された関数である．

まず $\mu(1)=1$ とする．また $n\geqq 2$ に対しては，n がある素数の平方で割り切れる場合には $\mu(n)=0$ とし，n の標準分解が $n=p_1 p_2 \cdots p_k$ という形である場合には $\mu(n)=(-1)^k$ とする．たとえば
$$\mu(1) = 1, \quad \mu(2) = -1, \quad \mu(3) = -1, \quad \mu(4) = 0,$$
$$\mu(5) = -1, \quad \mu(6) = 1, \quad \mu(7) = -1, \quad \mu(8) = 0.$$

この関数のもつ基本的性質は，次の定理によって与えられる．

定理 11 $n>1$ ならば
$$\sum_{d\mid n} \mu(d) = 0.$$
ただし $\sum_{d\mid n}$ は n のすべての正の約数 d にわたる和を意味する．

証明 n の標準分解に現われる異なる素数を $p_1, p_2, \cdots, p_k$ とする．ある p_i を 1 より大きいべき指数で含むような約数 d に対しては $\mu(d)=0$ であるから，各 p_i をたかだかべき指数 1 で含むような d についての和を考えればよい．しかるに $p_1, p_2, \cdots, p_k$ のうちの r 個の積であるような約数 d の個数は $\binom{k}{r}$ である．したがって
$$\sum_{d\mid n} \mu(d) = 1 - \binom{k}{1} + \binom{k}{2} - \cdots + (-1)^r \binom{k}{r} + \cdots.$$
二項定理によれば，この右辺は $(1-1)^k$ の展開式に等しい．ゆえに $\sum_{d\mid n}\mu(d)=0$ となる．（証明終）

問　題

1. 1 から 100 までの整数 n について $\varphi(n), \mu(n)$ の表を作れ．

2. 任意の $n \in \mathbf{Z}^+$ に対して $\sum_{d|n} \varphi(d) = n$ を示せ. [ヒント: n の与えられた約数 d に対し, 1 から n までのうちで $(x, n) = d$ となるような x の個数を考えよ.]

3. $F(n)$ を整数論的関数とし,
$$G(n) = \sum_{d|n} F(d)$$
とおく. そのとき
$$F(n) = \sum_{d|n} \mu(d) G\left(\frac{n}{d}\right)$$
が成り立つことを証明せよ. (**整数論的関数の反転公式**)

4. 任意の $n \in \mathbf{Z}^+$ に対して $\varphi(n) = \sum_{d|n} \mu(d) \frac{n}{d}$ を示せ.

5. n を整数 >1 とする. $1, 2, \cdots, n$ のうちで n と互いに素な数の和は $\frac{n}{2}\varphi(n)$ となることを証明せよ. [ヒント: x が n と互いに素ならば, $n-x$ も n と互いに素である.]

6. 整数論的関数 $\theta(n)$ が**乗法的**であるとは, $\theta(1) = 1$ で, また $(a, b) = 1$ ならばつねに $\theta(ab) = \theta(a)\theta(b)$ が成り立つことをいう. たとえば $\tau(n), \sigma(n), \varphi(n)$ などは乗法的である(§5問題7および補題E). 次のことを示せ.

 (a) $\mu(n)$ は乗法的関数である.

 (b) $\theta_1(n), \theta_2(n)$ が乗法的ならば, $\theta(n) = \theta_1(n)\theta_2(n)$ によって定義される関数 $\theta(n)$ も乗法的である.

 (c) $\theta(n)$ を乗法的関数とし, 整数 n の標準分解を $n = p_1^{\alpha_1} \cdots p_k^{\alpha_k}$ とすれば,
$$\sum_{d|n} \theta(d) = \left(\sum_{\beta_1=0}^{\alpha_1} \theta(p_1^{\beta_1})\right) \cdots \left(\sum_{\beta_k=0}^{\alpha_k} \theta(p_k^{\beta_k})\right).$$

[特に, すべての n に対して $\theta(n) = 1$, あるいは $\theta(n) = n$ とすれば, この和はそれぞれ $\tau(n), \sigma(n)$ となる.]

7. $F(n)$ を整数論的関数とし, $G(n)$ を問題3によって定義された関数とする. $F(n)$ が乗法的ならば $G(n)$ も乗法的であり, 逆に $G(n)$ が乗法的ならば $F(n)$ も乗法的であることを示せ. [ヒント: $(n_1, n_2) = 1$ ならば, $n_1 n_2$ の任意の約数は, n_1 の約数 d_1 と n_2 の約数 d_2 の積 $d_1 d_2$ として一意的に表わされることに注意せよ.]

8. $m_1, m_2, \cdots, m_k$ を対ごとに素な正の整数とし, $m = m_1 m_2 \cdots m_k = m_i M_i \ (i = 1, 2, \cdots, k)$ とおく. 整数 $x_1, x_2, \cdots, x_k$ がそれぞれ $m_1, m_2, \cdots, m_k$ を法とするある完全剰余系を動けば,
$$M_1 x_1 + M_2 x_2 + \cdots + M_k x_k$$
という形の数の全体は法 m に関する完全剰余系となることを証明せよ. また, この形の数が m と互いに素であるためには, $x_1, x_2, \cdots, x_k$ がそれぞれ $m_1, m_2, \cdots, m_k$ と互いに素であることが必要かつ十分であることを示せ. 最後に, この事実から, ふたたび $\varphi(n)$ の乗法性を導け.

§9 Euler の定理と Fermat の定理

まず次の補題を証明しよう.

補題 F $m>0$ とし, $(a,m)=1$ とする. そのとき, $x_1, \cdots, x_l\,(l=\varphi(m))$ が法 m に関する既約剰余系ならば, $ax_1, \cdots, ax_l$ も法 m に関する既約剰余系である.

証明 $ax_1, \cdots, ax_l$ が m を法として互いに合同でないことは, すでに補題 D でわかっている. 一方, 仮定によって ax_i はすべて m と互いに素である. これから上の結論が得られる.

定理 12 (Euler の定理) m が正の整数で, $(a,m)=1$ ならば,
$$a^{\varphi(m)} \equiv 1 \pmod{m}$$
が成り立つ.

証明 $x_1, \cdots, x_l\,(l=\varphi(m))$ を法 m に関する既約剰余系とする. そのとき, 補題 F によって $ax_1, \cdots, ax_l$ も法 m に関する既約剰余系であるから, これは $x_1, \cdots, x_l$ の順序を適当に並べかえた $x_{\pi(1)}, \cdots, x_{\pi(l)}$ とそれぞれ m を法として合同となる. ($\pi(1), \cdots, \pi(l)$ は $1, \cdots, l$ のある '順列' である.) すなわち
$$ax_1 \equiv x_{\pi(1)} \pmod{m},$$
$$ax_2 \equiv x_{\pi(2)} \pmod{m},$$
$$\cdots\cdots\cdots\cdots$$
$$ax_l \equiv x_{\pi(l)} \pmod{m}.$$
そこで, これら l 個の合同式を辺々掛け合わせれば
$$a^l x_1 \cdots x_l \equiv x_{\pi(1)} \cdots x_{\pi(l)} = x_1 \cdots x_l \pmod{m}.$$
$x_1 \cdots x_l$ は m と互いに素であるから, 両辺をこれで約すことができる (§6 問題 2). ゆえに $a^l = a^{\varphi(m)} \equiv 1 \pmod{m}$ となる. (証明終)

定理 12 において, 特に m を素数 p とすれば, 次の系が得られる.

系 (Fermat の定理) p が素数で, $(a,p)=1$ ならば,
$$a^{p-1} \equiv 1 \pmod{p}.$$

Euler の定理および Fermat の定理を実例によってたしかめてみよう.

たとえば, $m=30, a=13$ とする. そのとき $\varphi(30)=8$ で,
$$13^8 = 169^4 \equiv (-11)^4 = 121^2 \equiv 1^2 = 1 \pmod{30}.$$
また $p=11, a=8$ とすれば,
$$8^{10} = 64^5 \equiv (-2)^5 \equiv -32 \equiv 1 \pmod{11}.$$

注意 Fermat の定理は次のようにもっと便利な形にすることができる．すなわち，$a^{p-1} \equiv 1 \pmod{p}$ の両辺に a を掛ければ，
$$a^p \equiv a \pmod{p}$$
を得るが，この合同式は明らかに a が p で割り切れる場合にも成り立つ．

問　題

1. §6 の問題 8 を用いて Fermat の定理を証明せよ．

2. Fermat の定理から Euler の定理を導け．［ヒント：まず $m=p^\alpha$ の場合について Euler の定理を証明せよ．］

3. $m>1, (a,m)=1$ とする．合同式 $ax \equiv b \pmod{m}$ の解は $x \equiv ba^{\varphi(m)-1} \pmod{m}$ で与えられることを示せ．

第2章 群

§1 写像

 S, S' を2つの集合とする. S から S' への**写像**とは, S のおのおのの元にそれぞれ S' の1つの元を対応させる'対応'のことをいう. f が S から S' への写像であることを, 記号で $f: S \to S'$ と書く. またこのとき, S を写像 f の**定義域**または**始集合**, S' を f の**終集合**という.

 f を S から S' への写像とするとき, f によって S の元 x に対応する S' の元を, x における f の**値**または f による x の**像**とよび, $f(x)$ で表わす. 写像 f による x の像が $f(x)$ であることを, 矢印 $\mapsto$ を用いて
$$x \mapsto f(x)$$
と書く.

 読者は2つの矢印 $\to$ および $\mapsto$ の用法の違いに注意されたい. すなわち, 前者は写像の定義域から終集合へ向けて書かれ, 後者は定義域の元からその像へ向けて書かれるのである.

 例1 N の各元 n にそれぞれ $2n \in N$ を対応させれば, N から N への1つの写像が得られる. この写像を f で表わせば, 定義によって, すべての $n \in N$ に対し $f(n)=2n$ である. 矢印 $\mapsto$ を用いれば, これを "$n \mapsto 2n$ によって定義された N から N への写像" というように述べ表わすこともできる.

 例2 第1章で述べた整数論的関数 τ, σ (p. 17 例3, 例4)および Euler の関数 φ は, いずれも Z^+ から Z^+ への写像である. また Möbius の関数 μ は Z^+ から Z への写像である.

 例3 R を実数全部の集合とする. R のある部分集合から R への写像とは, 読者が中学校や高等学校で学んだ'実変数の実数値関数'にほかならない. 一般に, S を任意の集合とするとき, S から R への写像は, S 上で定義された**実数値関数**とよばれる. 同様に, 任意の集合 S から複素数全部の集合 C への写像は, S 上で定義された**複素数値関数**とよばれる. [**注意**: 以後 R や C などの文字も, 前章の N, Z^+, Z, Q と同じく, いつも上記の特定の集合を表わす記号

として用いる．また，実数や複素数についても，高等学校までの課程に含まれている程度の知識は読者がもっているものと仮定する．これらの概念の厳密な記述については，後の第6章を参照されたい．]

例4 S, S' を2つの集合とし，b を S' の1つの元とする．そのとき，S の任意の元 x に対し，$x \mapsto b$ として，S から S' への1つの写像を定義することができる．これを S から S' への値 b の**定値写像**という．

例5 任意の2つの実数 a, b に対し，われわれは，'加法' とよばれる算法によってその和 $a+b$ を定義することができる．いいかえれば，R における加法とは，R の任意の2元の組 (a, b) に $a+b \in R$ を対応させる $R \times R$ から R への写像である．同様に，R における乗法は

$$(a, b) \mapsto ab$$

によって定義される $R \times R$ から R への写像である．一般に，S を任意の集合とするとき，$S \times S$ から S への写像はしばしば S における**二項算法**(あるいは**二項演算**)とよばれる．

S, S' を集合とし，$f: S \to S'$ を写像とする．S の元 x, y に対し，$x \neq y$ ならば必ず $f(x) \neq f(y)$ であるとき，すなわち S の異なる2元の像がいつも異なるとき，f は S から S' への**単射**であるという．単射はまた**1対1の写像**ともよばれる．

ふたたび $f: S \to S'$ を写像とし，U を S の部分集合とする．x が U のすべての元を動くとき，像 $f(x)$ 全部の集合を f による U の**像**とよび，$f(U)$ で表わす．特に S 自身の f による像 $f(S)$ は簡単に 'f の像' ともよばれる．

注意 条件を指示して集合を表わす記法によれば，
$$f(U) = \{x' | f(x) = x' \text{ となる } x \in U \text{ が存在する}\}$$
である．しかしこの書き方は少し面倒であるので，略式にこれを
$$f(U) = \{f(x) | x \in U\}$$
とも書く．今後もこれに類した略式の記法を用いることがあろう．

写像 $f: S \to S'$ において，f の像 $f(S)$ が S' と一致するとき，f は S から S' への**全射**であるという．これは，S' の任意の元 x' に対して，$f(x) = x'$ となるような S の元 x が存在することにほかならない．この場合また，f は S から S' の**上への写像**であるともいう．

$f: S \to S'$ が同時に単射かつ全射であるとき，f は S から S' への**全単射**とよ

ばれる．これは S' の任意の元 x' に対して，$f(x)=x'$ となる $x \in S$ が1つしかもただ1つだけ存在することを意味する．(x が存在することは f が全射であることからわかり，それがただ1つに限ることは f が単射であることからわかる．)

例6 S を任意の集合とする．すべての $x \in S$ に対し
$$I(x) = x$$
で定義される写像 $I: S \to S$ は，明らかに S からそれ自身への全単射である．これを S の**恒等写像**(identity map)とよび，くわしくは I_S または Id_S で表わす．

例7 S を S' の部分集合とする．S の任意の元 x に対し $x \mapsto x$ で定義される写像 $S \to S'$ は，もちろん S から S' への単射である．これを S から S' への**自然な単射**という．$S=S'$ である場合には，これは集合 S の恒等写像にほかならない．

例8 f_1, f_2, f_3, f_4 をそれぞれ次の式によって定義された R から R への写像とする:
$$f_1(x) = x+1,$$
$$f_2(x) = x^3-x,$$
$$f_3(x) = 2^x,$$
$$f_4(x) = x^2.$$
f_1 は R から R への全単射である．f_2 は R から R への全射であるが，単射ではない．他方 f_3 は単射であるが，全射ではない．f_4 は全射でも単射でもない．(読者はグラフをかいて上記のことをたしかめよ．)

注意 R' を ≥ 0 である実数全部の集合とする．われわれは上例の最後の写像 $x \mapsto x^2$ を，R から R' への写像と考えることもできる．(なぜならば，すべての $x \in R$ に対して $x^2 \geq 0$ であるからである．) このように，$x \mapsto x^2$ を R から R' への写像とみなした場合には，これは R から R' への全射となる．読者はしかし，これを同じ式で定義された R から R への写像と同一視してはならない．写像という概念にはいつもその定義域(始集合)と終集合とが付随しており，特に全射の概念にはその終集合が本質的に関係するのである．

f を S から S 自身への写像とする．もちろん一般には f が単射であっても，f は全射であるとは限らない．(例8の f_3 をみよ．) しかし，S が有限集合であ

る場合には, $f: S \to S$ が単射ならば, それは同時に S から S への全射ともなる. 実際, S の元の個数を n とし, $f: S \to S$ を単射とすれば, その像 $f(S)$ も n 個の元から成るからである. この簡単な事実はしばしば有効に用いられる.

f を S から S' への全単射とする. そのとき, S' の任意の元 x' に, $f(x)=x'$ となるような S のただ1つの元 x を対応させることによって, S' から S への写像を定義することができる. これを f の**逆写像**とよび, f^{-1} で表わす. 定義によって, $x \in S, x' \in S'$ に対し, $f(x)=x'$ であることと $f^{-1}(x')=x$ であることとは同等である. また直ちにわかるように, $f^{-1}: S' \to S$ は S' から S への全単射である.

例 9 R^+ を正の実数全部の集合とし, $f: R \to R^+$ を $f(x)=2^x$ によって定義された写像とする. これは R から R^+ への全単射で, その逆写像 $f^{-1}: R^+ \to R$ は対数関数 $x \mapsto \log_2 x$ である.

$f: S \to S'$ が任意の写像である場合にも, 次の意味で S' の元の逆像を定義することができる. すなわち, $x' \in S'$ に対し, $f(x)=x'$ となるような S のすべての元 x の集合を $f^{-1}(x')$ で表わし, これを f による x' の**逆像**とよぶのである. x' が f の像 $f(S)$ に含まれていない場合には $f^{-1}(x')$ は空集合である. $x' \in f(S)$ ならば $f^{-1}(x')$ は空集合ではないが, その元は1つであるとは限らない. (f が全単射である場合, 前に定義した逆写像の意味で $f^{-1}(x')=x$ ならば, 今定義した意味では $f^{-1}(x')=\{x\}$ である. この場合, 両様の意味に本質的な違いはない.)

さらに一般に, U' を S' の部分集合とするとき, $f(x) \in U'$ となるような S の元 x 全部の集合を $f^{-1}(U')$ で表わし, f による U' の**逆像**という.

注意 上の意味で, 記号 f^{-1} は, S' の各部分集合 U' に S の部分集合 $f^{-1}(U')$ を対応させる'写像'

$$U' \mapsto f^{-1}(U')$$

と考えられる. この写像の定義域は S' の部分集合全体の集合, 終集合は S の部分集合全体の集合である. しかし一般には, この記号は S' から S への写像という意味はもっていない. f^{-1} が S' から S への写像という意味をもつのは, $f: S \to S'$ が全単射であるときだけである.

$f: S \to S'$ を写像とし, U を S の部分集合とする. $x \in U$ に対し $x \mapsto f(x)$ で定義される写像 $U \to S'$ を, f の定義域を U に縮小した写像, あるいは簡単に f の

§1 写像

U への**縮小**という．これをしばしば記号 $f|U$ で表わす．

$f: S \to S'$, $f_1: S_1 \to S_1'$ を写像とし，$S \subset S_1$, $S' \subset S_1'$ とする．もし，S の任意の元 x に対して $f(x) = f_1(x)$ であるならば，f_1 は f の**拡大**（または**延長**）であるという．

次に合成写像を定義しよう．R, S, T を集合とし，
$$f: R \to S, \quad g: S \to T$$
を写像とする．そのとき，$x \in R$ に対し，$x \mapsto g(f(x))$ として，写像 $R \to T$ を定義することができる．これを f と g との**合成写像**とよび，$g \circ f$ で表わす．定義により，すべての $x \in R$ に対して
$$(g \circ f)(x) = g(f(x))$$
である．

例10 $f: \boldsymbol{R} \to \boldsymbol{R}$, $g: \boldsymbol{R} \to \boldsymbol{R}$ をそれぞれ $f(x) = x^2$, $g(x) = x+1$ によって定義された写像とする．そのとき $(g \circ f)(x) = g(f(x)) = x^2 + 1$ である．この場合にはまた $f \circ g$ を定義することもできる．それは $(f \circ g)(x) = f(g(x)) = (x+1)^2$ であり，したがって
$$f \circ g \neq g \circ f$$
である．

合成写像については，次のような命題が成り立つ．

補題 A $f: R \to S$, $g: S \to T$ がともに単射ならば，$g \circ f: R \to T$ も単射である．f, g がともに全射ならば $g \circ f$ も全射であり，f, g がともに全単射ならば $g \circ f$ も全単射である．

証明 f, g がともに単射であるとしよう．そのとき，x, y を R の異なる 2 元とすれば，まず f が単射であるから，$f(x) \neq f(y)$，さらに g が単射であるから $g(f(x)) \neq g(f(y))$ となる．ゆえに $g \circ f$ は単射である．第 2 の部分の証明は読者の練習問題に残しておこう．命題の最後の部分ははじめの 2 つの部分から明らかである．

補題 B R, S, T, U を集合とし，
$$f: R \to S, \quad g: S \to T, \quad h: T \to U$$
を写像とする．そのとき
$$h \circ (g \circ f) = (h \circ g) \circ f$$

が成り立つ.

証明 この証明もきわめて簡単である．実際，R の任意の元 x に対して，
$$(h \circ (g \circ f))(x) = h((g \circ f)(x)) = h(g(f(x))),$$
$$((h \circ g) \circ f)(x) = (h \circ g)(f(x)) = h(g(f(x))).$$
これは $h \circ (g \circ f) = (h \circ g) \circ f$ を意味する．(証明終)

最後に $f: S \to S'$ を任意の写像とする．そのとき，明らかに
$$f \circ I_S = f, \quad I_{S'} \circ f = f$$
が成り立つ．また f が全単射である場合には，f の逆写像 $f^{-1}: S' \to S$ が定義されるが，これについて
$$f^{-1} \circ f = I_S, \quad f \circ f^{-1} = I_{S'}$$
が成り立つ．実際，任意の $x \in S$ に対して $f(x) = x'$ とすれば，$f^{-1}(x') = x$ であるから，
$$(f^{-1} \circ f)(x) = f^{-1}(f(x)) = f^{-1}(x') = x.$$
ゆえに $f^{-1} \circ f = I_S$ となる．もう一方の式の証明も全く同様である．

上のこととは逆に，次の補題が成り立つ.

補題 C $f: S \to S'$ を写像とする．もし
$$g \circ f = I_S \quad かつ \quad f \circ g = I_{S'}$$
となるような写像 $g: S' \to S$ が存在するならば，f は S から S' への全単射で，g は f の逆写像 f^{-1} と一致する．

この補題の証明は読者の練習問題に残しておくことにしよう.

問　題

1. $f: S \to S'$ を写像とする．次のことを示せ.
 (a) U, W を S の任意の部分集合とするとき，
$$f(U \cup W) = f(U) \cup f(W),$$
$$f(U \cap W) \subset f(U) \cap f(W).$$
 (b) U', W' を S' の任意の部分集合とするとき，
$$f^{-1}(U' \cup W') = f^{-1}(U') \cup f^{-1}(W'),$$
$$f^{-1}(U' \cap W') = f^{-1}(U') \cap f^{-1}(W').$$
 (c) S の任意の部分集合 U に対して $f^{-1}(f(U)) \supset U$.
 (d) S' の任意の部分集合 U' に対して $f(f^{-1}(U')) \subset U'$.

2. $f: S \to S'$ が単射ならば，前問(a)の第2式および(c)において等号が成り立つことを示せ．
3. $f: S \to S'$ が全射ならば，問題1の(d)において等号が成り立つことを示せ．
4. 補題Aの第2の部分を証明せよ．
5. 補題Cを証明せよ．

§2 群とその例

G を空でない集合とし，G に1つの二項算法，すなわち $G \times G$ から G への1つの写像が与えられたとする．この算法によって $(a,b) \in G \times G$ に対応する G の元を $a * b$ と書くことにしよう．これについて次の3つの条件が満たされるとき，G は算法 $*$ と合わせて，**群**(group)とよばれる．またこのとき，G は算法 $*$ について群をなすともいう．

G1 算法 $*$ は'結合的'である．すなわち，G のすべての元 a, b, c に対して

$$(a*b)*c = a*(b*c)$$

が成り立つ．

G2 G に1つの元 e が存在して，G のすべての元 a に対し

$$e*a = a*e = a$$

が成り立つ．

G3 G の任意の元 a に対して

$$b*a = a*b = e$$

を満たす G の元 b が存在する．

注意 上述のように，群というのは，集合 G と上の3つの公理を満たす算法 $*$ との'結合概念'である．それゆえ，正確には群 $(G; *)$ と書くべきであるが，通常は，特に必要がない限り，これを単に群 G と略記する．

群の算法を表わす記号はそれぞれの場合によって多様であるが，ふつうは乗法あるいは加法の記号が用いられる．乗法記号によって $a * b$ を ab と書く場合，群 G は**乗法群**とよばれ，加法記号によって $a+b$ と書く場合，G は**加法群**とよばれる．以下の一般論においては，記法を簡単にするため，乗法群を取り扱うことにする．

公理 G2 によって存在する元 e を群 G の**単位元**という．これはしばしば1とも書かれる．また G3 によって存在する b を a の**逆元**という．

"単位元はただ1つである．"

証明 e, e' がともに単位元であるとすれば，e' が単位元であることから $ee'=e$，また e が単位元であることから $ee'=e'$．ゆえに $e=e'$ となる．

"a の逆元は(a に対して)一意的に定まる．"

証明 b, c をともに a の逆元とすれば，
$$b = be = b(ac) = (ba)c = ec = c.$$

通常 a の逆元を a^{-1} で表わす．定義から明らかに
$$(a^{-1})^{-1} = a$$
である．

加法群においては，単位元を 0，a の逆元を $-a$ で表わす．すなわち，0 はすべての $a \in G$ に対して
$$0+a = a+0 = a$$
を満たす元であり，$-a$ は
$$(-a)+a = a+(-a) = 0$$
を満たす元である．なお，慣習に従い，今後加法群においては，その算法が'交換律'を満たすこと，すなわち任意の2元 a, b に対していつも
$$a+b = b+a$$
が成り立つことを仮定する．

一般に(乗法)群 G の元 a, b が $ab=ba$ を満たすとき，a, b は**可換**であるという．(たとえば単位元 e は G のすべての元と可換である．) G の任意の2元がいつも可換であるときには，G は**可換群**または **Abel 群**とよばれる．上の約束によって，加法群はいつも可換群である．

次に群のいくつかの簡単な例を挙げよう．

例1 整数全体の集合 $\boldsymbol{Z}$ はふつうの加法について群をなす．同様に，集合 $\boldsymbol{Q}$, $\boldsymbol{R}$, $\boldsymbol{C}$ もそれぞれ加法について群をなす．$\boldsymbol{Q}, \boldsymbol{R}, \boldsymbol{C}$ はそれぞれ，有理数全体の集合，実数全体の集合，複素数全体の集合を表わすのであったことを思い出しておこう．

例2 0 でない有理数全部の集合を $\boldsymbol{Q}^*$ で表わせば，$\boldsymbol{Q}^*$ はふつうの乗法につ

いて群をなす.同様に,0でない実数全部の集合 R^*,0でない複素数全部の集合 C^* も,それぞれ乗法について群をなす.[質問:Q, R, C は乗法について群をなすか? 答は'否'である.]

例3 複素数 $\alpha = a+bi$ (a, b は実数, i は虚数単位)に対し,その**絶対値** $|\alpha|$ を
$$|\alpha| = \sqrt{a^2+b^2}$$
と定義する.この右辺はもちろん,実数 $a^2+b^2 (\geq 0)$ の負でない平方根を表わすのである.明らかに,α が実数であるときには,この定義はすでに知っている実数の絶対値の定義と一致する.また簡単な計算によって示されるように,任意の2つの複素数 α_1, α_2 に対して
$$|\alpha_1\alpha_2| = |\alpha_1||\alpha_2|$$
が成り立つ.(読者はこのことを証明せよ.)このことから,絶対値が1である複素数全部の集合を T とすれば,T は複素数の乗法について群をなしていることがわかる.実際,上の等式によって T は乗法について'閉じて'おり,群の3つの公理はどれも直ちに検証されるからである.くわしい検証は読者にまかせよう.

例4 2つの実数 1, -1 のみから成る集合 $\{1, -1\}$ は乗法について群をなす.この群はただ2つの元をもつ.

例5 ただ1つの元をもつ集合 $\{e\}$ において,$ee=e$ と定義すれば,$\{e\}$ は群となる.これは'単位元のみから成る群'である.

例5の群を**単位群**という.一般には群は無限個の元をもつこともあれば,有限個の元から成ることもある.有限個の元から成る群は**有限群**とよばれ,その元の個数は群の**位数**とよばれる.単位群の位数は1であり,例4の群の位数は2である.

以上に挙げた例はいずれも可換群であるが,次に挙げるのは非可換群の重要な例である.

例6 X を空でない集合とし,X からそれ自身への全単射全部の集合を G とする."G は写像の合成を算法として群をなす"ことを証明しよう.まず $f: X \to X$, $g: X \to X$ がともに全単射ならば,前節の補題 A によって $g \circ f: X \to X$ も全単射である.すなわち $f, g \in G$ ならば $g \circ f \in G$ であり,したがって $\circ$ は G において定義された算法となる.この算法について,G1 は写像に関する結

合律(前節の補題B)から従う．G2の単位元はXの恒等写像I_Xである．G3については，$f \in G$の逆写像がfの逆元となる．以上でGは群であることが証明された．——次に，Xが少なくとも3つの元を含むときには，この群は可換でないことを示そう．いまa, b, cをXの異なる3元とし，XからXへの写像fを

$$a \mapsto a, \quad b \mapsto c, \quad c \mapsto b$$

によって，またgを

$$a \mapsto c, \quad b \mapsto b, \quad c \mapsto a$$

によって定義する．ただしf, gともにa, b, c以外のXの元xはx自身に対応させるのである．そうすれば，明らかに$f, g \in G$であるが，

$$(g \circ f)(a) = c, \quad (f \circ g)(a) = b$$

であるから$g \circ f \neq f \circ g$．ゆえにGは可換群ではない．

例6の群Gを$S(X)$で表わし，集合Xの上の**対称群**という．また$S(X)$の元，すなわちXからそれ自身への全単射を簡単にXの**置換**とよぶ．特にXがn個の元から成る有限集合である場合には，$S(X)$は記号S_nで表わされ，**n次の対称群**とよばれる．これは位数$n!$の有限群である(後の§4例2参照)．この重要な群の基本的性質については，§9で述べるであろう．

一般論にもどり，群の簡単な性質の説明を続けよう．

Gを群とし，$a_1, a_2, \cdots, a_n (n \geq 3)$を$G$の元とする．われわれはそれらの積$a_1 a_2 \cdots a_n$を，帰納的に

$$a_1 a_2 \cdots a_n = (a_1 \cdots a_{n-1}) a_n$$

によって定義する．それゆえ，たとえば$n=4$の場合，$a_1 a_2 a_3 a_4 = ((a_1 a_2) a_3) a_4$であるが，結合律によってこれは

$$(a_1(a_2 a_3)) a_4 = a_1((a_2 a_3) a_4) = a_1(a_2(a_3 a_4))$$
$$= (a_1 a_2)(a_3 a_4)$$

に等しい．すなわち積は‘括弧のつけ方’には関係しない．このことはもちろん一般に成り立ち，証明はnに関する帰納法によって与えられる．しかし，その厳密な叙述は記法的にいくらか繁雑であるので，ここでは省略する．

積$a_1 a_2 \cdots a_n$はまた$\prod_{i=1}^{n} a_i$とも書かれる．加法記号の場合には，これらはそれぞれ$a_1 + a_2 + \cdots + a_n$あるいは$\sum_{i=1}^{n} a_i$と書かれ，積のかわりに和とよばれる．

さらに G が可換群である場合には，積 $a_1a_2\cdots a_n$ において因数の順序を任意に変更することができる．たとえば

$$a_1a_2a_3a_4 = a_1(a_2a_3a_4) = (a_2a_3a_4)a_1 = (a_2a_3)(a_4a_1)$$
$$= (a_4a_1)(a_2a_3) = (a_4a_1)(a_3a_2) = a_4(a_1a_3a_2) = (a_1a_3a_2)a_4.$$

これについても一般の場合の証明は省略する．

なお，上のはじめに述べた部分は結合律だけからの帰結であり，後の部分は結合律と交換律だけからの帰結であることに注意しておこう．

"$a_1, a_2, \cdots, a_n$ を群 G の元とするとき，

(1) $\qquad\qquad (a_1a_2\cdots a_n)^{-1} = a_n^{-1}\cdots a_2^{-1}a_1^{-1}$

が成り立つ．特に $(ab)^{-1}=b^{-1}a^{-1}$."

この証明は容易であるから，読者の練習問題とする．読者は右辺の因数の順序に注意されたい．

a を群 G の1つの元とするとき，a 自身の n 個の積を通常のように a^n で表わす．また $a^0=e$, $a^{-n}=(a^{-1})^n$ $(n \in \mathbf{Z}^+)$ と定義する．そのとき，任意の $m, n \in \mathbf{Z}$ に対して'指数法則'

$$a^m a^n = a^{m+n}, \qquad (a^m)^n = a^{mn}$$

が成り立つ．さらに G が可換群ならば，任意の $a, b \in G$ および任意の $n \in \mathbf{Z}$ に対して

$$(ab)^n = a^n b^n$$

も成り立つ．これらのことの検証も読者にまかせよう．（もちろん加法群においては，a の 'n 乗' のかわりに a の 'n 倍' na が定義される．これについて上の指数法則に対応する法則を読者自身で書いてみよ．）

"群においては**簡約律**が成り立つ．すなわち a, u, u', v, v' を群 G の元とするとき，$au=au'$ ならば $u=u'$；$va=v'a$ ならば $v=v'$."

証明 等式 $au=au'$ の両辺の左から a^{-1} を掛ければ，$a^{-1}(au)=a^{-1}(au')$ となるが，左辺は $(a^{-1}a)u=eu=u$ に等しく，同様に右辺は u' に等しい．よって $u=u'$ となる．後半も全く同様である．

最後に次の命題を定理として述べておこう．

定理1 G を群とすれば，G の任意の元 a, b に対し，$au=b$ となるような $u \in G$，および $va=b$ となるような $v \in G$ がそれぞれ一意的に存在する．

証明 u, v の一意性は上の簡約律から明らかである．また $u_0 = a^{-1}b$ とおけば，
$$au_0 = a(a^{-1}b) = (aa^{-1})b = eb = b.$$
同様に $v_0 = ba^{-1}$ とおけば $v_0 a = b$. すなわち，$au = b$ および $va = b$ の解はそれぞれただ1つだけ存在する．

問 題

1. 本節の式(1)を証明せよ．

2. 空でない集合 G に結合的な乗法(すなわち，G1を満たす乗法)が定義され，それについて次の2つの条件('左単位元'および'左逆元'の存在)が満たされているとする．

G 2′ G に1つの元 e が存在して，G のすべての元 a に対して $ea = a$ が成り立つ．

G 3′ G の任意の元 a に対し，$ba = e$ となるような G の元 b が存在する．

そのとき，G は群であることを証明せよ．

3. 空でない集合 G に結合的な乗法が定義されており，任意の $a, b \in G$ に対して，$au = b$ および $va = b$ となるような G の元 u, v が存在するとする．(u, v の一意性は仮定しない．) そのとき G は群であることを証明せよ．

4. 空でない有限集合 G に結合的な乗法が定義され，それについて簡約律 "$au = au'$ ならば $u = u'$；$va = v'a$ ならば $v = v'$" が成り立つとする．そのとき G は群であることを証明せよ．［ヒント：前問に帰着させよ．］

5. G が有限集合でない場合には前問の結論は成り立たないことを，例を挙げて示せ．

6. G を有限群とすれば，G の与えられた元 a に対して $a^n = e$ となる整数 $n \geq 1$ が存在することを示せ．

7. 群 G の任意の元 a に対して $a^2 = e$ が成り立つならば，G は可換群であることを示せ．

8. G を群とする．次のことを示せ．

(a) G のすべての元 a, b に対して $(ab)^2 = a^2 b^2$ が成り立つならば，G は可換群である．

(b) ある整数 $n \geq 3$ が存在して，G のすべての元 a, b に対し $(ab)^k = a^k b^k$ が $k = n, n+1, n+2$ に対して成り立つとする．そのとき G は可換群である．

9. S を任意の集合とし，S の部分集合全部の集合を $P(S)$ とする．$P(S)$ の任意の2元 A, B に対し
$$A \triangle B = (A - B) \cup (B - A)$$
とおく．ただし，$A - B$ は A に属して B には属さない元全部の集合を表わす．$P(S)$ は $\triangle$ を算法として可換群をなすことを証明せよ．($A \triangle B$ はしばしば 'A, B の対称差' とよばれる．第1図参照．)

10. 空でない集合 G に記号 a/b で表わされる二項算法が定義され，次の条件が満たさ

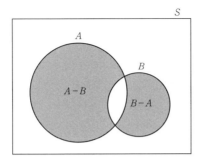

第1図

れているとする.

- **L 1** $a/a = b/b$.
- **L 2** $a/(b/b) = a$.
- **L 3** $(a/a)/(b/c) = c/b$.
- **L 4** $(a/c)/(b/c) = a/b$.

このとき，$b^{-1}=(b/b)/b$ とおき，$ab=a/b^{-1}$ と定義すれば，この乗法に関して G は群をなすことを証明せよ．（この公理系は複雑で実用には適さないが，すべての公理が算法等式のみによって表わされている点に興味がある．）

§3 部分群と生成系

G を群とする．G の部分集合 H が G において定義されている算法に関してそれ自身群をなすとき，H を G の **部分群** という．

H が G の部分群ならば，当然 H は G の算法について '閉じて' いなければならない．すなわち $a,b \in H$ ならば $ab \in H$ でなければならない．また，H の単位元は G の単位元 e と一致し，H の元 a の H における逆元は G における逆元 a^{-1} と一致しなければならない．実際，e' を H の単位元とすれば，$e'e'=e'=ee'$ であるから，簡約律によって $e'=e$．また $a \in H$ の H における逆元を $(a^{-1})'$ とすれば，$(a^{-1})'a=e'=e=a^{-1}a$ であるから，ふたたび簡約律によって $(a^{-1})'=a^{-1}$．——これから次の補題が得られる．

補題 D 群 G の部分集合 H が G の部分群をなすためには，H が次の3条件を満たすことが必要かつ十分である．

(1) H は G の単位元 e を含む．

(2) $a, b \in H$ ならば $ab \in H$.

(3) $a \in H$ ならば $a^{-1} \in H$.

証明 これらの条件が必要であることは上に示した. 逆に H がこれらの条件を満たすとすれば, 結合律 G1 は自動的に H においても成り立っているから, 明らかに H は群となる.

注意 上の条件(1)は "H が空でない" という条件におきかえてもよい. 実際 H が1つの元 a を含めば, (3)によって H は a^{-1} をも含み, したがって(2)により $aa^{-1}=e \in H$ となるからである.

H が G の有限部分集合である場合には, われわれは補題Dの条件からさらに(3)を取り除くことができる. この単純化は実際上有用である.

補題E H が群 G の空でない有限部分集合で, G の乗法に関して閉じているならば, H は G の部分群である.

証明 補題Dと上の注意によって, $a \in H$ ならば $a^{-1} \in H$ であることを示せばよい. $a=e$ ならばこのことは明らかであるから, $a \neq e$ とする. 仮定によって $a^2=aa \in H$, $a^3=a^2 a \in H$, … であるが, H は有限集合であるから, $a, a^2, a^3,$ … のことごとくは異なる元ではない. ゆえに, $r>s>0$ である適当な整数 r, s に対して $a^r=a^s$ となる. これより $a^{r-s}=e$, したがって $a \cdot a^{r-s-1}=e$. $a \neq e$ であるから明らかに $r-s-1>0$ で, $a^{r-s-1} \in H$. ゆえに $a^{-1}=a^{r-s-1} \in H$ である. (証明終)

任意の群 G において G 自身はもちろん G の部分群である. また G の単位元のみから成る単位群 $\{e\}$ ——通常この群を単に e と略記する—— も G の1つの部分群である. これら以外の G の部分群は G の**真部分群**とよばれる. H_1, H_2 が G の部分群ならば, 直ちに示されるように $H_1 \cap H_2$ も G の部分群である(節末の問題1).

例1 加法群 Z は加法群 Q の部分群である.

例2 0でない有理数の乗法群 Q^* は0でない実数の乗法群 R^* の部分群である. 絶対値が1である複素数全体のなす乗法群は乗法群 C^* の部分群である.

例3 S を群 G の空でない任意の部分集合とする. S の元の逆元全部の集合 $\{x^{-1} | x \in S\}$ を S^{-1} と書くことにし, $S \cup S^{-1}$ の有限個の元の積として表わされる G の元の集合を H とする. いいかえれば, H は, 各 i について $x_i \in S$ または $x_i \in S^{-1}$ (すなわち $x_i^{-1} \in S$) であるような積 $x_1 x_2 \cdots x_m$ の全体である. この H

は G の部分群となる.

証明 $a=x_1\cdots x_m, b=y_1\cdots y_n(x_i, y_j$ は S または S^{-1} の元) を H の2元とすれば,

$$ab = x_1\cdots x_m y_1\cdots y_n, \quad a^{-1} = x_m^{-1}\cdots x_1^{-1}$$

の各因数も S または S^{-1} の元である. したがって $ab \in H$, $a^{-1} \in H$ となり, H は G の部分群である.

上の例の H はもちろん与えられた集合 S を含む. 他方 K を, S のすべての元を含むような G の任意の部分群とすれば, 補題 D の条件 (2), (3) によって, K は H のすべての元を含まなければならない. すなわち, H は S を含む G の'最小'の部分群である.

例3の H を S によって**生成**される G の部分群という. また S を H の**生成元の集合**あるいは簡単に H の**生成系**という. 特に S がただ1つの元 a のみより成る場合には, a で生成される部分群は, 明らかに $a^n(n\in \mathbf{Z})$ の全体 (加法記号の場合は na の全体) から成る. ただし a^n のすべてが異なる元であるとは限らない.

例4 -1 によって生成される $\mathbf{R}^*$ の部分群は $\{1, -1\}$ である. 虚数単位 i によって生成される $\mathbf{C}^*$ の部分群は $\{1, i, -1, -i\}$ である.

例5 m を1つの整数とする. m によって生成される加法群 $\mathbf{Z}$ の部分群は, m の整数倍全部の集合 $\{0, \pm m, \pm 2m, \cdots\}$ である. この部分群を以後 $m\mathbf{Z}$ で表わす.

本節の最後に, 幾何学的な群の例を与えよう.

例6 π を1つの平面とし, これを点の集合と考える. π の2点 P, Q の距離を $d(P, Q)$ で表わす. 写像 $\varphi: \pi \to \pi$ が全単射で, π の任意の2点 P, Q に対して

$$d(\varphi(P), \varphi(Q)) = d(P, Q)$$

が成り立つとき, φ を π の**運動**という. すなわち, 平面 π の運動とは, '距離を変えない π の置換' のことをいうのである. たとえば, あるベクトルだけの平行移動, 1点のまわりの回転, ある直線に関する鏡映, などはいずれも π の運動である. (直線 l に関する鏡映とは, π の各点を l に関するその対称点にうつす写像のことである. これはまた, 対称移動, 反転, 折り返し, などともよば

れる.) 定義から明らかに，2つの運動の合成や運動の逆写像はまた運動である．したがって，運動の全体は対称群 $S(\pi)$ の1つの部分群をつくる．この群を平面 π の**運動群**という．

π 上の2つの図形 A, B は，ある運動によって一方が他方に移るとき，**合同**であるといわれる．最もふつうの幾何学，すなわち Euclid 幾何学では，合同な図形はすべて'同じもの'とみなされる．いいかえれば，Euclid 幾何学で考察される'図形の性質'は，合同な図形すべてによって共有されるような性質である．このことをまた次のように述べることができる：Euclid 幾何学とは'運動群によって不変な性質を取り扱う幾何学'である．——この意味で運動群は Euclid 幾何学を特徴づけるのである．

注意 上に運動の例として，平行移動，回転および鏡映を挙げた．実際には，平面の任意の運動は，これら3種類の置換のどれかになるか，または，1つの平行移動と1つの鏡映との合成，となる．しかし，ここではこのことの証明は与えない．ここでのわれわれの目的は，読者に'幾何学と群'の関係を示唆することであり，幾何学的な議論に深入りすることではないからである．

例7 平面上に，第2図のような1つの正方形が与えられたとする．この正方形の**シンメトリー**とは，この図形をそれ自身に重ねるような平面の運動のことをいう．明らかに，与えられた正方形のシンメトリーの全体は，運動群の1つの部分群をつくる．いま，この群を D_4 で表わそう．

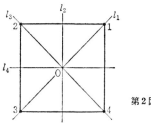

第2図

D_4 を構成する元は全部で8個あり，そのうちの4つは，正方形の中心 O のまわりの $0°, 90°, 180°, 270°$ の回転である．（'$0°$ の回転'は恒等写像にほかならない．） 恒等写像を e で表わし，$90°$ の回転を σ で表わせば，これらの回転は

$$e, \quad \sigma, \quad \sigma^2, \quad \sigma^3 \qquad (\sigma^4 = e)$$

で表わされる．残りの4つは，第2図に示されている4本の対称軸 l_1, l_2, l_3, l_4 に関する鏡映である．これらをそれぞれ $\tau_1, \tau_2, \tau_3, \tau_4$ としよう．われわれはここで，τ_2, τ_3, τ_4 を次のように σ と τ_1 とで表わすことができる．それには次の簡単な幾何学的事実に注意すればよい：2直線 l, l' が点 O で角 α をなして交わるとき，l に関する鏡映 τ と l' に関する鏡映 τ' との合成 $\tau'\tau$ (簡単のためここでは合成記号。を省略する) は，点 O のまわりの角 2α の回転である (第3図参照)．

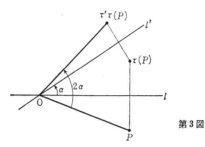

第3図

したがって今の場合 $\tau_2\tau_1=\sigma$, $\tau_3\tau_1=\sigma^2$, $\tau_4\tau_1=\sigma^3$ であり，それゆえ $\tau_1=\tau$ とおけば，$\tau_2=\sigma\tau$, $\tau_3=\sigma^2\tau$, $\tau_4=\sigma^3\tau$ となる．($\tau^{-1}=\tau$ に注意せよ．) ゆえに，4つの鏡映は

$$\tau, \quad \sigma\tau, \quad \sigma^2\tau, \quad \sigma^3\tau$$

で表わされる．以上で，D_4 は2つの元 σ, τ によって生成される位数8の群

$$D_4 = \{e, \sigma, \sigma^2, \sigma^3, \tau, \sigma\tau, \sigma^2\tau, \sigma^3\tau\}$$

であることがわかった．最後に，生成元 σ, τ の間には，$\sigma^4=e$, $\tau^2=e$ のほか，$\tau\sigma=\sigma^3\tau$ という関係があることに注意しよう．実際，上の記法によれば $\tau_1\tau_4=\sigma$ であるが，これを書き直せば $\tau\sigma=\tau_4=\sigma^3\tau$ となるからである．すなわち，生成元 σ, τ は

$$\sigma^4=e, \quad \tau^2=e, \quad \tau\sigma=\sigma^3\tau\,(=\sigma^{-1}\tau)$$

という関係式を満たす．この関係式を用いれば，われわれは D_4 の任意の2元の積(合成)を，幾何学的考察によらずに，純代数的な計算によって求めることができる．(練習として，読者は $\sigma\tau\cdot\sigma^2$ が上の8つの元のどれになるかを計算してみよ．)

上記のシンメトリーのおのおのは，明らかに，第2図の正方形の4頂点1, 2,

3, 4 のある置換をひき起こし，逆にその置換によって決定される．たとえば，σ は置換

$$1 \mapsto 2, \quad 2 \mapsto 3, \quad 3 \mapsto 4, \quad 4 \mapsto 1$$

によって決定され，τ は置換

$$1 \mapsto 1, \quad 2 \mapsto 4, \quad 3 \mapsto 3, \quad 4 \mapsto 2$$

によって決定される．したがって，D_4 の各元を集合 $X=\{1,2,3,4\}$ の置換と考えることができ，D_4 を X 上の対称群 $S(X)$ の部分群とみることができる．一般に，ある集合 X の上の対称群の部分群は，X の**置換群**とよばれる．

注意 上に述べた D_4 は**二面体群**(dihedral group)とよばれるものの特別な1つである(節末問題9参照)．

問 題

1. H_1, H_2 が群 G の部分群ならば $H_1 \cap H_2$ も G の部分群であることを示せ．
2. m, n を 0 でない整数とする．$m\mathbf{Z} \cap n\mathbf{Z}$ は何になるか．
3. 補題 E を §2 の問題 4 を用いて証明せよ．
4. a を 0 でない実数，b を任意の実数とし，$\sigma_{a,b}$ を

$$\sigma_{a,b}(x) = ax + b$$

によって定義される $\mathbf{R}$ から $\mathbf{R}$ への写像とする．これは $\mathbf{R}$ の置換であることを示せ．また，この形の $\mathbf{R}$ の置換の全体 G は対称群 $S(\mathbf{R})$ の部分群をなすことを示せ．

5. G を有限群，S をその1つの生成系とする．G の任意の元は S の元の積 $x_1 \cdots x_n$ ($x_i \in S$) の形に表わされることを示せ．

6. S, S' を群 G の空でない部分集合とし，それらで生成される G の部分群をそれぞれ H, H' とする．S の任意の元と S' の任意の元とが可換ならば，H の任意の元と H' の任意の元とは可換であることを証明せよ．

7. S を群 G の空でない部分集合とし，S の任意の2元は可換であるとする．そのとき S によって生成される G の部分群は可換群であることを証明せよ．

8. $\sigma^2 = \tau^2 = e$ かつ $\sigma\tau = \tau\sigma$ であるような2つの生成元 σ, τ をもつ位数4の群

$$G = \{e, \sigma, \tau, \sigma\tau\}$$

が存在することを示せ．また，この群のすべての部分群を決定せよ．

9. 平面上の正 n 角形 ($n \geq 3$) のシンメトリー(与えられた正 n 角形をそれ自身に重ねる運動)全部のなす群を D_n とする．D_n は，関係式

$$\sigma^n = e, \quad \tau^2 = e, \quad \tau\sigma = \sigma^{-1}\tau$$

を満たす 2 つの生成元 σ, τ をもつ位数 $2n$ の群で,そのすべての元は
$$\sigma^i \tau^j \quad (i=0,1,\cdots,n-1;\ j=0,1)$$
の形に表わされることを証明せよ.($n=2$ の場合には,これは前問に与えた群となる.$n=2$ の場合をも含めて,これらの群 D_n を**二面体群**という.)[ヒント:σ を正 n 角形の中心のまわりの角 $2\pi/n$ の回転,τ を正 n 角形の 1 つの対称軸に関する鏡映とすればよい.]

10. 二面体群 D_4 のすべての部分群を決定せよ.

11. 二面体群 D_6 のすべての部分群を決定せよ.

12. 次のような位数 8 の群が存在することを示せ.
$$G=\{e,i,j,k,m,mi,mj,mk\};$$
$$ij=k,\quad jk=i,\quad ki=j,$$
$$i^2=j^2=k^2=m,\quad m^2=e.$$
この群を**四元数群**という.(通常,この群の単位元を 1,また m を -1 で表わす.そうすれば $G=\{\pm 1,\pm i,\pm j,\pm k\}$ と書くことができる.)ji, kj, ik はそれぞれ何になるか.また,この群のすべての部分群を決定せよ.

§4 剰余類分解

G を群,H を G の 1 つの部分群とする.G の元 a, b が H を**法**として(あるいは H に関して)**左合同**であるとは,$a^{-1}b \in H$ であることをいう.このことを
$$a \equiv b \pmod{H}$$
と書く.これは G における同値関係である.すなわち

(1) すべての $a \in G$ に対して $a \equiv a \pmod{H}$.

(2) $a \equiv b \pmod{H}$ ならば $b \equiv a \pmod{H}$.

(3) $a \equiv b \pmod{H}$, $b \equiv c \pmod{H}$ ならば $a \equiv c \pmod{H}$.

実際,H は部分群であるから,任意の $a \in G$ に対して $a^{-1}a = e \in H$.ゆえに (1) が成り立つ.また $a^{-1}b \in H$ ならば $(a^{-1}b)^{-1} = b^{-1}(a^{-1})^{-1} = b^{-1}a \in H$.これは (2) を意味する.さらに $a^{-1}b \in H$ かつ $b^{-1}c \in H$ とすれば,$(a^{-1}b)(b^{-1}c) = a^{-1}c \in H$.したがって (3) も成り立つ.

この同値関係による G の元 a の同値類 C_a がどのような元から成るかを考えてみよう.$x \in C_a$ すなわち $a \equiv x \pmod{H}$ とすれば,$a^{-1}x \in H$.したがって $a^{-1}x = h$ とおけば,$x = ah$,$h \in H$ となる.逆に,h を H の任意の元として $x = ah$ とおけば,$a^{-1}x = h \in H$ であるから,$a \equiv x \pmod{H}$,すなわち $x \in C_a$.ゆえに

C_a は $ah(h \in H)$ の形の G の元全部の集合となる．この集合 $\{ah \mid h \in H\}$ を aH で表わし，H を法とする（あるいは H に関する）a の**左剰余類**という．

定義によって，G の2元 a, b が H に関して左合同ならば $aH = bH$ であり，そうでなければ $aH \cap bH = \phi$ である．特に $H = eH$ 自身も1つの左剰余類であることに注意しよう．

このように，G に1つの部分群 H が与えられたとき，G は H を法とする互いに交わらない（有限個または無限個の）左剰余類に分割されるのである．

全く同様にして，H を法とする右合同関係や右剰余類を定義することができる．すなわち，G の元 a, b が H に関して**右合同**であるとは，$ab^{-1} \in H$ が成り立つことをいう．この関係による $a \in G$ の同値類は $Ha = \{ha \mid h \in H\}$ で，これは H に関する**右剰余類**とよばれる．[**注意**：左右を反対にして，aH を右剰余類，Ha を左剰余類とよんでいる書物もある]．

H に関する左右の合同関係は一般には一致しない．両者が一致するのは，明らかに，すべての $a \in G$ に対して $aH = Ha$ が成り立つときである．この場合には，左右の語を略して，単に H を法とする合同関係，剰余類という．G が可換群ならば，明らかに任意の部分群 H に関する左右の合同関係は一致する．

加法群の場合には，H を法とする剰余類は $a + H = \{a + h \mid h \in H\}$ である．

例1 m を正の整数とし，$m\mathbf{Z}$ を§3例5で定義された加法群 $\mathbf{Z}$ の部分群とする．$\mathbf{Z}$ の2元 a, b がこの部分群に関して合同であることは，$a - b$ が m の倍数となっていることを意味する．すなわち，$m\mathbf{Z}$ を法とする合同関係，剰余類は，第1章§6で定義した法 m に関する合同関係，剰余類にほかならない．

G の部分群 H に関する異なる左剰余類の個数を，G における H の**指数**という．これはもちろん無限であることもあり得る．G が有限群ならば，任意の部分群の指数は有限である．G における H の指数を $(G : H)$ で表わす．たとえば，例1において $(\mathbf{Z} : m\mathbf{Z}) = m$ である．

注意 上では左剰余類の個数として指数を定義したが，これは右剰余類の個数として定義しても同じことである（節末問題1参照）．

以後，G が有限群である場合には，その位数を $o(G)$ で表わすことにしよう．（o は位数の英語 order の頭文字である．）

補題F G を群，H をその有限部分群とする．そのとき，H を法とする任

意の1つの左剰余類 aH に含まれる元の個数は $o(H)$ に等しい.

証明 h, h' を H の元とするとき，もし $ah=ah'$ ならば，簡約律によって $h=h'$ である．したがって，$h \mapsto ah$ は H から aH への全単射となる．ゆえに H と aH の元の個数は等しい．(証明終)

この補題から直ちに次の定理が得られる．

定理 2 G を有限群，H をその部分群とすれば，
$$o(G) = (G:H) \cdot o(H)$$
が成り立つ．

証明 H を法とする左合同関係によって，G は $(G:H)$ 個の左剰余類に分割されるが，補題 F によっておのおのの左剰余類は $o(H)$ 個の元をもつ．ゆえに定理の等式が成り立つ．(証明終)

この定理には次の重要な結果が系として含まれている．

系(Lagrange) 有限群 G の任意の部分群の位数は G の位数の約数である．

なお定理2によれば，特に
$$(G:G) = 1, \quad (G:e) = o(G)$$
である．しかし，これらのことはもちろん直接にも明らかである．

例2 S_n を n 次の対称群，すなわち集合 $J_n=\{1, 2, \cdots, n\}$ の置換全部のなす群とする．いま $n \geq 2$ とし，H を，n を固定するような J_n の置換，すなわち $\sigma(n)=n$ であるような S_n の元 σ 全部の集合とする．明らかに H は S_n の部分群をなし，われわれはこれを $\{1, \cdots, n-1\}$ の上の対称群 S_{n-1} とみなすことができる．この部分群 H に関する S_n の左合同関係について考えよう．S_n の元 σ, ρ が H に関して左合同であることは，$\rho^{-1} \circ \sigma \in H$, すなわち $(\rho^{-1} \circ \sigma)(n)=n$ となることを意味するが，これは明らかに $\sigma(n)=\rho(n)$ であることと同等である．それゆえ，$1 \leq i \leq n$ である各整数 i に対し，τ_i を，$\tau_i(n)=i$, $\tau_i(i)=n$ で，i, n 以外の元はすべて固定するような J_n の置換とすれば，$\tau_1, \cdots, \tau_n$ はどの2つも H を法として左合同ではない．他方 σ を S_n の任意の元とするとき，$\sigma(n)=i$ ならば，σ は τ_i と H を法として左合同である．ゆえに
$$\tau_1 H, \cdots, \tau_n H$$
が H に関する異なる左剰余類の全体となる．

以上に述べたことと定理2とから

$$o(S_n) = n \cdot o(S_{n-1})$$

であることが結論される．明らかに $o(S_1)=1$ であるから，これより帰納法によって

$$o(S_n) = n!$$

が得られる．[**注意**：この最後の結果は順列論的な考察からも直ちに得られるが，上では，剰余類分解と定理2の応用とを同時に示したのである．]

問題

1. G を群，H を G の部分群とし，H に関する左剰余類全部の集合を Q_l, 右剰余類全部の集合を Q_r とする．Q_l の元 aH に対して Q_r の元 Ha^{-1} は（代表 a のとり方によらずに）一意的に定まることを示せ．また写像

$$aH \mapsto Ha^{-1}$$

は Q_l から Q_r への全単射であることを示せ．（本問によって，Q_l が有限集合である場合には，Q_r もそれと同数の元をもつ有限集合であることがわかる．）

2. H, K を群 G の部分群とし，$H \supset K$ とする．また H の G における指数，K の H における指数はともに有限であるとする．そのとき，K の G における指数も有限で

$$(G:K) = (G:H)(H:K)$$

が成り立つことを証明せよ．

3. H, K を G の部分群とし，G における K の指数は有限であるとする．そのとき，H における $H \cap K$ の指数も有限で，$(H:H \cap K) \leqq (G:K)$ であることを示せ．

4. (Poincaré) $H_1, \cdots, H_n$ を群 G の部分群とし，G における $H_i (i=1, \cdots, n)$ の指数がすべて有限であるとする．そのとき $H_1 \cap \cdots \cap H_n$ の指数も有限で，

$$(G: H_1 \cap \cdots \cap H_n) \leqq (G:H_1) \cdots (G:H_n)$$

であることを証明せよ．[ヒント：問題2, 3を用いよ．]

§5 正規部分群と商群

G を群，H を G の部分群とする．G における H を法とする左右の合同関係が一致するとき，いいかえれば G のすべての元 a に対して $aH=Ha$ が成り立つとき，H を G の**正規部分群**という．'正規'(normal) の語にちなんで，正規部分群はしばしば文字 N によって表わされる．

G が可換群ならば，明らかにその部分群はすべて G の正規部分群である．

§5 正規部分群と商群

また任意の群 G において，G 自身や単位部分群 e は G の正規部分群である．

例1 G を任意の群とし，Z を，G のすべての元と可換であるような G の元全部の集合とする．Z は G の正規部分群であることを証明しよう．まず $e \in Z$ は明らかである．また $x, y \in Z$ とすれば，任意の $a \in G$ に対して
$$a(xy) = (ax)y = (xa)y = x(ay) = x(ya) = (xy)a,$$
$$ax^{-1} = x^{-1}(xa)x^{-1} = x^{-1}(ax)x^{-1} = x^{-1}a.$$
ゆえに $xy \in Z$, $x^{-1} \in Z$ となり，Z は G の部分群である．さらに，Z の定義から明らかに，任意の $a \in G$ に対して $aZ = Za$ が成り立つ．よって Z は正規部分群である．この部分群 Z を G の**中心**とよび，くわしくは $Z(G)$ で表わす．G が可換ならば，もちろん $Z(G) = G$ である．

例2（正規でない例） S_n を集合 $J_n = \{1, \cdots, n\}$ の上の対称群とし，H を前節の例2で定義した S_n の部分群とする．$n \geq 3$ ならば，H は S_n の正規部分群ではないことを示そう．前節の例2でみたように，S_n の元 σ, ρ が H に関して左合同であることは，$\sigma(n) = \rho(n)$ が成り立つことにほかならない．他方 σ, ρ が H に関して右合同であることは，$\rho \circ \sigma^{-1} \in H$ すなわち $(\rho \circ \sigma^{-1})(n) = n$ であることを意味するが，これは明らかに $\sigma^{-1}(n) = \rho^{-1}(n)$ が成り立つことと同等である．いま，σ, ρ をそれぞれ
$$\sigma(1) = n, \quad \sigma(2) = 2, \quad \sigma(n) = 1$$
および
$$\rho(1) = 2, \quad \rho(2) = n, \quad \rho(n) = 1$$
によって定義された J_n の置換とする．ただし σ, ρ ともに 1, 2, n 以外の J_n の元はすべて固定するとするのである．そうすれば $\sigma(n) = \rho(n) = 1$ であるから，σ, ρ は H に関して左合同である．しかし $\sigma^{-1}(n) = 1$ と $\rho^{-1}(n) = 2$ は等しくないから，σ, ρ は H に関して右合同ではない．すなわち，S_n における H を法とする左右の合同関係は一致しない．ゆえに H は S_n の正規部分群ではない．

上の例2では，H が正規であるかどうかをみるために H に関する左右の合同関係を調べた．しかし実用的には，次に与えるようなもっと簡単な判定法がある．

群 G の部分群 H が正規であることは，G の任意の元 a に対して
$$(1) \qquad\qquad aH = Ha$$

が成り立つことであった．いま，すべての $x \in H$ に対する axa^{-1} の集合を aHa^{-1} と書くことにすれば，この条件(1)は明らかに

(2) $$aHa^{-1} = H$$

と書きかえられる．これより次の補題が得られる．

補題 G 群 G の部分群 H が正規であるためには，任意の $a \in G$ および任意の $x \in H$ に対して $axa^{-1} \in H$ となることが必要かつ十分である．

証明 この条件が必要であることは(2)から明らかである．逆に補題の条件が満たされているとすれば，任意の $a \in G$ に対して $aHa^{-1} \subset H$. a のかわりに a^{-1} を考えれば $a^{-1}Ha \subset H$ となるから，$H = a(a^{-1}Ha)a^{-1} \subset aHa^{-1}$. ゆえに(2)が成り立つ．

例3 G を群とする．G の元 a, b によって $aba^{-1}b^{-1}$ の形に書かれる元を G における**交換子**とよび，G におけるすべての交換子によって生成される G の部分群を G の**交換子群**という．本書ではこれを $D(G)$ という記号で表わす．交換子の逆元は明らかにまた交換子であるから，$D(G)$ は有限個の交換子の積として表わされる G の元全体から成る(§3例3参照)．交換子群 $D(G)$, あるいはもっと一般に $D(G)$ を含むような G の任意の部分群は，G の正規部分群であることを証明しよう．いま，H をそのような1つの部分群とすれば，H は G のすべての交換子を含むから，任意の $a \in G$, $x \in H$ に対して $axa^{-1}x^{-1} = h$ は H の元である．そして $x \in H$ であるから，$axa^{-1} = hx \in H$. すなわち H は補題 G の条件を満たす．ゆえに H は G の正規部分群である．

G が可換ならば，$D(G)$ は単位群であることに読者は注意されたい．

次の定理を述べる前に，ここで1つの記号を導入しておく．G を群とし，S, S' を G の空でない部分集合とする．そのとき，$x \in S$, $x' \in S'$ の積 xx' 全部の集合を S, S' の**積**といい，SS' で表わす．(加法記号の場合にはもちろん $S+S'$ である．) 特に S がただ1つの元 x のみより成る場合にはこれを xS' と書き，S' がただ1つの元 x' のみより成る場合には Sx' と書く．明らかに，S_1, S_2, S_3 を G の空でない部分集合とすれば，

$$(S_1 S_2) S_3 = S_1 (S_2 S_3)$$

が成り立つ．この両辺はいずれも $x_1 x_2 x_3$ ($x_1 \in S_1, x_2 \in S_2, x_3 \in S_3$) の全体から成る．

§5 正規部分群と商群

例4 H が G の部分群ならば $HH=H$ である．この証明は読者の練習問題に残しておこう(節末の問題1).

定理3 G を群，N を G の1つの正規部分群とする．そのとき，N を法とする2つの剰余類 aN, bN の積 $(aN)(bN)$ はまた1つの剰余類である．かつ，この積に関して剰余類の全体は1つの群を作る．

証明 N に関する仮定(および例4)によって
$$(aN)(bN) = aNbN = abNN = abN.$$
ゆえに2つの剰余類の積は，1つの剰余類である．この積について，群の条件 G1 は G の部分集合の積に関する結合律から従う．また G2 については，剰余類 $eN=N$ が単位元となり，G3 については，剰余類 $a^{-1}N$ が剰余類 aN の逆元となる．(読者はこれらのことを確かめよ．) 以上で定理は証明された．

N を法とする剰余類全体が作る定理3の群を，G の N による**剰余群**または**商群**とよび，記号 G/N で表わす．上の証明に述べたように，この群の単位元は剰余類 N であり，aN の逆元は $a^{-1}N$ である．読者は，この定理の基礎となったのは，2つの剰余類の積が1つの剰余類になるという事実であることに注意されたい．正規でない部分群については，2つの左剰余類の積が必ずしも1つの左剰余類とはならないから，左剰余類全体の群を定義することはできないのである(節末問題11参照).

G の正規部分群 N の G における指数 $(G:N)$ が有限ならば，G/N は位数 $(G:N)$ の有限群である．特に G が有限群である場合には，定理2によって
$$o(G/N) = \frac{o(G)}{o(N)}$$
となる．

例5 n を正の整数とし，加法群 $\mathbf{Z}$ の部分群 $n\mathbf{Z}$ による商群 $\mathbf{Z}/n\mathbf{Z}$ を $\mathbf{Z}_n$ とする．$\mathbf{Z}_n$ は位数 n の群で，$N=n\mathbf{Z}$ に関する整数 k の剰余類 $k+N$ を簡単に $\bar{k}$ で表わすことにすれば，$\mathbf{Z}_n$ の n 個の元は $\bar{0}, \bar{1}, \cdots, \overline{n-1}$ で表わされる．(一般に $x_1, x_2, \cdots, x_n$ を法 n に関する完全剰余系とすれば，これらは $\bar{x}_1, \bar{x}_2, \cdots, \bar{x}_n$ とも書かれる．) これらの元の間の加法は，本質的に $\mathrm{mod}\, n$ の合同式の加法にほかならない．たとえば，$n=4$ の場合，$\mathbf{Z}_4$ において
$$\bar{0}+\bar{1}=\bar{1}, \quad \bar{1}+\bar{1}=\bar{2}, \quad \bar{2}+\bar{1}=\bar{3}, \quad \bar{3}+\bar{1}=\bar{0}$$

である．

G が可換群ならば，もちろんその任意の商群も可換群である．一般に商群が可換群となるための条件については次の定理が成り立つ．

定理 4 G を群，N を G の正規部分群とする．商群 G/N が可換群となるためには，N が G の交換子群 $D(G)$ を含むことが必要かつ十分である．

証明 $(aN)(bN)=abN$, $(bN)(aN)=baN$ であるから，G/N が可換群であることは，任意の $a,b \in G$ に対して
$$abN = baN$$
が成り立つことを意味する．これは $(ab)(ba)^{-1}=aba^{-1}b^{-1} \in N$ であること，すなわち N が G のすべての交換子を含むことにほかならない．これで定理は証明された．

問　題

1. H が G の部分群ならば $HH=H$ であることを示せ．

2. H, K を G の部分群とする．HK が G の部分群となるためには $HK=KH$ であることが必要かつ十分であることを示せ．

3. H, K を G の有限部分群とする．そのとき HK (必ずしも G の部分群とは限らない) に含まれる元の個数は
$$\frac{o(H) \cdot o(K)}{o(H \cap K)}$$
に等しいことを証明せよ．

4. H, K が有限群 G の部分群で，$o(H) > \sqrt{o(G)}$, $o(K) > \sqrt{o(G)}$ ならば，$H \cap K \neq \{e\}$ であることを示せ．[ヒント：前問を用いよ．]

5. H を G の部分群とし，$a \in G$ とする．$aHa^{-1} = \{axa^{-1} | x \in H\}$ も G の部分群であることを示せ．

6. H を G の部分群，N を G の正規部分群とすれば，HN は G の部分群であることを示せ．もしこのとき H も正規ならば HN は正規であることを示せ．

7. N_1, N_2 が G の正規部分群ならば，$N_1 \cap N_2$ も正規であることを示せ．

8. N が G の部分群で $(G:N)=2$ ならば，N は G の正規部分群であることを示せ．

9. 群 G の元の間に次の3つの条件を満たす関係 $\sim$ が与えられたとする．(i) $a \sim a$. (ii) $a \sim b$ ならば $b \sim a$. (iii) $a \sim a'$ かつ $b \sim b'$ ならば $ab \sim a'b'$. このとき，$e \sim x$ であるような G の元 x 全部の集合を N とすれば，N は G の正規部分群で，与えられた関係 $\sim$

は N を法とする合同関係と一致することを証明せよ.

10. その部分群がすべて正規であるような非可換群の例を挙げよ. [ヒント：四元数群 (§3 問題 12) を考えよ.]

11. H を G の部分群とし, H を法とする任意の 2 つの左剰余類の積は H を法とする 1 つの左剰余類になるとする. そのとき H は G の正規部分群であることを示せ.

12. S を群 G の空でない部分集合とし, $xS=Sx$ となるような G の元 x 全部の集合を $N(S)$; $xs=sx$ がすべての $s \in S$ に対して成り立つような G の元 x 全部の集合を $C(S)$ とする. 次のことを示せ.

(a) $N(S), C(S)$ はともに G の部分群である. (これらをそれぞれ S の G における**正規化群**, **中心化群**とよび, くわしくは $N_G(S)$, $C_G(S)$ で表わす.)

(b) $C(S)$ は $N(S)$ の正規部分群である.

13. H を G の部分群とするとき, 次のことを示せ.

(a) H は $N(H)$ の正規部分群である.

(b) H が G の部分群 K の正規部分群ならば, $K \subset N(H)$ である. (すなわち $N(H)$ はその中で H が正規となるような G の最大の部分群である.)

14. N_1, N_2 が G の正規部分群で $N_1 \cap N_2 = \{e\}$ ならば, N_1 の任意の元と N_2 の任意の元は可換であることを示せ.

15. 二面体群 D_n (§3 問題 9) の中心は, n が奇数ならば単位元のみより成り, n が偶数ならば単位元以外の元を含むことを示せ.

§6 準同型写像

G, G' を 2 つの群とする. 写像 $f: G \to G'$ が G から G' への**準同型写像**であるとは, すべての $x, y \in G$ に対して

$$f(xy) = f(x)f(y)$$

が成り立つことをいう.

前節に述べた正規部分群および商群の概念は, この概念と密接に関連しているのである.

注意 準同型写像の概念は群の算法の種類には関係がない. たとえば G が加法群で G' が乗法群である場合には, $f: G \to G'$ が準同型写像であるとは, $f(x+y)=f(x)f(y)$ が成り立つことを意味する.

例1 G, G' を任意の群とし, e' を G' の単位元とする. G のすべての元 x を e' に対応させる定値写像は明らかに G から G' への準同型写像である. この準

同型写像はしばしば 'trivial な準同型写像' とよばれる.

例2 正の実数全部の集合を R^+ で表わす.これは乗法について群(乗法群 R^* の部分群)をなす.写像

$$x \mapsto 2^x$$

は,実数の加法群 R から乗法群 R^+ への準同型写像である.これは指数関数の基本性質 $2^{x+y}=2^x 2^y$ をわれわれの用語によって述べかえただけに過ぎない.この写像の逆写像,すなわち対数関数 $x \mapsto \log_2 x$ は,乗法群 R^+ から加法群 R への準同型写像である.

例3 G を群,a を G の1つの元とする.写像 $n \mapsto a^n$ は,$a^{m+n}=a^m a^n$ であるから,加法群 Z から G への準同型写像である.

例4 複素数 $z(\neq 0)$ にその絶対値 $|z|$ を対応させる写像は,0でない複素数の乗法群 C^* から乗法群 R^+ への準同型写像である(§2 例3参照).

例5 G を群,N を G の正規部分群とし,G の各元 a にその剰余類 aN を対応させる写像 $a \mapsto aN$ を φ とする.これは G から商群 G/N への準同型写像である.実際 G/N における積の定義によって

$$\varphi(ab) = abN = (aN)(bN) = \varphi(a)\varphi(b)$$

となるからである.これを G から G/N への**標準的準同型写像**または**自然な準同型写像**という.

次に,準同型写像についていくつかの簡単な性質を述べよう.

"$f: G \to G'$ を準同型写像とし,e, e' をそれぞれ G, G' の単位元とすれば,$f(e)=e'$ である."

証明 準同型写像の性質によって $f(e)=f(ee)=f(e)f(e)$.この両辺に $f(e)^{-1}$ を掛ければ上の結論が得られる.

"$f: G \to G'$ を準同型写像とすれば,任意の $x \in G$ に対して $f(x^{-1})=f(x)^{-1}$ が成り立つ."

証明 この結果は $e'=f(e)=f(xx^{-1})=f(x)f(x^{-1})$ から得られる.

上の2つの命題は,準同型写像は単位元を単位元に,逆元を逆元にうつすことを示している.

"G, G', G'' を群とし,$f: G \to G', g: G' \to G''$ を準同型写像とする.そのとき合成写像 $g \circ f: G \to G''$ も準同型写像である."

§6 準同型写像

証明 G の任意の元 x, y に対して
$$(g \circ f)(xy) = g(f(xy)) = g(f(x)f(y))$$
$$= g(f(x))g(f(y)) = [(g \circ f)(x)][(g \circ f)(y)].$$
すなわち $g \circ f$ は準同型写像である.

言葉の節約のため,準同型写像をしばしば単に**準同型**ともいう.準同型 $f: G \to G'$ が単射または全射であるとき,f を**単射準同型**または**全射準同型**といい,全単射であるとき,f を**同型写像**または単に**同型**という.

"$f: G \to G'$ が同型写像ならば,逆写像 $f^{-1}: G' \to G$ も同型写像である."
この証明は容易であるから,読者にまかせよう.

2つの群 G, G' は,G から G' への同型写像が存在するとき,**同型である**といわれる.このことを記号で $G \cong G'$ と表わす.次の3つのことは直ちに証明される.(読者はくわしく検証せよ.)

(1) $G \cong G$.
(2) $G \cong G'$ ならば $G' \cong G$.
(3) $G \cong G'$ かつ $G' \cong G''$ ならば $G \cong G''$.

同型な2つの群 G, G' は抽象的な観点からは'等しい'ということができる.実際,f を G から G' への同型写像とすれば,G の元 x が G' においては $f(x)$ と名づけられるという'名前のつけかえ'を除いて,両者の'群としての構造'は全く同じであるからである.

例6 実数の加法群 $\boldsymbol{R}$ と正の実数の乗法群 $\boldsymbol{R}^+$ とは同型である.たとえば,例2の写像 $x \mapsto 2^x$ は前者から後者への1つの同型写像を与える.

"$f: G \to G'$ を準同型写像とするとき,f の像 $f(G)$ は G' の部分群である."

証明 $f(G) = G_0'$ とおく.まず $e' = f(e)$ であるから $e' \in G_0'$ である.また $x', y' \in G_0'$ とすれば,$f(x) = x', f(y) = y'$ となる G の元 x, y が存在し,
$$x'y' = f(x)f(y) = f(xy).$$
したがって $x'y'$ も G_0' の元である.同様に $(x')^{-1} = f(x)^{-1} = f(x^{-1})$ であるから,$(x')^{-1}$ も G_0' の元となる.ゆえに G_0' は G' の部分群である.

$f: G \to G'$ が単射準同型であるとき,f の終集合を $f(G)$ に制限して考えれば,f は G から $f(G)$ への同型写像となる.それゆえ,単射準同型 $f: G \to G'$ はしばしば G から G' の**中への**同型写像ともよばれる.

$f: G \to G'$ を準同型写像とする．$f(x)=e'$ となるような G の元 x 全部の集合，すなわち G' の単位元 e' の f による逆像 $f^{-1}(e')$ を，f の**核**(kernel)という．

"準同型写像 $f: G \to G'$ の核は G の正規部分群である．"

証明 f の核を N とする．N が G の部分群であることは直ちに示されるから，その証明は読者にゆだね，ここでは N が正規であることだけを確かめておこう．a を G の任意の元とし，$x \in N$ とする．そのとき
$$f(axa^{-1}) = f(a)f(x)f(a^{-1}) = f(a)e'f(a)^{-1} = f(a)f(a)^{-1} = e'.$$
ゆえに $axa^{-1} \in N$ となり，N は正規である．

準同型写像 f の核をしばしば $\mathrm{Ker}\, f$ で表わす．

例7 N を G の正規部分群とするとき，標準的準同型 $\varphi: G \to G/N$ の核は N である．実際，定義により，任意の $x \in G$ に対して
$$\varphi(x) = xN$$
であるが，G/N の単位元は N であるから，x が φ の核に属することは，$\varphi(x)=N$ すなわち $xN=N$ が成り立つことを意味する．これは明らかに $x \in N$ であることと同等である．ゆえに φ の核は N に等しい．[**注意**：G/N の単位元としての N と，$\varphi: G \to G/N$ の核としての N との間には，概念上の違いがある．混乱しないように読者は気をつけてほしい．]

定理5 $f: G \to G'$ を準同型写像とし，$\mathrm{Ker}\, f = N$ とする．また a, b を G の2つの元とする．a, b の f による像が一致するための必要十分条件は，a, b が N を法として合同であることである．

証明 $f(a)=f(b)$ は $f(a)^{-1}f(b)=e'$ と同等であるが，この左辺は $f(a^{-1})f(b)=f(a^{-1}b)$ に等しい．ゆえに $f(a)=f(b)$ となるためには，$a^{-1}b \in N$，すなわち $a \equiv b \pmod{N}$ であることが必要かつ十分である．(証明終)

定理5によって，特に $\mathrm{Ker}\, f = \{e\}$ である場合には，a, b の f による像が一致するのは $a=b$ のときに限る．すなわち f は単射である．逆に f が単射準同型ならば，明らかに $\mathrm{Ker}\, f = \{e\}$ である．すなわち

系 準同型写像 $f: G \to G'$ が単射であるためには，f の核が G の単位元 e のみから成ることが必要かつ十分である．

ふたたび一般の場合にもどり，準同型写像 $f: G \to G'$ の核を N とする．また f の像を $f(G)=G_0'$ とする．定理5によれば，N を法とする1つの剰余類

aN に属するすべての元は f によって G_0' の同一の元 $f(a)$ に写され,また異なる剰余類に属する元は f によって G_0' の異なる元に写される.すなわち,N を法とする各剰余類と G_0' の各元とは1対1に対応する.もっと正確にいえば,
$$aN \mapsto f(a)$$
によって定義される写像 $g: G/N \to G_0'$ は,G/N から G_0' への全単射である.この g を 'f から誘導される全単射' とよぶことにしよう.そうすると次の定理が成り立つ.

定理6(準同型定理) $f: G \to G'$ を準同型写像とし,その核を N とすれば,f から誘導される全単射 $g: G/N \to f(G)$ は G/N から $f(G)$ への同型写像である.したがって
$$G/N \cong f(G)$$
となる.

証明 g が準同型写像であることを示せばよいが,それは g の定義と G/N における算法の定義から明らかである.実際 aN, bN を G/N の2元とすれば,
$$g((aN)(bN)) = g(abN) = f(ab)$$
$$= f(a)f(b) = g(aN)g(bN).$$
これで定理は証明された.

例8 例4に挙げた $\boldsymbol{C}^*$ から $\boldsymbol{R}^+$ への準同型 $z \mapsto |z|$ の像は $\boldsymbol{R}^+$ で,核は絶対値が1である複素数の乗法群である.それゆえ,後者を $\boldsymbol{T}$ で表わすことにすれば,準同型定理によって $\boldsymbol{C}^*/\boldsymbol{T} \cong \boldsymbol{R}^+$ となる.

次の例を述べる前に,ここで複素数の幾何学的表示について基本的な事項を説明しておこう.

実数を直線上の点によって表わしたように,われわれは,複素数 $z=x+yi$ (x, y は実数)を平面上の点 (x, y) によって表わすことができる.このように複素数を平面上の点として表わしたとき,その平面を**複素平面**または **Gauss平面**という.複素平面では,水平軸上の点 $(x, 0)$ は実数 x を,垂直軸上の点 $(0, y)$ は純虚数 yi を表わすから,水平軸は '実軸',垂直軸は '虚軸' とよばれる.

複素平面において,点 $z=x+yi$ と原点 O との距離は $\sqrt{x^2+y^2}$ である.これを z の**絶対値**とよび,$|z|$ で表わすことは前にも述べた.他方 $z \neq 0$ のとき,実軸の正の部分を始線として動径 Oz に属する角は z の**偏角**とよばれる.これを

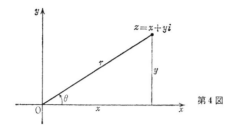
第4図

通常 $\arg z$ で表わす．$\arg z$ は z に対して一意的には定まらないが，その1つの値を θ とすれば他の値は $\theta+2n\pi$（n は整数）で表わされる．

いま，第4図のように，複素数 $z=x+yi$ の絶対値を $|z|=r$，偏角を $\arg z=\theta$ とする．そのとき
$$x = r\cos\theta, \quad y = r\sin\theta$$
であるから，z を
$$z = r(\cos\theta + i\sin\theta)$$
の形に書くことができる．これを複素数 z の**極表示**という．

極表示は積を扱うときに特に有効である．実際，2つの複素数
$$z_1 = r_1(\cos\theta_1 + i\sin\theta_1), \quad z_2 = r_2(\cos\theta_2 + i\sin\theta_2)$$
の積をつくれば
$$r_1 r_2 [(\cos\theta_1 \cos\theta_2 - \sin\theta_1 \sin\theta_2) + i(\sin\theta_1 \cos\theta_2 + \cos\theta_1 \sin\theta_2)]$$
となるが，加法定理によって，これは
$$z_1 z_2 = r_1 r_2 [\cos(\theta_1 + \theta_2) + i\sin(\theta_1 + \theta_2)]$$
となるからである．すなわち，$z_1 z_2$ の絶対値は $r_1 r_2$，偏角は $\theta_1 + \theta_2$ に等しい：
$$|z_1 z_2| = |z_1||z_2|,$$
$$\arg(z_1 z_2) = \arg z_1 + \arg z_2.$$
（$|z_1 z_2| = |z_1||z_2|$ であることは前にも注意した．）

特に，絶対値が1に等しく偏角が θ である複素数を $z(\theta)$ と書くことにすれば
(4) $$z(\theta_1)z(\theta_2) = z(\theta_1 + \theta_2)$$
である．θ が $\mathbf{R}$ を動くとき，点 $z(\theta)$ は複素平面の単位円（原点を中心とする半径1の円）の周上を 2π の周期で動くことに注意しておこう．

注意 複素変数の指数関数を用いれば，$z(\theta)$ は $e^{i\theta}$ と表わされる．すなわち

$$e^{i\theta} = z(\theta) = \cos\theta + i\sin\theta$$

である.

例9 上に述べたことを用いて，実数加法群 R の整数加法群 Z による商群 R/Z が例8の群 T に同型であることを，次のように示すことができる．いま，
$$\theta \mapsto z(2\pi\theta)$$
によって定義される R から T への写像を考える．(4)によって，これは加法群 R から乗法群 T への準同型写像である．その像は T に等しく，また $z(2\pi\theta)=1$ となるのは θ が整数のときであるから，核は Z に等しい．ゆえに準同型定理によって $R/Z \cong T$ であることがわかる．

R/Z や T はしばしば1次元の**トーラス群**とよばれる．

例10 恒等写像 $I: G \to G$ の像は G, 核は $\{e\}$ である．また trivial な準同型 $G \to G$ (例1)の像は $\{e\}$, 核は G である．したがって $G/\{e\} \cong G$, $G/G \cong \{e\}$ となる．(もちろんこれらのことは直接にも明らかである.)

群 G から G' への全射準同型が存在するとき，G' は G の**準同型像**とよばれる．次の系は定理6および例5から直ちに得られる．

系 群 G' が G の準同型像であるためには，G' が G のある商群と同型であることが必要かつ十分である．

群 G が単位群と G 自身のほかには正規部分群をもたないとき，G を**単純群**という．これは G から他の群への準同型写像が単射準同型と trivial な準同型のほかにはないことを意味する．単純群の構造や分類をしらべることは，群論における基本的な研究課題であるが，可換な単純群についてはきわめて容易にその構造を決定することができる．(§8問題8参照)

最後に，上の準同型定理をもっと拡張した2つの定理を述べておこう．(これらの定理の証明は少し複雑であるから，はじめて読む場合には，読者は定理の意味を理解するだけにして証明を省略してもよい.) まず次の補題を挙げておく．

補題 H $f: G \to G'$ を全射準同型とする．H が G の部分群または正規部分群ならば，$f(H)$ は G' の部分群または正規部分群である．また，H' が G' の部分群または正規部分群ならば，$f^{-1}(H')$ は G の部分群または正規部分群である．

この補題の証明は容易であるから，読者の練習問題とする(節末の問題1).

定理7 $f: G \to G'$ を全射準同型とし，$\mathrm{Ker}\, f = N$ とする．また N を含むよ

うな G の部分群全部の集合を Ω, G' の部分群全部の集合を Ω' とする．そのとき次のことが成り立つ．

(a) Ω の元 H と Ω' の元 H' とは
$$f(H)=H', \quad f^{-1}(H')=H$$
という関係によって 1 対 1 に対応する．(もっと正確にいえば，写像 $H \mapsto f(H)$ は Ω から Ω' への全単射で，$H' \mapsto f^{-1}(H')$ がその逆写像となる．) かつ，この対応において $H/N \cong H'$ が成り立つ．

(b) 上記の対応において，H が G の正規部分群であるためには，H' が G' の正規部分群であることが必要かつ十分である．さらにその場合
$$G/H \cong G'/H' \cong (G/N)/(H/N)$$
が成り立つ．

証明 (a) $H \in \Omega$ ならば $f(H) \in \Omega'$ であり，$H' \in \Omega'$ ならば $f^{-1}(H') \in \Omega$ であることは，補題 H と $f^{-1}(H') \supset f^{-1}(e')=N$ からわかる．写像 $H \mapsto f(H)$ が Ω から Ω' への全単射で，$H' \mapsto f^{-1}(H')$ がその逆写像であることを示すには，任意の $H \in \Omega$ に対して $f^{-1}(f(H))=H$，および任意の $H' \in \Omega'$ に対して $f(f^{-1}(H'))=H'$ であることをいえばよい(補題 C 参照)．まず $f^{-1}(f(H))=H$ を示そう．$f^{-1}(f(H)) \supset H$ であることは明らかである．逆に $a \in f^{-1}(f(H))$ とすれば，$f(a) \in f(H)$ であるから，$f(a)=f(h)$ となる $h \in H$ が存在する．定理 5 によって $a \equiv h \pmod{N}$ であるから $ah^{-1} \in N \subset H$, ゆえに $a \in H$ となる．次に $f(f^{-1}(H'))=H'$ を示そう．これについても $f(f^{-1}(H')) \subset H'$ は明らかである．逆に a' を H' の任意の元とすれば，f は (G から G' への) 全射であるから $f(a)=a'$ となる $a \in G$ が存在する．$a' \in H'$ であるから $a \in f^{-1}(H')$, ゆえに $a'=f(a) \in f(f^{-1}(H'))$ となる．以上で $H \mapsto f(H)$ と $H' \mapsto f^{-1}(H')$ とは互いに逆写像であることが証明された．最後の部分については，$H \in \Omega$, $f(H)=H'$ とするとき，f の H への縮小 $f|H$ は H から H' への全射準同型で，その核は N である．ゆえに定理 6 によって $H/N \cong H'$ となる．

(b) H が G において正規であることと $H'=f(H)$ が G' において正規であることとが同等であるのは，補題 H からわかる．その場合，$\varphi': G' \to G'/H'$ を標準的準同型とすれば，$\rho=\varphi' \circ f$ は G から G'/H' への全射準同型で，G の元 a が ρ の核に属するためには，明らかに $f(a) \in H'$, すなわち $a \in f^{-1}(H')=H$

であることが必要かつ十分である．すなわち ρ の核は H に等しい．ゆえに定理 6 によって $G/H \cong G'/H'$ となる．

定理 8 G を群，N を G の正規部分群，H を G の任意の部分群とする．そのとき HN は G の部分群，$H \cap N$ は H の正規部分群で，
$$H/(H \cap N) \cong HN/N$$
が成り立つ．

証明 G' を，N を核にもつような準同型写像 f による G の準同型像とする．(たとえば $G'=G/N$ とし，f を G から G' への標準的準同型とすればよい．) そのとき，与えられた部分群 H に対して $f(H)=H'$ とおけば，$f^{-1}(H')=HN$ となることを示そう．(今度の場合，$H \supset N$ とは仮定されていないから，$f^{-1}(H')$ はもとの H にはもどらないのである．) $a \in f^{-1}(H')$ とすれば，$f(a) \in H'=f(H)$ であるから，$f(a)=f(h)$ すなわち $a \equiv h \pmod{N}$ となる $h \in H$ が存在する．ゆえに $a \in hN$，したがって $a \in HN$ となる．逆に $a \in HN$ とすれば，$a=hn\,(h \in H,\ n \in N)$ と書かれ，$f(n)=e'$ であるから $f(a)=f(h)$．ゆえに $f(a) \in f(H)=H'$，すなわち $a \in f^{-1}(H')$ となる．以上で $f^{-1}(H')=HN$ であることが証明された．それゆえ，前定理(a)の最後の部分によって
$$HN/N \cong H'$$
となる．一方 $f: G \to G'$ の H への縮小 $f|H$ を f_1 とすれば，f_1 は H から $H'=f(H)$ への全射準同型で，その核は $f_1(h)=f(h)=e'$ となるような H の元 h の全体から成る．それは明らかに $H \cap N$ に等しい．ゆえに $H \cap N$ は H の正規部分群で，
$$H/(H \cap N) \cong H'$$
となる．これと前の結果とを合わせれば，定理の結論が得られる．

問題

1. 補題 H を証明せよ．
2. §3問題4の群 G において，$\sigma_{1,b}$ の形の元の集合を G_0 とすれば，G_0 は G の正規部分群であることを示せ．また G/G_0 は乗法群 R^* に同型であることを示せ．[ヒント：写像 $\sigma_{a,b} \mapsto a$ を考えよ．]
3. C^* を 0 でない複素数の乗法群，R^+ を正の実数の乗法群，T を絶対値 1 の複素数

の乗法群とする．$C^*/R^+ \cong T$ であることを示せ．

4. X, X' を2つの集合とし，X から X' への全単射が存在するとする．そのとき対称群 $S(X)$, $S(X')$ は同型であることを示せ．

5. f, g をともに群 G から群 G' への準同型写像とし，S を G の生成元の集合とする．もし S の任意の元 x に対して $f(x)=g(x)$ が成り立つならば，G のすべての元 x に対して $f(x)=g(x)$ が成り立つことを示せ．

6. N を群 G の正規部分群とし，$\varphi: G \to G/N$ を標準的準同型とする．また f を G から群 G' への準同型とし，その核を N_0 とする．もし $N \subset N_0$ ならば，$f = g \circ \varphi$ となるような写像 $g: G/N \to G'$ が一意的に存在し，それは G/N から G' への準同型であることを証明せよ．

7. $D = D(G)$ を G の交換子群とし，$\varphi: G \to G/D$ を標準的準同型とする．f を G から可換群 G' への準同型とすれば，$f = g \circ \varphi$ となるような G/D から G' への準同型 g が一意的に存在することを示せ．［ヒント：定理 4, 6 と前問を用いよ．］

8. H, K を G の正規部分群とし，$aba^{-1}b^{-1}$ ($a \in H$, $b \in K$) の形の元全部の集合で生成される G の部分群を L とする．これについて次のことを証明せよ．

(a) L は $H \cap K$ に含まれる G の正規部分群である．

(b) $\varphi: G \to G/L$ を標準的準同型とすれば，G/L において $\varphi(H)$ の各元と $\varphi(K)$ の各元とは可換である．

(c) f を G から群 G' への準同型とし，G' において $f(H)$ の各元と $f(K)$ の各元とが可換であるとする．そのとき，$f = g \circ \varphi$ となるような G/L から G' への準同型 g が一意的に存在する．

§7 自己同型写像，共役類

G を群とする．G からそれ自身への同型写像は G の **自己同型写像** または単に **自己同型** とよばれる．

たとえば恒等写像 I_G はもちろん G の自己同型である．また f, g が G の自己同型ならば，前節に述べたことから明らかに，$f \circ g$ や f^{-1} も G の自己同型となる．したがって，G の自己同型の全体は，写像の合成に関してそれ自身 1 つの群（対称群 $S(G)$ の部分群）を作る．この群を $\mathrm{Aut}(G)$ で表わし，G の **自己同型群** という．（Aut は自己同型の英語 automorphism の頭文字である．）

例1 G を可換群とする．写像 $x \mapsto x^{-1}$ は明らかに G の置換で $(xy)^{-1} = y^{-1}x^{-1} = x^{-1}y^{-1}$ であるから，$x \mapsto x^{-1}$ は G の自己同型である．G の中に $x \neq x^{-1}$ である元 x が存在するならば，これは G の恒等写像とは等しくない．

群の自己同型の中で，次の補題に述べる形のものは応用上ことに有用である．

補題 I G を任意の群とし，a を G の1つの元とする．そのとき，任意の $x \in G$ に対し
$$\sigma_a(x) = axa^{-1}$$
として定義される写像 $\sigma_a : G \to G$ は G の自己同型である．

証明 G の任意の元 x, y に対して
$$\sigma_a(xy) = a(xy)a^{-1} = (axa^{-1})(aya^{-1}) = \sigma_a(x)\sigma_a(y).$$
よって σ_a は準同型である．また G の元 x, y に対し，$\sigma_a(x)=\sigma_a(y)$ すなわち $axa^{-1}=aya^{-1}$ とすれば，簡約律によって $x=y$．ゆえに σ_a は単射である．さらに任意の $y \in G$ に対して，$x=a^{-1}ya$ とおけば $\sigma_a(x)=a(a^{-1}ya)a^{-1}=y$．すなわち σ_a は全射である．ゆえに $\sigma_a \in \mathrm{Aut}(G)$ となる．（証明終）

補題 I の σ_a が G の恒等写像と一致するのは，$axa^{-1}=x$ すなわち $ax=xa$ がすべての $x \in G$ に対して成り立つとき，いいかえれば a が G の中心 $Z=Z(G)$ に属するときである．したがって a を Z に属さない G の元とすれば，σ_a は G の恒等写像とは等しくない．σ_a の形の G の自己同型は G の**内部自己同型**とよばれる．

a, b を G の2つの元とする．G のある内部自己同型によって a が b に移されるとき，すなわち $\sigma_s(a)=sas^{-1}=b$ となるような G の元 s が存在するとき，a は b に**共役**であるという．このことを $a \sim b$ と表わせば，$\sim$ は G における1つの同値関係となる．すなわち

(1) $a \sim a$,

(2) $a \sim b$ ならば $b \sim a$,

(3) $a \sim b$ かつ $b \sim c$ ならば $a \sim c$.

実際，(1) は $a=eae^{-1}$ から得られる．また $b=sas^{-1}$ ならば，$a=(s^{-1})b(s^{-1})^{-1}$ であるから，(2) が成り立つ．さらに $b=sas^{-1}$，$c=tbt^{-1}$ とすれば，$c=(ts)a(ts)^{-1}$ であるから，(3) も成り立つ．

G を共役関係によって類別したときの各類を G の**共役類**という．G を共役類に分割して考えることは，G の構造を研究するために，しばしば有力な手段を与える．それを説明するために，まず1つの概念を導入しよう．

a を G の1つの元とする．そのとき $N(a)=\{x \mid x \in G, ax=xa\}$ が G の部分

群となることは直ちに証明される．これをGにおけるaの**正規化群**という（§5問題12）．

補題J Gを有限群とする．そのとき，Gの元aの共役類に含まれる元の個数は$(G:N(a))$に等しい．

証明 aの共役類は$xax^{-1}(x \in G)$の全体から成る．このうち異なる元がいくつあるかをしらべなければならない．そのために，Gの元x, yに対し$xax^{-1}=yay^{-1}$が成り立つための条件を考える．この等式は，両辺の左からx^{-1}，右からyを掛ければ，$a(x^{-1}y)=(x^{-1}y)a$と書き直される．したがって$xax^{-1}=yay^{-1}$となるためには，$x^{-1}y \in N(a)$，すなわちx, yが$N(a)$を法として同じ左剰余類に属することが必要かつ十分である．ゆえにxax^{-1}のうち異なる元の個数は，$N(a)$を法とする異なる左剰余類の個数に等しい．これで補題が証明された．(証明終)

補題Jによって，特にaの共役類がaのみから成ることは，$(G:N(a))=1$すなわち$G=N(a)$であることと同等である．これは明らかにaがGの中心Zの元であることにほかならない．すなわち，中心Zに属する各元はそれぞれその1個の元のみで1つの共役類を構成し，その他のところでは共役類は少なくとも2つの元を含むのである．このことから明らかに次の定理が得られる．

定理9 Gを有限群とし，Zをその中心とすれば，

(4) $$o(G) = o(Z) + \sum_a (G:N(a))$$

が成り立つ．ただしここに$\sum_a$は，中心に属さない元によって構成されるすべての共役類からそれぞれ1つずつ代表aをとって作った和を意味する．

定理9の等式(4)を**類等式**という．読者はこの等式の右辺の各項$(G:N(a))$は1より大きく，しかも$o(G)$の真の約数となっていることに注意されたい．

定理9の効果を示すために，簡単な応用例を次に挙げておこう．

例2 位数が素数pのべき$p^n(n \geq 1)$であるような群を一般に**p群**という．Gがp群ならば，その中心Zは単位元以外の元を含むことを証明せよ．

証明 $o(G)=p^n$とすれば，(4)の右辺の各項$(G:N(a))$もやはりpのべき$(\neq 1)$である．ゆえに(4)から明らかに，$o(Z)$はpで割り切れなければならない．したがってZはe以外の元を含む．

例3 $o(G)=p^2$（pは素数）ならばGは可換群であることを示せ．

証明 G の中心 Z が G と一致することを示せばよい．例 2 によって $Z \neq e$ であるから，$o(Z) = p$ または $o(Z) = p^2$ である．もし $o(Z) = p$ ならば，a を Z に属さない G の元とするとき，$N(a)$ は Z のすべての元を含むとともに a をも含むから，$o(N(a)) > p$ である．しかもそれは p^2 の約数でなければならないから，$o(N(a)) = p^2$，すなわち $N(a) = G$ となる．ゆえに $a \in Z$ となるが，これは矛盾である．したがって $o(Z) = p^2$，$Z = G$ でなければならない．

上に述べた共役の概念は G の部分集合の間にも定義することができる．すなわち G の部分集合 S, S' に対し，$\sigma_a(S) = aSa^{-1} = S'$ となるような G の元 a が存在するとき，S は S' に**共役**であるという．これは G の部分集合の間の同値関係である．σ_a は G の自己同型であるから，前節の補題 H によって，G の部分群 H に共役な集合 $\sigma_a(H) = aHa^{-1}$ はまた G の部分群となる．これを H の**共役部分群**という．

§5 の補題 G によれば，G の部分群 H が正規であるためには，H に含まれる任意の元の共役元がまた H に含まれることが必要かつ十分である．いいかえれば，G の部分群 H は，それがいくつかの共役類の和集合となっているとき，またそのときに限って，G の正規部分群である．また，H が正規であることは，H の共役部分群が H 自身のほかにないこととも同等である．

問 題

1. 写像 $x \mapsto x^{-1}$ が G の自己同型ならば，G は可換群であることを示せ．

2. G の内部自己同型の全体は $\mathrm{Aut}(G)$ の正規部分群をなすことを示せ．(この群を G の**内部自己同型群**という．)

3. G の内部自己同型群は G/Z (Z は G の中心)と同型であることを示せ．

4. 加法群 $\boldsymbol{Z}$ の自己同型群 $\mathrm{Aut}(\boldsymbol{Z})$ はどんな群か．

5. 加法群 $\boldsymbol{Q}$ の自己同型群 $\mathrm{Aut}(\boldsymbol{Q})$ はどんな群か．

6. S を群 G の部分集合とし，$N(S)$ を G における S の正規化群(§5 問題 12)とする．また $N(S)$ の G における指数は有限であるとする．そのとき，S に共役な G の異なる部分集合の個数は $(G:N(S))$ に等しいことを示せ．

7. H を群 G の有限部分群とし，位数が $o(H)$ に等しい G の部分群は H のほかにないとする．そのとき H は G の正規部分群であることを示せ．

8. H を G の部分群とする．H のすべての共役部分群に共有される G の元全部の集合

をNとすれば，NはGの正規部分群であることを示せ．また，Hに含まれるようなGの任意の正規部分群はNに含まれることを示せ．

9. HをGの部分群とし，GにおけるHの指数は有限であるとする．そのとき，Hに含まれるGの正規部分群で，Gにおける指数が有限であるものが存在することを示せ．[ヒント：問題6, 8および§4問題4を用いよ．]

10. Gを有限な非可換群とし，fを$f \circ f = I_G$であるようなGの自己同型写像とする．fは単位元以外にもGの元を固定することを証明せよ．[ヒント：$f(x)=x$となる元が$x=e$のほかにないと仮定する．そのとき，Gの任意の元xは$x=a^{-1}f(a) (a \in G)$の形に表わされることを示せ．このことから矛盾を導け．]

§8 巡回群

$\mathbf{Z}$を整数の加法群とする．nを整数≥ 0とするとき，nの倍数の全体$n\mathbf{Z}$は$\mathbf{Z}$の部分群である．逆に$\mathbf{Z}$の部分群はこの形のものに限ることが証明される．

補題 K Aを加法群$\mathbf{Z}$の任意の部分群とすれば，ある整数$n \geq 0$が存在して$A=n\mathbf{Z}$となる．

証明 $A=\{0\}$ならば$n=0$とすればよい．$A \neq \{0\}$の場合には，Aが$k(\neq 0)$を含めば$-k$をも含むから，Aは正の整数を含む．Aに含まれる最小の正の整数をnとする．そのときAはもちろんnのすべての倍数を含む．逆に，aをAの任意の元とすれば，

$$a = qn+r, \quad 0 \leq r < n$$

となる整数q, rが存在し，$a \in A, n \in A$であるから$r=a-qn \in A$．ゆえに$r=0, a=qn$となる．（証明終）

Gを群とする．Gがその1つの元aによって生成されるとき，すなわちGのすべての元が整数kによってa^k（加法記号の場合にはka）の形に表わされるとき，Gを**巡回群**という．また，このような元aをGの**生成元**という．

明らかに，加法群$\mathbf{Z}$は1を生成元とする巡回群であり，その部分群$n\mathbf{Z}$はnによって生成される巡回群である．また商群$\mathbf{Z}/n\mathbf{Z}=\mathbf{Z}_n$は，1を含む剰余類によって生成される位数nの有限巡回群である．（$n=1$の場合$\mathbf{Z}/\mathbf{Z}$は単位群となるが，それももちろん1つの巡回群である．）

Gを巡回群，aをその1つの生成元とする．そのとき

$$f(k) = a^k$$

によって定義される写像 $f: \mathbf{Z} \to G$ は全射準同型である．その核を A とすれば，次の2つの場合が起こる．

(i) $A=\{0\}$ のとき．この場合は f は同型写像で $G \cong \mathbf{Z}$ である．

(ii) $A=n\mathbf{Z}$, $n>0$ のとき．この場合は準同型定理によって $G \cong \mathbf{Z}/n\mathbf{Z} = \mathbf{Z}_n$ となり，G は位数 n の有限群である．くわしくいえば，$k \equiv k' \pmod{n}$ のときまたそのときに限って $a^k = a^{k'}$ となり，f から誘導される全単射（n を法とする k の剰余類に a^k を対応させる写像）が $\mathbf{Z}_n$ から G への同型写像となる．したがってこの場合，G の n 個の異なる元は

$$e, \quad a, \quad a^2, \quad \cdots, \quad a^{n-1}$$

で与えられる．特に $a^k=e$ となるのは，k が n の倍数であるときまたそのときに限る．

以上の結果を次の定理として述べておこう．

定理10 無限巡回群は加法群 $\mathbf{Z}$ と同型である．位数 n の有限巡回群は加法群 $\mathbf{Z}_n$ と同型である．

例1 乗法群 $\{1, i, -1, -i\}$ は位数4の巡回群で，i がその生成元である．$-i$ もまたこの群の生成元であることに注意しよう．

G を任意の群とし，a を G の1つの元とする．そのとき G は a によって生成される巡回部分群 H を含む．H が $\mathbf{Z}_n (n>0)$ と同型であるとき，n を a の**位数**または**周期**といい，$o(a)$ で表わす．また H が $\mathbf{Z}$ と同型であるときには，a は**無限位数**の元であるという．位数が1の元は単位元にほかならない．

例2 例1の乗法群において $o(-1)=2$, $o(i)=o(-i)=4$ である．

定理11 G を有限群とし，a を G の任意の元とする．そのとき $o(a)$ は $o(G)$ の約数である．

証明 定義によって $o(a)$ は a で生成される G の部分群の位数に等しい．ゆえに定理2の系から上の結論が得られる．

系 $o(G)=n$ とすれば，任意の $a \in G$ に対して $a^n=e$ が成り立つ．

証明 $o(a)=d$ とすれば，定理によって $n=dq$, $q \in \mathbf{Z}$ である．したがって $a^n = (a^d)^q = e^q = e$ となる．

定理12 巡回群 G の任意の部分群は巡回群である．

証明 a を G の生成元とすれば，$f(k)=a^k$ によって定義される $f: \mathbf{Z} \to G$ は

全射準同型である．H を G の部分群とし，$f^{-1}(H)=A$ とする．補題 H によって A は Z の部分群であるから，それは巡回群で，ある整数 $d \geqq 0$ により $A=dZ$ と表わされる（補題 K）．f は全射であるから，$f(A)=H$ であり，したがって H のすべての元は a^{dk} ($k \in Z$) の形に書かれる．すなわち H は a^d で生成される巡回群である．

問　題

1. 巡回群の準同型像は巡回群であることを示せ．

2. G が位数 n の巡回群ならば，n の任意の正の約数 d に対して，G は位数 d の部分群をちょうど1つだけもつことを示せ．

3. G を位数 n の巡回群，a を G の生成元とする．k を1つの整数とする．a^k が G の生成元となるためには，$(k,n)=1$ であることが必要十分であることを示せ．

4. a, b を群 G の元とし，ab の位数は有限であるとする．そのとき ba の位数も有限で $o(ab)=o(ba)$ であることを示せ．

5. a, b を群 G の可換な2元とし，$o(a)=m$，$o(b)=n$ が互いに素であるとする．そのとき $o(ab)=mn$ であることを示せ．

6. 可換群 G の有限位数の元全体は G の部分群をなすことを示せ．

7. G を位数が素数の有限群とすれば，G は巡回群で，真部分群をもたないことを証明せよ．

8. 可換な単純群（$\neq e$）は位数が素数の巡回群であることを示せ．

9. 位数4の群は巡回群であるか，または §3 問題8の群（二面体群 D_2）に同型であることを示せ．

10. Z を加法群 Q の部分群と考えるとき，商群 Q/Z のすべての元の位数は有限であることを示せ．

11. S を有限集合，f を $f \circ f = I_S$ であるような S の置換とする．そのとき $f(x) \neq x$ であるような S の元 x の個数は偶数であることを示せ．またこのことを用いて，位数が偶数の有限群 G は必ず位数2の元を含むことを証明せよ．［ヒント：G の置換 $x \mapsto x^{-1}$ を考えよ．］

12. G を群，$a_1, a_2, \cdots, a_r$ をどの2つも互いに可換であるような G の元とし，$o(a_1)=n_1$，$o(a_2)=n_2, \cdots, o(a_r)=n_r$ とする．また n を $n_1, n_2, \cdots, n_r$ の最小公倍数とする．そのとき $o(a)=n$ であるような G の元 a が存在することを示せ．［ヒント：問題5に帰着させよ．］

13. G を有限な可換群とし，任意の正の整数 m に対して $x^m=e$ となるような G の元 x の個数は m をこえないとする．そのとき G は巡回群であることを証明せよ．［ヒント：

前問を用いよ.]

14. N を有限群 G の正規部分群とし, $o(N)=m$ と $(G:N)$ は互いに素であるとする. そのとき, N は $x^m=e$ を満たす G のすべての元 x から成ることを証明せよ.

15. a, b を群 G の元とし, $o(a)=5$, $aba^{-1}=b^2$, $b \neq e$ とする. $o(b)$ を求めよ.

16. G を有限群, n を $o(G)$ と互いに素な正の整数とする. そのとき, G の任意の元 a に対して $x^n=a$ となるような $x \in G$ が存在することを証明せよ.

17. G が有限群で, その 2 つの異なる部分群はつねに異なる位数をもつとする. そのとき G は巡回群であることを証明せよ. [ヒント: G の位数に関する帰納法による. まず G の任意の部分群は正規であることに注意する (§7 問題 7). G の単位元以外の元のうち最小位数の元を a とし, a で生成される部分群を H とする. a の位数は素数である. 定理 7 (a) と帰納法の仮定によって G/H は巡回群となる. G/H の生成元を bH とし, b で生成される G の部分群を K とする. H の位数は素数であるから, $K \supset H$ または $H \cap K = \{e\}$ であるが, $K \supset H$ ならば $G=K$ となる. また $H \cap K = \{e\}$ ならば, §5 問題 14 によって $ab=ba$ となり, a, b の位数は互いに素である. そこで上の問題 5 を用いる.]

§9 置換群

n 個の元から成る有限集合の置換全部のなす群は, 前にもいったように **n 次の対称群**とよばれ, 記号 S_n で表わされる. この群の構造はもちろん n だけに依存して定まる (§6 問題 4). そこで以下では, S_n を整数の集合 $J_n=\{1, \cdots, n\}$ の上の対称群と考えることにする. §4 の例 2 でみたように, この群は位数 $n!$ の有限群である. 本節では, この群についていくつかの基本的事項を説明しよう.

S_n の元 σ は, 通常

$$\begin{pmatrix} 1 & 2 & \cdots & n \\ \sigma(1) & \sigma(2) & \cdots & \sigma(n) \end{pmatrix}$$

という記号で表わされる. たとえば

$$\begin{pmatrix} 1 & 2 & 3 \\ 3 & 1 & 2 \end{pmatrix}$$

は, $\sigma(1)=3$, $\sigma(2)=1$, $\sigma(3)=2$ である置換を表わす. σ' をもう 1 つの置換

$$\begin{pmatrix} 1 & 2 & 3 \\ 2 & 1 & 3 \end{pmatrix}$$

とすれば, $(\sigma \circ \sigma')(1)=\sigma(2)=1$, $(\sigma \circ \sigma')(2)=\sigma(1)=3$, $(\sigma \circ \sigma')(3)=\sigma(3)=2$ であるか

ら，
$$\sigma \circ \sigma' = \begin{pmatrix} 1 & 2 & 3 \\ 1 & 3 & 2 \end{pmatrix}$$
である．また上の置換 σ の逆元 σ^{-1} は，置換
$$\sigma^{-1} = \begin{pmatrix} 1 & 2 & 3 \\ 2 & 3 & 1 \end{pmatrix}$$
である．

以後 S_n の単位元（J_n の恒等写像）を e で表わす．また S_n の元 σ, σ' の積（合成）を $\sigma \circ \sigma'$ のかわりに簡単に $\sigma\sigma'$ と書くことにしよう．

S_n の元 τ が J_n の異なる2元 i, j を交換し，残りの元をそのままに固定するとき，τ を J_n の**互換**といい，$\tau=(i\ j)$ で表わす．明らかに τ が互換ならば $\tau = \tau^{-1}$ である．

補題 L $S_n(n \geq 2)$ の任意の元は互換の積として表わされる．

証明 帰納法で証明する．$n=2$ の場合は明らかであるから，$n>2$ とし，σ を S_n の任意の元とする．もし $\sigma(n)=n$ ならば，σ は $J_{n-1}=\{1,\cdots,n-1\}$ の置換と考えられるから，帰納法の仮定によって，σ は J_{n-1} の互換 $\tau_1,\cdots,\tau_s$ の積として $\sigma=\tau_1\cdots\tau_s$ と表わされる．$\sigma(n)=k \neq n$ ならば，k と n を交換する J_n の互換を τ とすれば，$\tau\sigma(n)=\tau(k)=n$. したがって上記のように，$\tau\sigma$ は J_{n-1} の互換の積として
$$\tau\sigma = \tau_1 \cdots \tau_s$$
と表わされる．これより
$$\sigma = \tau^{-1}\tau_1\cdots\tau_s = \tau\tau_1\cdots\tau_s.$$
これでわれわれの命題は証明された．

例1 置換
$$\sigma = \begin{pmatrix} 1 & 2 & 3 & 4 \\ 3 & 1 & 4 & 2 \end{pmatrix}$$
を互換の積として表わしてみよう．まず2と4を交換する互換を τ_1 とすれば
$$\tau_1\sigma = \begin{pmatrix} 1 & 2 & 3 & 4 \\ 3 & 1 & 2 & 4 \end{pmatrix}.$$
次に2と3を交換する互換を τ_2 とすれば

$$\tau_2\tau_1\sigma = \begin{pmatrix} 1 & 2 & 3 & 4 \\ 2 & 1 & 3 & 4 \end{pmatrix}.$$

この結果は 1 と 2 を交換する互換である. よってこれを τ_3 とすれば, $\tau_2\tau_1\sigma=\tau_3$ であるから

$$\sigma = \tau_1\tau_2\tau_3 = (2\ 4)(2\ 3)(1\ 2)$$

となる.

注意 置換 σ を互換の積として表わす仕方は一意的ではない. たとえば, 上の置換 σ は

$$\sigma = (1\ 3)(2\ 3)(3\ 4),$$
$$\sigma = (1\ 2)(1\ 3)(2\ 4)(3\ 4)(2\ 3)$$

などとも表わされる.

$n \geq 2$ とし, $J_n = \{1, \cdots, n\}$ の 2 元から成る部分集合——それは $\binom{n}{2}$ 個存在する——の全体を Ω とする. S_n の元 σ に対し, その**符号** $\varepsilon(\sigma)$ を

$$(1) \qquad \varepsilon(\sigma) = \prod_{\{i,j\} \in \Omega} \frac{\sigma(i)-\sigma(j)}{i-j}$$

によって定義する. ただし(1)の右辺は Ω のすべての元 $\{i, j\}$ にわたる積を表わすのである. $\varepsilon(\sigma)$ はまた $\mathrm{sgn}(\sigma)$ とも書かれる.

定理 13 $S_n (n \geq 2)$ の任意の元 σ に対し $\varepsilon(\sigma)=1$ または $\varepsilon(\sigma)=-1$ であり, ε は S_n から乗法群 $\{1, -1\}$ への準同型写像である. また任意の互換 τ に対して $\varepsilon(\tau)=-1$ となる.

証明 σ を J_n の置換とすれば, Ω の各元 $\{i, j\}$ に対し $\{\sigma(i), \sigma(j)\}$ も Ω の元となり, また $\{i, j\}, \{i', j'\}$ が Ω の異なる元ならば $\{\sigma(i), \sigma(j)\}, \{\sigma(i'), \sigma(j')\}$ も明らかに Ω の異なる元となる. これからわかるように $\{i, j\} \mapsto \{\sigma(i), \sigma(j)\}$ は Ω の置換であり, したがって(1)の右辺の分子の因数全体は, 分母の因数全体と符号を除き一致する. ゆえに $\varepsilon(\sigma)=1$ または $\varepsilon(\sigma)=-1$ となる.

次に $\varepsilon : S_n \to \{1, -1\}$ は準同型であること, すなわち S_n の任意の 2 元 σ, σ' に対して

$$\varepsilon(\sigma\sigma') = \varepsilon(\sigma)\varepsilon(\sigma')$$

が成り立つことを示そう. 上にも注意したように, $\{i, j\}$ が Ω のすべての元を動けば $\{\sigma'(i), \sigma'(j)\}$ も Ω のすべての元を動くから, (1)の右辺は明らかに

$$\varepsilon(\sigma) = \prod_{\{i,j\}\in Q} \frac{\sigma(\sigma'(i))-\sigma(\sigma'(j))}{\sigma'(i)-\sigma'(j)}$$

と書きかえられる．したがって

$$\varepsilon(\sigma\sigma') = \prod_{\{i,j\}\in Q} \frac{\sigma\sigma'(i)-\sigma\sigma'(j)}{i-j}$$

$$= \prod_{\{i,j\}\in Q} \frac{\sigma\sigma'(i)-\sigma\sigma'(j)}{\sigma'(i)-\sigma'(j)} \cdot \prod_{\{i,j\}\in Q} \frac{\sigma'(i)-\sigma'(j)}{i-j} = \varepsilon(\sigma)\varepsilon(\sigma').$$

これで ε は準同型であることが示された．

最後に τ を任意の互換とすれば $\varepsilon(\tau)=-1$ であることを示そう．$\tau_0=(1\ 2)$ については，このことは明らかである．実際，$\varepsilon(\tau_0)$ の定義の式の因数はただ 1 つの負の因数

$$\frac{\tau_0(1)-\tau_0(2)}{1-2} = \frac{2-1}{1-2}$$

を除いてすべて正となるからである．一般の $\tau=(k\ l)$ については，1, 2 をそれぞれ k, l にうつすような J_n の 1 つの置換を σ とする．（このような σ が存在することは明らかであろう．）そのとき，直ちに示されるように $\tau=\sigma\tau_0\sigma^{-1}$ であるから（読者はくわしく考えよ），

$$\varepsilon(\tau) = \varepsilon(\sigma)\varepsilon(\tau_0)\varepsilon(\sigma^{-1}) = -\varepsilon(\sigma)\varepsilon(\sigma)^{-1} = -1.$$

以上でわれわれの主張はすべて証明された．（証明終）

$S_n (n\geqq 2)$ の元 σ は，その符号 $\varepsilon(\sigma)$ が 1 であるとき**偶置換**とよばれ，-1 であるとき**奇置換**とよばれる．定理によって任意の互換は奇置換である．

系1 S_n の元 σ が s 個の互換の積として $\sigma=\tau_1\cdots\tau_s$ と表わされるとする．そのとき，σ が偶置換ならば s は偶数，σ が奇置換ならば s は奇数である．

証明 $\sigma=\tau_1\cdots\tau_s$ ならば $\varepsilon(\sigma)=(-1)^s$ であるから，これは明らかである．

系2 $n\geqq 2$ のとき，J_n の偶置換，奇置換はそれぞれ $n!/2$ 個ずつある．偶置換全部の集合を A_n とすれば，A_n は S_n の正規部分群である．

証明 $\varepsilon: S_n\to\{1, -1\}$ は全射準同型で，その核が A_n にほかならない．したがって A_n は S_n の正規部分群である．しかも

$$S_n/A_n \cong \{1, -1\}$$

であるから，$(S_n : A_n)=2$，よって $o(A_n)=n!/2$ である．（証明終）

A_n を **n 次の交代群**という．たとえば A_3 は

$$\begin{pmatrix}1&2&3\\1&2&3\end{pmatrix}, \quad \begin{pmatrix}1&2&3\\2&3&1\end{pmatrix}, \quad \begin{pmatrix}1&2&3\\3&1&2\end{pmatrix}$$

の3つの置換から成る群である．

次に，S_n における共役類について考えよう．そのためにはまず，次の概念を導入しておかなければならない．

$i_1, \cdots, i_r (r \geqq 2)$ を J_n の異なる元とする．そのとき

$$\sigma(i_1)=i_2, \quad \sigma(i_2)=i_3, \quad \cdots, \quad \sigma(i_{r-1})=i_r, \quad \sigma(i_r)=i_1$$

で，J_n の残りの元をすべて固定するような置換 σ を**長さ r の巡回置換**(または**サイクル**)，あるいは略して r-巡回置換とよび，

$$(i_1 \ i_2 \ \cdots \ i_r)$$

で表わす．2-巡回置換 $(i\ j)$ は互換にほかならない．また便宜上，長さ1の巡回置換とは恒等置換 e のことであると約束する．

巡回置換 $\sigma = (i_1\ i_2\ \cdots\ i_r)$ に対し，集合 $\{i_1, i_2, \cdots, i_r\}$ をその**巡回域**という．σ の巡回域の中にある任意の1つの元を i とすれば，明らかに

$$\sigma = (i\ \sigma(i)\ \sigma^2(i)\ \cdots\ \sigma^{r-1}(i)) \qquad (\sigma^r(i)=i)$$

と書くことができる．

σ, σ' を2つの巡回置換とするとき，両者の巡回域が共通元をもたないならば，σ, σ' は**互いに素**であるという．直ちにわかるように，互いに素な2つの巡回置換は可換である．

われわれは次に，J_n の任意の置換は，どの2つも互いに素であるような巡回置換の積として表わされることを証明しよう．（以下では証明の骨子だけを述べ，細部の検討は読者にゆだねる．）いま，σ を任意に与えられた J_n の1つの置換とする．そのとき，J_n の元 i, j に対し $\sigma^\alpha(i)=j$ となるような整数 α が存在することをもって $i \underset{\sigma}{\equiv} j$ と定義すれば，$\underset{\sigma}{\equiv}$ は J_n における1つの同値関係となる．したがって，この関係により，J_n を互いに交わらない同値類に類別することができる．その各同値類を置換 σ に関する**推移類**という．J_n の元 i の推移類は $\sigma^\alpha(i) (\alpha \in \mathbf{Z})$ 全体の集合であるが，J_n は有限集合であるから，明らかに $\sigma^\alpha(i) = i$ となる正の整数 α が存在し，そのような α の最小数を r とすれば，i の推移類は r 個の異なる元 $i, \sigma(i), \cdots, \sigma^{r-1}(i)$ から成る．いま σ に関する異なる推移類の全体を $T_1, \cdots, T_k$ とし，それらの元の個数を $r_1, \cdots, r_k (r_1+\cdots+r_k=n)$ とする．

また，各推移類 T_μ からそれぞれ代表 i_μ をとって，r_μ-巡回置換

$$\sigma_\mu = (i_\mu \ \sigma(i_\mu) \ \sigma^2(i_\mu) \ \cdots \ \sigma^{r_\mu-1}(i_\mu))$$

を作る．（σ_μ の巡回域は T_μ である．）そのとき，σ は2つずつ互いに素な巡回置換 $\sigma_1,\cdots,\sigma_k$ の積

(2) $$\sigma = \sigma_1\sigma_2\cdots\sigma_k$$

となるのである．実際，i を J_n の任意の元とし，i を含む推移類を T_μ とする．そうすれば，μ 以外の ν に対しては $\sigma_\nu(i)=i$ であり，また T_μ 上では σ と σ_μ とは一致するから，$\sigma_1\sigma_2\cdots\sigma_k(i)=\sigma_\mu(i)=\sigma(i)$ となる．これで (2) が証明された．

例2 置換

$$\sigma = \begin{pmatrix} 1 & 2 & 3 & 4 & 5 & 6 & 7 & 8 & 9 \\ 5 & 3 & 9 & 4 & 7 & 2 & 1 & 8 & 6 \end{pmatrix}$$

を互いに素な巡回置換の積として表わせ．

σ によって $1 \mapsto 5 \mapsto 7 \mapsto 1$ であるから，1 の推移類は $\{1, \sigma(1), \sigma^2(1)\}=\{1,5,7\}$ である．また $2 \mapsto 3 \mapsto 9 \mapsto 6 \mapsto 2$ であるから，2 の推移類は $\{2, \sigma(2), \sigma^2(2), \sigma^3(2)\}$ $=\{2,3,9,6\}$ である．4, 8 は，それぞれその数1個だけで1つの推移類を作る．ゆえに

$$\sigma = (1 \ 5 \ 7)(2 \ 3 \ 9 \ 6)(4)(8)$$

となる．［上記の表現で (4) および (8) は恒等置換であるから，これらをはぶいて書いてもさしつかえない．］

上では S_n の任意の元 σ が，(2) のように，互いに素な巡回置換の積として表わされることを示した．この表わし方は，因数の順序を除けば一意的である．それを示すには，σ を互いに素な巡回置換の積に分解したとき，因数である各巡回置換の巡回域はそれぞれ σ に関する1つの推移類となっていることに注意すればよい．くわしくは読者の練習問題（節末の問題4）に残しておこう．

以上に述べたことを次の補題としてまとめておく．

補題 M S_n の任意の元は互いに素な巡回置換の積として（順序を除き）一意的に表わされる．

叙述を簡単にするため，S_n の元 σ を互いに素な巡回置換の積として表わすことを，σ の**標準分解**とよぶことにしよう．また，σ の標準分解に現われる巡回置換の長さを $r_1, r_2, \cdots, r_k$；ただし $r_1 \geq r_2 \geq \cdots \geq r_k$，$r_1+r_2+\cdots+r_k=n$ とす

るとき，整数の組 $[r_1, r_2, \cdots, r_k]$ を σ の**分解型**とよぶことにする．そのとき，次の定理が成り立つ．

定理 14 S_n の 2 元が S_n において共役であるための必要十分条件は，両者が同じ分解型をもつことである．

証明 σ を S_n の 1 つの元とし，$i \in J_n$, $\sigma(i)=j$ とする．そのとき，ρ を S_n の任意の元とすれば，$(\rho\sigma\rho^{-1})(\rho(i)) = \rho\sigma(i) = \rho(j)$. すなわち

$$\sigma = \begin{pmatrix} \cdots & i & \cdots \\ \cdots & j & \cdots \end{pmatrix} \text{ ならば } \rho\sigma\rho^{-1} = \begin{pmatrix} \cdots & \rho(i) & \cdots \\ \cdots & \rho(j) & \cdots \end{pmatrix}$$

である．

したがって，σ の標準分解を

$$\sigma = (i_1 \cdots i_{r_1})(j_1 \cdots j_{r_2}) \cdots (l_1 \cdots l_{r_k})$$

とすれば，$\rho\sigma\rho^{-1}$ の標準分解は，明らかに

$$\rho\sigma\rho^{-1} = (\rho(i_1) \cdots \rho(i_{r_1}))(\rho(j_1) \cdots \rho(j_{r_2})) \cdots (\rho(l_1) \cdots \rho(l_{r_k}))$$

となる．すなわち σ に共役な元は σ と同じ分解型をもつ．

逆に

$$\sigma' = (i_1' \cdots i_{r_1}')(j_1' \cdots j_{r_2}') \cdots (l_1' \cdots l_{r_k}')$$

が σ と同じ分解型をもつ置換ならば，各文字 t を t' にうつす J_n の置換を ρ として，$\sigma' = \rho\sigma\rho^{-1}$ が成り立つ．すなわち σ' は σ に共役である．(証明終)

一般に n を正の整数とするとき，$n = r_1 + \cdots + r_k$, $r_1 \geq \cdots \geq r_k$ であるような正の整数の組 $[r_1, \cdots, r_k]$ を n の**分割**といい，n の分割の数を $p(n)$ で表わす．そうすれば，上の定理から明らかに次の系が得られる．

系 S_n における共役類の個数は n の分割数 $p(n)$ に等しい．

例 3 $n=4$ とする．4 の分割は

$$4 = 1+1+1+1, \quad 4 = 2+1+1,$$
$$4 = 3+1, \quad 4 = 2+2, \quad 4 = 4$$

の 5 つであるから，$p(4) = 5$ である．したがって S_4 における共役類の個数は 5 である．分解型が $[1, 1, 1, 1]$ である元の作る共役類は単位元 e のみから成る．また分解型が $[2, 1, 1]$ である元の作る共役類は J_4 のすべての互換の集合であり，その元の個数は $\binom{4}{2} = 6$ である．同様にして，分解型が $[3, 1]$, $[2, 2]$, $[4]$ である共役類は，それぞれ 8 個，3 個，6 個の元から成ることが容易に示される

(節末の問題 6). これらの共役類の元の個数の和 $1+6+8+3+6=24$ はたしかに $o(S_4)=4!$ に等しいことに読者は注意されたい.

問　題

1. S_3 は全部で 6 個の部分群をもち,そのうちの 3 個は正規で他の 3 個は正規でないことを示せ.

2. σ を r-巡回置換 ($r\geqq 2$) とする.

(a) σ の位数は何か.

(b) $\varepsilon(\sigma)=(-1)^{r-1}$ を示せ. [ヒント: $r>2$ ならば $(i_1\cdots i_r)=(i_1\, i_r)(i_1\cdots i_{r-1})$. そこで帰納法を用いよ.]

3. S_n の元 σ の分解型を $[r_1, r_2, \cdots, r_k]$ とする.

(a) σ の位数は何か.

(b) σ の偶奇を $r_1, r_2, \cdots, r_k$ から判定する手段を与えよ.

4. 補題 M の一意性の部分を証明せよ.

5. 次の各置換を互いに素な巡回置換の積として表わせ.

(a) (1 2 3)(4 5)(1 2 3 6 7)

(b) (1 2)(1 2 3 4)(1 2)(2 3 5 6)

6. 対称群 S_4 について次の問に答えよ.

(a) そのすべての元を互いに素な巡回置換の積として書き表わせ.

(b) S_4 の元を共役類に分けよ.

(c) (b) の結果を利用して,S_4 のすべての正規部分群をみいだせ.

7. S_4 の部分群をしらべることによって,次のような例をみいだせ:H は G の正規部分群,K は H の正規部分群であるが,K は G の正規部分群ではない.

8. 次のおのおのの場合に $\rho\sigma\rho^{-1}$ を求めよ.

(a) $\sigma=(1\ 4)(2\ 5\ 6),\quad \rho=(3\ 4\ 5)$

(b) $\sigma=(3\ 4\ 9)(2\ 1\ 6\ 8),\quad \rho=(5\ 7)(2\ 3\ 9)$

9. $\sigma=(1\ 2\ 3)(4\ 5)$ とする.$\rho\sigma\rho^{-1}=(3\ 4\ 5)(1\ 2)$ となるような 1 つの ρ を求めよ.

10. S_n ($n\geqq 2$) は互換 $(1\ 2), (1\ 3), \cdots, (1\ n)$ によって生成されることを示せ. [ヒント: $i\geqq 2$, $j\geqq 2$, $i\neq j$ ならば,$(i\ j)=(1\ i)(1\ j)(1\ i)$ となる.そこで補題 L を用いよ.]

11. S_n ($n\geqq 3$) のすべての 3-巡回置換によって生成される部分群は A_n であることを示せ. [ヒント: A_n は偶数個の互換の積の全体であるから,2 個の互換の積が 3-巡回置換の積として表わされることをいえばよい.]

12. S_n ($n\geqq 3$) は互換 $(1\ 2)$ と n-巡回置換 $(1\ 2\ \cdots\ n)$ とで生成されることを証明せよ.

13. $1 < r \leqq n$ とする．

(a) S_n の中に相異なる r-巡回置換は $\dfrac{1}{r}\dfrac{n!}{(n-r)!}$ 個存在することを証明せよ．

(b) r-巡回置換 $(1\ 2\ \cdots\ r)$ と可換な S_n の元はいくつあるか．

(c) $(1\ 2\ \cdots\ r)$ と可換な S_n のすべての元は
$$\sigma = (1\ 2\ \cdots\ r)^i \rho, \quad i = 0, 1, \cdots, r-1$$
の形をしていることを示せ．ただし ρ は $1, 2, \cdots, r$ をすべて固定するような S_n の任意の置換である．

14. $n \geqq 4$ とする．

(a) $(1\ 2)(3\ 4)$ と共役な S_n の元の個数を求めよ．

(b) $(1\ 2)(3\ 4)$ と可換な S_n の元の形を決定せよ．

15. (a) S_5 の共役類別を具体的に与えよ．

(b) A_5 の共役類別を具体的に与えよ．また，S_5 において共役であるが，A_5 においては共役でないような A_5 の2つの元をみいだせ．

§10 置換表現，群の集合への作用

群の概念は，もともと，図形のシンメトリー（§3例7参照）とか，ある種の具体的な集合（多くの場合有限集合）の置換を考えることなどから発生したものである．すなわち，群は置換群としてはじめて数学に登場したのである．しかし実は，どのような群も必ずある置換群と同型になることが示される．すなわち次の定理が成り立つ．

定理15 (Cayley) 任意の群 G は，適当な集合 X 上の対称群 $S(X)$ のある部分群，すなわち X のある置換群と同型になる．

証明 われわれは X として G 自身をとり，G の各元 a に対して，写像 $T_a: G \to G$ を
$$T_a(x) = ax$$
により定義する．（この T_a を a による G の**左移動**という．）これが G の置換であることは次のように直ちに示される．$T_a(x) = T_a(y)$ すなわち $ax = ay$ とすれば，簡約律によって $x = y$．ゆえに T_a は単射である．また任意の $x \in G$ は $x = T_a(a^{-1}x)$ と表わされるから，T_a は全射である．したがって T_a は $S(G)$ の元となる．次に，
$$a \mapsto T_a$$

によって定義される写像 $T: G \to S(G)$ は単射準同型であることを示そう．a, b を G の 2 つの元とすれば，任意の $x \in G$ に対して
$$T_{ab}(x) = (ab)x = a(bx) = T_a(T_b(x)) = (T_a T_b)(x).$$
これは $T_{ab}=T_a T_b$ を意味するから，T は準同型写像である．(簡単のため本節でも合成記号 ○ は省略する．) また $T_a=T_b$ ならば，$a=T_a(e)=T_b(e)=b$ であるから，T は単射である．ゆえに $T: G \to S(G)$ は単射準同型であり，したがって G は T の像である $S(G)$ の部分群と同型になる．(証明終)

上の証明では，われわれは X として G 自身をとった．しかし，G が位数 n の有限群である場合，$S(G)$ の位数は $n!$ であり，それは n にくらべて非常に大きい．それゆえ，X をもっと小さくとって，G を X の置換群として表示することはできないかという問題が当然考えられよう．以下本節では，このような問題に関連して，いくつかの基本的な事項を述べよう．

一般に G を群，X を 1 つの集合とするとき，G から対称群 $S(X)$ への準同型写像 ρ を，G の X における**置換表現**という．特に ρ が単射準同型である場合には，ρ は**忠実な置換表現**であるという．

置換表現を取り扱う場合，次のような記法を用いることにすると便利である．すなわち ρ が G の X における置換表現であるとき，$a \in G$, $x \in X$ に対して，X の元 $(\rho(a))(x)$ を簡単に $a \cdot x$ と書くことにするのである．そうすれば次の 2 つのことが成り立つ．

(1) e を G の単位元とすれば，任意の $x \in X$ に対して $e \cdot x = x$.

(2) 任意の $a, b \in G$ および任意の $x \in X$ に対して
$$ab \cdot x = a \cdot (b \cdot x).$$

実際，$\rho(e) = I_X$ であるから (1) は明らかである．また $\rho(ab) = \rho(a)\rho(b)$ であるから，任意の $x \in X$ に対して
$$(\rho(ab))(x) = (\rho(a)\rho(b))(x) = \rho(a)(\rho(b)(x)).$$
これを上に導入した記法によって書きあらためれば (2) が得られる．

逆に，$G \times X$ から X へのある写像が与えられ，その写像による $(a, x) \in G \times X$ の像を $a \cdot x$ と書くとき，(1), (2) が満たされているとしよう．すなわち，(1), (2) を満足するような写像 $(a, x) \mapsto a \cdot x$ が与えられたとしよう．そのとき，G の各元 a に対して，X から X への写像

$$x \mapsto a \cdot x$$

を $\rho(a)$ で表わせば，$\rho(a)$ は X の置換となり，写像 $\rho: G \to S(X)$ は準同型写像となる．実際(1), (2)によって，X の任意の元 x は

$$x = e \cdot x = aa^{-1} \cdot x = a \cdot (a^{-1} \cdot x)$$

と表わされるから，$\rho(a)$ は全射である．また $a \cdot x = a \cdot y$ ならば

$$x = a^{-1} \cdot (a \cdot x) = a^{-1} \cdot (a \cdot y) = y$$

となるから，$\rho(a)$ は単射である．ゆえに $\rho(a)$ は X の置換，すなわち $S(X)$ の元となる．さらに $\rho(a)$ の定義を用いて(2)を書き直せば，直ちに

$$\rho(ab) = \rho(a)\rho(b)$$

が得られる．（読者はくわしく証明せよ．）

上に述べたことからわかるように，G の X における1つの置換表現を与えることは，条件(1), (2)を満足するような $G \times X$ から X への1つの写像 $(a, x) \mapsto a \cdot x$ を与えることと同等である．一般に(1), (2)を満足するような写像 $(a, x) \mapsto a \cdot x$ を群 G の集合 X への**作用**とよび，G の1つの作用が与えられた集合 X を **G-集合**という．G の X における置換表現を考えることは，X に G-集合としての構造を考えることと同じである．

例1 G を任意の群とするとき，定理15の証明に述べた写像 $T: G \to S(G)$ は，群 G の集合 G における忠実な置換表現である．これを G の**左正則表現**という．この場合，作用の意味の $a \cdot x$ は G における積としての ax にほかならない．

例2 G を群とし，σ_a を G の内部自己同型（§7 補題 I 参照）とする．そのとき，$a \mapsto \sigma_a$ によって定義される写像 $\sigma: G \to S(G)$ は G の G における1つの置換表現である．実際，σ_a の定義によって

$$\sigma_{ab}(x) = (ab)x(ab)^{-1}$$
$$= a(bxb^{-1})a^{-1} = \sigma_a(\sigma_b(x)) = (\sigma_a\sigma_b)(x),$$

したがって $\sigma_{ab} = \sigma_a\sigma_b$ となるからである．この場合には，作用の意味の $a \cdot x$ は G における積 axa^{-1} を表わしている．

例3 G を群，H を G の任意の部分群とする．G の H に関する左剰余類全部の集合を記号 G/H で表わす．（H が正規部分群である場合にはわれわれはすでにこの記号を用いた．H が正規でない場合には G/H は群ではない．）そのとき，$a \in G$, $xH \in G/H$ に対し

$$a \cdot xH = axH$$

とおくことによって，G の G/H への作用を定義することができる．これが実際に作用の条件(1), (2)を満たすことは明らかである．したがって，この作用により，G の G/H における1つの置換表現，あるいは，G/H に G-集合としての1つの構造，が与えられる．$H=\{e\}$ の場合には，これは例1に述べた G の左正則表現にほかならない．以後 G の G/H における置換表現というときには，いつも上に定義した意味のものを考えることとする．

一般論にもどり X を1つの G-集合とする．今後は，混乱する恐れがなければ，$a \cdot x$ を単に ax と書くことにしよう．いま，X の元 x, y に対し，"$ax=y$ となる $a \in G$ が存在する" という関係を $x \sim y$ で表わせば，$\sim$ は明らかに X における同値関係となる．(検証せよ．) この関係による各同値類を G-集合 X の**推移類**または**軌跡**という．X の与えられた元 x を含む推移類は $ax (a \in G)$ の全体から成る．特に X 全体が1つの推移類をなしているとき，すなわち任意の $x, y \in X$ に対して $ax=y$ となる G の元 a が存在するとき，G の X への作用(およびそれに対応する G の置換表現)は**推移的**であるという．またこの場合，X は**推移的** G-集合あるいは**等質** G-集合とよばれる．

例4 例2の意味で群 G を G-集合と考えるとき，その推移類は G の共役類にほかならない．

例5 例3に述べた G の G/H への作用は推移的である．実際，G/H の任意の2元 xH, yH に対して $yx^{-1} \cdot xH = yH$ となる．

X, X' を2つの G-集合とし，ρ, ρ' をそれぞれ対応する置換表現とする．$\varphi: X \to X'$ が全単射で，任意の $a \in G$ および任意の $x \in X$ に対して

$$\varphi(ax) = a\varphi(x)$$

が成り立つとき，φ を X から X' への **G-同型写像**という．そのような写像が存在するとき，対応する表現 ρ, ρ' は**同値**であるといわれる．このことは，G の X への作用と X' への作用とが，全単射 φ による'おきかえ'を除いて一致していることを意味する(第5図参照)．すなわち，同値な2つの置換表現は実質的には同じ表現であると考えられる．

例5でみたように，G の G/H における表現は推移的である．実は任意の推移的な置換表現はこの型の表現と同値であることが次の定理によって示される．

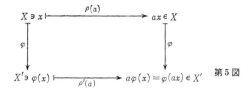

第5図

定理16 X を推移的な G-集合とする.x_0 を X の1つの元とし,x_0 を固定するような G の元の全体,すなわち $ax_0 = x_0$ であるような $a \in G$ の全体を H とする.そのとき H は G の部分群——これを x_0 の**安定部分群**または**固定群**という——で,G の X における表現は G の G/H における表現と同値である.

証明 明らかに $e \in H$ であり,また $a, b \in H$ ならば,
$$(ab)x_0 = a(bx_0) = ax_0 = x_0,$$
$$a^{-1}x_0 = a^{-1}(ax_0) = (a^{-1}a)x_0 = ex_0 = x_0$$
である.したがって H は G の部分群をなす.

X は推移的であるから,a が G のすべての元を動くとき,ax_0 は X の元全体を動く.そして $ax_0 = bx_0$ と $(a^{-1}b)x_0 = x_0$ とは同等であるから,$ax_0 = bx_0$ となるためには,$a^{-1}b \in H$,すなわち a, b が H を法として左合同であることが必要かつ十分である.ゆえに
$$aH \mapsto ax_0$$
によって定義される写像 $\varphi: G/H \to X$ は全単射となる.しかも,任意の $c \in G$ に対して
$$\varphi(c \cdot aH) = \varphi(caH) = (ca)x_0 = c(ax_0) = c\varphi(aH)$$
であるから,φ は G-同型写像である.これでわれわれの命題は証明された.(証明終)

上の定理には次のことが系として含まれている.

系 X を有限な推移的 G-集合とすれば,X の1つの元の安定部分群 H は G の指数有限の部分群で,$(G:H)$ は X の元の個数に等しい.

注意 X が一般の(必ずしも推移的でない)G-集合である場合には,X をその推移類に分割すれば,各推移類は明らかに推移的な G-集合となる.それゆえ,各推移類に対して定理16およびその系を適用することができる.特に X が n 個の元から成る有限な G-集合であるとき,その推移類を $X_1, \cdots, X_k$ とし,

各推移類 $X_i (1 \leq i \leq k)$ の代表元 x_i の安定部分群を H_i とすれば，上の系によって X_i の元の個数は $(G:H_i)$ に等しく，したがって

$$n = \sum_{i=1}^{k} (G:H_i)$$

となる．これを G-集合 X の**推移類分解等式**または**軌跡分解等式**という．前に述べた有限群の類等式 (§7 定理 9) はこの1つの特別な場合にほかならない．すなわち，有限群 G を例2の意味で G-集合と考えて軌跡分解等式を作れば，類等式が得られるのである．

定理16によって，群 G の推移的な置換表現の考察は G/H における表現の考察に帰せられる．後者については，さらに次の定理が成り立つ．

定理17 G を群，H を G の部分群とするとき，G の G/H における置換表現の核は H に含まれる G の最大の正規部分群である．

証明 置換表現 $G \to S(G/H)$ を ρ とし，その核を N とする．G の元 a が N に属することは，$\rho(a)$ が G/H の恒等写像となることを意味するが，ρ の定義によって，それは

$$a \cdot xH = axH = xH$$

がすべての $x \in G$ に対して成り立つことにほかならない．$axH = xH$ は，$x^{-1}ax \in H$ あるいは $a \in xHx^{-1}$ と同等である．ゆえに N は H のすべての共役部分群に含まれるような元全部の集合となる．このことからまず $N \subset H$ が得られる．他方 N_1 を H に含まれるような G の任意の正規部分群とすれば，任意の $x \in G$ に対して $N_1 = xN_1x^{-1} \subset xHx^{-1}$ であるから，N_1 は H のすべての共役部分群に含まれなければならない．ゆえに $N_1 \subset N$．すなわち N は H に含まれる G の最大の正規部分群である．（証明終）

この定理から直ちに次の系が得られる．

系 置換表現 $G \to S(G/H)$ が忠実であるための必要十分条件は，H が単位群以外に G の正規部分群を含まないことである．

この系によって，有限群 G が，単位群以外の正規部分群を含まないような部分群 $H \neq e$ をもつならば，定理15の X として G よりも '小さい' (元の個数が少ない) 集合 G/H をとり得ることがわかる．他方，この系は，G の部分群 H が単位群以外に G の正規部分群を含むことを示す目的のためにも用いられる．

§10 置換表現，群の集合への作用

その1つの結果を，最後に，補題として述べておこう．

補題N G を有限群，H を G の部分群とし，$o(G)=n$, $(G:H)=i$ とする．もし $i!$ が n で割り切れなければ，H は e 以外の G の正規部分群を含む．

証明 G/H は i 個の元をもつ集合であるから，$S(G/H)$ は位数 $i!$ の群である．もし表現 $G \to S(G/H)$ が忠実ならば，$S(G/H)$ は位数 n の部分群を含むこととなるが，仮定によってそれは不可能である．したがって上の系により，H は e 以外に G の正規部分群を含まなければならない．

問 題

1. G を群，H を G の部分群とする．G の H に関する右剰余類全部の集合を，左剰余類全部の集合 G/H と区別するために記号 $H\backslash G$ で表わす．G の元 a, $H\backslash G$ の元 Hx に対し，$a \cdot Hx = Hxa^{-1}$ とおけば，G の $H\backslash G$ への1つの作用（したがって G の $H\backslash G$ における1つの置換表現）が得られることを示せ．（特に $H=e$ の場合，このようにして得られる表現 $G \to S(G)$ を G の**右正則表現**という．）

2. 前問の表現 $G \to S(H\backslash G)$ は本文の表現 $G \to S(G/H)$ と同値であることを示せ．

3. H, K を G の部分群とする．G の G/H における置換表現と G/K における置換表現とが同値となるためには，H, K が共役部分群であることが必要かつ十分であることを証明せよ．

4. 可換群 G の任意の忠実な推移的置換表現は左正則表現と同値であることを示せ．

5. 補題 N を用いて次のことを証明せよ：G を位数 mp の群とし，$m \leq p$, p は素数とする．そのとき G の位数 p の任意の部分群は G の正規部分群である．

6. 補題 N を用い，帰納法によって次のことを証明せよ：位数 p^n（p は素数，$n \geq 1$）の群の位数 p^{n-1} の任意の部分群は正規部分群である．

7. 位数6の群 G は巡回群であるか，または S_3 と同型であることを証明せよ．[ヒント：§8問題11によって G は位数2の元 a を含む．$H=\{e, a\}$ が G の正規部分群でなければ，H は e 以外の G の正規部分群を含まないから，定理17の系により表現 $G \to S(G/H)$ は忠実である．位数を比較すれば，これより $G \cong S(G/H) = S_3$ が得られる．H が正規である場合には，任意の $x \in G$ に対して $xax^{-1} \in H$, $xax^{-1} \neq e$ であるから，$xax^{-1} = a$ すなわち $ax = xa$. また G/H は位数3の巡回群であるから，その生成元を bH とすれば，$b^3 \in H$. もし $b^3 = e$ ならば §8問題5によって ab は G の位数6の元となり，$b^3 = a$ ならば b が G の位数6の元となる．]

8. G を群とする．G の任意の元 a に対し，$T_a{}^*(x) = xa$ によって定義される写像 $T_a{}^*: G \to G$ を a による G の**右移動**という．次のことを証明せよ．

(a) G の右移動の全体は $S(G)$ の部分群をなす.
(b) 任意の $a, b \in G$ に対して $T_a T_b{}^* = T_b{}^* T_a$. (ただし T_a は a による左移動である.)
(c) f が G から G への写像で,すべての $a \in G$ に対し $T_a f = f T_a$ が成り立つならば,G のある元 b によって $f = T_b{}^*$ と表わされる.

§11 直　積

G_1, G_2 を 2 つの群とし,組 (a_1, a_2); $a_1 \in G_1, a_2 \in G_2$ 全部の集合を $G' = G_1 \times G_2$ とする.われわれはこの集合に自然な仕方で乗法を導入することができる.すなわち G' の 2 元 $(a_1, a_2), (b_1, b_2)$ の積を
$$(a_1, a_2)(b_1, b_2) = (a_1 b_1, a_2 b_2)$$
と定義するのである.この乗法について G' が 1 つの群となることは直ちにたしかめられる.実際,結合律は明らかである.また G_1, G_2 の単位元をそれぞれ e_1, e_2 とすれば $e' = (e_1, e_2)$ が G' の単位元となり,(a_1, a_2) の逆元は (a_1^{-1}, a_2^{-1}) となる.この群 $G' = G_1 \times G_2$ を G_1, G_2 の **直積** という.明らかに,G_1, G_2 がともに可換群であるとき,またそのときに限って G' は可換群となる.

いま,G_1 から $G' = G_1 \times G_2$ への写像 f_1 を $a_1 \mapsto a_1' = (a_1, e_2)$ によって定義する.これは明らかに単射で,
$$f_1(a_1 b_1) = (a_1 b_1, e_2) = (a_1, e_2)(b_1, e_2) = f_1(a_1) f_1(b_1)$$
であるから,$f_1 : G_1 \to G'$ は単射準同型である.したがって f_1 の像 $G_1' = \{(a_1, e_2) \mid a_1 \in G_1\}$ は G_1 と同型な G' の部分群となる.同様に,$a_2 \mapsto a_2' = (e_1, a_2)$ によって定義される写像 $f_2 : G_2 \to G'$ は単射準同型で,その像 G_2' は G_2 と同型な G' の部分群となる.さらに
$$a_1' a_2' = (a_1, e_2)(e_1, a_2) = (a_1, a_2) = (e_1, a_2)(a_1, e_2) = a_2' a_1'$$
であるから,G_1' の任意の元 a_1' と G_2' の任意の元 a_2' とは可換である.また上の式にみられるように,G' の任意の元 $a' = (a_1, a_2)$ は G_1' の元 $a_1' = (a_1, e_2)$ と G_2' の元 $a_2' = (e_1, a_2)$ の積 $a' = a_1' a_2'$ として表わされ,しかもこのような表わし方は因数の順序を除けば明らかに一意的である.

上に述べた性質にもとづいて,逆に,与えられた群 G の 2 つの部分群への '直積分解' を次のように定義することができる.

G を 1 つの群とし,N_1, N_2 を G の 2 つの部分群とする.もし N_1 の各元と

§11 直積

N_2 の各元とが可換で, G の任意の元 x が $x=x_1x_2$; $x_1 \in N_1$, $x_2 \in N_2$ の形に(因数の順序を除き)一意的に表わされるならば, G は N_1, N_2 の**直積に分解される**という. この場合, G は N_1, N_2 の直積 $G'=N_1\times N_2$ と同型である. 実際, $G'=N_1\times N_2$ から G への写像 f を $(x_1, x_2) \mapsto x_1x_2$ によって定義すれば,

$$f((x_1, x_2)(y_1, y_2)) = f((x_1y_1, x_2y_2))$$
$$= (x_1y_1)(x_2y_2) = (x_1x_2)(y_1y_2) = f((x_1, x_2))f((y_1, y_2))$$

であるから, f は準同型である. また, G の任意の元が x_1x_2; $x_1 \in N_1$, $x_2 \in N_2$ の形に一意的に表わされることから, f は明らかに全単射となる. ゆえに $f: G' \to G$ は同型写像である. それゆえ, G が部分群 N_1, N_2 の直積に分解されるとき, われわれはしばしば G を $N_1\times N_2$ と同一視して, $G=N_1\times N_2$ と書く.

G が部分群 N_1, N_2 の直積に分解されるための条件は, また次の補題に挙げるような形に述べかえることができる.

補題 0 G を群, N_1, N_2 を G の部分群とする. G が N_1, N_2 の直積に分解されるための必要十分条件は, N_1, N_2 が G の正規部分群で, かつ

(1) $$G = N_1N_2,$$
(2) $$N_1 \cap N_2 = \{e\}$$

が成り立つことである.

証明 G が N_1, N_2 の直積に分解されるとする. そのとき N_1, N_2 は G の正規部分群であることをまず示そう. G の任意の元 x は $x=x_1x_2$; $x_1 \in N_1$, $x_2 \in N_2$ と表わされるから, N_1 の任意の元 y_1 に対して

$$xy_1x^{-1} = (x_1x_2)y_1(x_2^{-1}x_1^{-1}).$$

ここで y_1 と x_2 とは可換であるから, これは

$$x_1y_1(x_2x_2^{-1})x_1^{-1} = x_1y_1x_1^{-1}$$

に等しく, したがって $xy_1x^{-1} \in N_1$ となる. ゆえに N_1 は G の正規部分群である. 同様に N_2 も G の正規部分群となる. 次に (1), (2) を示そう. (1) は仮定から明らかである. また $N_1 \cap N_2$ が e 以外の元 x を含むとすれば, x は $x=xe$; $x \in N_1$, $e \in N_2$ および $x=ex$; $e \in N_1$, $x \in N_2$ と2通りに表わされることとなって仮定に反する. ゆえに (2) が成り立つ.

逆に N_1, N_2 が G の正規部分群で条件 (1), (2) が成り立つとする. そのとき N_1 の元 x_1 と N_2 の元 x_2 とは可換である. 実際, 交換子 $q=x_1x_2x_1^{-1}x_2^{-1}$ は

$$q = (x_1 x_2 x_1^{-1}) x_2^{-1}$$

と表わされ，N_2 は正規部分群であるから $x_1 x_2 x_1^{-1} \in N_2$，したがって $q \in N_2$ となる．同様に $q = x_1(x_2 x_1^{-1} x_2^{-1})$ と書いて N_1 が正規であることを用いれば，$q \in N_1$ であることがわかる．ゆえに条件(2)によって $q = e$，したがって $x_1 x_2 = x_2 x_1$ となる．次に G の任意の元 x が $x = x_1 x_2$；$x_1 \in N_1$，$x_2 \in N_2$ の形に一意的に表わされることを示そう．x がこの形に書かれることは条件(1)から明らかである．また $x = x_1 x_2 = y_1 y_2$ とすれば，$y_1^{-1} x_1 = y_2 x_2^{-1}$ で，この左辺は N_1 に，右辺は N_2 に属するから，条件(2)によって $y_1^{-1} x_1 = y_2 x_2^{-1} = e$．ゆえに $x_1 = y_1$，$x_2 = y_2$ となる．（証明終）

例1 加法群 C は加法群 R の2つの直積 $R \times R$ と同型である．実際
$$(a, b) \mapsto a + bi$$
が $R \times R$ から C への同型写像を与える．

例2 G_1, G_2 をそれぞれ位数 n_1, n_2 の巡回群とする．そのとき直積 $G' = G_1 \times G_2$ は，n_1, n_2 が互いに素であるとき，またそのときに限って巡回群となる．これは次のように証明される．G_1 の生成元を a_1，G_2 の生成元を a_2 とすれば，$a_1' = (a_1, e_2)$，$a_2' = (e_1, a_2)$ は G' の可換な元で，$o(a_1') = n_1$, $o(a_2') = n_2$ である．それゆえ，もし n_1, n_2 が互いに素ならば $a' = a_1' a_2' = (a_1, a_2)$ は G' の位数 $n_1 n_2$ の元となり（§8問題5参照），G' は a' によって生成される巡回群となる．また n_1, n_2 が互いに素でない場合には，それらの最小公倍数 l は $n_1 n_2$ より小さく，明らかに G' の任意の元 (b_1, b_2) に対して $(b_1, b_2)^l = e'$（G' の単位元）が成り立つ．ゆえに G' は巡回群ではない．

例3 p を素数とし，G を $o(G) = p^2$ であるような群とする．このような群が可換群であることはすでに示したが（§7例3），さらにくわしく，G は巡回群であるか，または位数 p の2つの巡回群の直積であることを証明しよう．もし G が位数 p^2 の元を含むならば，G は巡回群である．そうでない場合には，G の単位元以外の任意の元の位数は p である．いま，a を e と異なる G の1つの元とし，a によって生成される位数 p の巡回部分群を N_1 とする．また N_1 に含まれない G の1つの元 b をとり，b によって生成される位数 p の巡回部分群を N_2 とする．そのとき，直ちにわかるように $N_1 \cap N_2 = \{e\}$，$N_1 N_2 = G$ であるから，G は N_1 と N_2 の直積となる．

§11 直積

上に述べた直積あるいは直積分解の概念は，もちろん2つより多くの群に対しても定義することができる．以下にその概略を述べよう．

$G_1, \cdots, G_n$ を n 個の群とし，それらの単位元をそれぞれ $e_1, \cdots, e_n$ とする．組 $(a_1, \cdots, a_n)$; $a_1 \in G_1, \cdots, a_n \in G_n$ 全部の集合

$$\prod_{i=1}^{n} G_i = G_1 \times \cdots \times G_n$$

において，乗法を

$$(a_1, \cdots, a_n)(b_1, \cdots, b_n) = (a_1 b_1, \cdots, a_n b_n)$$

と定義すれば，$G' = \prod_{i=1}^{n} G_i$ は群となる．(その単位元は $e' = (e_1, \cdots, e_n)$ である.) この群を $G_1, \cdots, G_n$ の**直積**という．前と同じように，$1 \leq i \leq n$ である各整数 i に対し，G_i から G' への写像 f_i を

$$a_i \mapsto a_i' = (e_1, \cdots, a_i, \cdots, e_n)$$

によって定義する．そうすれば $f_i: G_i \to G'$ は単射準同型で，その像 G_i' は G_i と同型な G' の部分群となる．さらに $i \neq j$ ならば G_i' の元と G_j' の元とは可換であり，G' の任意の元 $a' = (a_1, \cdots, a_n)$ は，G_1' の元 $a_1' = (a_1, e_2, \cdots, e_n), \cdots, G_n'$ の元 $a_n' = (e_1, \cdots, e_{n-1}, a_n)$ の積 $a' = a_1' \cdots a_n'$ として(因数の順序を除き)一意的に表わされる．

逆に G を与えられた1つの群とし，$N_1, \cdots, N_n$ を G の部分群とする．もし $1 \leq i \leq n$, $1 \leq j \leq n$, $i \neq j$ である任意の i, j に対して N_i の各元と N_j の各元とが可換で，G の任意の元 x が

$$x = x_1 \cdots x_n; \quad x_1 \in N_1, \cdots, x_n \in N_n$$

の形に一意的に表わされるならば，G は $N_1, \cdots, N_n$ の**直積に分解される**という．この場合，G は $N_1, \cdots, N_n$ の直積 $\prod_{i=1}^{n} N_i = N_1 \times \cdots \times N_n$ と同型である．すなわち

$$(x_1, \cdots, x_n) \mapsto x_1 \cdots x_n$$

によって定義される写像 $\prod_{i=1}^{n} N_i \to G$ が同型写像となる．以上に述べたことは，$n=2$ の場合の一般化として，すべて容易に示すことができる．

さらに補題Oの一般化として次の補題が成り立つ．

補題 O_n　G を群，$N_1, \cdots, N_n$ を G の部分群とする．G が $N_1, \cdots, N_n$ の直積

に分解されるための必要十分条件は，$N_1,\cdots,N_n$ がすべて G の正規部分群で，かつ

(1)$_n$ $\qquad\qquad\qquad G = N_1\cdots N_n,$
(2)$_n$ $\qquad\qquad (N_1\cdots N_{i-1}N_{i+1}\cdots N_n) \cap N_i = \{e\} \qquad (i=1,\cdots,n)$

が成り立つことである．

この証明も容易であるから読者の練習問題に残しておこう(節末の問題6)．

問 題

1. 次のことを示せ．

(a) 0でない実数の乗法群 $\boldsymbol{R}^*$ は，正の実数の乗法群 $\boldsymbol{R}^+$ と乗法群 $\{1,-1\}$ の直積に分解される．

(b) 0でない複素数の乗法群 $\boldsymbol{C}^*$ は，乗法群 $\boldsymbol{R}^+$ と絶対値1の複素数の乗法群 $\boldsymbol{T}$ の直積に分解される．

2. G が部分群 N_1, N_2 の直積に分解されるとき，$G/N_1 \cong N_2$, $G/N_2 \cong N_1$ であることを示せ．

3. G が部分群 N_1, N_2 の直積に分解されるとき，N_1 を含む G の任意の部分群 G' は N_1 と $G' \cap N_2$ の直積に分解されることを証明せよ．

4. p, q を相異なる素数とし，G_1 を位数 p の巡回群，G_2 を位数 q の巡回群とする．$G_1 \times G_2$ の部分群は全部でいくつあるか．

5. p を素数とし，G を位数 p の巡回群とする．$G \times G$ の部分群は全部でいくつあるか．

6. 補題 O_n を証明せよ．

7. $n_1, \cdots, n_s$ を整数 $\geqq 1$ とする．次のことを示せ．

(a) 群 G が部分群 $N_1^{(1)}, \cdots, N_{n_1}^{(1)}, N_1^{(2)}, \cdots, N_{n_2}^{(2)}, \cdots, N_1^{(s)}, \cdots, N_{n_s}^{(s)}$ の直積に分解されるとき，$L_i = N_1^{(i)} \cdots N_{n_i}^{(i)}$ $(i=1,\cdots,s)$ とおけば，G は $L_1, \cdots, L_s$ の直積に分解される．

(b) 群 G が部分群 $L_1, \cdots, L_s$ の直積に分解され，各 L_i $(i=1,\cdots,s)$ がその部分群 $N_1^{(i)}, \cdots, N_{n_i}^{(i)}$ の直積に分解されるならば，G は $N_1^{(1)}, \cdots, N_{n_1}^{(1)}, N_1^{(2)}, \cdots, N_{n_2}^{(2)}, \cdots, N_1^{(s)}, \cdots, N_{n_s}^{(s)}$ の直積に分解される．

8. $G_1, \cdots, G_n$ を n 個の群，N_i を G_i の正規部分群 $(i=1,\cdots,n)$ とするとき，$\prod_{i=1}^{n} N_i$ は $\prod_{i=1}^{n} G_i$ の正規部分群で，

$$\prod_{i=1}^{n}(G_i/N_i) \cong \prod_{i=1}^{n} G_i \Big/ \prod_{i=1}^{n} N_i$$

が成り立つことを証明せよ．

9. N_1, N_2 を G の正規部分群とするとき，

$$N_1 N_2/(N_1 \cap N_2) \cong N_1/(N_1 \cap N_2) \times N_2/(N_1 \cap N_2)$$

であることを証明せよ.

10. $Z(G_1 \times G_2) = Z(G_1) \times Z(G_2)$, $D(G_1 \times G_2) = D(G_1) \times D(G_2)$ を証明せよ. ($Z(G)$, $D(G)$ はそれぞれ G の中心,交換子群を表わす.)

11. H を G の部分群とする. G の他の部分群 K が存在して G が H, K の直積に分解されるとき,H を G の**直積因子**という. H が G の直積因子であるためには,次の条件(i),(ii)の成り立つことが必要かつ十分であることを証明せよ. (i) H は G の正規部分群である. (ii) すべての $x \in H$ に対して $f(x)=x$ であるような準同型写像 $f:G \to H$ が存在する.

§12 Sylow の定理

Lagrange の定理(§4,定理2の系)によれば,有限群 G の任意の部分群の位数は $o(G)$ の約数である. しかし,この逆は真でない. すなわち,$o(G)$ の約数 m を任意に与えたとき,G が位数 m の部分群をもつとは限らない. たとえば,交代群 A_4 は位数 12 の群であるが,この群は位数 6 の部分群をもたないことが容易に確かめられる(節末の問題1).

このように,$m|o(G)$ であっても位数 m の部分群が存在するとは一般にはいえないが,m が素数あるいは素数のべきである場合には,そのような部分群の存在を証明することができるのである. このような部分群の存在およびその個数に関する定理は **Sylow の定理**とよばれ,有限群論においてきわめて基本的である.

定理 18(Sylow) p が素数で $p^\alpha | o(G)$ ならば,G は位数 p^α の部分群をもつ.

証明 この証明にはいろいろな方法があるが,ここでは Wielandt による直接的で巧妙な証明を述べよう.

$o(G) = p^\alpha m$ とし,m を割り切る p の最大のべきを p^r とする. (もちろん $r=0$ の場合もあり得る.) G の p^α 個の元から成るすべての部分集合の集合を $\mathcal{M}$ とする. $\mathcal{M}$ の元の個数は $\binom{p^\alpha m}{p^\alpha}$ である. これを割り切る p の最大のべきはやはり p^r に等しいことを,まず注意しよう. 実際,

$$\binom{p^\alpha m}{p^\alpha} = \frac{p^\alpha m(p^\alpha m - 1) \cdots (p^\alpha m - i) \cdots (p^\alpha m - p^\alpha + 1)}{p^\alpha(p^\alpha - 1) \cdots (p^\alpha - i) \cdots (p^\alpha - p^\alpha + 1)}$$

であるが,直ちにわかるように $p^\alpha m - i$, $p^\alpha - i$ ($i=1, \cdots, p^\alpha - 1$) の標準分解に現

われる p のべきは同じである(読者はくわしく考えよ). それゆえ,上式の分母子における p のべきは, m の標準分解に現われるものを除いて全部約される. したがって $\binom{p^\alpha m}{p^\alpha}$ を割り切る p の最大のべきも p^r となるのである.

いまわれわれは, G を自然な仕方で集合 $\mathcal{M}$ に作用させる. すなわち $a \in G$, $M \in \mathcal{M}$ に対し, aM を普通の意味の積 $\{ax \mid x \in M\}$ として, $G \times \mathcal{M}$ から $\mathcal{M}$ への写像 $(a, M) \mapsto aM$ を定義するのである. $M \in \mathcal{M}$ ならばたしかに $aM \in \mathcal{M}$ であり, この写像が実際 G の $\mathcal{M}$ への作用となることは明らかである. この作用に関して $\mathcal{M}$ を推移類に分割すれば, $\mathcal{M}$ の元の個数は p^{r+1} では割り切れないから, 少なくとも1つの推移類の元の個数は p^{r+1} で割り切れない. そのような1つの推移類を $\mathcal{M}_1$ とし, その元の個数を k とする. また $\mathcal{M}_1$ から1つの元 M_1 をとって, その安定部分群 $\{a \mid a \in G, aM_1 = M_1\}$ を H とする. そうすれば, この H が位数 p^α の G の部分群となるのである. 実際, $\mathcal{M}_1$ は推移的な G-集合であるから, 定理16の系によって $(G : H) = o(G)/o(H)$ は k に等しく, したがって $k \cdot o(H) = o(G) = p^\alpha m$ となる. しかるに k は p^{r+1} では割り切れないから, これより $p^\alpha \mid o(H)$, したがって

$$o(H) \geqq p^\alpha$$

が得られる. 他方, x_1 を M_1 の1つの元とすれば, H の任意の元 a に対して $aM_1 = M_1$, したがって $ax_1 \in M_1$ であるから, $o(H)$ は M_1 の元の個数をこえない. ゆえに

$$o(H) \leqq p^\alpha$$

であり, これと上に得られた結果とを合わせれば $o(H) = p^\alpha$ であることが結論される. 以上でわれわれの定理が証明された. (証明終)

上の定理から直ちに次の2つの系が得られる.

系1 p が素数で $p \mid o(G)$ ならば, G は位数 p の元を含む.

証明 定理によって G は位数 p の部分群を含む. それは巡回群で, その生成元は位数 p の元である.

系2 p を $o(G)$ の素因数とし, $o(G) = p^e s$, $(p, s) = 1$ とすれば, G は位数 p^e の部分群をもつ.

系2によって存在する位数 p^e の G の部分群を G の **p Sylow 部分群**という. 通常 Sylow の定理とよばれるものは, 上に挙げた定理18(**Sylow の第1定理**)

§12 Sylow の定理

のほかに，p Sylow 部分群に関する他の2つの命題を含んでいる．それについて述べるために，まず次の概念を用意しよう．

G を群，H を G の部分群とする．G の部分集合 A, B に対し $xAx^{-1}=B$ となる $x \in H$ が存在するとき，A, B は "H に関して共役" であるという．この関係は明らかに G の部分集合の間の同値関係である．

補題 P　G を有限群，H を G の部分群とする．そのとき，G の与えられた部分集合 A と H に関して共役な集合の個数は $(H : H \cap N(A))$ に等しい．ここに $N(A)$ は G における A の正規化群 (§5 問題 12) である．

この補題の証明は補題 J の証明にならって容易に与えられるから，読者の練習問題 (節末の問題2) に残しておくこととする．この補題は明らかに §7 問題 6 の一般化である．

定理 19　G を有限群とし，p を $o(G)$ の1つの素因数とする．そのとき次のことが成り立つ．

(a)　G の任意の p 部分群 (位数が p のべきであるような部分群) は，G のある p Sylow 部分群に含まれる．

(b)　(**Sylow の第 2 定理**) G の任意の 2 つの p Sylow 部分群は (G において) 共役である．

(c)　(**Sylow の第 3 定理**) G の p Sylow 部分群の個数は $1+kp$ の形をなし，しかもそれは $o(G)$ の約数である．

証明　$o(G)=p^e s$, $(p, s)=1$ とし，P を G の1つの p Sylow 部分群とする．P に共役な G の部分群全部の集合を $\mathscr{P}$ とし，$\mathscr{P}$ の元の個数を s' とする．$s'=(G:N(P))$ であるから (§7 問題 6)，s' は $o(G)$ の約数である．また $N(P) \supset P$ であるから，s' は $(G:P)=s$ の約数で，したがって p と互いに素である．

いま，H を任意に与えられた G の1つの p 部分群とする．そのとき $\mathscr{P}$ の元を H に関して互いに共役であるものに分類することができる．$\mathscr{P}$ の H に関する共役類を $\mathscr{P}_1, \cdots, \mathscr{P}_t$ とし，P を含む共役類を $\mathscr{P}_1$ とする．また，各共役類 $\mathscr{P}_i$ $(1 \leq i \leq t)$ の元の個数を a_i，各 $\mathscr{P}_i$ から任意にとった1つの代表を P_i とする．そうすれば，

$$s' = a_1 + \cdots + a_t$$

で，また補題 P により $a_i=(H:H \cap N(P_i))$ である．したがって a_i は $o(H)$ の

約数であるから，p のべき（$p^0=1$ の場合も含む）であるが，s' は p と互いに素であるから，$a_1,\cdots,a_t$ のうちに $a_i=1$ となるものが必ず存在する．$a_i=1$ であることは $H\subset N(P_i)$ を意味するが，$N(P_i)$ においてその正規部分群 P_i と部分群 H とに定理 8 を適用すれば，$(HP_i:P_i)=(H:H\cap P_i)$ が得られる．この左辺は $(G:P_i)=s$ の約数で，右辺は p のべきであるから，この値は 1 に等しく，したがって $H\subset P_i$ でなければならない．これで H を含む p Sylow 部分群が存在すること，すなわち(a)が証明された．

次に，P' を G の任意の p Sylow 部分群とし，上記の H として P' をとる．そのとき(a)によって $P'\subset P_i$ となる P_i があるが，両者の位数は等しいから $P'=P_i$ でなければならない．ゆえに P' は P と（G において）共役である．これで(b)が証明された．

最後に，上の H として P 自身をとる．そのとき，（P の P 自身に関する共役部分群は P のみであるから），$a_1=1$ である．一方，$2\leqq i\leqq t$ である各 i に対しては $P\neq P_i$ であるから，a_i は 1 に等しくない p のべきである．（もし $a_i=1$ ならば上に示したように $P\subset P_i$ となる．）ゆえに $a_2+\cdots+a_t$ は p の倍数となり，したがって $s'=1+kp$ の形となる．しかもはじめに注意したように s' は $o(G)$ の約数である．これで(c)も証明された．（証明終）

Sylow の定理の応用例を最も簡単な場合について述べておこう．

例 1 位数 15 のすべての群を決定せよ．

G を位数 15 の群とする．5 Sylow 部分群の個数は $\lambda=1+5k$ で，これが 15 の約数となるのは $\lambda=1$ のときだけである．したがって G の位数 5 の部分群はただ 1 つで，それゆえ，その部分群 A は正規である．同様に，$\mu=1+3k$，$\mu\mid 15$ を満たす μ も $\mu=1$ だけであるから，G の 3 Sylow 部分群もただ 1 つで，その部分群 B は正規である．A,B の位数は素数であるから，これらは巡回群である．そして，それらの生成元をそれぞれ a,b とすれば，$A\cap B=\{e\}$ より $ab=ba$ となる．したがって ab は位数 15 の元であり（§8 問題 5），よって G は巡回群である．

すなわち，位数 15 の群には巡回群ただ 1 種類があるだけである．

例 2 位数 10 のすべての群を決定せよ．

G を位数 10 の群とする．例 1 と同じようにして G の位数 5 の部分群はただ

1つであることがわかる．したがってその部分群 A は正規である．また，$\mu=1+2k$, $\mu|10$ を満たす μ は $\mu=1$ および $\mu=5$ であるから，位数 2 の部分群の個数は 1 または 5 である．位数 2 の部分群（の 1 つ）を B とし，A, B の生成元をそれぞれ a, b とする．$A \cap B = \{e\}$ であるから，明らかに $G = AB$ で，G の 10 個の元は

$$a^i b^j \quad (i=0,1,2,3,4; \ j=0,1)$$

によって与えられる．すなわち G は a, b によって生成される．ここでもちろん

$$a^5 = e, \quad b^2 = e$$

であるが，さらに A は正規であるから，bab^{-1} はある整数 r によって

$$bab^{-1} = a^r$$

と表わされる．もちろん $1 \leq r \leq 4$ と仮定してよい．もし $r=1$ ならば，$ab=ba$ となり，前の例と同様に G は ab で生成される巡回群となる．$2 \leq r \leq 4$ ならば，上の式より

$$b^2 a b^{-2} = b a^r b^{-1} = (bab^{-1})^r = a^{r^2}$$

となるが，$b^2 = e$ であるから，$a^{r^2-1} = e$, したがって

$$r^2 \equiv 1 \pmod{5}$$

となる．これを満たす整数は $r=4$ である．ゆえに $bab^{-1} = a^4$ で，G の生成元 a, b は，関係式

$$a^5 = e, \quad b^2 = e, \quad ba = a^4 b$$

を満たしていることがわかる．すなわち，この場合 G は二面体群 D_5（§ 3 問題 9 参照）である．

以上により，位数 10 の群は，巡回群，二面体群 D_5 の 2 種類だけであることが結論される．

問題

1. 交代群 A_4 は位数 6 の部分群をもたないことを示せ．
2. 補題 P を証明せよ．
3. G を有限群，N を G の正規部分群とする．$(G:N)$ が p と互いに素ならば，N は G のすべての p Sylow 部分群を含むことを示せ．
4. G を有限群，K を位数 p^a の G の正規部分群とすれば，K は G のすべての p Sylow

部分群に含まれることを示せ．

5. p, q は素数で $p<q$ とする．もし $q-1$ が p で割り切れなければ，位数 pq の群は巡回群であることを証明せよ．

6. p を奇数の素数とする．位数 $2p$ の群は巡回群であるかまたは二面体群 D_p であることを証明せよ．

7. p, q を異なる素数とするとき，位数 p^2q の群は正規な Sylow 部分群を含むことを証明せよ．

第3章 環と多項式

§1 環とその例

R を空でない集合とする．R に加法および乗法とよばれる2つの算法，すなわち $R \times R$ から R への2つの写像 $(a, b) \mapsto a+b$ および $(a, b) \mapsto ab$ が定義され，それについて次の条件が満たされているとき，R を**環**(ring)という．

R1 R は加法について可換群をなす．

R2 R の乗法は結合的である．すなわち任意の $a, b, c \in R$ に対して
$$(ab)c = a(bc).$$

R3 R の乗法は加法に対して両側から'分配的'である．すなわち任意の $a, b, c \in R$ に対して
$$a(b+c) = ab+ac, \quad (b+c)a = ba+ca.$$

R4 R に1つの元 e が存在して，R のすべての元 a に対し $ea = ae = a$ が成り立つ．

環の概念が群のそれと本質的に異なるところは，群はただ1つの算法をもつだけなのに対し，環においては2種類の算法が定義されていることである．

R が環であるとき，通例のようにその加法に関する単位元を 0，R の元 a の逆元を $-a$ で表わす．0 を環 R の**零元**とよぶ．R の有限個の元の和や積

$$a_1 + \cdots + a_n = \sum_{i=1}^{n} a_i, \quad a_1 \cdots a_n = \prod_{i=1}^{n} a_i$$

もふつうのように定義される．ただし積においては，因数の順序の変更は一般には許されない．また加法群の一般論に従って，R の元 a と任意の整数 n に対し $na \in R$ が定義される．'べき'についても $a^2, a^3, \cdots$ は定義されるが，$a^{-1}, a^{-2}, \cdots$ は一般には意味をもたない．

環 R の乗法が可換であるとき，すなわち任意の $a, b \in R$ に対して $ab = ba$ が成り立つとき，R を**可換環**という．その場合には，もちろん，任意個数の元の積において因数の順序を任意に変更することができる．

R4によって存在する元 e を環 R の**単位元**という．この元は明らかに一意的

に定まり，通常，文字1で表わされる．以後の一般論においても，混乱の恐れがない限り，環の単位元を1で表わすことにする．〔注意：環の定義において，公理R4は必ずしも要請されないことがある．R1，R2，R3を満足するような加法，乗法の定義された集合を環とよぶ場合には，本書の意味の環は**単位元をもつ環**とよばれる．〕

例1 整数全体の集合 Z はふつうの加法，乗法について可換環をなす．この環を**有理整数環**という．(ふつうの意味の整数にしばしば'有理'という形容詞を冠するのは，整数論ではもっと広義の'整数'が考察されるからである．)

例2 集合 Q, R, C もそれぞれふつうの加法，乗法について可換環をなす．

例3 実数の区間 $[0,1]$ の上で定義された実数値関数全体の集合を考える．通常のように，2つの関数 f, g の和 $f+g$ を，$t \in [0,1]$ において値 $f(t)+g(t)$ をとる関数と定義し，積 fg を t において値 $f(t)g(t)$ をとる関数と定義する．この加法と乗法に関して，区間 $[0,1]$ 上の実数値関数の全体は1つの可換環をなす．

例4 上の例3をずっと一般にして，R を任意の環，S を空でない任意の集合とし，S から R への写像全体の集合を $M(S,R)$ とする．$M(S,R)$ の2元 f, g に対し，それらの和および積を関数の場合と同様に定義することができる．すなわち，$f+g$ および fg を，すべての $x \in S$ に対して

$$(f+g)(x) = f(x)+g(x), \quad (fg)(x) = f(x)g(x)$$

により定義される S から R への写像とするのである．この加法と乗法に関して $M(S,R)$ が1つの環となることは容易に確かめられる．その検証は読者の練習問題とし(問題1)，ここではただ次のことに注意しておこう．この環の零元 0 は，S から R への**零写像**，すなわち S のすべての元を R の零元に対応させる定値写像である．また $M(S,R)$ の元 f の加法に関する逆元 $-f$ は，$(-f)(x) = -f(x)$ によって定義される写像である．

例5(加法群の自己準同型環) A を任意の加法群とする．(われわれの規約によってそれは可換群である．) A からそれ自身への準同型写像を A の**自己準同型写像**，略して**自己準同型**(endomorphism)とよび，A の自己準同型全部の集合を $\mathrm{End}(A)$ で表わす．$\mathrm{End}(A)$ の2元 f, g の和 $f+g$ を上と同じように $(f+g)(x) = f(x)+g(x)$ によって定義する．そのとき，任意の $x, y \in A$ に対して

§1 環とその例

$$(f+g)(x+y) = f(x+y)+g(x+y)$$
$$= f(x)+f(y)+g(x)+g(y)$$
$$= f(x)+g(x)+f(y)+g(y)$$
$$= (f+g)(x)+(f+g)(y)$$

であるから，$f+g$ も A の自己準同型，すなわち $\mathrm{End}(A)$ の元となる．このようにして $\mathrm{End}(A)$ に加法が定義される．また A の2つの自己準同型の合成はやはり A の自己準同型であるが，この写像の合成をもって $\mathrm{End}(A)$ における乗法と定義する．そうすれば $\mathrm{End}(A)$ は1つの環となる．実際，$\mathrm{End}(A)$ における加法が交換律，結合律を満たすことは明らかである．また例4と同じように，零写像 0，すなわち A のすべての元を A の0に対応させる trivial な準同型が $\mathrm{End}(A)$ の零元となり，$f \in \mathrm{End}(A)$ の加法に関する逆元は $(-f)(x) = -f(x)$ によって定義される写像 $-f$ となる．すなわち R1 が成り立つ．R2 は写像の合成が結合的であることから従う．R3 については，$f, g, h \in \mathrm{End}(A)$ とすれば，すべての $x \in A$ に対して

$$(f \circ (g+h))(x) = f((g+h)(x))$$
$$= f(g(x)+h(x)) = f(g(x))+f(h(x))$$
$$= (f \circ g)(x)+(f \circ h)(x)$$
$$= (f \circ g + f \circ h)(x).$$

したがって $f \circ (g+h) = f \circ g + f \circ h$ となる．同様にしてもう一方の分配律も証明される．(読者みずから検証せよ．) 最後に R4 については，A の恒等写像 I_A が単位元となる．以上で $\mathrm{End}(A)$ が環であることが証明された．この環を加法群 A の**自己準同型環**という．これは一般には可換環ではない(問題6参照)．

一般論にもどり，R を任意の環とする．R においては，数の算法についてよく知られているようないくつかの算術的法則が公理から導かれる．次にそれらの法則を述べよう．

"0 を零元とすれば，R の任意の元 a に対して $a0 = 0a = 0$ が成り立つ．"

証明 分配律によって $a0 + a0 = a(0+0) = a0$．この両辺に $-a0$ を加えれば $a0 = 0$ を得る．同様にして $0a = 0$ も得られる．

"R の任意の元 a, b に対して

$$a(-b) = (-a)b = -ab$$

が成り立つ."

証明 分配律によって $ab+a(-b)=a(b+(-b))=a0=0$ であるから，$a(-b)=-ab$. 同様にして $(-a)b=-ab$ も証明される．

"R の任意の元 a,b に対して $(-a)(-b)=ab$."

証明 上の $a(-b)=-ab$ の a に $-a$ を代入すれば $(-a)(-b)=-((-a)b)$. そして $(-a)b=-ab$ であるから，$(-a)(-b)=-(-ab)=ab$.

a,b を環 R の元とするとき，$a+(-b)$ を簡単に $a-b$ と書く．乗法はこの'減法'に対しても分配的である．すなわち

"任意の $a,b,c \in R$ に対して
$$a(b-c)=ab-ac, \quad (b-c)a=ba-ca."$$
この証明は読者の練習問題に残しておこう(問題2)．

次の法則は分配律R3を一般化したものである．

"$a_1,\cdots,a_m,b_1,\cdots,b_n$ を R の元とすれば，
$$(a_1+\cdots+a_m)(b_1+\cdots+b_n) = \sum_{i=1}^{m}\sum_{j=1}^{n} a_i b_j.$$

この右辺は i が $1,\cdots,m$；j が $1,\cdots,n$ を動いたときのすべての項 $a_i b_j$ の和を表わす．"

これを示すには，まず $m=1$ の場合を n に関する帰納法で証明し，次に一般の場合を m に関する帰納法で証明すればよい．しかしその証明は全く簡単であるから，これも読者の練習問題に残しておくことにしよう(問題3)．

問 題

1. 例4の $M(S,R)$ は環であることを確かめよ．この環の単位元は何か．またこの環は，R が可換であるときかつそのときに限って可換であることを示せ．

2. 環 R において
$$a(b-c) = ab-ac, \quad (b-c)a = ba-ca$$
が成り立つことを示せ．

3. 本節の最後に挙げた法則を証明せよ．

4. 環 R の任意の2元 a,b と任意の整数 m,n に対し，
$$(ma)(nb) = (mn)(ab)$$
が成り立つことを示せ．

5.（二項定理） R を可換環とすれば，任意の $a, b \in R$ および任意の $n \in \mathbf{Z}^+$ に対して
$$(a+b)^n = \sum_{k=0}^{n} \binom{n}{k} a^{n-k} b^k$$
が成り立つことを示せ．

6. A を加法群 $\mathbf{Z}$ の 2 つの直積 $A = \mathbf{Z} \times \mathbf{Z}$ とする．f, g をそれぞれ
$$f(m, n) = (m+n, 0), \quad g(m, n) = (m, m+n)$$
によって定義される A からそれ自身への写像とする．そのとき $f, g \in \mathrm{End}(A)$ で，$f \circ g \neq g \circ f$ であることを示せ．

7. R を環とし，すべての $x \in R$ に対して $x^2 = x$ が成り立つとする．そのとき R は可換環であることを示せ．（すべての x に対して $x^2 = x$ が成り立つような環を **Boole 環** という．）

8. S を任意の集合とし，S のすべての部分集合の集合を $P(S)$ とする．$P(S)$ の 2 元 A, B に対し，和を対称差 $A \triangle B$（第 2 章 §2 問題 9 参照）によって，また積を共通部分 $A \cap B$ によって定義する．そのとき $P(S)$ は Boole 環となることを証明せよ．

§2　整域，体

R を環とし，その零元を 0，単位元を 1 とする．もし $1 = 0$ ならば，R の任意の元 a に対して
$$a = 1a = 0a = 0$$
となるから，R は零元 0 のみから成ることとなる．このような環を**零環**という．以下本節では，この'つまらない'場合を除外して，考える環は零環ではない（すなわち $1 \neq 0$）とする．

一般の環 R においては，$a \neq 0$, $b \neq 0$ であるが $ab = 0$ であるような元 a, b が存在することがあり得る．このような元 a, b を R の**零因子**（くわしくは a を左零因子，b を右零因子）とよぶ．零因子をもたない可換な環を**整域**という．

例 1　整数の環 $\mathbf{Z}$ は整域である．

例 2　前節の例 3 に挙げた関数の環は整域ではない．実際，この環の零元 0 は区間 $[0, 1]$ のすべての点で値 0 をとる'零関数'であるが，たとえば f, g をそれぞれ
$$f(t) = \begin{cases} 0 & (0 \leq t \leq 1/2 \text{ のとき}), \\ 1 & (1/2 < t \leq 1 \text{ のとき}) \end{cases}$$

$$g(t) = \begin{cases} 1 & (0 \leq t \leq 1/2 \text{ のとき}), \\ 0 & (1/2 < t \leq 1 \text{ のとき}) \end{cases}$$

によって定義された関数とすれば，$f \neq 0$，$g \neq 0$，しかし $fg=0$ となる．実際には，区間 $[0,1]$ の少なくとも1点で値0をとる(零関数以外の)関数はすべてこの環の零因子である．

R を環とし，a を R の元とする．もし $ba=ab=1$ となるような R の元 b が存在するならば，a を R の**可逆元**または**単元**とよび，b をその**逆元**という．a が単元ならば，明らかに a は0に等しくなく，またその逆元は a に対して一意的に定まる．その証明は，p.46で群の元の逆元の一意性を示したのと同様である．単元 a の逆元を a^{-1} で表わす．[**注意**：単元という語は単位元とまぎらわしいが，混同しないように注意されたい．]

a_1, a_2 が R の単元ならば，$(a_2^{-1}a_1^{-1})(a_1a_2)=(a_1a_2)(a_2^{-1}a_1^{-1})=1$ であるから，a_1a_2 も単元である．また単位元1はもちろん1つの単元であり，a が単元ならば a^{-1} も単元である．よって次の補題が得られる．

補題A 環 R の単元の全体は乗法に関して群をなす．

例3 加法群 $A (\neq \{0\})$ の自己準同型環 $\mathrm{End}(A)$ の単元は A の自己同型にほかならず，その全体がつくる乗法群は A の自己同型群 $\mathrm{Aut}(A)$ にほかならない．(読者はこのことをくわしく証明せよ．)

環 R の0以外の元がすべて単元であるとき，R を**斜体**といい，可換な斜体を**体**という．補題Aから明らかに，R が斜体あるいは体であることは，R の0以外の元全部の集合が乗法に関して群あるいは可換群をなすことと同等である．[**注意**：一般の斜体を体とよび，上の意味の体を特に**可換体**とよんでいる書物もある．]

例4 環 $\boldsymbol{Q}, \boldsymbol{R}, \boldsymbol{C}$ はいずれも体である．これらの体をそれぞれ**有理数体**，**実数体**，**複素数体**とよぶ．環 $\boldsymbol{Z}$ は体ではない．その単元は1と -1 の2つだけである．

任意の体は整域である．実際 R を体とすれば，上にいったように R の0以外の元全部の集合は乗法に関して可換群をなすから，特にそれは乗法に関して閉じている．いいかえれば，$a \neq 0$，$b \neq 0$ ならば必ず $ab \neq 0$ である．したがって R は零因子をもたない．しかも R は可換であるから，R は整域である．

§2 整域，体

R が有限個の元から成る環である場合には，上記のことの逆も成り立つ．すなわち次の補題が証明される．

補題 B　有限な整域は体である．

証明　R を有限整域とし，a を R の 0 でない元とする．そのとき R から R への写像 $x \mapsto ax$ は単射である．実際 $ax=ay$ ならば，$ax-ay=0$，よって $a(x-y)=0$ となるが，R は零因子をもたないから，$x-y=0$ すなわち $x=y$ でなければならない．ゆえに $x \mapsto ax$ は単射で，R は有限集合であるから，これは全射ともなる．したがって単位元 1 に対し $ax=1$ となる R の元 x が存在する．これで R の 0 以外の任意の元は単元であることが示され，われわれの主張が証明された．（証明終）

R を環とする．R の空でない部分集合 R' が R に定義されている加法，乗法についてそれ自身 1 つの環をなし，しかも R と同じ単位元をもっているとき，R' を R の **部分環** という．R' が R の部分環であるためには，R' が R の単位元 1 を含み，かつ $a, b \in R'$ ならば，$-a$，$a+b$，ab も R' の元であることが，明らかに必要かつ十分である．（読者はくわしく証明せよ．）R の部分環 R' がもし斜体あるいは体をなしているならば，それを R の **部分斜体** あるいは **部分体** という．

例 5　環 Z は体 Q の部分環であり，体 Q は体 R の部分体である．

例 6　R を区間 $[0,1]$ で定義された実数値関数のつくる環（前節例 3）とし，R' を同じ区間で定義された（実数値）連続関数全体の集合とする．そのとき R' は R の部分環である．また R'' を同じ区間で定義された微分可能な関数全体の集合とすれば，R'' は R' の部分環となる．（この例においては解析学の初歩の知識を仮定する．）

可換でない斜体を **非可換体** という．次に挙げるのはその例であるが，準備として複素数に関する次のことに注意しておく．

複素数 $\alpha = a+bi$ に対し，$a-bi$ をその '共役複素数' といい，通常 $\bar{\alpha}$ と書く．明らかに $\bar{\bar{\alpha}} = \alpha$ であり，また容易に示されるように

$$\alpha\bar{\alpha} = |\alpha|^2, \quad \overline{\alpha \pm \beta} = \bar{\alpha} \pm \bar{\beta}, \quad \overline{\alpha\beta} = \bar{\alpha}\bar{\beta}$$

である．

例 7（非可換体の例）　複素数の加法群 C の 2 つの直積を $A = C \times C$ とする．2

つの与えられた複素数 α,β に対し，$f_{\alpha,\beta}$ を
$$(x,y) \mapsto (\alpha x - \beta y,\ \bar{\beta}x + \bar{\alpha}y)$$
によって定義される A から A への写像とする．これが A の自己準同型であることは直ちに証明される．いま $f_{\alpha,\beta}$ の形の A の自己準同型の全体を Q とすれば，Q は環 $\mathrm{End}(A)$ の部分環をなし，しかもこの環は可換でない斜体となることを示そう．まず
$$f_{1,0} = I_A, \quad f_{\alpha,\beta} + f_{\gamma,\delta} = f_{\alpha+\gamma,\beta+\delta}, \quad -f_{\alpha,\beta} = f_{-\alpha,-\beta}$$
であることは直ちにわかるから，Q は $\mathrm{End}(A)$ の単位元を含み，Q の 2 元の和および Q の元の加法に関する逆元は Q の元である．また
$$(f_{\alpha,\beta} \circ f_{\gamma,\delta})(x,y)$$
$$= f_{\alpha,\beta}(\gamma x - \delta y,\ \bar{\delta}x + \bar{\gamma}y)$$
$$= (\alpha(\gamma x - \delta y) - \beta(\bar{\delta}x + \bar{\gamma}y),\ \bar{\beta}(\gamma x - \delta y) + \bar{\alpha}(\bar{\delta}x + \bar{\gamma}y))$$
$$= ((\alpha\gamma - \beta\bar{\delta})x - (\alpha\delta + \beta\bar{\gamma})y,\ (\bar{\alpha}\bar{\delta} + \bar{\beta}\gamma)x + (\bar{\alpha}\bar{\gamma} - \bar{\beta}\delta)y)$$
であるから，$\varepsilon = \alpha\gamma - \beta\bar{\delta}$，$\zeta = \alpha\delta + \beta\bar{\gamma}$ とおけば，この最終辺は
$$(\varepsilon x - \zeta y,\ \bar{\zeta}x + \bar{\varepsilon}y)$$
と表わされ，したがって

(1) $$f_{\alpha,\beta} \circ f_{\gamma,\delta} = f_{\varepsilon,\zeta},$$
$$\text{ただし}\quad \varepsilon = \alpha\gamma - \beta\bar{\delta},\ \zeta = \alpha\delta + \beta\bar{\gamma}$$

となる．すなわち Q の 2 元の積（合成）も Q の元である．これで Q は $\mathrm{End}(A)$ の部分環であることが証明された．次に，Q の 0 以外の元はすべて可逆であることを示そう．$f_{\alpha,\beta}$ が $=0$（零写像）であることは明らかに $\alpha = \beta = 0$ と同等であるから，$f_{\alpha,\beta}$ を Q の 0 でない元とすれば，α,β の少なくとも一方は 0 でなく，したがって $c = |\alpha|^2 + |\beta|^2$ は正の実数である．そして $\gamma = \bar{\alpha}/c$，$\delta = -\beta/c$ とおけば，(1) から直ちに
$$f_{\alpha,\beta} \circ f_{\gamma,\delta} = f_{\gamma,\delta} \circ f_{\alpha,\beta} = f_{1,0} = I_A$$
であることがわかる．ゆえに $f_{\alpha,\beta}$ は可逆で，したがって Q は斜体である．最後にこの斜体 Q が可換でないことは，たとえば
$$f_{1,0} \circ f_{0,1} = f_{0,i}, \quad f_{0,1} \circ f_{i,0} = f_{0,-i}$$
（ただし $i = \sqrt{-1}$）であることからわかる．以上でわれわれの主張はすべて証明された．

例7の非可換体 Q を R の上の**四元数環**という．後に Q の元をもっと便利な形に表わす方法を示すが，そのときにこの名称の意味も明らかになるであろう．(第4章§5問題7参照)

本節の最後に，もう一度，この節に述べた整域，斜体などの概念は $R \neq \{0\}$ の場合に定義されるものであったことを思い出しておくことにする．したがって，整域や斜体は少なくとも2つの'異なる'元 0 と 1 を含むのである．

問　題

1. 環 R の単元は零因子でないことを示せ．

2. R を斜体，S を空でない集合とするとき，§1例4の環 $M(S, R)$ の 0 以外の任意の元は零因子であるか単元であるかのいずれかであることを示せ．

3. 加法群 $A = \mathbf{Z} \times \mathbf{Z}$ の自己準同型環 $\mathrm{End}(A)$ は零因子をもつことを示せ．

4. 有限環 $R \neq \{0\}$ の 0 以外の任意の元は（左右いずれかの）零因子であるかまたは単元であることを示せ．

5. a を環 $R \neq \{0\}$ の1つの元とし，$ab = 1$ となるような $b \in R$ が存在するとする．そのとき次の3条件は互いに同等であることを証明せよ．(i) $ab' = 1$ となるような b と異なる R の元 b' が存在する．(ii) a は R の左零因子である．(iii) a は R の単元ではない．

6. R を $a + bi$，ただし a, b は整数，$i = \sqrt{-1}$，の形の数全部の集合とする．R はふつうの加法，乗法に関して環をなすことを示せ．この環の単元を全部挙げよ．

7. R を $a + b\sqrt{2}$，ただし a, b は整数，の形の数全部の集合とする．R は環であるが，体でないことを示せ．

8. 前問の環 R について次のことを証明せよ．

(a) $x + y\sqrt{2}$（x, y は整数）が R の単元であるためには，$x^2 - 2y^2 = \pm 1$ であることが必要かつ十分である．

(b) $\omega = 1 + \sqrt{2}$ とおけば，R のすべての単元は $\pm \omega^n$（$n \in \mathbf{Z}$）によって与えられる．[ヒント：まず $1 < x + y\sqrt{2} < \omega$ を満たすような単元 $x + y\sqrt{2}$ は存在しないことを示せ．]

9. R を $a + b\sqrt{2}$，ただし a, b は有理数，の形の数全部の集合とする．R は体であることを示せ．

10. p を素数とし，R を分母 n が p と互いに素であるような有理数 m/n 全部の集合とする．R は $\mathbf{Q}$ の部分環をなすことを示せ．この環の単元はどのような元か．

11. R を環とし，Z をすべての $x \in R$ に対して $ax = xa$ が成り立つような R の元 a 全部の集合とする．Z は R の部分環となることを示せ．この Z を R の**中心**とよび，くわし

くは $Z(R)$ で表わす.

12. R が斜体ならば，その中心 Z は体であることを示せ.

13. K を体とする. $a, b \in K$, $b \neq 0$ に対し $ab^{-1} = b^{-1}a$ を a/b で表わせば

$$\frac{a}{b} + \frac{c}{d} = \frac{ad+bc}{bd}, \quad \frac{a}{b} \cdot \frac{c}{d} = \frac{ac}{bd}$$

が成り立つことを示せ.

14. 集合 $\boldsymbol{R} \times \boldsymbol{R}$ を K とする.

(a) K において加法, 乗法を

$$(a,b)+(c,d) = (a+c, b+d),$$
$$(a,b)(c,d) = (ac, bd)$$

と定義すれば, K は可換環となることを示せ. またこの環は零因子をもつことを示せ.

(b) K において加法, 乗法を

$$(a,b)+(c,d) = (a+c, b+d),$$
$$(a,b)(c,d) = (ac-bd, ad+bc)$$

と定義すれば, K は体となることを示せ.［注意：この体は実質的に複素数体にほかならない. 第6章§6参照.］

15. K を集合 $\boldsymbol{C} \times \boldsymbol{C}$ とし, K において加法, 乗法を前問(b)と同様に定義する. K は体となるか. もしならないなら, 整域にはなるか.

16. G を有限群, R を環とする. G から R への写像全体の集合 $M(G, R)$ において, 加法を§1例4と同様に定義し, また $f, g \in M(G, R)$ の積 $f*g$ を,

$$(f*g)(x) = \sum_{y \in G} f(y)g(y^{-1}x)$$

によって定められる G から R への写像と定義する. ここに右辺は G のすべての元 y にわたる和を表わす. そのとき, $M(G, R)$ は加法と乗法 * について環をなすことを証明せよ. G および R が可換ならば, この環も可換であることを示せ. また G が単位群でなく, R が零環でなければ, この環は零因子をもつことを示せ.

§3 イデアルと商環

R を環とする. R の空でない部分集合 J が次の条件(1), (2)を満足するとき, J を R の**左イデアル**という.

(1) $a, b \in J$ ならば $a+b \in J$.

(2) $a \in J$ ならば, 任意の $r \in R$ に対して $ra \in J$.

J が R の左イデアルであるとき, $a \in J$ ならば, 条件(2)により $(-1)a = -a \in J$ となる. これと条件(1)とを合わせれば, J は加法について R の部分群を

なすことがわかる．それゆえ，R の左イデアルとは，条件(2)を満たすような R の加法部分群である，といってもよい．

同様にして R の**右イデアル**も定義される．それは R の加法部分群 J で，

(2′) $a \in J$ ならば，任意の $r \in R$ に対して $ar \in J$

という条件を満たすものである．J が R の左イデアルであると同時に右イデアルでもあるとき，J を R の**イデアル**くわしくは**両側イデアル**という．R が可換である場合には，もちろん左イデアル，右イデアル，両側イデアルの概念はすべて一致する．

例1 R を区間 $[0,1]$ で定義された実数値連続関数全体の環とする．c をこの区間の1つの点とし，J_c を $f(c)=0$ であるような連続関数全体が作る R の部分集合とする．そのとき直ちに示されるように J_c は R のイデアルである．

例2 n を1つの整数 ≥ 0 とするとき，n の倍数全体が作る $\mathbf{Z}$ の部分集合 $n\mathbf{Z}$ は環 $\mathbf{Z}$ のイデアルである．

例3 R を任意の環とし，a を R の1つの元とする．x が R の元すべてを動くとき，xa 全体の集合は R の1つの左イデアルである．これを a によって**生成される単項左イデアル**とよび，Ra または単に (a) で表わす．もっと一般に $a_1, \cdots, a_n$ を R の与えられた元とする．そのとき，任意の $x_1, \cdots, x_n \in R$ によって

(3) $$x_1 a_1 + \cdots + x_n a_n$$

の形に表わされる R の元全部の集合を J とすれば，J は R の左イデアルとなる．これは次のように示される．$x_1, \cdots, x_n, y_1, \cdots, y_n \in R$ とすれば

$$(x_1 a_1 + \cdots + x_n a_n) + (y_1 a_1 + \cdots + y_n a_n)$$
$$= (x_1 + y_1) a_1 + \cdots + (x_n + y_n) a_n.$$

また $z \in R$ とすれば

$$z(x_1 a_1 + \cdots + x_n a_n) = (zx_1) a_1 + \cdots + (zx_n) a_n.$$

すなわち J は条件(1), (2)を満たす．J を $a_1, \cdots, a_n$ によって**生成される** R の**左イデアル**とよび，$(a_1, \cdots, a_n)$ で表わす．これは $a_1, \cdots, a_n$ を含む R の最小の左イデアルであることに注意しよう．実際，$1 \leq i \leq n$ である任意の i に対し

$$a_i = 0 a_1 + \cdots + 1 a_i + \cdots + 0 a_n$$

であるから，$a_i \in J$ である．他方 J' を $a_1, \cdots, a_n$ を含む R の任意の左イデアル

とすれば，条件(1)，(2)から明らかに J' は(3)の形のすべての元を含まなければならない．ゆえに $J'\supset J$ となり，J は $a_1,\cdots,a_n$ を含む最小の左イデアルである．

特に R の単位元 1 によって生成される単項左イデアル(1)は R 全体と一致し，零元 0 によって生成される左イデアル(0)は 0 のみから成る．R および (0) は明らかにまた右イデアルでもあり，したがって R の(両側)イデアルである．0 のみから成るイデアルを**零イデアル**とよび，しばしば単に 0 で表わす．

定理 1 環 $R\neq\{0\}$ が斜体であるためには，R が 0 および R のほかに左イデアルをもたないことが必要かつ十分である．

証明 R を斜体とし，J を R の左イデアルとする．もし $J\neq(0)$ ならば，J は 0 でない元 a を含む．R は斜体であるから，a の逆元 a^{-1} が存在し，左イデアルの条件(2)によって $a^{-1}a=1\in J$，したがって $J=R$ となる．すなわち R の左イデアルは 0 と R のほかに存在しない．

逆に R が 0 と R のほかに左イデアルをもたないとする．そのとき R の 0 以外の任意の元 a は可逆であることを示そう．実際，a によって生成される左イデアル $(a)=\{xa\mid x\in R\}$ は (0) とは異なるから，仮定によって $(a)=R$ でなければならない．ゆえに $a'a=1$ となる $a'\in R$ が存在する．この a' も 0 ではないから，同様にして $a''a'=1$ となる a'' が存在するが，
$$a'' = a''1 = a''(a'a) = (a''a')a = 1a = a$$
であるから $aa'=1$．ゆえに $a'a=aa'=1$ となり，a' は a の逆元である．したがって a は R の単元であり，よって R は斜体である．(証明終)

注意 定理 1 において明らかに左イデアルの語を右イデアルにおきかえてもよい．しかし両側イデアルにおきかえることはできない．R が斜体ならばもちろんその両側イデアルは 0 および R に限るが，その逆は必ずしも成り立たないのである．(第 4 章 §5 問題 2 参照)

R を環とし，J を R の 1 つの(両側)イデアルとする．J は R の加法部分群であるから，R を加法群とみなして，J を法とする合同関係および剰余類，また R の J による剰余(加法)群 R/J を定義することができる．念のためにその定義を思い起こしておこう．R の元 a,b が J を法として合同であるとは，$a-b\in J$ であることをいう．そのことを $a\equiv b\ (\mathrm{mod}\,J)$ と書く．これは R における

同値関係で，この関係による各同値類は J を法とする剰余類とよばれる．R の元 a を含む剰余類は $a+J$ の形をなす．そして剰余類全部の集合は，加法

(4) $$(a+J)+(b+J)=(a+b)+J$$

によって群をつくる．これが R の J による剰余群 R/J である．

今の場合，われわれはさらに集合 R/J に自然な仕方で乗法を導入し得ることを示そう．そのためには次の補題が必要である．

補題 C J を環 R のイデアルとする．そのとき R の元 a, a', b, b' に対し，$a \equiv a' \pmod{J}$, $b \equiv b' \pmod{J}$ ならば，$ab \equiv a'b' \pmod{J}$ である．

証明 仮定により，$a'=a+u$, $b'=b+v$; $u,v \in J$ と書くことができる．したがって

$$a'b' = (a+u)(b+v) = ab+av+ub+uv.$$

J はイデアルであるから av, ub, uv は J の元であり，したがってそれらの和も J の元である．ゆえに $ab \equiv a'b' \pmod{J}$ となる．（証明終）

補題 C は，$a+J=a'+J$, $b+J=b'+J$ ならば，$ab+J=a'b'+J$ であることを意味する．すなわち，2つの剰余類 $a+J$, $b+J$ に対し，剰余類 $ab+J$ は代表 a, b のとり方に無関係に定まるのである．したがって R/J における乗法を

(5) $$(a+J)(b+J) = ab+J$$

により定義することができる．簡単のため剰余類 $a+J$ を $\bar{a}$ と書くことにすれば，上の加法(4)，乗法(5)は，それぞれ

$$\bar{a}+\bar{b} = \overline{a+b}, \quad \bar{a}\bar{b} = \overline{ab}$$

と表わされる．

定理 2 R を環，J を R のイデアルとする．J を法とする剰余類全部の集合 R/J は加法(4)と乗法(5)について環をなす．

証明 証明はほとんど自明である．実際 R1 が成り立つことはすでに知っている．R2，R3 の算法法則については，たとえば

$$\bar{a}(\bar{b}+\bar{c}) = \bar{a}(\overline{b+c}) = \overline{a(b+c)}$$
$$= \overline{ab+ac} = \overline{ab}+\overline{ac} = \bar{a}\bar{b}+\bar{a}\bar{c}$$

となる．最後の R4 については，$\bar{1}=1+J$（1 は R の単位元）が R/J の単位元となる．以上で R/J は環をなすことが証明された．（証明終）

定理2の環 R/J を R の J による**剰余環**あるいは**商環**という．この環が零環

となるのは，明らかに $J=R$ のときまたそのときに限る．また $J=(0)$ の場合には R/J を R と同一視することができる．R が可換環ならば，もちろんその任意の商環も可換である．

問　題

1. 環 R の2つの左イデアル J, J' の共通部分 $J \cap J'$ は R の左イデアルであることを示せ．

2. R の2つの左イデアル J, J' に対し，$J+J'$ を，$a \in J$, $a' \in J'$ の和 $a+a'$ 全部の集合と定義する．$J+J'$ も R の左イデアルであることを示せ．

3. R の2つの左イデアル J, J' に対し，JJ' を，$a \in J$, $a' \in J'$ の積 aa' の有限和の形に書かれるすべての元の集合と定義する．JJ' も R の左イデアルであることを示せ．

4. 右イデアル，両側イデアルについても，問題 1, 2, 3 と同様の命題が成り立つことを示せ．

5. R を可換環とする．R のイデアル J に対し JJ を簡単に J^2 と書く．J, J' が R の2つのイデアルで $J+J'=R$ ならば，$J^2+J'^2=R$ であることを示せ．

6. R を環，a を R の1つの元とするとき，$xa=0$ であるような R の元 x 全部の集合は R の左イデアルであることを示せ．

7. R を環，J を R の左イデアルとする．すべての $a \in J$ に対して $xa=0$ が成り立つような R の元 x 全部の集合 M は R の両側イデアルであることを示せ．

8. J を R の左イデアルとするとき，すべての $r \in R$ に対して $xr \in J$ となるような R の元 x 全部の集合を M とすれば，M は R の両側イデアルであることを示せ．

9. 環 R の元 x が**べき零**であるとは，$x^n=0$ となるような正の整数 n が存在することをいう．可換環 R のべき零元全部の集合 N は R のイデアルであることを示せ．

10. 前問において，商環 R/N は 0 以外のべき零元をもたないことを示せ．

11. （本問では微分法の初等的な知識を仮定する．）

R を区間 $-1<t<1$ で定義された無限回微分可能な実数値関数全部がつくる環とする．n を 1 つの整数 >0 とし，J_n を $0 \leq k \leq n$ であるすべての k に対し $f^{(k)}(0)=0$ となるような関数 $f (\in R)$ 全部の集合とする．ただし $f^{(k)}$ は f の第 k 次導関数である．J_n は R のイデアルであることを示せ．

§4　Z の商環

本節では特に有理整数環 Z の商環について考える．

前節の例 2 に述べたように，n を整数 ≥ 0 とするとき，nZ は Z のイデアル

§4 Z の商環

である.これは n によって生成されたイデアルであり,前節例3の記法によれば (n) とも書かれる.一方, Z の任意のイデアル J は Z の加法部分群であるから,第2章補題Kにより,ある整数 $n≧0$ が存在して $J=nZ$ となる.すなわち,環 Z のすべてのイデアルは $(n)(n=0, 1, 2, \cdots)$ によってつくされる.

$n≧1$ のとき,イデアル $nZ=(n)$ による Z の商環 $Z/nZ=Z/(n)$ を Z_n と書く.これを'法 n に関する Z の商環' ともいう. Z_n の加法群としての構造はすでに第2章で述べたが,これを環と考えるときは,加法のほかに前節に定義したような乗法が付加されるのである.この環は n 個の元から成る有限環である. (Z_1 は零環である.)

以下 $n≧2$ とし,整数 a を含む Z_n の元,すなわち法 n に関する a の剰余類を簡単に $\bar{a}$ と書くことにしよう.そうすれば, Z_n の n 個の元はたとえば $\bar{0}, \bar{1}, \cdots, \overline{n-1}$ によって表わされる. $\bar{0}, \bar{1}$ はそれぞれ Z_n の零元,単位元である. $\bar{a}$ を Z_n の零元でない元とするとき,もし a と n が互いに素ならば, $\bar{a}$ の他の任意の代表 a' も n と互いに素である.このような元 $\bar{a}$ は第1章§8で'法 n に関する既約剰余類'とよんだものにほかならない.

補題 D $n≧2$ とし, $\bar{a}$ を Z_n の零でない元とする. a と n が互いに素ならば (すなわち $\bar{a}$ が法 n に関する既約剰余類ならば) $\bar{a}$ は Z_n の単元であり,そうでない場合には $\bar{a}$ は Z_n の零因子である.

証明 $0<a<n$ と仮定してよい. a, n が互いに素ならば,第1章定理8によって $ax≡1 \pmod{n}$ となる整数 x が存在する.これは商環 Z_n において $\bar{a}\bar{x}=\overline{ax}=\bar{1}$ が成り立つことを意味する.よって $\bar{a}$ は Z_n の単元である.次に a, n が互いに素でないとし,その最大公約数を d とする. $n/d=m$ とおけば, $1<m<n$ であるから $\bar{m}≠\bar{0}$ で, am は n で割り切れるから $\bar{a}\bar{m}=\overline{am}=\bar{0}$. ゆえに $\bar{a}$ は Z_n の零因子である. (証明終)

上の補題から直ちに次の定理が得られる.

定理3 $n≧2$ とする.もし $n=p$ が素数ならば Z_p は体である. n が素数でなければ Z_n は零因子をもつ.

証明 $n=p$ が素数ならば, $1, \cdots, p-1$ はすべて p と互いに素であるから,補題Dにより Z_p の $\bar{0}$ 以外の元 $\bar{1}, \cdots, \overline{p-1}$ はすべて Z_p の単元となる.ゆえに Z_p は体である.また n が素数でなければ, n は $1<a<n$ である約数 a をもち,同

じく補題Dによって $\bar{a}$ は $\mathbf{Z}_n$ の零因子となる．（証明終）

定理3によって素数個の元をもつ有限体の存在が知られた．特に $\mathbf{Z}_2$ は零元と単位元の2元のみから成る体であることに注意しよう．

注意 $\mathbf{Z}_p$ が体であることは次のようにして証明することもできる："別証"．$\bar{a}, \bar{b}$ を $\mathbf{Z}_p$ の元とし，$\overline{ab} = \bar{a}\bar{b} = \bar{0}$ とする．これは $p|ab$ を意味するから，素数の性質によって $p|a$ または $p|b$．すなわち $\bar{a}=\bar{0}$ または $\bar{b}=\bar{0}$．ゆえに $\mathbf{Z}_p$ は零因子をもたない．したがって補題Bにより $\mathbf{Z}_p$ は体である．（本文では補題Dから定理3を導いたが，補題Dの証明には第1章定理8が用いられていた．その意味では，上の証明のほうが幾らか簡単あるいは直接的である．）

与えられた環の単元の全体は乗法に関して群をなす（補題A）から，補題Dによって，法 n に関する既約剰余類の全体は乗法について群をつくる．この乗法群を法 n に関する $\mathbf{Z}$ の**既約剰余類群**という．その位数は，Eulerの関数 φ の定義によって $\varphi(n)$ である．このことから，群論の定理を用いて，第1章定理12（Eulerの定理）の簡単な別証が得られる．すなわち，$\bar{a}$ を法 n に関する1つの既約剰余類とすれば，第2章定理11の系によって

$$\bar{a}^{\varphi(n)} = \bar{1}$$

となるが，これは，a と n が互いに素ならば

$$a^{\varphi(n)} \equiv 1 \pmod{n}$$

が成り立つ，ということにほかならない．

特に，素数 p を法とする既約剰余類群は位数 $p-1$ の群で，これは体 $\mathbf{Z}_p$ の零元以外の元全体がつくる乗法群である．実はこの群は巡回群である．いいかえれば，適当な整数 r を選ぶと，$p-1$ 個の整数

$$1, \ r, \ r^2, \ \cdots, \ r^{p-2}$$

が法 p に関する既約剰余系となるようにすることができる．この事実は整数論において重要であるが，証明は体論と関係させて述べたほうがつごうがよい．それゆえ，この証明は第5章§2までのばすことにする．

問　題

1. p を素数とすれば，加法群 $\mathbf{Z}_p$ は真部分群をもたない（第2章§8問題7）．そのことと定理1とを用いて，環 $\mathbf{Z}_p$ は体であることを証明せよ．

2. G を位数 n の巡回群とすれば，G の自己同型群 $\mathrm{Aut}(G)$ は法 n に関する既約剰余類群と同型であることを証明せよ．[ヒント：第2章§8問題3を用いよ．]

3. a, n を1より大きい整数とするとき，$\varphi(a^n-1)$ は n で割り切れることを証明せよ．

4. n を整数 >1，p を素数とし，$p|\varphi(n)$ とする．そのとき，
$$a \not\equiv 1 \pmod{n}, \quad a^p \equiv 1 \pmod{n}$$
を満たす整数 a が存在することを証明せよ．

§5 準同型写像

R, R' を2つの環とし，それらの単位元をそれぞれ $1, 1'$ とする．写像 $f: R \to R'$ が R から R' への**準同型写像**であるとは，すべての $x, y \in R$ に対して
$$f(x+y) = f(x)+f(y), \quad f(xy) = f(x)f(y)$$
が成り立ち，さらに
$$f(1) = 1'$$
が成り立つことをいう．加法群としての R から R' への準同型写像と区別するために，必要がある場合には，これを**環準同型写像**，略して，**環準同型**とよぶ．

準同型写像の合成は明らかにまた準同型である．すなわち

"R, R', R'' を環とし，$f: R \to R'$，$g: R' \to R''$ を準同型写像とすれば，$g \circ f: R \to R''$ も準同型である．"

証明は読者にまかせる．

単射準同型，**全射準同型**，**同型**（**写像**），**自己同型**（**写像**）などの語の用法は群の場合と同様である．環 R から環 R' への同型写像が存在するとき，R と R' は**同型**であるといい，$R \cong R'$ と書く．

例1 R を区間 $[0,1]$ で定義された実数値連続関数全体がつくる環とし，c をこの区間に属する1つの点とする．そのとき，R の各元 f に実数 $f(c)$ を対応させる写像は R から実数体 $\boldsymbol{R}$ への準同型写像である．

例2 各複素数 α にその共役複素数 $\bar{\alpha}$ を対応させる写像は，複素数体 $\boldsymbol{C}$ の自己同型写像である．実際この写像は明らかに全単射で，前にも注意したように
$$\overline{\alpha+\beta} = \bar{\alpha}+\bar{\beta}, \quad \overline{\alpha\beta} = \bar{\alpha}\bar{\beta}$$
であり，さらに $\bar{1}=1$ であるからである．

例3 a, b を整数として $a+b\sqrt{2}$ の形の数全部がつくる環を R とする．写

像 $a+b\sqrt{2} \mapsto a-b\sqrt{2}$ は R の自己同型写像である．この検証は読者の練習問題に残しておこう（節末の問題2）．

例4 R を任意の環，J を R の1つのイデアルとする．R の各元 a に商環 R/J の元 $\bar{a}=a+J$ を対応させる写像 φ は R から R/J への準同型写像である．実際 R/J における加法，乗法の定義によって

$$\varphi(a+b) = \overline{a+b} = \bar{a}+\bar{b} = \varphi(a)+\varphi(b),$$
$$\varphi(ab) = \overline{ab} = \bar{a}\bar{b} = \varphi(a)\varphi(b)$$

であり，また $\varphi(1)=\bar{1}$ は R/J の単位元であるからである．この φ を R から R/J への**標準的準同型写像**または**自然な準同型写像**という．

R, R' を環とし，$f: R \to R'$ を環準同型写像とする．定義によってそれは R から R' への加法群としての準同型でもあるから，

$$f(0) = 0, \quad f(-x) = -f(x)$$

が成り立つ．（ここでは R, R' の零元を区別しないでともに 0 と書いた．）また次のことも直ちに示されるが，その証明は読者にまかせよう（問題1）．

"準同型写像 $f: R \to R'$ の像 $f(R)$ は R' の部分環である．"

準同型写像 $f: R \to R'$ による R' の零元の逆像

$$f^{-1}(0) = \{x \mid x \in R, \ f(x) = 0\}$$

を f の**核**といい，$\mathrm{Ker}\, f$ で表わす．これは加法群の準同型としての f の核にほかならない．

"準同型写像 $f: R \to R'$ の核は R の両側イデアルである．"

証明 f の核を J とする．上の注意によって J は R の加法部分群である．また $x \in J$ ならば $f(x)=0$ であるから，任意の $r \in R$ に対して $f(rx)=f(r)f(x)=0$. 同様に $f(xr)=0$. ゆえに $rx \in J$, $xr \in J$ となり，J は R の両側イデアルである．

注意 われわれは，環の準同型においては $f(1)=1'$ であることを仮定している．したがって，R' が零環でない限り，準同型 $R \to R'$ の核が R 全体となることはない．

例5 例1の準同型写像 $f \mapsto f(c)$ の核は，§3例1のイデアル J_c である．

例6 J を環 R の任意のイデアルとするとき，標準的準同型 $R \to R/J$ の核は J である．

ふたたび $f: R \to R'$ を準同型写像とし，$\mathrm{Ker}\, f = J$ とする．J は加法群の準

同型としての f の核であるから，第2章定理5によって，R の元 a,b の f による像が一致するのは，$a-b \in J$ すなわち $a \equiv b \pmod{J}$ であるときまたそのときに限る．特に f が単射であるためには，J が零イデアルであることが必要かつ十分である．もし R が斜体ならば，定理1によって R のイデアルは 0 と R のほかにないが，$R' \neq \{0\}$ ならば $J = R$ とはなり得ないから，次のことがわかる．

"R が斜体ならば，R から環 $R' \neq \{0\}$ への準同型写像は単射準同型である．"

一般の場合には，上のように $\mathrm{Ker}\, f = J$ とするとき，

$$a + J \mapsto f(a)$$

によって R/J から $f(R) = R_0'$ への全単射 g が定義される．第2章でわれわれはこれを f から誘導される全単射とよんだ．これは加法群 R/J から加法群 R_0' への同型写像であるが（第2章定理6），さらに今の場合 g は環同型写像となる．実際，剰余環 R/J の任意の2元 $\bar{a} = a+J$, $\bar{b} = b+J$ および単位元 $\bar{1} = 1+J$ に対して，

$$g(\bar{a}\bar{b}) = g(\overline{ab}) = f(ab) = f(a)f(b) = g(\bar{a})g(\bar{b}),$$
$$g(\bar{1}) = f(1) = 1'$$

となるからである．これで次の'環の準同型定理'が証明された．

定理4 R, R' を環とし，$f: R \to R'$ を準同型写像，その核を J とする．そのとき，f から誘導される全単射 $g: R/J \to f(R)$ は（環）同型写像である．したがって $R/J \cong f(R)$ となる．

この定理によって，環 R の'準同型像'は R のある商環と同型であることがわかる．

次の定理は，R のイデアルとその準同型像のイデアルとの間の対応関係を与える．この定理の証明は第2章定理7の証明にならって与えられるから，ここでは証明を省略し，読者の練習問題に残しておくことにしよう（問題5）．

定理5 $f: R \to R'$ を全射準同型とし，$\mathrm{Ker}\, f = J$ とする．そのとき，J を含む R の左イデアル M と R' の左イデアル M' とは，

$$f(M) = M', \quad f^{-1}(M') = M$$

という関係によって1対1に対応する．J を含む R の右イデアルと R' の右イデアルとの間にも，同様にして1対1の対応が得られる．特に M が R の両側

イデアルであるとき,またそのときに限って M' は R' の両側イデアルとなり,かつその場合
$$R/M \cong R'/M'$$
が成り立つ.

R を環とし,J を R に等しくない R の左イデアルとする.もし J を含む R の左イデアルが R と J 自身のほかに存在しないならば,J を R の**極大左イデアル**という.同様にして**極大右イデアル**も定義される.R が可換の場合にはもちろんこれらの概念は一致し,単に**極大イデアル**とよばれる.

定理6 R を環,J を R に等しくない R の両側イデアルとする.そのとき次の3つの条件は互いに同等である.

(i) 商環 R/J は斜体である.

(ii) J は R の極大左イデアルである.

(iii) J は R の極大右イデアルである.

証明 $R' = R/J$ とし,$\varphi : R \to R'$ を標準的準同型とすれば,定理5によって,J を含む R の左イデアル M と R' の左イデアル M' とは $\varphi(M) = M'$,$\varphi^{-1}(M') = M$ という関係によって1対1に対応する.特に $M = R$ には $M' = R'$ が対応し,$M = J$ には $M' = (0)$(R' の零イデアル)が対応する.ゆえに,J が R の極大左イデアルであるとき,またそのときに限って,商環 $R' = R/J$ は R' および (0) のほかに左イデアルをもたない.このことと定理1から (i),(ii) が同等であることがわかる.(i),(iii) が同等であることの証明も全く同様である.

系 R を可換環,J を R に等しくない R のイデアルとするとき,R/J が体となるための必要十分条件は J が R の極大イデアルであることである.

最後に,整数の環 $\mathbf{Z}$ から任意に与えられた環 R への準同型写像について考えよう.これについて次の補題が成り立つ.

補題 E R を任意の環とし,e を R の単位元とする.(ここに単位元を e と書くのは整数1と区別するためである.)そのとき,有理整数環 $\mathbf{Z}$ から R への準同型写像 μ はただ1つだけ存在し,それは

(1) $$\mu(n) = ne$$

によって与えられる.

証明 $\mu : \mathbf{Z} \to R$ を準同型とすれば,$\mu(1) = e$ であるから,

$$\mu(2) = \mu(1)+\mu(1) = e+e = 2e,$$
$$\mu(3) = \mu(2)+\mu(1) = 2e+e = 3e, \cdots,$$
したがって帰納法により $n \in \mathbf{Z}^+$ に対し $\mu(n)=ne$ となる．またもちろん $\mu(0)=0$ であり，$n=-m \, (m>0)$ ならば
$$\mu(n) = \mu(-m) = -\mu(m) = -(me) = (-m)e = ne$$
である．ゆえにすべての $n \in \mathbf{Z}$ に対して (1) が成り立つ．

逆に μ を (1) によって定義された $\mathbf{Z}$ から R への写像とすれば，明らかに μ は加法群としての準同型で，また $\mu(1)=e$ である．さらに任意の $n, n' \in \mathbf{Z}$ に対して $(ne)(n'e)=(nn')e^2=(nn')e$（§1 問題 4 参照）であるから，
$$\mu(nn') = \mu(n)\mu(n').$$
ゆえに $\mu: \mathbf{Z} \to R$ は環準同型写像である．（証明終）

上の準同型写像 $\mu: \mathbf{Z} \to R$ の像
$$U = \{ne \mid n \in \mathbf{Z}\}$$
は R の最小の部分環である．実際，U は加法群として e によって生成される R の部分加法群であるから，e を含むような R の任意の部分加法群は U を含まなければならない．したがって当然 R の任意の部分環は U を含まなければならない．

また $\mu: \mathbf{Z} \to R$ の核 $\mathrm{Ker}\,\mu$ は $\mathbf{Z}$ のイデアルであるから，$\mathrm{Ker}\,\mu=(m)$ となる整数 $m \geq 0$ が一意的に存在する．この整数 m を環 R の**標数**という．定理 4 により，標数 m が $=0$ ならば
$$U \cong \mathbf{Z}$$
であり，>0 ならば
$$U \cong \mathbf{Z}/(m) = \mathbf{Z}_m$$
である．明らかに $m=1$ となるのは R が零環のときに限るから，$R \neq \{0\}$ ならば，R の標数は 0 または整数 ≥ 2 である．R の標数が 0 ならば，R の単位元 e は加法群 R の無限位数の元である．（その意味で標数が 0 であることを標数が ∞ であるとよんでいる書物もある．）また R の標数が $m \geq 2$ ならば，e は加法群 R の位数 m の元である．

補題 F 整域の標数は 0 であるかまたは素数である．

証明 R を整域とすれば，その部分環 $U=\{ne \mid n \in \mathbf{Z}\}$ ももちろん整域である．

もし R の標数 m が $\neq 0$ ならば，$U \cong \mathbf{Z}_m$ であるから，定理 3 によって m は素数でなければならない．

問　題

1. $f: R \to R'$ を（環）準同型とすれば，像 $f(R)$ は R' の部分環であることを示せ．

2. 例 3 に述べたことを証明せよ．

3. R を環，J, J' を R のイデアルとし，$J \subset J'$ とする．R の元 x の法 J に関する剰余類を $x \bmod J$ と書くことにする．そのとき
$$x \bmod J \mapsto x \bmod J'$$
は R/J から R/J' への準同型であることを示せ．

4. R を環，J を R のイデアル，$\varphi: R \to R/J$ を標準的準同型とする．また f を R から環 R' への準同型とし，$J \subset \operatorname{Ker} f$ とする．そのとき，$f = g \circ \varphi$ となるような準同型 $g: R/J \to R'$ が一意的に存在することを示せ．

5. 定理 5 を証明せよ．

6. R を環とし，S を R の部分環，J を R のイデアルとする．そのとき $S + J = \{x + y \mid x \in S,\ y \in J\}$ は R の部分環，$S \cap J$ は S のイデアルで，商環 $(S+J)/J$ と $S/(S \cap J)$ とは同型であることを証明せよ．

7. 可換環 R のイデアル P が**素イデアル**であるとは，$P \neq R$ で，また $a, b \in R$ に対し，$ab \in P$ ならば必ず $a \in P$ または $b \in P$ が成り立つことをいう．環 $\mathbf{Z}$ のイデアル $(\neq 0)$ は，素数で生成されるときまたそのときに限って素イデアルであることを示せ．

8. P を可換環 R のイデアルとする．P が R の素イデアルであるとき，またそのときに限って商環 R/P は整域であることを示せ．

9. 可換環 R の極大イデアルは素イデアルであることを示せ．

10. K を体，S を空でない集合とし，$M(S, K)$ を S から K への写像全体の環とする（§ 1 例 4）．x_0 を S の 1 つの元とし，$f(x_0) = 0$ であるような $f \in M(S, K)$ の全体を J とする．J は $M(S, K)$ の極大イデアルであることを示せ．また $M(S, K)/J$ は体 K に同型であることを示せ．

11. R を区間 $[0, 1]$ で定義された連続な実数値関数全体の環とする．c をこの区間の 1 つの点とし，J_c を $f(c) = 0$ であるような連続関数全体がつくる R のイデアルとする（§ 3 例 1）．J_c は R の極大イデアルであることを証明せよ．

12. （本問は解析学についてある程度進んだ知識をもつ読者に提供する．）前問の環 R の任意の極大イデアルは，区間 $[0, 1]$ に属する適当な点 c によって J_c の形に表わされることを証明せよ．

§5 準同型写像   129

13. (環の**直積**) R, R' を環とし,組 (a, a'); $a \in R$, $a' \in R'$ 全部の集合を $R \times R'$ とする.この集合において加法,乗法を成分ごとに定義すれば $R \times R'$ は環となることを示せ.この環の単位元は何か.また単元はどのような元か.

14. (a) n を正の整数とするとき,整数 x の n を法とする剰余類を $x \bmod n$ で表わす.m, n が互いに素な正の整数ならば,

$$x \bmod mn \mapsto (x \bmod m, \ x \bmod n)$$

は環 $\mathbf{Z}_{mn}$ から直積 $\mathbf{Z}_m \times \mathbf{Z}_n$ への同型写像であることを示せ.[ヒント:第1章定理9を用いよ.]

(b) (a)と前問の最後の部分とを用いて,m, n が互いに素ならば $\varphi(mn) = \varphi(m)\varphi(n)$ である(第1章補題E)ことを証明せよ.[第1章補題Eで述べた証明も実質的に本題の思想によるものである.]

15. K を任意の体とし,$\mathbf{Z}^+$ から K への写像(K の中に値をとる'整数論的関数')全部の集合を R とする.R の元 f, g の和をふつうのように定義し,また積 $f*g$ を

$$(f*g)(n) = \sum_{xy=n} f(x)g(y)$$

によって定義する.ここに右辺の和は $xy = n$ であるようなすべての正の整数の組 (x, y) にわたる和を表わす.(この乗法 $*$ を convolution という.)

(a) R は加法と乗法 $*$ について可換環をなし,その単位元は $e(1) = 1$, $e(n) = 0$ $(n > 1)$ によって定義される関数 e であることを示せ.

(b) R の元 f は $f(1) \neq 0$ であるときまたそのときに限って可逆であることを示せ.

(c) R の元 f が**乗法的**であるとは,$f(1) = 1$ であって,また m, n が互いに素ならば $f(mn) = f(m)f(n)$ が成り立つことをいう(第1章§8問題6).f, g が乗法的ならば $f*g$,f^{-1} も乗法的であること,すなわち乗法的関数全体の集合は R の単元がつくる乗法群の部分群をなすことを示せ.

(d) δ をすべての $n \in \mathbf{Z}^+$ に対し $\delta(n) = 1$ として定義された乗法的関数とする.この関数の逆元 δ^{-1} を μ とすれば,

$$\mu(1) = 1,$$
$$\mu(p_1 \cdots p_k) = (-1)^k \quad (p_1, \cdots, p_k \text{ は相異なる素数}),$$
$$\mu(n) = 0 \quad (\text{その他の場合}),$$

であることを示せ.すなわち μ は(K の中に値をとる)Möbius の関数である.[本問によって,R の元 f, g に対し $g = \delta*f$ ならば $f = \mu*g$ となることがわかる.これは'整数論的関数の反転公式'(第1章§8問題3)にほかならない.]

16. R を標数 $m \geq 2$ の環とし,n を整数とする.もし $m|n$ ならば,任意の $a \in R$ に対して $na = 0$ であることを示せ.また a が R の単元で $na = 0$ が成り立つならば $m|n$ であることを示せ.

17. R を標数 $p(\neq 0)$ の整域とすれば，任意の $a, b \in R$ に対して
$$(a+b)^p = a^p + b^p, \quad (a-b)^p = a^p - b^p$$
が成り立つことを示せ．[ヒント：補題F，二項定理，第1章§5問題3，前問を用いよ．]

18. R を環とするとき，次のことを示せ．

(a) a を R の1つの元とするとき，$\lambda_a(x) = ax$ によって定義される写像 $\lambda_a : R \to R$ は加法群 R の自己準同型である．

(b) $a \mapsto \lambda_a$ は環 R から自己準同型環 $\mathrm{End}(R)$ への(環)単射準同型である．

19. 加法群 $\mathbf{Z}$ の自己準同型環 $\mathrm{End}(\mathbf{Z})$ は環 $\mathbf{Z}$ と同型であることを示せ．また，環 $\mathbf{Z}$ からそれ自身への環準同型は恒等写像のほかにないことを示せ．

20. 前問において $\mathbf{Z}$ のかわりに $\mathbf{Q}$ としても全く同様の命題が成り立つことを示せ．

21. n を正の整数とするとき，加法群 $\mathbf{Z}_n$ の自己準同型環は環 $\mathbf{Z}_n$ と同型であることを示せ．

22. R, R' を環とし，$f : R \to R'$ を加法群としての準同型で，任意の $x, y \in R$ に対し
$$f(xy) = f(x)f(y) \quad \text{または} \quad f(xy) = f(y)f(x)$$
を満たす写像とする．このとき，すべての $a, b \in R$ に対して $f(ab) = f(a)f(b)$，または，すべての $a, b \in R$ に対して $f(ab) = f(b)f(a)$ であることを証明せよ．

§6 商 の 体

体は可換環で零因子をもたないから，体の任意の部分環はもちろん整域である．したがってまた，環 $R (\neq \{0\})$ から体 F への単射準同型が存在するならば，R は整域である．

一般に R, R' が環で，$f : R \to R'$ が単射準同型のとき，しばしば R を像 $f(R)$ と同一視して，R' の部分環と考えることがある．その意味で，単射準同型 $R \to R'$ のことを R の R' への**埋め込み**ともいい，そのような埋め込みが存在するとき R は R' (の中)に**埋め込み可能**であるという．上にいったことは，環 R が体の中に埋め込み可能であるならば，R は整域であるということである．

われわれはこの逆の問題を考えることができる．すなわち，任意の整域は体の中に埋め込み可能であるかという問題である．それは実際可能であるが，そのことを以下に証明しよう．このためにわれわれが用いる手法は，(不完全な形ながら)読者がすでに中学校などで学んでいる'整数から有理数を構成する手法'と全く同じである．

抽象的な構成法を述べる前に，予備的な考察をいくつか行なっておこう．F

を1つの体とし，R をその部分環とする．$a, b \in R$, $b \neq 0$ に対し，$ab^{-1} = b^{-1}a$ を a/b と書き，R の元の組 (a, b) からつくられる'商'あるいは'分数'とよぶことにする．もちろん1つの分数を定める組は一意的ではない．(a', b') $(a', b' \in R,\ b' \neq 0)$ を他の組とし，$a/b = a'/b'$ とすれば，$ab^{-1} = a'b'^{-1}$ であるから，両辺に bb' を掛ければ

(1) $$ab' = a'b$$

を得る．逆に(1)が成り立つならば，両辺に $b^{-1}b'^{-1}$ を掛けて $ab^{-1} = a'b'^{-1}$ が得られる．（ここでは乗法は可換であることに注意せよ．）すなわち，組 (a, b) と (a', b') が同じ分数を定めるためには(1)の成り立つことが必要かつ十分である．

いま，R の元の組からつくられる分数の全体を L とする．そうすれば，容易に示されるように

(2) $$\frac{a}{b} + \frac{c}{d} = \frac{ad + bc}{bd}, \quad \frac{a}{b} \cdot \frac{c}{d} = \frac{ac}{bd}$$

であるから，L の元の和や積はまた L の元である．（'分数の計算法則'(2)はすでに§2問題13に提出した．まだやっていない諸君はここで証明を実行せよ．）また $a/b \in L$ ならば $-(a/b) = (-a)/b \in L$ であり，$1 = 1/1 \in L$ である．さらに L の元 a/b が $= 0$ となるのは $a = 0$ のときであるから，$a/b \neq 0$ ならば a は R の0でない元で，したがって $(a/b)^{-1} = b/a$ も L の元となる．ゆえに L は F の部分体である．

この L は与えられた部分環 R を含む F の最小の部分体であることに注意しよう．実際，任意の $a \in R$ に対して $a = a/1 \in L$ であるから，$R \subset L$ である．他方 L' が R を含む F の部分体ならば，L' は当然 R の元 ($\neq 0$) の逆元もすべて含まなければならないから，明らかに $L \subset L'$ となる．

以上に述べたことを次の補題としてまとめておこう．

補題 G F を体，R を F の部分環とする．そのとき，'分数' a/b $(a, b \in R,\ b \neq 0)$ の全体を L とすれば，L は F の部分体である．しかも L は R を含む F の最小の部分体である．

この体 L を R の（F における）**商の体**または**分数体**という．（普通には'商体'という語が用いられるが，この語は§3に述べた'商環'と概念上少しまぎらわしい．そのため本書では上記のような語を用いることにした．）

上の議論では，しかし，与えられた整域 R はあらかじめある体の中に'埋め込まれて'いたのである．われわれが興味をもつのは，そのような体の存在が仮定されていない場合に，R の'商の体'を新しく'つくる'ことである．それは次のようにして実行される．

R を1つの整域とする．R の 0 以外の元全体の集合を R^* とし，$R \times R^*$ の元 $(a, b), (a', b')$ に対し，$ab' = a'b$ であるとき $(a, b) \sim (a', b')$ として関係 $\sim$ を定義する．これが $R \times R^*$ における同値関係であることは直ちに確かめられる．たとえば推移律 ER 3 (p. 22) を検証してみよう．$(a, b) \sim (a', b'), (a', b') \sim (a'', b'')$ とすれば

$$ab' = a'b, \qquad a'b'' = a''b'.$$

この前の式に b''，後の式に b を掛ければ，$ab'b'' = a'bb''$, $a'bb'' = a''b'b$, したがって

$$(ab'')b' = (a''b)b'.$$

ここで $b' \neq 0$ で R は零因子をもたないから，これより $ab'' = a''b$ すなわち $(a, b) \sim (a'', b'')$ が得られる．ゆえに ER 3 が成り立つ．

そこで $R \times R^*$ を同値関係 $\sim$ により類別して，類全体の集合を K とする．また (a, b) の同値類を $[a, b]$ で表わすことにする．そうすれば定義によって，$[a, b] = [a', b']$ であることは

$$ab' = a'b$$

が成り立つことと同等である．

次に，K において加法，乗法を

(3) $\qquad\qquad [a, b] + [c, d] = [ad + bc, bd],$

(4) $\qquad\qquad [a, b][c, d] = [ac, bd]$

によって定義する．もちろんこのとき，この定義が類の代表のとり方には無関係であることを確かめておかなければならない．たとえば加法について確かめるために

$$[a, b] = [a', b'] \quad \text{かつ} \quad [c, d] = [c', d'],$$

すなわち $ab' = a'b, cd' = c'd$ とする．そのとき示したいのは

$$[ad + bc, bd] = [a'd' + b'c', b'd']$$

が成り立つということである．しかし，この等式は

$$(ad+bc)b'd' = (a'd'+b'c')bd,$$

すなわち

$$ab'dd'+bb'cd' = a'bdd'+bb'c'd$$

を意味し，$ab'=a'b$, $cd'=c'd$ であるから，これは明らかである．乗法についても同様である．

次にわれわれが主張するのは，この加法と乗法について K が体をなすということである．そのためにはまず，加法と乗法に関する結合律，交換律，分配律を検証しなければならない．この 'routine work' は退屈であるが，1つ1つのステップはきわめて簡単である．よってこの検証は読者にゆだねることにする．0と1については，$[0,b]$, $[b,b]$ がそれぞれ K の零元，単位元となる．(これらの元はそれぞれ $b\neq0$ に依存しない K の一定の元であることに注意せよ．) また $[a,b]$ の加法に関する逆元は $[-a,b]$ であり，$[a,b]\neq0$ ならば ($a\neq0$ であるから) $[b,a]$ がその乗法に関する逆元となる．以上で K は体をなすことが証明された．

最後に，R から K への写像 φ を

$$a \mapsto [a,1]$$

によって定義する．これは明らかに単射であり，また K における算法の定義によって R から K への環準同型である．すなわち $\varphi: R \to K$ は R の K への埋め込みである．さらに

$$[a,b] = [a,1][1,b] = [a,1][b,1]^{-1}$$

であるから，この埋め込み φ を用いれば，K の任意の元は

$$\varphi(a)/\varphi(b)$$

と表わされる．

以上で次の定理が証明された．

定理7 R を整域とすれば，次の性質をもつ体 K および環準同型 $\varphi: R \to K$ が存在する．

 (ⅰ) φ は R の K への埋め込みである．

 (ⅱ) K の任意の元は $\varphi(a)/\varphi(b)$ $(a,b \in R, b\neq 0)$ の形に表わされる．

定理7の体 K を (埋め込み $\varphi: R \to K$ と合わせて) R の **商の体** または **分数体** という．R がある体 F の部分環であるならば，この体 K は補題 G の意味の商

の体 L と同型である．実際，明らかに

$$\varphi(a)/\varphi(b) \mapsto a/b$$

が K から L への同型写像となるからである．(K における算法の定義(3), (4)は'分数の計算法則'(2)のコピーに過ぎないことに読者は注意されたい．) したがってわれわれの新しい語法は前の語法と少しも矛盾しない．

以後われわれは，商の体 K において $\varphi(a)$ と a とを同一視することにする．そうすれば $R \subset K$ であり，K の任意の元は a/b ($a, b \in R$, $b \neq 0$) と書かれる．

前にもいったように，商の体の構成の原型(最も基本的な例)は有理数の構成である．すなわち，R として有理整数環 $\mathbf{Z}$ をとったとき，その商の体として有理数体 $\mathbf{Q}$ が得られるのである．われわれはこれまで有理数を既知のものとして扱ってきたが，厳密には，それは上のようにして整数から定義されるのである．

最後に，前の補題 G をもっと精密にした次の命題を述べておこう．

補題 H R を整域，E を体とし，

$$f : R \to E$$

を R の E への埋め込みとする．K を R の商の体とする．そのとき K の E への埋め込み f^* で，f の延長となっているようなものがただ1つ存在する．

証明 もし埋め込み $f^* : K \to E$ が f の延長であるならば，K の任意の元 a/b ($a, b \in R$, $b \neq 0$) に対して

$$f^*(a/b) = f^*(a)/f^*(b) = f(a)/f(b)$$

でなければならない．これは f^* の一意性を示している．

逆に，K の元 a/b に対して E の元 $f(a)/f(b)$ が一意的に定まることは直ちに示されるから，

$$f^*(a/b) = f(a)/f(b)$$

によって，$f^* : K \to E$ を定義することができる．これが準同型であることも'分数の計算法則'から直ちに証明される．くわしくは練習問題に残しておこう．

問 題

1. 補題 H をくわしく証明せよ．

2. R_1, R_2 を整域とし，K_1, K_2 をそれぞれ R_1, R_2 の商の体とする．$f: R_1 \to R_2$ を埋め込みとすれば，f は一意的に K_1 から K_2 への埋め込み f^* に延長されることを示せ．また f が同型写像ならば f^* も同型写像であることを示せ．

3. R を整域とし，f をその自己同型とする．f は一意的に R の商の体の自己同型に延長されることを示せ．

4. R を整域，K をその商の体とし，$x_1, x_2, \cdots, x_n$ を K の有限個の元とする．そのとき R の適当な元 $a_1, a_2, \cdots, a_n, b\,(b \neq 0)$ によって
$$x_1 = a_1/b, \quad x_2 = a_2/b, \quad \cdots, \quad x_n = a_n/b$$
と表わされることを示せ．

5. R を整域，a, b を R の元とする．もし，互いに素な2つの正の整数 m, n に対して $a^m = b^m$, $a^n = b^n$ が成り立つならば，$a = b$ であることを示せ．

§7 多項式環

数(実数)を係数とする多項式の概念には，われわれは中学以来親しんでいる．それは $a_0, a_1, \cdots, a_m$ を実数，x を'変数'として

(1) $$a_0 + a_1 x + \cdots + a_m x^m$$

のように表わされる式のことである．('多変数の多項式'については後に述べる．) われわれはこの式に，1つの関数，すなわち各実数 x にこの式の値を対応させる写像

$$x \mapsto a_0 + a_1 x + \cdots + a_m x^m$$

としての意味を与えることができる．しかし普通には，多項式はもっと純粋に'式自身'として扱われる．その場合には，(1)の中の文字 x は，'変数'というよりもむしろ変数という概念を抽象化した'1つの記号'である．したがってこの場合のほうが多項式の概念の確立には論理的な困難がともなう．

上にいった2通りの解釈は，概念的にはっきり区別しておかなければならない．はじめにいった'写像としての多項式'はくわしくは**多項式写像**(または**多項式関数**)とよばれる．これは'式自身'としての多項式とは異なる概念である．

上では実数を係数とする多項式を考えた．実数のかわりに，任意に与えられた1つの可換環 R の中から係数 a_i をとって，'R の元を係数とする多項式'を考えることもできる．さらにそのような多項式の間でも，実数係数の場合と同

様にして加法，乗法の演算を定義することができる．このようにして'R の元を係数とする多項式の環'が得られる．われわれは以下に，この環の論理的に厳密な構成を与えよう．

R を与えられた1つの可換環($\neq 0$)とする．N を自然数，すなわち整数 ≥ 0 の集合とし，N から R への写像全体の集合を $\tilde{P}$ とする．f を $\tilde{P}$ の1つの元とし，各自然数 n の f による像を $f\{n\}=a_n$ とする．(われわれはここで $f(n)$ のかわりに $f\{n\}$ と書いた．これは後に用いる記法 $f(x)$ や $f(c)$ などと区別するためである．) そのとき f を

$$f = (a_0, a_1, a_2, a_3, \cdots),$$

あるいは簡単に $f=(a_n)_{n\geq 0}$，略して (a_n) で表わすことができる．いいかえれば，$\tilde{P}$ の元というのは R の元の'無限列'にほかならない．g を $\tilde{P}$ のもう1つの元とし，

$$g = (b_0, b_1, b_2, b_3, \cdots)$$

とする．そのとき，f と g の和を $f+g=(a_n+b_n)$ と定義する．また各自然数 n に対し，

$$c_n = \sum_{i=0}^{n} a_i b_{n-i} = \sum_{i+j=n} a_i b_j$$

とおき，f, g の積を $fg=(c_n)$ と定義する．すなわち

$$(fg)\{n\} = \sum_{i=0}^{n} f\{i\}g\{n-i\} = \sum_{i+j=n} f\{i\}g\{j\}$$

であり，はじめのほうの数項を書けば

$$fg = (a_0 b_0, a_0 b_1 + a_1 b_0, a_0 b_2 + a_1 b_1 + a_2 b_0, \cdots\cdots)$$

である．われわれはここでふたたび'routine work'に出会う．すなわち，上に定義した加法と乗法について $\tilde{P}$ が可換環をなすということの検証である．この退屈な，しかしおろそかにはできない作業は読者の練習問題に残しておくことにする(問題1)．この環 $\tilde{P}$ の零元は

$$0 = (0, 0, 0, 0, \cdots),$$

単位元は

$$1 = (1, 0, 0, 0, \cdots)$$

である．[注意：§1例4に用いた記法によれば，上の環 $\tilde{P}$ は，集合としては

$M(N, R)$ と同じである．しかし，$\tilde{P}$ と環 $M(N, R)$ とでは加法の定義は同じであるが，乗法の定義は全く異なっている．]

次に，R の各元 a に対し'列'$(a, 0, 0, 0, \cdots)$ を $\bar{a}$ と書くことにする．すなわち $\bar{a}: N \to R$ は $\bar{a}\{0\}=a$, $\bar{a}\{n\}=0 \, (n \neq 0)$ によって定義される写像である．（この記法によれば上に書いた零元，単位元はそれぞれ $\bar{0}, \bar{1}$ である.）さらに，'列'$(0, 1, 0, 0, \cdots)$ を特に文字 x で表わすことにする．すなわち

$$x = (0, 1, 0, 0, 0, \cdots)$$

で，これは $x\{1\}=1$, $x\{n\}=0 \, (n \neq 1)$ によって定義される写像である．そのとき，$\tilde{P}$ における乗法の定義から，

$$x^2 = (0, 0, 1, 0, 0, \cdots),$$
$$x^3 = (0, 0, 0, 1, 0, \cdots),$$

一般に x^i は'第 i 項'のみが 1 で他の項がすべて 0 である列(すなわち $x^i\{i\}=1$, $x^i\{n\}=0 \, (n \neq i)$ である写像）となることが容易に証明される（問題 2）．さらに $\bar{a}x^i$ は第 i 項が a で，他の項がすべて 0 である無限列となることも直ちにわかる．

いま，$\tilde{P}$ の元のうち，たかだか有限個の項を除いてすべての項が 0 であるような列，すなわち，ある自然数 N が存在して $k>N$ であるすべての $k \in N$ に対して $a_k=0$ であるような列 (a_n) 全体の集合を P とする．明らかに $f=(a_n)$, $g=(b_n)$ が P に属する列ならば，$f+g$, fg も P の元となるから，P は $\tilde{P}$ の部分環である．そして，

$$f = (a_0, a_1, \cdots, a_m, 0, 0, \cdots\cdots)$$
$$(k>m \text{ ならば } a_k=0)$$

を P の任意の元とすれば，これは $m+1$ 個の元

$$\bar{a}_i x^i = (\cdots, 0, a_i, 0, \cdots\cdots) \qquad (0 \leq i \leq m)$$

の和として

$$f = \bar{a}_0 + \bar{a}_1 x + \cdots + \bar{a}_m x^m$$

と表わされる．

最後に，写像 $a \mapsto \bar{a}$ は R から P への埋め込みであることに注意する．（この検証は全く簡単である．）したがってわれわれは a と $\bar{a}$ とを同一視して，R を P の部分環と考えることができる．そうすれば，P の任意の元は

(2) $$f = a_0 + a_1 x + \cdots + a_m x^m$$

と書かれることになる．もちろん，f のこのような書き表わし方は一意的である．

P のおのおのの元を，R の元を係数とする（または R の上の）x の**多項式**という．そして P を R の上の**多項式環**といい，$P=R[x]$ と書く．R はこの環の**係数環**とよばれ，x は**変数**あるいは**不定元**とよばれる．（'変数' という語は必ずしも適切ではないが慣用されている．）もちろん変数を表わす文字は何でもよいが，たとえば上のように文字 x を用いた場合には，多項式 f を $f(x)$ のように書く．

読者は上の(2)はもはや '形式的な式' ではなく，実質的に1つの可換環（すなわち多項式環 $R[x]$ ）の中での加法，乗法によって構成された式という意味をもっていることに注意されたい．したがって，たとえば

$$f(x)=\sum_{i=0}^{m}a_i x^i,\qquad g(x)=\sum_{j=0}^{n}b_j x^j$$

の積は，可換環における通常の算法法則に従って計算され，

$$f(x)g(x)=\sum_{i=0}^{m}\sum_{j=0}^{n}(a_i x^i)(b_j x^j)=\sum_{i=0}^{m}\sum_{j=0}^{n}a_i b_j x^{i+j}$$

$$=\sum_{k}\Bigl(\sum_{i+j=k}a_i b_j\Bigr)x^k$$

となる．われわれが最初 $\tilde{P}$ において乗法を定義したときには，まさしくこの結果を予想して積の定義を与えたのであった．

注意 本書では用いる機会がないけれども，上に定義した環 $\tilde{P}$ も数学ではしばしば有効に利用される．この環 $\tilde{P}$ の元 $f=(a_n)_{n\geq 0}$ を**形式的べき級数**といい，上のように変数として文字 x を用いた場合，これを

(3) $$f=a_0+a_1 x+a_2 x^2+\cdots\cdots\quad \text{または}\quad f=\sum_{n=0}^{\infty}a_n x^n$$

と書く．ただし多項式の場合と異なり，一般の形式的べき級数については，(3) の記法は実際 '形式的' な意味しかもっていない．また環 $\tilde{P}$ はしばしば $R[[x]]$ という記号で表わされ，R の上の '形式的べき級数の環' とよばれる．

多項式

(4) $$f(x)=a_0+a_1 x+\cdots+a_m x^m$$

において，$a_m\neq 0$ のとき，m を f の**次数**(degree)とよび，$\deg f$ で表わす．多

項式 0 の次数は定義しないのが普通であるが，ここでは便宜上 $\deg 0 = -\infty$ と定め，任意の $m \in N$ に対して $-\infty < m$ と規約する．次数が 0（または $-\infty$）の多項式を**定数**という．すなわち定数は係数環 R の元にほかならない．

m 次の多項式(4)において，$a_m x^m$ をその**主項**，a_m を**主係数**という．主係数が 1 である多項式はしばしば**モニック**(monic) とよばれる．

 "$f \neq 0$, $g \neq 0$ を 2 つの多項式とすれば

(5) $\qquad \deg(fg) \leqq \deg f + \deg g$

である．特に R が整域である場合には(5)は等号で成り立つ．"

証明 f を m 次，g を n 次の多項式とし，主項をそれぞれ $a_m x^m$, $b_n x^n$ ($a_m \neq 0$, $b_n \neq 0$) とする．そのとき明らかに fg は

$$f(x)g(x) = h(x) + a_m b_n x^{m+n}, \quad \deg h < m+n$$

の形となる．ゆえに(5)が成り立つ．R が整域である場合には，$a_m b_n \neq 0$ であるから $\deg(fg) = m+n$ となる．（証明終）

上のことから特に，R が整域である場合には，$f \neq 0$, $g \neq 0$ ならば $fg \neq 0$ である．したがって次の補題が得られる．

補題 I R が整域ならば多項式環 $R[x]$ も整域である．

R を可換環とし，R_1 をその拡大可換環，すなわち R を部分環として含むような任意の可換環とする．$f(x) = a_0 + a_1 x + \cdots + a_m x^m$ を $R[x]$ の多項式，c を R_1 の 1 つの元とする．そのとき R_1 の元

$$a_0 + a_1 c + \cdots + a_m c^m$$

を f の変数 x に c を**代入**した元とよび，$f(c)$ で表わす．

 "$f \mapsto f(c)$ は $R[x]$ から R_1 への環準同型である．"

証明は自明である．読者にまかせよう（問題 3）．

上の準同型 $f \mapsto f(c)$ による $R[x]$ の像を $R[c]$ と書く．すなわち $R[c]$ は，R の元を係数とする 'c の多項式' 全体がつくる R_1 の部分環である．もし準同型 $f \mapsto f(c)$ の核が 0 ならば，すなわち $f(c) = 0$ となるような多項式が零多項式だけに限るならば，$R[c]$ は $R[x]$ に同型である．

 "上の $R[c]$ は，R のすべての元と c とを含むような R_1 の最小の部分環である．"

この証明も読者の練習問題に残しておこう（問題 3）．

140   第3章 環と多項式

注意 上では R_1 の元 c を固定して,写像 $f \mapsto f(c)$ を考えた.逆に1つの多項式 f を固定し,c は R_1 の任意の元として,写像 $c \mapsto f(c)$ を考えることができる.これは R_1 から R_1 への写像であり,'f から定まる多項式写像' とよばれる.この写像を f 自身と混同してはならない.実際,f, g が異なる多項式であっても,それらから定まる多項式写像は一致することがあるからである.(第5章§2参照.)

問　題

1. 本節の $\tilde{P}$ が可換環をなすことの証明をくわしく与えよ.
2. 本節の $x=(0,1,0,0,\cdots)$ に対し,写像 $x^i : N \to R$ が
$$x^i\{i\} = 1, \quad x^i\{n\} = 0 \quad (n \neq i)$$
によって与えられることを帰納法で証明せよ.
3. 本節の最後に述べた2つの命題を証明せよ.
4. 多項式 $f(x)=1+ax$ $(a \neq 0)$ は,a が R のべき零元(§3問題9参照)であるときまたそのときに限って $R[x]$ の単元であることを証明せよ.

§8 体の上の多項式,単項イデアル整域

前節では一般の可換環の上の多項式環を考えた.本節では特に体の上の多項式環について考えよう.

K を1つの体とし,$K[x]$ を K の上の多項式環とする.補題Iによってそれは1つの整域である.以下にみるように,この整域はいろいろな点で有理整数環 $\mathbf{Z}$ と共通の性質をもっている.まずはじめに,$K[x]$ においても $\mathbf{Z}$ の場合と同じく'除法の定理'が成り立つことを証明しよう.

定理8(多項式環における除法の定理)　K を体とし,$f(x), g(x) \in K[x]$ とする.$g(x)$ は定数でない(すなわち $\deg g(x) \geq 1$)と仮定する.そのとき
 (1) 　　　　$f(x) = g(x)q(x)+r(x), \quad \deg r(x) < \deg g(x)$
を成り立たせる多項式 $q(x), r(x) \in K[x]$ がただ1組だけ存在する.

証明　$g(x)$ の次数を n,主項を $b_n x^n$ $(b_n \neq 0)$ とする.また $\deg f(x)=m$ とする.まず(1)を成り立たせる $q(x), r(x)$ の存在を m に関する帰納法によって証明しよう.もし $m<n$ ならば $q(x)=0$,$r(x)=f(x)$ とおけばよい.そこで $m \geq n$

§8 体の上の多項式,単項イデアル整域   141

とし,$f(x)$ の主項を $a_m x^m$ とする.$g(x)$ に $(a_m/b_n)x^{m-n}$ を掛ければ,その積は m 次式で,主項は
$$(a_m/b_n)x^{m-n} \cdot b_n x^n = a_m x^m$$
となる.したがって
(2) $$f(x) - (a_m/b_n)x^{m-n} \cdot g(x) = f_1(x)$$
とおけば,$\deg f_1(x) < m$ である.ゆえに帰納法の仮定により
(3) $$f_1(x) = g(x)q_1(x) + r_1(x), \quad \deg r_1(x) < n$$
を満たす多項式 $q_1(x), r_1(x)$ が存在する.(3)を(2)に代入すれば
$$f(x) = g(x)\{q_1(x) + (a_m/b_n)x^{m-n}\} + r_1(x).$$
よって $q(x) = q_1(x) + (a_m/b_n)x^{m-n},\ r(x) = r_1(x)$ とおけば,(1)が成り立つ.

次に一意性を証明しよう.
$$f = gq + r = g\tilde{q} + \tilde{r}, \quad \deg r < n, \quad \deg \tilde{r} < n$$
とすれば,$g(\tilde{q} - q) = r - \tilde{r}$ で,もし $q \neq \tilde{q}$ ならば
$$\deg(g(\tilde{q} - q)) = \deg g + \deg(\tilde{q} - q) \geq n$$
である.一方 $\deg(r - \tilde{r}) < n$ であるから,$q \neq \tilde{q}$ ではあり得ない.ゆえに $q = \tilde{q}$, $r = \tilde{r}$ でなければならない.(証明終)

次の定理を述べる前にいくつかのことを思い出しておこう.

R を可換環,a をその1つの元とする.そのとき $\{xa \mid x \in R\}$ は R のイデアルで,これを a によって生成される単項イデアルとよび,(a) と書く.§4のはじめにみたように,有理整数環 $\mathbf{Z}$ においては,そのすべてのイデアルが単項イデアルである.

単項イデアルのことを**主イデアル**ともいう.また,そのイデアルがすべて単項イデアルであるような整域を**単項イデアル整域**または**主イデアル整域**という.$\mathbf{Z}$ は単項イデアル整域の最も基本的な例である.

定理9 K を体とすれば,多項式環 $K[x]$ は単項イデアル整域である.

証明 I を $K[x]$ のイデアルとする.I が零イデアルならば $I = (0)$ である.また I が 0 以外の定数(K の元)a を含むならば,$a^{-1}a = 1 \in I$ であるから $I = (1)$ となる.そこで I は零イデアルではなく,しかし 0 以外の定数を含まないとする.そのとき I に含まれる 0 でない多項式のうちには最小次数のものが存在する.そのような最小次数の多項式の1つを $g(x)$ とする.このとき $\deg g \geq 1$ で,

$f(x)$ を I の任意の多項式とすれば,定理 8 により $f=gq+r$, $\deg r<\deg g$ を満たす $q(x)$, $r(x)\in K[x]$ が存在する.ここで $r=f-gq\in I$ であるから,$\deg g$ の最小性によって $r=0$ でなければならない.したがって I の任意の元 f は $f=gq$ と表わされる.ゆえに I は g によって生成される単項イデアル (g) に等しい.(証明終)

上の定理の証明に用いた論法は,第 2 章補題 K の証明に用いたものと本質的に同じであることに読者は注意されたい.そこでは $\boldsymbol{Z}$ を加法群とみて,その任意の部分群が巡回群となることを示したのであるが,その証明の基礎にも'除法の定理'が用いられたのである.

単項イデアル整域の重要な性質は次の節で述べることにしよう.ここではもう 1 つ単項イデアル整域の例を与えておこう.

(有理)整数 a,b によって $a+bi$ と表わされる複素数を **Gauss の整数** という.直ちにわかるように Gauss の整数の全体は 1 つの整域(複素数体 $\boldsymbol{C}$ の部分環)をつくる(§2 問題 6).これを **Gauss の整数環** という.前節の終りに述べた記法によれば,この整域は $\boldsymbol{Z}[i]$ で表わされる.[**注意**:$\boldsymbol{Z}$ の元を係数とする i の任意の多項式は '1 次式' $a+bi$ の形に簡約される!]

整域 $\boldsymbol{Z}[i]$ は単項イデアル整域であることを次に証明しよう.そのためにまず'ノルム'の概念を用意する.

いま,一般に複素数 $\alpha=a+bi$ に対し
$$N(\alpha)=\alpha\bar{\alpha}=|\alpha|^2=a^2+b^2$$
とおき,これを α の **ノルム** とよぶことにする.これは負でない実数で,$N(\alpha)=0$ となるのは $\alpha=0$ のときに限る.特に α が Gauss の整数($\neq 0$)ならば $N(\alpha)$ は正の整数である.また,絶対値についてすでに知っている性質から,任意の 2 つの複素数 α,β に対して $N(\alpha\beta)=N(\alpha)N(\beta)$ である.

この概念を用いれば,整域 $\boldsymbol{Z}[i]$ においても,次の意味で'除法の定理'が成り立つのである.

"α,β を Gauss の整数とし,$\beta\neq 0$ とする.そのとき
$$\alpha=\beta\gamma+\delta,\quad N(\delta)<N(\beta)$$
となるような Gauss の整数 γ,δ が存在する."

証明 $\beta\neq 0$ であるから,複素数の範囲において

$$\frac{\alpha}{\beta} = \gamma' = R+Si$$

を求めることができる．（明らかに R, S は有理数である．）R, S にそれぞれ最も近い（有理）整数 c, d をとって $\gamma = c+di$ とおき，$\alpha-\beta\gamma = \delta$ とする．γ, δ はともに Gauss の整数である．このとき $N(\delta) < N(\beta)$ となることが次のように証明される．$\delta = \beta\gamma' - \beta\gamma = \beta(\gamma'-\gamma)$ であるから，

$$N(\delta) = N(\beta)N(\gamma'-\gamma).$$

ここで $\gamma'-\gamma = (R-c)+(S-d)i$ で，c, d の選び方から $|R-c| \leq 1/2$, $|S-d| \leq 1/2$, したがって

$$N(\gamma'-\gamma) = (R-c)^2 + (S-d)^2 \leq \frac{1}{4} + \frac{1}{4} < 1.$$

ゆえに $N(\delta) < N(\beta)$ である．（証明終）

$Z[i]$ の任意のイデアルが単項イデアルであることの証明はもはや簡単である．われわれは Z や $K[x]$ のときと同様に論ずればよい．すなわち，I を $Z[i]$ の零でないイデアルとすれば，I の 0 以外の元のノルムは正の整数であるから，$N(\beta)$ が最小となるような I の元 $\beta(\neq 0)$ が存在する．そこで'除法の定理'を用いれば，I の任意の元は β で'割り切れる'ことが示され，$I=(\beta)$ となるのである．くわしい証明は読者の練習問題としよう．

この結果を次の補題として挙げておく．

補題 J　Gauss の整数環 $Z[i]$ は単項イデアル整域である．

上に挙げた $Z, K[x], Z[i]$ の3つの例ではいずれも'除法の定理'が基礎であった．これから類推して，われわれは一般に，

"Euclid 整域は単項イデアル整域である"

という命題を主張することができる．ただし **Euclid 整域** とは，上の3つの例のように除法の定理が成り立つ整域のことをいうのである．もちろん'除法の定理が成り立つ'ということの意味については，もう少しはっきりした定式化が必要である．しかし本文ではこれ以上立ち入らず，この定式化は練習問題の中で与えることにしよう（問題5）．

最後に，任意の体は trivial な意味で単項イデアル整域であることに注意しておく．実際，定理1によって，体のイデアルは (0) と (1) しか存在しないから

である．

問　題

1. 補題 J をくわしく証明せよ．

2. p を素数とし，$(n, p) = 1$ であるような有理数 m/n 全体の集合を R とする．R は単項イデアル整域であることを示せ．

3. ρ を '1 の虚立方根'，すなわち $\rho^2 + \rho + 1 = 0$ を満たす 1 つの複素数とする．$\mathbf{Z}[\rho] = \{a + b\rho \mid a, b \in \mathbf{Z}\}$ は単項イデアル整域であることを証明せよ．[ヒント：$\mathbf{Z}[i]$ の場合にならえ．]

4. $\mathbf{Z}[\sqrt{2}] = \{a + b\sqrt{2} \mid a, b \in \mathbf{Z}\}$ は単項イデアル整域であることを証明せよ．[ヒント：前問同様．ノルムをどう定義したらよいか．]

5. 整域 R の 0 でない各元 a に対し，その'大きさ'とよばれる整数 $d(a) \geqq 0$ が定義され，次の条件 $(*)$ が満たされているとき，R を 'Euclid 整域' という．

$(*)$　0 でない任意の $a, b \in R$ に対して
$$a = bq + r, \quad r = 0 \quad \text{または} \quad d(r) < d(b)$$
を満たす $q, r \in R$ が存在する．

Euclid 整域は単項イデアル整域であることを証明せよ．

§9　素元分解とその一意性

　整域における'素元分解'の問題は代数学における最も古典的な問題の 1 つである．われわれはすでに第 1 章定理 6 で，整数の環 $\mathbf{Z}$ については'素因数分解'の基本定理が成り立つことをみた．これと類似の定理が一般の単項イデアル整域においても成立することを本節で証明しよう．

　はじめに第 1 章の'倍数'，'約数'，'素数'などに相当する概念を一般の整域の場合に定義し直しておく．

　R を 1 つの整域とし，a, b を R の元とする．もし $a = bq$ となるような $q \in R$ が存在するならば，a を b の **倍元**，b を a の **約元** とよび，$b | a$ と書く．このときまた，a は b で **割り切れる**（**整除される**）という．0 は整除関係に関しては特殊な働きしかもたないから，以後は必要がある場合を除き 0 でない元のみを考える．もちろん，$b | a$，$a | m$ ならば $b | m$ であり，また $b | a_1$，$b | a_2$ ならば $b | (a_1 \pm a_2)$ である．

§9 素元分解とその一意性

1 はすべての元の約元である．また u が 1 の約元であることは $uv=1$ を満たす $v \in R$ が存在すること，すなわち u が R の単元であることと同等である．したがってまた，"単元はすべての元の約元である．"

$b|a$ かつ $a|b$ であるとき，a と b は**同伴**であるという．このことを本節では $a \sim b$ と書く．$a \sim b$ ならば，$a=bu, b=av$ を満たす $u, v \in R$ が存在し，この第 1 式を第 2 式に代入すれば $b=buv$，したがって ($b \neq 0$ で R は整域であるから) $uv=1$，すなわち u および v は R の単元である．逆に u を単元として $a=bu$ とすれば，$b=au^{-1}$ となるから，a, b は互いに他の約元で $a \sim b$ となる．すなわち a, b が同伴であることは，両者が "単元因子を除いて一致する" ということにほかならない．特に $u \sim 1$ は u が単元であることと同等である．

明らかに同伴という関係は R の元の間の同値関係である．また $b|a$, $a \sim a_1$, $b \sim b_1$ ならば $b_1|a_1$ であることも明らかである．いいかえれば，整除関係というのは本質的には '同伴類' に関する関係である．

例1 有理整数環 $\mathbf{Z}$ における単元は ± 1 の 2 つである．したがって a, b が同伴であることは $b = \pm a$ と同等である．

例2 S を整域とするとき，多項式環 $S[x]$ の単元を調べてみよう．S の単元 ('定数単元') はもちろん $S[x]$ においても単元である．一方 f を $S[x]$ の単元とすれば，$fg=1$ を満たす $g \in S[x]$ が存在するが，次数を考慮すれば，f, g はともに次数 0，すなわち定数であることがわかる．したがって $S[x]$ の単元は S の単元である．特に $S=K$ を体とすれば，多項式環 $K[x]$ の単元は 0 以外のすべての定数である．したがって 2 つの多項式 $f, g \in K[x]$ が同伴であるというのは

$$f(x) = cg(x) \qquad (c \in K, c \neq 0)$$

が成り立つことを意味する．

一般論にもどり，c を整域 R の単元でない元とする．(もちろん $c \neq 0$ と仮定する．) 任意の単元および c に同伴な任意の元はもちろん c の約元であるが，これらは '本質的でない' 約元である．c がこれら以外に約元をもたないとき，c を**素元**という．以下，素元を p, q などで表わす．定義をくり返せば，p が素元であるとは，次の 2 つの条件が満たされることである．

(i) p は単元ではない．

(ii) $a|p$ ならば $a \sim 1$ または $a \sim p$.

明らかに素元に同伴な元はやはり素元である.

例3 Z の素元は(正の)素数およびその符号を変えた数である.(整数の整除関係では数の符号は問題にならないから,通常は正の素元だけを素数とよぶのである.)

例4 K を体とする.多項式環 $K[x]$ の素元は K(または $K[x]$)における**既約多項式**,あるいは K 上の既約多項式とよばれる.定義から明らかに,多項式 $p(x) \in K[x]$ が既約であるとは,$\deg p \geqq 1$ で,p が定数でない2つの多項式の積には分解されないこと,すなわち

$$p(x) = f(x)g(x), \quad \deg f \geq 1, \ \deg g \geq 1$$

であるような多項式 $f, g \in K[x]$ は存在しないことを意味する.もちろん任意の1次式は既約である.既約でない(2次以上の)多項式は**可約**であるといわれる.

ふたたび一般論にもどり,$a_1, \cdots, a_n$ を整域 R の元とする.これらをすべて割り切る元はこれらの元の**公約元**とよばれる.d が $a_1, \cdots, a_n$ の公約元であって,任意の公約元 e に対して $e|d$ が成り立つとき,d を $a_1, \cdots, a_n$ の**最大公約元**という.d が1つの最大公約元ならば,d に同伴な元はやはり最大公約元であり,逆に任意の最大公約元は明らかに d と同伴である.すなわち最大公約元は(存在すれば)同伴を除いて一意的に定まる.

以後本節では,われわれは R を "単項イデアル整域と仮定する."(以下の補題 K, L, M ではこの仮定をいちいち断らない.)

単項イデアル整域においては,与えられた元 $a_1, \cdots, a_n$ の最大公約元がつねに存在することを次に証明しよう.いま,$a_1, \cdots, a_n$ によって生成されるイデアル I を考える.これは

$$x_1 a_1 + \cdots + x_n a_n \quad (x_i \text{ は } R \text{ の任意の元})$$

の形の元全体の集合で,このイデアルのことを

$$(a_1, \cdots, a_n)$$

と書くのであった(§3).R は単項イデアル整域であるから,I は R のある1つの元 d によって生成される.すなわち

$$I = (d) = \{xd \mid x \in R\}.$$

§9 素元分解とその一意性

$d \in I$ であるから,d は R の適当な元 $r_1, \cdots, r_n$ によって

(1) $$d = r_1 a_1 + \cdots + r_n a_n$$

と書かれる.また,各 $i\,(1 \leq i \leq n)$ に対し $a_i \in I$ であるから,a_i は d の倍元である.いいかえれば d は $a_1, \cdots, a_n$ の公約元である.他方 e を $a_1, \cdots, a_n$ の任意の公約元とすれば,(1)から明らかに $e|d$ となる.ゆえに d は $a_1, \cdots, a_n$ の最大公約元である.さらに d' を他の最大公約元とすれば,$d \sim d'$ であるから,d' も明らかに上のイデアル I の生成元となる.これで次の補題が証明された.

補題 K 任意に与えられた R の元 $a_1, \cdots, a_n$ に対して,その最大公約元 d が存在する.d はイデアル $(a_1, \cdots, a_n)$ の生成元であって,R の適当な元 $r_1, \cdots, r_n$ によって(1)の形に表わされる.

$a_1, \cdots, a_n$ の最大公約元をしばしばイデアルと同じ記号 $(a_1, \cdots, a_n)$ で表わす.すなわち,イデアルの記号を(その生成元である)最大公約元に流用するのである.

R の元 a, b の最大公約元 (a, b) が $=1$ であるとき,a, b は **互いに素** であるという.これは a, b が単元以外に公約元をもたないことを意味する.a, b が互いに素ならば,補題 K によって

$$ra + sb = 1$$

を満たす R の元 r, s が存在する.

いま p を R の1つの素元とする.a を R の元とし,$(a, p) = d$ とおけば,$d|p$ であるから $d \sim 1$ または $d \sim p$ となる.後の場合には $p|a$ である.したがって

"$p \nmid a$ ならば $(a, p) = 1$ である."

(ただし $p \nmid a$ は $p | a$ の否定を表わす.)

補題 L p を R の素元とし,$a_1, \cdots, a_n$ を R の元とする.もし $p|(a_1 \cdots a_n)$ ならば,少なくとも 1 つの i に対して $p|a_i$ である.

証明 明らかに $n=2$ の場合を証明すればよい.いま $p|ab$, $p \nmid a$ とする.そのとき $(a, p) = 1$ であるから

$$ra + sp = 1$$

を満たす $r, s \in R$ があり,この両辺に b を掛ければ

$$rab + sbp = b$$

となる.$p|ab$ であるから,この左辺は p の倍元である.よって $p|b$.(証明終)

素元分解の基本定理を証明するためには，もう1つの補題が必要である．

補題 M $a_1, a_2, a_3, \cdots$ を R の(0でない)元の列とし，すべての $i \in \mathbf{Z}^+$ に対して $a_{i+1} | a_i$ とする．そのとき，ある $n_0 \in \mathbf{Z}^+$ が存在して，すべての $n \geqq n_0$ に対して $a_{n_0} \sim a_n$ となる．

証明 ある a_i の倍元であるような R の元全体の集合，すなわちイデアル (a_i) $(i=1,2,3,\cdots)$ 全部の和集合を I とする．I は R のイデアルである．実際 $x, y \in I$ とすれば，$a_i | x, a_j | y$ となる i, j があるが，たとえば $i \leqq j$ ならば仮定によって $a_j | a_i$ であるから，x, y はともに a_j の倍元となる．したがって $a_j | (x+y)$，ゆえに $x+y \in I$ となる．また I の元の倍元は明らかに I の元である．ゆえに I は R のイデアルとなる．

R は単項イデアル整域であるから，$I=(d)$ となるような R の元 d が存在する．すべての $i \in \mathbf{Z}^+$ に対して $a_i \in I=(d)$ であるから $d | a_i$ である．他方 $d \in I$ であるから $a_{n_0} | d$ となるような n_0 があり，$n \geqq n_0$ ならばつねに $a_n | d$ となる．ゆえに $n \geqq n_0$ であるすべての n に対して $a_n \sim d$ が成り立つ．これで補題は証明された．(証明終)

いま $b | a$ であるが $b \sim a$ ではないとき，b を a の'真の約元'とよぶことにすれば，補題Mによって，単項イデアル整域においては，'真の約元の無限列'は存在しないことがわかる．すなわち，すべての $i \in \mathbf{Z}^+$ に対して 'a_{i+1} が a_i の真の約元'であるような列 $a_1, a_2, a_3, \cdots$ は存在しないのである．

以上の準備のもとに次の定理を証明することができる．

定理10 R を単項イデアル整域とすれば，R の単元以外の任意の元 $a(\neq 0)$ は，素元の積として

$$a = p_1 p_2 \cdots p_r$$

と表わされる．しかも，この分解は順序と単元因子の違いを除けば一意的である．すなわち

$$a = q_1 q_2 \cdots q_s$$

を a の他の素元分解とすれば，$r=s$ であって，q_i の順序を適当に並べかえれば $p_i \sim q_i (i=1, \cdots, r)$ となる．

証明 まず，単元以外の任意の元は素元の積に表わされることを，背理法によって証明しよう．いまかりに，単元でない元で素元の積に表わされないもの

があったとし，そのような元の 1 つを a_1 とする．a_1 は素元でないから，a_1 と同伴でない 2 つの元 b, c の積として $a_1 = bc$ と表わされる．もし b, c がともに素元の積となるならば a_1 も同様であるから，b, c の少なくとも一方，たとえば b は素元の積ではない．そのとき $b = a_2$ とすれば，a_2 は単元でなく，a_1 の真の約元である．次に a_1 のかわりに a_2 について同様に論ずれば，a_2 の真の約元で，単元でなく，また素元の積でもない元 a_3 が存在することがわかる．以下同様の議論を続ければ，a_1 から出発して，'真の約元の無限列' $a_1, a_2, a_3, \cdots$ が得られることになるが，これは補題 M に反する．

次に一意性を証明しよう．いま p_i, q_j を素元として

(2) $$p_1 p_2 \cdots p_r = q_1 q_2 \cdots q_s$$

とする．そのとき $p_1 \mid (q_1 q_2 \cdots q_s)$ であるから，補題 L によって q_j のうちに p_1 で割り切れるものがある．必要があれば番号をつけかえて $p_1 \mid q_1$ とすれば，q_1 も素元であるから，$p_1 \sim q_1$ でなければならない．そこで $q_1 = \varepsilon p_1$ (ε は単元) とおいて，(2) の両辺を p_1 で約せば，

$$p_2 \cdots p_r = \varepsilon q_2 \cdots q_s$$

となる．同様にして $q_2, \cdots, q_s$ のうちに p_2 と同伴なものがあり，たとえばそれを q_2 とすれば，$p_3 \cdots p_r = \varepsilon' q_3 \cdots q_s$ (ε' は単元) となる．この議論をくり返せば，(2) の左辺の各因子に対してそれと同伴な元が右辺の因子のうちに 1 つずつみいだされることがわかる．したがって $r \leqq s$ で，(番号の適当なつけかえのもとに) $p_1 \sim q_1, \cdots, p_r \sim q_r$ となるが，もし $r < s$ ならば，$1 = \rho q_{r+1} \cdots q_s$ (ρ は単元) となって，これは矛盾である．ゆえに $r = s$ であり，以上でわれわれの定理は完全に証明された．(証明終)

上の定理の証明で，'分解の可能性' の証明には補題 M が，'分解の一意性' の証明には補題 L が用いられたことに注意しておこう．そして補題 L の証明には最大公約元の性質 (補題 K) が用いられたのである．

定理 10 を $\mathbf{Z}$ および $K[x]$ に適用すれば，整数と多項式に関する基本的な 2 つの命題が得られる．$\mathbf{Z}$ に関する結果は既知である．$K[x]$ に関する結果は次のように述べられる．

定理 11 K を体とすれば，定数でない任意の多項式 $f \in K[x]$ は既約多項式の積として

$$f(x) = p_1(x)p_2(x)\cdots p_r(x)$$

と表わされる．ここで $p_1, p_2, \cdots, p_r$ は順序と定数因子($\neq 0$)の違いを除き一意的に定まる．

上の分解で特に各既約因数を主係数が1であるように選べば

$$f = cp_1 p_2 \cdots p_r \qquad (c \in K, \ p_i \text{は既約なモニック})$$

となる．この書き方は因数の順序を除けば一意的である．

注意 上ではわれわれは定理10から定理11を導いた．しかし定理11の'分解の可能性'の部分は，次のようにもっと直接的に証明することができる．すなわち，もし $K[x]$ の定数でない多項式で既約な多項式の積にならないものがあったとすれば，そのような多項式のうちに次数が最小のものがある．その1つを f とすれば，f は既約でないから，

$$f = gh, \quad \deg g < \deg f, \quad \deg h < \deg f$$

となるような $g, h \in K[x]$ が存在し，$\deg f$ の最小性によって g や h は既約多項式の積となる．したがって f もそうなるが，これは矛盾である．[前に整数の素因数分解の可能性を示したときにもこれと同じ論法を用いた(第1章定理6の証明参照)．一般の単項イデアル整域においてはこのような論法(元の'大きさ'を用いる論法)が使えないので，'分解の可能性'の証明のために少し複雑な補題Mを必要としたのである．]

本節の最後に，有理式の概念を導入しておこう．

K を体とする．多項式環 $K[x]$ の商の体は $K(x)$ で表わされ，K の上の**有理式体**とよばれる．$K(x)$ の元が K 上の x の**有理式**または**分数式**である．それは2つの多項式 f, g の'商'として f/g $(g \neq 0)$ の形に書かれる．語義的には幾分不正確であるが，有理式体のことを**有理関数体**ともいう．(普通にはこの語法が慣用されている．) 有理数の性質が整数の性質から導かれるように，有理式の性質は多項式の性質から導かれる．

問　題

1. R を整域，a, b を R の0でない元とする．次のことを示せ．
 (a) $b|a$ は $(a) \subset (b)$ と同等である．
 (b) $a \sim b$ は $(a) = (b)$ と同等である．

§9 素元分解とその一意性

2. R を単項イデアル整域とし,$I=(p)$ を R の 0 でない元 p で生成されたイデアルとする. 次の 3 つの条件は互いに同等であることを証明せよ. (i) p は R の素元である. (ii) (p) は R の素イデアルである. (iii) (p) は R の極大イデアルである.

3. R を単項イデアル整域とし,p を R の素元とする. 商環 $R/(p)$ は体であることを示せ.

4. R を Euclid 整域とし,d を '大きさ' の関数とする(§8 問題 5 参照). a, b を R の 0 でない元とし,

$$a = bq_1+r_2, \quad d(r_2) < d(b),$$
$$b = r_2q_2+r_3, \quad d(r_3) < d(r_2),$$
$$r_2 = r_3q_3+r_4, \quad d(r_4) < d(r_3),$$
$$\cdots\cdots\cdots\cdots$$
$$r_{n-2} = r_{n-1}q_{n-1}+r_n, \quad d(r_n) < d(r_{n-1}),$$
$$r_{n-1} = r_nq_n$$

とする. このとき $r_n=(a,b)$ であることを証明せよ. [すなわち Euclid 整域においては 'Euclid の互除法' によって最大公約元が求められるのである. したがってもちろん $K[x]$ においてもこの方法を用いることができる.]

5. Euclid の互除法によって,次の各組の $\boldsymbol{Q}[x]$ の多項式の最大公約元を求めよ.
(a) $x^4+x^3-3x^2+4x+2, \quad x^4+2x^3+5x+2$
(b) $x^3+x^2-6x+4, \quad x^5-6x+5$

6. K を体とし,$f, g, h \in K[x]$ とする. $f|gh, (f,g)=1$ ならば $f|h$ であることを示せ.

7. K を体とする. K 上の 0 でない任意の有理式 φ は '既約分数' として,すなわち互いに素であるような多項式 f, g によって $\varphi=f/g$ と表わされることを示せ. また $\varphi=f/g=f_1/g_1, (f,g)=1, (f_1,g_1)=1$ ならば,ある定数(K の元)α が存在して $f_1=\alpha f, g_1=\alpha g$ となることを示せ.

8. K を体とする. K 上の有理式 $\varphi=f/g$ において $\deg f < \deg g$ であるとき,φ を '真分数式' という. 任意の有理式 φ は真分数式 φ_1 と多項式 h の和 $\varphi=\varphi_1+h$ として一意的に表わされることを示せ.

9. K を体とし,$\varphi=f/g$ を K 上の 0 でない有理式,$(f,g)=1$ とする. また g はモニック(すなわち主係数が 1)であるとする,g の '標準分解' を $g=p_1^{\alpha_1}p_2^{\alpha_2}\cdots p_k^{\alpha_k}$ ($p_1, \cdots, p_k$ は相異なる既約なモニック,$\alpha_1, \cdots, \alpha_k \in \boldsymbol{Z}^+$) とする. そのとき,$\varphi$ は

$$\varphi = \frac{h_1}{p_1^{\alpha_1}}+\cdots+\frac{h_k}{p_k^{\alpha_k}}+h$$

の形に表わされることを示せ. ただし,h は多項式,また h_i ($i=1,\cdots,k$) は

$$\deg h_i < \deg p_i^{\alpha_i}, \quad p_i \nmid h_i$$

を満たす多項式である．さらに φ をこの形に表わすとき，多項式 $h_1, \cdots, h_k, h$ は一意的に定まることを示せ．

10. ψ を体 K 上の定数でない多項式とし，h を K 上の任意の多項式とする．このとき，
$$\deg s_i < \deg \psi$$
を満たす適当な多項式 $s_0, s_1, \cdots, s_m$ によって
$$h = s_0 + s_1\psi + s_2\psi^2 + \cdots + s_m\psi^m$$
の形に表わされることを示せ．また，この表わし方において，多項式 $s_0, s_1, \cdots, s_m$ は一意的に定まることを示せ．この表現を多項式 h の **ψ 進展開**という．

11. p を体 K 上の既約多項式，m を正の整数とする．h を K 上の(0 でない)多項式とし，$\deg h < \deg p^m$ とする．そのとき
$$\frac{h}{p^m} = \frac{u_m}{p^m} + \frac{u_{m-1}}{p^{m-1}} + \cdots + \frac{u_1}{p},$$
$$\deg u_i < \deg p \quad (i = 1, \cdots, m)$$
となるような多項式 $u_1, \cdots, u_m$ が一意的に存在することを示せ．[**注意**：問題9および11によれば，体 K 上の任意の有理式 φ は，多項式と，
$$u/p^i \quad (p \text{ は既約多項式，} \deg u < \deg p)$$
の形の有理式の和として表わされることがわかる．φ をこのような和に表わすことを φ の**部分分数分解**という．特に K が代数的閉体(§11参照)である場合には，K における既約式はすべて1次式であるから，K 上の任意の有理式は多項式と
$$a/(x-\alpha)^i \quad (a, \alpha \text{ は定数})$$
の形の有理式の和に部分分数分解される．]

12. 実係数の多項式の微分法は既知と仮定する．$\alpha_1, \cdots, \alpha_n$ を相異なる実数として $g(x) = (x-\alpha_1)\cdots(x-\alpha_n)$ とおく．また $f(x)$ を次数 $<n$ の実係数多項式とする．そのとき f/g の部分分数分解を
$$\frac{f(x)}{g(x)} = \frac{a_1}{x-\alpha_1} + \cdots + \frac{a_n}{x-\alpha_n}$$
とすれば，$a_i = f(\alpha_i)/g'(\alpha_i) (i=1, \cdots, n)$ であることを証明せよ．

13. K, L を体とし，K を L の部分体とする．K 上の有理式体を $K(x) = E$ とする．また α を L の1つの元とする．E の元 $\varphi = f/g$ で $g(\alpha) \neq 0$ であるようなもの全体の集合を E_α とする．E_α は E の部分環をなすことを示せ．$\varphi = f/g \in E_\alpha$ のとき $\varphi(\alpha) = f(\alpha)/g(\alpha)$ とおく．この値 $\varphi(\alpha)$ は φ を f/g の形に書く表現のしかたにはよらずに定まることを示せ．さらに $\varphi \mapsto \varphi(\alpha)$ は E_α から体 L への準同型であり，この準同型による E_α の像を $K(\alpha)$ とすれば，$K(\alpha)$ は L の部分体をなすことを示せ．最後に $K(\alpha)$ は K のすべての元と α とを含むような L の最小の部分体であることを示せ．

§10 $Z[i]$ の素元

Gauss の整数環 $Z[i]$ は単項イデアル整域であるから，前節の補題や定理 10 を適用することができる．本節ではこの整域の素元について調べ，それに関連して整数論的に興味ある二, 三のことがらを述べよう．以下本節では $Z[i]$ の素元を単に'素数'とよび，Z の素元を'有理素数'とよぶことにする．また $Z[i]$ の元を α, β, π などで，Z の元を a, b, p などで表わす．$N(\alpha)$ は §8 で定義した α のノルムである．

"$Z[i]$ の単元は $N(\alpha)=1$ であるような α，すなわち $1, -1, i, -i$ の 4 つである．"

この証明は容易であるから読者にまかせる (§2 問題 6)．

"$N(\pi)=p$ が有理素数ならば，π は素数である．"

証明 $\pi=\alpha\beta$ とすれば $N(\alpha)N(\beta)=N(\pi)=p$ であるから，$N(\alpha)=1$ または $N(\beta)=1$．すなわち α, β のいずれか一方は単元である．

"π が素数ならば，$\pi | p$ となる有理素数 p がただ 1 つ存在する．"

証明 $\pi | \pi\bar{\pi}=N(\pi)$ であるから，$N(\pi)$ を 'Z の範囲で素因数分解' して $N(\pi)=p_1\cdots p_r$ とすれば，補題 L によって π は少なくとも 1 つの p_i を割り切る．また，π が 2 つの異なる有理素数 p, p' を割り切るならば，適当な $r, s \in Z$ に対し
$$\pi | rp+sp' = 1$$
となって，矛盾である．（証明終）

この命題により，$Z[i]$ の素数は，すべての有理素数を $Z[i]$ の中で素元分解することによって求められることがわかる．

"$\pi = a+bi$ が素数，p が有理素数で，$\pi | p$ ならば，$\pi \sim p$ (同伴) または $N(\pi)=a^2+b^2=p$ である．"

証明 $p=\pi\delta$ とすれば $N(\pi)N(\delta)=p^2$．もし $N(\delta)=1$ ならば δ は単元で $\pi \sim p$ となる．そうでない場合には $N(\delta)=N(\pi)=p$ である．

"p を有理素数とする．もし
(*) $$a^2+b^2 = p$$
を満たす有理整数 a, b が存在しないならば，p は $Z[i]$ の素数である．またこのような a, b が存在するならば，$\pi=a+bi$ として，$p=\pi\bar{\pi}$ が p の $Z[i]$ における素元分解となる．"

154　　　　　　　　　第3章　環と多項式

証明　(*)を満たす $a, b \in \mathbf{Z}$ が存在しなければ，上の命題より，$\pi | p$ である素数 π は p と同伴でなければならない．したがって p は $\mathbf{Z}[i]$ の素数である．また(*)を満たす a, b が存在するならば，$\pi = a+bi$，$\bar{\pi} = a-bi$ は素数で，$p = \pi\bar{\pi}$ となる．(証明終)

素元分解の一意性によって，ある a, b に対して $a^2 + b^2 = p$ ならば，p を割り切る素数は $a+bi$，$a-bi$ およびそれに同伴な数だけである．

以下，有理素数 p について(*)の有理整数解が存在するか否かを，場合を分けて考える．

（i）　$p=2$ のとき．この場合は $2 = 1^2 + 1^2$ で
$$2 = (1+i)(1-i).$$
したがって 2 は素数でなく，$1+i$ とその同伴元が 2 を割り切る素数である．(この場合 $1-i$ も $1+i$ と同伴であることに注意せよ．)

（ii）　$p = 4n+3$ のとき．この場合は(*)の有理整数解は存在しない．なぜなら，任意の $s \in \mathbf{Z}$ に対して $s^2 \equiv 0$ または $\equiv 1 \pmod 4$ であり，したがって $a^2 + b^2 \equiv 3 \pmod 4$ とはなり得ないからである．ゆえに $p = 4n+3$ の形の有理素数は $\mathbf{Z}[i]$ においても素数である．

（iii）　$p = 4n+1$ のとき．

この場合を考えるために一，二の命題を用意する．

"(**Wilson の定理**)　任意の有理素数 p に対して $(p-1)! \equiv -1 \pmod p$．"

証明　$p=2$ のときは明らかであるから，p は奇の有理素数とする．p を法とする既約剰余類群の元 $\bar{1}, \bar{2}, \cdots, \overline{p-2}, \overline{p-1}$ (ここでは $\bar{a}$ は整数 a の剰余類を表わす)のうち，$\bar{x}^2 = \bar{1}$ となるのは明らかに $\bar{1}$ と $\overline{p-1}$ だけであり，他の $p-3$ 個の元については $\overline{xx'} = \bar{1}$ となる $\bar{x}$ と $\bar{x'}$，すなわち互いに他の逆元である $\bar{x}$ と $\bar{x'}$ とが 2 つずつ対をなしている．したがって $\bar{1}, \overline{p-1}$ を除く残りの元全部の積は $\bar{1}$ に等しい．ゆえに $\overline{(p-1)!} = \overline{p-1} = \overline{-1}$，すなわち
$$(p-1)! \equiv -1 \pmod p.$$

"p が $p = 4n+1$ の形の有理素数ならば，
$$x^2 \equiv -1 \pmod p$$
を満たす $x \in \mathbf{Z}$ が存在する．"

証明　$(p-1)/2 = 2n = a$ は偶数で，第1章§6問題9により

§10 $Z[i]$ の素元

$$\binom{p-1}{a} \equiv (-1)^a = 1 \pmod{p}.$$

これより $(a!)^2 \equiv (p-1)! \equiv -1 \pmod{p}$.

"$p=4n+1$ の形の有理素数 p は $Z[i]$ の素数ではない．したがって $(*)$ を満たす $a, b \in Z$ が存在する．"

証明 すぐ上の命題によって $x^2 \equiv -1 \pmod{p}$ を満たす $x \in Z$ が存在する．$p|(x^2+1)=(x+i)(x-i)$ であるから，もし p が素数ならば，補題 L によって p は $x+i$ または $x-i$ の約元でなければならない．しかし

$$\frac{x}{p} \pm \frac{1}{p}i$$

は Gauss の整数ではないから，$p \nmid (x \pm i)$. ゆえに p は素数ではない．(証明終)

以上に得た結果を次の2つの定理にまとめておこう．

定理12 $p=4n+1$ の形の有理素数は2つの有理整数の平方和として

$$p = a^2 + b^2$$

と表わされる．

定理13 $Z[i]$ の素数は，(a) $1+i$ とその同伴元，(b) $p=4n+3$ の形の有理素数とその同伴元，(c) $p=4n+1$ の形の有理素数の約元である $a \pm bi$ $(a^2+b^2=p)$ とその同伴元，である．

問 題

1. $p=7, 11, 13$ の場合に，$(p-1)! \equiv -1 \pmod{p}$ を確かめよ．
2. $x^2 \equiv -1 \pmod{13}$ を満たす $x \in Z$ を求めよ．
3. $N(\alpha)=97$ となるような $\alpha \in Z[i]$ を求めよ．
4. $p=4n+3$ の形の(有理)素数に対しては

$$x^2 \equiv -1 \pmod{p}$$

を満たす $x \in Z$ は存在しないことを示せ．

5. $p=4n+1$ の形の素数を整数の平方和として $p=a^2+b^2$ と表わす方法は本質的に一意的であること，すなわち $p=c^2+d^2$ を他の表わし方とすれば，(必要があれば c, d を入れかえて) $a = \pm c$, $b = \pm d$ となることを示せ．

6. 整数 $2^x 3^y 5^z 7^w$ $(x, y, z, w \in N)$ が2つの整数の平方和 a^2+b^2 の形に表わされるための x, y, z, w に関する条件を求めよ．

§11 多項式の根，代数的閉体

K を体とする．与えられた多項式 $f \in K[x]$ が K において既約であるか否かを判定することは，一般には非常に困難な問題である．しかし f が1次の因数をもつかどうかについては，しばしば次の'因数定理'が有効に用いられる．

f を $K[x]$ の任意の多項式とし，$x-\alpha$ を $K[x]$ の1次の多項式とする．f を $x-\alpha$ で'割り算'すれば

$$f(x) = (x-\alpha)q(x)+r(x)$$

となるが，ここで $\deg r(x) < \deg (x-\alpha) = 1$ であるから，'余り' $r(x) = r$ は定数である．よって上の式で x に α を代入すれば

$$f(\alpha) = (\alpha-\alpha)q(\alpha)+r = r$$

となる．すなわち

"$K[x]$ の多項式 f を1次式 $x-\alpha$ で割った余りは $f(\alpha)$ である．"

$f(\alpha)=0$ となるとき，α を多項式 f の**根**（あるいは'代数方程式 $f(x)=0$'の根）という．（このごろは根のかわりに**解**という語もよく用いられる．）上に述べたことから，直ちに次の補題が得られる．

補題 N（因数定理） 多項式 $f \in K[x]$ が1次式 $x-\alpha$ で割り切れるための必要十分条件は，α が f の根であることである．

例 K を体 Z_7 とし，

$$f(x) = x^3-x-2$$

を Z_7 の中に係数をもつ多項式とする．もちろんここでは，f の係数 $1, -1, -2$ はそれぞれこれらの整数の法7に関する剰余類を表わしているのである．f は $Z_7[x]$ の既約多項式であることを証明しよう．

もし f が $Z_7[x]$ において可約であるとすれば，f は3次であるから，f の既約因数の少なくとも1つは1次式でなければならない．よって f が1次の因数をもたないことをいえば，f の既約性が示されたことになる．いま x に Z_7 の7個の値を代入してそれぞれ $f(x)$ の値を求めれば，次の表を得る．

x	0	1	2	3	4	5	6
x^3	0	1	1	6	1	6	6
x^3-x-2	5	5	4	1	2	6	5

この表から，f は Z_7 の中に根をもたないことがわかる．ゆえに補題 N により，f は 1 次の因数をもたない．[**注意**：上の表でも整数 a の法 7 に関する剰余類を単に a と書いた．今後も誤解の恐れがないときにはこのような略記法を用いる．]

以下本節では，K が特に複素数体 C あるいは実数体 R である場合について述べる．(実用上これらの場合が最も重要である．) $K=C$ の場合には次のよく知られた定理が成り立つ．

定理 14 $C[x]$ の定数でない任意の多項式は C の中に根をもつ．

この定理は**代数学の基本定理**とよばれる．これは数学の全分野を通じて最も重要な定理の 1 つである．われわれはここではこの定理は掲出するだけにし，証明は与えない．証明はのちに第 6 章で与えることにする．

定理 14 と補題 N から直ちに次の系 1 が得られる．

系 1 $C[x]$ の既約多項式はすべて 1 次式である．

証明 f を $C[x]$ の 2 次以上の多項式とすれば，定理 14 によって f は C の中に根 α をもち，したがって補題 N により 1 次の因数 $x-\alpha$ をもつ．ゆえに f は既約でない．(証明終)

さらに系 1 と定理 11 から次の系 2 が得られる．

系 2 f を $C[x]$ の定数でない任意の多項式とし，$\deg f=n$ とすれば，$C[x]$ において

$$f(x) = c(x-\alpha_1)(x-\alpha_2)\cdots(x-\alpha_n) \quad (c \in C,\ \alpha_i \in C)$$

と表わされる．ここで因数 $x-\alpha_i$ は順序を除き一意的に定まる．

すなわち，複素係数の定数でない任意の多項式は複素数の範囲で完全に 1 次式の積に (一意的に) 因数分解されるのである．もちろんこれは理論上の結論であって，実際に多項式が与えられたとき，その因数分解がいつでも容易にできるというわけではない．

一般に体 K において，$K[x]$ の定数でない任意の多項式が K の中に根をもつとき，K は**代数的閉体**とよばれる．複素数体 C は最も重要な代数的閉体である．明らかに任意の代数的閉体 K においても，上の系 1，系 2 に相当する命題が成り立つ．

$K=R$ の場合には，もちろん既約式は 1 次式だけに限らない．たとえば明ら

かに x^2+1 は実数の範囲では因数分解できない．しかし次の定理が成り立つ．

定理15 $R[x]$ の既約多項式は，1次式，および
$$c((x-a)^2+b^2) \qquad (b \neq 0)$$
の形の2次式である．

これよりまた，実係数の定数でない任意の多項式は実数の範囲において1次式および上の形の2次式の積に（一意的に）因数分解されることがわかる．定理15の証明もわれわれは第6章で与えることにしよう．

問 題

1. $R[x]$ の2次式 $a_2x^2+a_1x+a_0$ $(a_2 \neq 0)$ は，$a_1^2-4a_2a_0<0$ のときまたそのときに限り R において既約であることを示せ．

2. $R[x]$ の2次式 f が R において既約で，主係数が1ならば，
$$f=(x-a)^2+b^2 \qquad (b \neq 0)$$
と表わされることを示せ．逆にこの形の2次式は R において既約であることを示せ．

3. 微分積分学における中間値の定理を用いて，R 上の奇数次の多項式は $R[x]$ において1次の因数をもつことを示せ．

4. 次の各多項式を $R[x]$ において因数分解せよ．また，$C[x]$ において因数分解せよ．
   (a) x^3-1 (b) x^4+1 (c) x^4+6x^2+25

5. $Z_7[x]$ の2次式 x^2-a $(a=0,1,\cdots,6)$ は a のどんな値に対して Z_7 において既約であるか．

6. $Z_7[x]$ の3次式 x^3-a について前問と同じ問に答えよ．

7. $Z_7[x]$ の3次式 x^3-x-a $(a=0,1,\cdots,6)$ が Z_7 において既約であるような a の値を決定せよ．

8. 前問の多項式 x^3-x-a が可約となるような a のおのおのの値に対して，この多項式を $Z_7[x]$ において因数分解せよ．

9. p を素数とする．$Z_p[x]$ の2次式 x^2+1 が Z_p において既約であるか否かについて，どのような結論をいうことができるか．［ヒント：前節の議論を用いよ．］

10. $Z_2[x]$ の多項式 $x^6+x^5+x^3+x^2+1$ は Z_2 において既約であることを証明せよ．

§12 Z または Q の上の多項式

$C[x]$ や $R[x]$ においては，どのような多項式が既約であるかという問題は，前節定理14の系1および定理15によって完全に決定される．$Q[x]$ の場合に

§12 $\boldsymbol{Z}$ または $\boldsymbol{Q}$ の上の多項式

は問題はずっと複雑になるが，代数的にはこの多項式環はより興味のある対象である．本節では多項式環 $\boldsymbol{Q}[x]$ をモデルとして，さらに一般的な立場から，いくつかの応用上重要な命題について述べよう．

有理数を係数とする多項式は適当な整数を掛ければ整係数の多項式に直される．したがって多項式環 $\boldsymbol{Q}[x]$ を考察する場合，それと平行的に多項式環 $\boldsymbol{Z}[x]$ を考察するのは自然なことである．これについて以下で次の2つのことが示される．(i) 整係数の多項式を $\boldsymbol{Q}[x]$ の範囲で素元分解することは，本質的に $\boldsymbol{Z}[x]$ の範囲で素元分解することと同じである．(ii) $\boldsymbol{Z}[x]$ においても'素元分解の基本定理'が成り立つ．

上の(ii)の命題は必ずしも最初から自明ではないことに読者は注意されたい．なぜなら $\boldsymbol{Z}$ は体ではないし，また容易に示されるように $\boldsymbol{Z}[x]$ は単項イデアル整域でもない(節末の問題1参照)．したがって定理11あるいは定理10を直接的に $\boldsymbol{Z}[x]$ に適用することはできないのである．

われわれは上の(i)および(ii)にいった命題を，以下でもっと一般的な仮定のもとに証明することにする．そのためにまず次の定義からはじめる．

R を1つの整域とする．R において'素元分解の基本定理'が成り立つとき，すなわち，R の0でも単元でもない任意の元が素元の積として(順序と単元因子の違いを除き)一意的に表わされるとき，R を**一意分解整域**という．定理10によれば単項イデアル整域は一意分解整域であるが，単項イデアル整域でなくても一意分解整域であるものはあり得る．たとえば多項式環 $\boldsymbol{Z}[x]$ はその一例である．実は本節で示すように，R が一意分解整域ならば $R[x]$ も一意分解整域である．

以後 R を1つの与えられた一意分解整域とする．R の0でない元 $a_1, a_2, \cdots, a_n$ に対して，その最大公約元が存在することは容易に証明される(問題2)．また，p.147 の補題Lが成り立つことも直ちにわかる(問題3)．[**注意**：ここでは R は単項イデアル整域とは仮定されていないことに注意せよ．]

いま $f(x) = a_0 + a_1 x + \cdots + a_n x^n$ を $R[x]$ の 0 でない多項式とする．係数 $a_0, a_1, \cdots, a_n$ の(より正確にいえばこれらのうちの0でない元の)最大公約元を f の**容量**という．容量が1(もっと一般にいえば単元)である多項式を**原始多項式**とよぶ．f の容量を d とすれば，明らかに

(1) $$f(x) = dg(x), \quad g \text{ は原始多項式}$$
と表わされ，逆に f が (1) のように表わされるならば d は f の容量である．

補題 O 原始多項式の積は原始多項式である．

証明 f, g を原始多項式とする．もし fg が原始多項式でないとすれば，fg のすべての係数を割り切るような R の素元 p が存在する．f, g の容量はともに 1 であるから，どちらもそのすべての係数が p で割り切れることはない．いま
$$f(x) = a_0 + a_1 x + \cdots + a_r x^r + \cdots,$$
$$g(x) = b_0 + b_1 x + \cdots + b_s x^s + \cdots$$
において，a_r, b_s をそれぞれ p で割り切れない最初の係数とする．すなわち $0 \leqq i < r$, $0 \leqq j < s$ に対しては $p|a_i$, $p|b_j$ で，$p \nmid a_r$, $p \nmid b_s$ とするのである．そのとき，fg の x^{r+s} の係数 c_{r+s} を考えれば，
$$c_{r+s} = (a_0 b_{r+s} + \cdots + a_{r-1} b_{s+1}) + a_r b_s + (a_{r+1} b_{s-1} + \cdots + a_{r+s} b_0)$$
の中央の項以外はすべて p で割り切れ，一方 $p \nmid a_r b_s$ である．したがって $p \nmid c_{r+s}$ となるが，これは仮定に反する．（証明終）

以下 R の商の体を K で表わす．次の補題は簡単に証明される．

補題 P (a) $f, g \in R[x]$ が原始多項式で，ある $\rho \in K$ に対し $\rho f = g$ ならば，ρ は R の単元である．(b) φ を $K[x]$ の 0 でない多項式とすれば，適当な $\rho \in K$ に対して $\rho \varphi$ は $R[x]$ の原始多項式となる．

証明 (a) $\rho = c/d$ $(c, d \in R)$ とすれば，$\rho f = g$ より $cf(x) = dg(x)$．この両辺は $R[x]$ の多項式で，左辺の容量は c，右辺の容量は d であるから，c, d は（R において）同伴でなければならない．ゆえに $\rho = c/d$ は R の単元である．

(b) $\varphi(x) = \alpha_0 + \alpha_1 x + \cdots + \alpha_n x^n$ の係数 α_i を '公分母' b によって $\alpha_i = a_i/b$ ($a_i, b \in R$, $i = 0, 1, \cdots, n$) と表わすことができる（§6 問題 4 参照）．そのとき
$$b\varphi(x) = a_0 + a_1 x + \cdots + a_n x^n$$
は $R[x]$ の多項式で，その容量を d とすれば
$$b\varphi(x) = dg(x), \quad g \text{ は原始多項式}$$
となる．よって $b/d = \rho$ とおけば，$\rho\varphi = g$ は原始多項式である．

定理 16 $f \in R[x]$ は原始多項式で，$\deg f \geqq 1$ とし，$\varphi_1, \cdots, \varphi_s \in K[x]$, $\deg \varphi_j \geqq 1$ $(j = 1, \cdots, s)$ に対し

(2) $$f = \varphi_1 \cdots \varphi_s$$

§12 Z または Q の上の多項式

が成り立つとする．そのとき，適当な $\rho_j \in K (j=1,\cdots,s)$ をとれば，$\rho_j \varphi_j = g_j$ は $R[x]$ の原始多項式となり，かつ

(3) $$f = g_1 \cdots g_s$$

が成り立つ．

証明 補題 P(b) によって，$\rho_j \varphi_j = g_j$ が $R[x]$ の原始多項式となるように $\rho_j \in K (j=1,\cdots,s)$ をとることができる．$\rho = \rho_1 \cdots \rho_s$ とおけば，(2) より

$$\rho f = g_1 \cdots g_s.$$

補題 O によってこの右辺は原始多項式である．したがって補題 P(a) により，ρ は R の単元となる．それゆえ，たとえば $\rho^{-1} g_1 = (\rho^{-1} \rho_1) \varphi_1$ をあらためて g_1 とおくことができる．そうすれば (3) が得られる．(証明終)

定理 16 からの帰結の 1 つとして，定数でない原始多項式 $f \in R[x]$ が K において可約であるならば，f はすでに '$R[x]$ の中で分解できる' ことがわかる．たとえば，Z 上の原始多項式 f が，$Q[x]$ において

$$f = \varphi_1 \varphi_2, \quad \deg \varphi_1 \geq 1, \quad \deg \varphi_2 \geq 1$$

と分解されるならば，実はすでに $Z[x]$ において

$$f = g_1 g_2, \quad \deg g_1 \geq 1, \quad \deg g_2 \geq 1$$

のように分解されるのである．[**注意**：明らかに，上記において f が '原始' であるという仮定は実は不要である．f が原始でないときには，f の容量をくくり出した原始多項式に定理 16 を適用すればよいからである．]

次の定理を述べる前に，$R[x]$ の素元がどのようなものであるかをはっきりさせておこう．はじめに，$R[x]$ の単元は R の単元にほかならないことを思い出しておく (§9, 例 2)．$q=q(x)$ を $R[x]$ の 0 でも単元でもない多項式とする．$\deg q = 0$ すなわち q が定数ならば，q が $R[x]$ の素元であることは明らかに q が R の素元であることと同等である．また $\deg q \geq 1$ ならば，q の容量 d は q と同伴でない q の約元であるから，q が $R[x]$ の素元であるならば，d は R の単元でなければならない．すなわち q は原始多項式でなければならない．さらに定理 16 からわかるように，q は K 上の多項式として既約でなければならない．逆に，$q \in R[x]$ が K において既約な原始多項式ならば，明らかに q は $R[x]$ の素元である．すなわち $R[x]$ の素元は，(i) R の素元 ('定数素元')，および，(ii) K において既約な (定数でない) 原始多項式，の 2 種類である．(ii) の種類

の素元を $R[x]$ の'固有な素元'とよぶことにしよう．

定理17 R が一意分解整域ならば $R[x]$ も一意分解整域である．

証明 $f \in R[x]$ を 0 でも単元でもない多項式とする．f が定数ならば f は一意的に定数素元の積に分解されるから，以下 $\deg f \geqq 1$ とする．f の容量を d とすれば

(4) $$f = d\tilde{f}$$

と表わされ，$\tilde{f}$ は f と同じ次数の原始多項式である．d を R の中で素元分解して

(5) $$d = p_1 \cdots p_r \quad (p_i \text{ は定数素元})$$

とする．また $\tilde{f}$ を $K[x]$ において既約多項式の積に因数分解して

$$\tilde{f} = \varphi_1 \cdots \varphi_s \quad (\varphi_j \text{ は } K \text{ 上の既約多項式})$$

とする．定理16によって，適当な $\rho_j \in K$ $(j=1,\cdots,s)$ をとれば，$\rho_j \varphi_j = q_j$ が原始多項式となり，かつ

(6) $$\tilde{f} = q_1 \cdots q_s$$

が成り立つようにすることができる．q_j は $K[x]$ において φ_j と同伴であるから，もちろん K 上で既約である．したがって q_j は $R[x]$ の固有な素元である．(5)と(6)を(4)に代入すれば

$$f = p_1 \cdots p_r q_1 \cdots q_s,$$
$$(p_i \text{ は定数素元}, q_j \text{ は固有な素元}).$$

これは f の $R[x]$ における素元分解を与える．

次に分解の一意性を証明しよう．

$$f = p_1' \cdots p_u' q_1' \cdots q_v',$$
$$(p_i' \text{ は定数素元}, q_j' \text{ は固有な素元})$$

を f の他の素元分解とし，

$$d' = p_1' \cdots p_u', \quad \tilde{f}' = q_1' \cdots q_v'$$

とおく．そのとき

$$f = d'\tilde{f}'$$

で，$\tilde{f}'$ は原始多項式であるから，d' は f の容量である．ゆえに d, d' は（R において）同伴である．よって $d = \varepsilon d'$（ε は R の単元），すなわち

$$p_1 \cdots p_r = \varepsilon p_1' \cdots p_u'$$

となり，R における素元分解の一意性によって，$r=u$ で，適当に番号をつけかえれば p_i と $p_i{}'$ $(i=1, \cdots, r)$ は R において同伴となる．また $\varepsilon\tilde{f}=\tilde{f}'$，すなわち
$$\varepsilon q_1 \cdots q_s = q_1{}' \cdots q_v{}'$$
であるから，$K[x]$ における既約多項式への分解の一意性によって，$s=v$ で，適当に番号をつけかえれば q_j と $q_j{}'$ $(j=1, \cdots, s)$ は $K[x]$ において同伴となる．すなわち適当な $\lambda_j \in K$ によって $\lambda_j q_j = q_j{}'$ となる．ここで $q_j, q_j{}'$ は原始多項式であるから，補題 P(a) により λ_j は R の単元である．ゆえに q_j と $q_j{}'$ は $R[x]$ において同伴となる．これで分解の一意性が証明された．（証明終）

$R[x]$ の定数でない多項式 f が K において既約であるとき，しばしば，f は R において'定数因子を除き既約'であるともいう．それは，f を $f=d\tilde{f}$ (d は f の容量，$\tilde{f}$ は原始多項式) のように表わしたとき，$\tilde{f}$ が $R[x]$ の固有な素元であることを意味する．たとえば，$\mathbf{Z}$ 上の多項式
$$f(x) = 6x^2 - 12 = 2 \cdot 3 \cdot (x^2 - 2)$$
は $\mathbf{Z}$ において定数因子を除き既約である．

次に，与えられた整係数の多項式が $\mathbf{Q}$ において既約であるか否かを判定する問題の具体例を示そう．

例1 多項式
$$f(x) = x^4 - x - 3$$
は $\mathbf{Q}$ 上で既約であることを証明せよ．

もし f が可約ならば，$\deg f = 4$ であるから，f は $\mathbf{Q}[x]$ において 1 次または 2 次の因数をもつが，定理 16 によってそのとき f は $\mathbf{Z}[x]$ において 1 次または 2 次の因数をもつ．$ax+b$ を f の $\mathbf{Z}[x]$ における 1 次の因数とすれば，
$$f(x) = (ax+b)(cx^3 + \cdots + d)$$
より，係数を比較して $a|1, b|3$．ゆえに $a=1$ で，$b = \pm 1$ または ± 3 である．しかし $\pm 1, \pm 3$ はいずれも f の根ではないから，f は 1 次の因数をもたない．

また f が $\mathbf{Z}[x]$ において 2 次の因数をもつとすれば，上と同様にして，その因数は
$$x^2 - ax \pm 1, \quad x^2 - ax \pm 3$$
のいずれかの形であることがわかる．f が $g_a = x^2 - ax - 1$ の形の因数をもち得ないことを次に示そう．もし，ある $h \in \mathbf{Z}[x]$ によって $f(x) = g_a(x)h(x)$ となる

ならば,任意の整数 t に対して $g_a(t)|f(t)$ である.特に $g_a(-1)|f(-1)$ より $a|(-1)$. したがって $a=1$ または $a=-1$ でなければならない.しかし
$$g_1 = x^2-x-1, \quad g_{-1} = x^2+x-1$$
はどちらも f の因数ではない.なぜなら,たとえば
$$g_1(-3) = 11, \quad f(-3) = 81, \quad g_1(-3) \nmid f(-3),$$
$$g_{-1}(2) = 5, \quad f(2) = 11, \quad g_{-1}(2) \nmid f(2)$$
であるからである.

 $g_a = x^2-ax-1$ が $f=x^4-x-3$ の因数となり得ないことは,また次のように除法の演算を実行して示すこともできる.すなわち f を g_a で割り算して商と余りを求めれば,
$$x^4-x-3 = (x^2-ax-1)\{x^2+ax+(a^2+1)\}$$
$$+(a^3+2a-1)x+(a^2-2).$$
$a^2 \neq 2$ であるから,この余りは 0 とはなり得ない.

 f が x^2-ax+1, x^2-ax-3, x^2-ax+3 の形の因数をもち得ないことも,上と同様にして証明される.これらの場合は読者の練習問題に残しておこう(問題 8).

 上の例のような簡単な多項式でも,その既約性の判定には,上記のようにかなり面倒な手順が必要である.しかし,原理的には,$\mathbf{Z}$ 上の多項式を $\mathbf{Q}[x]$ の範囲で因数分解することは——定理 16 によってこれは $\mathbf{Z}[x]$ の範囲で因数分解する問題に還元させられる——,有限回の手続きによって必ず実行することができるのである.このことについてはのちに第 5 章 §2 でもう一度ふれる.ここでは,もっと実際的な意味で,多項式の既約性の判定にしばしば有効に利用される 1 つの簡単な規準を次の定理として述べておく.

定理 18 (Eisenstein の規準)　R を一意分解整域,K をその商の体とし,
$$f(x) = a_n x^n + a_{n-1} x^{n-1} + \cdots + a_0$$
を $R[x]$ の定数でない多項式とする.もし R の素元 p で,

(i)　$p \nmid a_n$,

(ii)　$p | a_i$　 $(i=0, 1, \cdots, n-1)$,

(iii)　$p^2 \nmid a_0$

の 3 条件を満たすものが存在するならば,f は K において既約である.

§12 Z または Q の上の多項式

証明 もし f が可約ならば，$R[x]$ において
$$f = gh, \quad \deg g \geq 1, \quad \deg h \geq 1$$
となるような多項式 g, h が存在する．
$$g(x) = b_0 + b_1 x + b_2 x^2 + \cdots,$$
$$h(x) = c_0 + c_1 x + c_2 x^2 + \cdots$$
とすれば，$b_0 c_0 = a_0$，$p | a_0$，$p^2 \nmid a_0$ であるから，b_0, c_0 はその一方だけが p で割り切れる．いま $p | b_0$，$p \nmid c_0$ とする．$p \nmid a_n$ であるから，g の係数 $b_0, b_1, b_2, \cdots$ のすべてが p で割り切れることはない．b_r を p で割り切れない g の最初の係数とする．すなわち $p | b_0, \cdots, p | b_{r-1}, p \nmid b_r$ とする．もちろん $0 < r < n$ であって，$f = gh$ の x^r の係数
$$a_r = b_0 c_r + \cdots + b_{r-1} c_1 + b_r c_0$$
は，その最後の項以外はすべて p で割り切れ，$b_r c_0$ は p で割り切れない．よって $p \nmid a_r$ となるが，これは仮定に反する．（証明終）

例 2 多項式 $x^3 - 6x + 3$ は Q において既約である．

証明 $p = 3$ に対して Eisenstein の規準が満たされる．

例 3 多項式 $x^4 + 1$ は Q において既約である．

証明 $f(x) = x^4 + 1$ とする．$f(x)$ の既約性は明らかに $f(x+1)$ のそれと同等であるから，$f(x+1)$ について考えればよい．$f(x+1)$ を計算すれば，
$$f(x+1) = (x+1)^4 + 1 = x^4 + 4x^3 + 6x^2 + 4x + 2.$$
よって $p = 2$ とすれば，Eisenstein の規準が満たされる．

例 4 p を素数とすれば，多項式
$$f(x) = x^{p-1} + x^{p-2} + \cdots + x + 1$$
は Q において既約である．

証明 例 3 と同様，$f(x+1)$ を考えれば
$$f(x+1) = (x+1)^{p-1} + (x+1)^{p-2} + \cdots + (x+1) + 1$$
$$= \frac{(x+1)^p - 1}{(x+1) - 1} = \frac{(x+1)^p - 1}{x}.$$
二項定理によって，これは
$$f(x+1) = x^{p-1} + \binom{p}{1} x^{p-2} + \cdots + \binom{p}{p-2} x + p$$

に等しい．第1章§5問題3によって，この主係数以外の係数はすべてpで割り切れる．そして定数項pはp^2では割り切れない．ゆえに，定理18によって$f(x+1)$は既約である．

問　題

1. 多項式環$\boldsymbol{Z}[x]$において，2とxで生成されるイデアル$(2, x)$は単項イデアルではないことを証明せよ．

2. Rを一意分解整域とすれば，Rの0でない元$a_1, \cdots, a_n$に対してその最大公約元が存在することを証明せよ．

3. Rを一意分解整域とし，pをRの素元とする．$a, b \in R$に対して$p|ab$ならば，$p|a$または$p|b$であることを示せ．

4. $a+b\sqrt{-3}$ ($a, b \in \boldsymbol{Z}$) 全体がつくる整域を$\boldsymbol{Z}[\sqrt{-3}]$とする．この整域の単元は何か．数$2, 1+\sqrt{-3}, 1-\sqrt{-3}$はいずれもこの整域の素元であることを示せ．さらに，数4は$\boldsymbol{Z}[\sqrt{-3}]$において'本質的に異なる'$2$つの素元分解
$$4 = 2 \cdot 2 = (1+\sqrt{-3})(1-\sqrt{-3})$$
をもつことを示せ．

5. 前問によって$\boldsymbol{Z}[\sqrt{-3}]$は一意分解整域ではない．しかし，この整域の$0$でも単元でもない任意の元は素元の積として表わされることを示せ．

6. $f, g \in \boldsymbol{Z}[x]$とし，$g$は原始多項式とする．もし$\boldsymbol{Q}[x]$において$f$が$g$で割り切れるならば，その商$h$，すなわち
$$f(x) = g(x)h(x)$$
を満たす$h \in \boldsymbol{Q}[x]$は整係数の多項式であることを証明せよ．

7. 整係数の多項式$f(x) = a_n x^n + a_{n-1} x^{n-1} + \cdots + a_0$ ($n \geq 1, a_n \neq 0, a_0 \neq 0$) が$\boldsymbol{Q}[x]$において1次の因数をもつかどうかを判定する方法を述べよ．

8. 本節例1の多項式$f(x) = x^4 - x - 3$が$\boldsymbol{Q}$において既約であることの証明を完結せよ．

9. $p_1, \cdots, p_r$を異なる素数とし，mを整数>1とする．$\sqrt[m]{p_1 \cdots p_r}$は無理数であることを示せ．[ヒント：多項式$x^m - (p_1 \cdots p_r)$に定理18を適用せよ．]

10. 次の多項式を$\boldsymbol{Q}[x]$において因数分解せよ．
(a) $x^3 + x^2 - 11x - 15$　　　(b) $x^4 + x^2 + 1$　　　(c) $x^4 + 4$

11. 多項式$x^4 + 1$（本節の例3）を$\boldsymbol{R}[x]$において因数分解し，その結果を用いて，この多項式の$\boldsymbol{Q}$における既約性を導け．

12. 前問と同様にして，多項式$x^4 - x^2 + 1$は$\boldsymbol{Q}$上で既約であることを証明せよ．

13. 例3の方法にならって，多項式$x^6 + x^3 + 1$は$\boldsymbol{Q}$上で既約であることを示せ．

14. p を奇の素数とする．多項式
$$f(x) = x^{p-1} - x^{p-2} + x^{p-3} - \cdots - x + 1$$
は $\mathbf{Q}$ において既約であることを証明せよ．

15. 多項式 $f(x) = x^5 - x^2 + 1$ が mod 2 で既約であること，すなわちこの多項式の係数を $\mathbf{Z}_2$ の元と考えたとき $\mathbf{Z}_2[x]$ において既約であることを示せ．この結果より，$f(x)$ の $\mathbf{Z}[x]$ における既約性を導け．

16. a が 0 でない整数ならば，多項式 $x^4 - ax - 1$ は $\mathbf{Q}$ において既約であることを証明せよ．

17. $f(x) = x^5 - ax - 1$ が $\mathbf{Q}$ 上で可約となるような整数 a の値を求めよ．またそのような a の値に対して $f(x)$ を $\mathbf{Q}[x]$ において因数分解せよ．

§13 多変数の多項式

前節までは1変数の多項式について考えてきた．本節では多変数の多項式について簡単に述べよう．

R を1つの可換環とする．R の上の2変数 x, y の多項式とは，$a_{ij}x^i y^j$ の形の項の有限和

(1) $$f(x, y) = \sum_{i,j} a_{ij} x^i y^j$$

である．ただし $a_{ij} \in R$ で，i, j は整数 ≥ 0 である．

もちろん変数 x, y は '独立' とする．すなわち，上の多項式 $f(x, y)$ と多項式
$$g(x, y) = \sum_{i,j} b_{ij} x^i y^j$$
とは，すべての $i \geq 0$, $j \geq 0$ に対して $a_{ij} = b_{ij}$ であるとき，またそのときに限って等しいとするのである．

2変数の多項式の間の加法，乗法も通常の算法法則に従って定義される．たとえば上の f と g の積 fg は，分配法則と，法則
$$a_{ij}x^i y^j \cdot b_{kl} x^k y^l = a_{ij}b_{kl} x^{i+k} y^{j+l}$$
にもとづいて定義される．

この加法と乗法によって，R の上の2変数 x, y の多項式の全体は1つの可換環をつくる．この多項式環を $R[x, y]$ で表わす．

もちろん，§7で1変数の場合にしたように，もっと sophisticated な方法で環 $P = R[x, y]$ を構成することもできる．すなわち，$\mathbf{N} \times \mathbf{N}$ から R への写像

$(i,j) \mapsto a_{ij}$, いいかえれば R の元の '2重列' $(a_{ij})_{i\geq 0, j\geq 0}$ で, たかだか有限個の (i,j) を除けば $a_{ij}=0$ であるようなものの全体を P とする. そして P の中で適当に加法, 乗法を定義し, ある特定な2つの列をそれぞれ x,y と名づけ, さらにある種の列を R の元と同一視し, …というようにして, P の各元が実際 (1)のように表示されることを導くのである. しかしここでは, この種の議論の細部には立ち入らない. それは退屈でもあるし, 必要があれば読者自身が容易に実行することもできるからである.

多項式(1)において, 変数 y のべき指数が等しい項をそれぞれひとまとめにすれば, (1)は

(2) $$f_0(x)+f_1(x)y+f_2(x)y^2+\cdots$$

の形に書き直される. (1)を(2)のように書くことを y について '整理' するという. このときの '係数' $f_j(x)$ は R の上の x の多項式, すなわち $R[x]$ の元である. このようにして, R の上の x,y の多項式は, $R[x]$ の上の y の多項式と考えられることがわかる. したがって

(3) $$R[x,y] = (R[x])[y]$$

が成り立つ. 同様にして $R[x,y]=(R[y])[x]$ である.

一般に, R の上の n 変数 $x_1, \cdots, x_n$ の多項式は

$$f(x_1, \cdots, x_n) = \sum a_{i_1 \cdots i_n} x_1^{i_1} \cdots x_n^{i_n}$$

の形の有限和として定義される. ただし $a_{i_1 \cdots i_n} \in R$, $i_1, \cdots, i_n$ は整数 ≥ 0 である. $x_1, \cdots, x_n$ の多項式全体がつくる可換環を $R[x_1, \cdots, x_n]$ で表わす.

集合 $\{1, \cdots, n\}$ を2つの交わらない部分集合 $\{p_1, \cdots, p_r\}, \{q_1, \cdots, q_s\}$ $(r+s=n)$ に分割すれば, 上の(3)の一般化として

$$R[x_1, \cdots, x_n] = (R[x_{p_1}, \cdots, x_{p_r}])[x_{q_1}, \cdots, x_{q_s}]$$

が成り立つ. 特に

(4) $$R[x_1, \cdots, x_n] = (R[x_1, \cdots, x_{n-1}])[x_n]$$

である.

"R が整域ならば $R[x_1, \cdots, x_n]$ も整域である."

証明 R が整域ならば $R[x]$ も整域である. このことと(4)から, 帰納法によって結論が得られる.

"R が一意分解整域ならば $R[x_1, \cdots, x_n]$ も一意分解整域である."

§13 多変数の多項式

これも定理17と(4)から帰納法によって導かれる．

1変数のときと同じく，応用上特に重要なのは係数環 R が体である場合である．上に述べた命題の特別な場合として，次の補題が成り立つ．

補題Q K が体ならば多項式環 $K[x_1, \cdots, x_n]$ は一意分解整域である．

証明は明らかであろう．読者にまかせよう．

補題Qによって，n 変数の場合にも，体 K 上の $x_1, \cdots, x_n$ の多項式は一意的に $K[x_1, \cdots, x_n]$ の素元の積に因数分解されることがわかる．$K[x_1, \cdots, x_n]$ の素元は $x_1, \cdots, x_n$ の K 上の既約多項式とよばれる．

問　題

1. 補題Qを証明せよ．
2. 多項式環 $K[x, y]$ は単項イデアル整域ではないことを証明せよ．
3. K が標数 $\neq 2$ の体ならば，多項式 x^2+y^2-1 は K において既約であることを示せ．K の標数が2に等しい場合はどうか．
4. $f(x_1, \cdots, x_n) = \sum a_{i_1 \cdots i_n} x_1^{i_1} \cdots x_n^{i_n}$ において，その0でない項がすべて同じ次数 m をもつとき，すなわち $a_{i_1 \cdots i_n} \neq 0$ であるような $(i_1, \cdots, i_n)$ について $i_1 + \cdots + i_n$ の和が一定値 m であるとき，f は(次数 m の)**同次多項式**とよばれる．次のことを証明せよ．

(a) 同次多項式の積は同次である．

(b) f が同次多項式ならば，f を $f=gh$ のように因数分解したとき，g や h も同次である．

5. (この問題では読者に行列式の知識を仮定する．) $x_{11}, \cdots, x_{1n}, \cdots, x_{n1}, \cdots, x_{nn}$ を n^2 個の変数とするとき，行列式

$$D = \begin{vmatrix} x_{11} & \cdots & x_{1n} \\ \cdots & \cdots & \cdots \\ x_{n1} & \cdots & x_{nn} \end{vmatrix}$$

は $K[x_{11}, \cdots, x_{nn}]$ において既約であることを証明せよ．

第4章　ベクトル空間，加群

§1　ベクトル空間

'はしがき'にもいったように，この章では線型代数学の基本的な事項を速かに通観する．まず§1-§5では体の上のベクトル空間と線型写像について述べる．

K を体とする．V が加法群であって，V の任意の元 x と K の任意の元 a に対し，x の a 倍とよばれる V の元 ax が定義され，次の条件が満たされているとき，V を K 上の**ベクトル空間**(vector space)または**線型空間**という．

VS 1　任意の $a \in K$ と任意の $x, y \in V$ に対し
$$a(x+y) = ax+ay.$$

VS 2　任意の $a, b \in K$ と任意の $x \in V$ に対し
$$(a+b)x = ax+bx.$$

VS 3　任意の $a, b \in K$ と任意の $x \in V$ に対し
$$(ab)x = a(bx).$$

VS 4　K の単位元1と任意の $x \in V$ に対し
$$1x = x.$$

V が体 K 上のベクトル空間であるとき，しばしば，K の元を**スカラー**，V の元を**ベクトル**という．$K \times V$ から V への写像 $(a, x) \mapsto ax$ は**スカラー倍**とよばれる．

上の VS 1-VS 4 では，スカラーを $a, b, \cdots$，ベクトルを $x, y, \cdots$ で表わした．以後も原則としてこれに類した記法を用いるが，固執はしない．どの文字がスカラーでどの文字がベクトルであるかは，通常，文脈から明らかであるからである．'零スカラー'(体 K の零元)と'零ベクトル'(加法群 V の単位元)も同じ記号 0 で表わす．そうしても混乱の起きる恐れはほとんどない．

上に挙げた公理のうち，VS 4 は'余分な公理'ではないことに読者は注意されたい．たとえば，すべての $a \in K$, $x \in V$ に対して $ax=0$ とすれば，VS 1, VS 2, VS 3 は満たされるが，VS 4 は満たされない．

§1 ベクトル空間

ベクトル空間の例を挙げよう.

例1 体 K の n 個の積 $K\times\cdots\times K$ を K^n とする. K^n の元, すなわち K の元 a_i の順序づけられた組 $(a_1,\cdots,a_n)$ を K 上の n-**ベクトル**とよび, a_i をその**第 i 座標**または**第 i 成分**という. n-ベクトルについて加法およびスカラー倍を成分ごとに定義する. すなわち
$$x=(x_1,\cdots,x_n), \quad y=(y_1,\cdots,y_n)$$
と $a\in K$ に対し, x,y の和を
$$x+y=(x_1+y_1,\cdots,x_n+y_n),$$
x の a 倍を
$$ax=(ax_1,\cdots,ax_n)$$
と定義する. この加法とスカラー倍について K^n は K 上のベクトル空間となる.

例2 例1で $n=1$ とすれば, K 自身 K 上の1つのベクトル空間となる. ベクトル空間 K の加法は体 K の加法であり, スカラー倍 ax $(a\in K, x\in K)$ は体 K の乗法である.

例3 実数の区間 $[0,1]$ 上で定義された連続な実数値関数全体の集合を V とする. 関数の和 $f+g$ と実数倍 cf $(c\in \boldsymbol{R})$ を, 普通のように
$$(f+g)(t)=f(t)+g(t), \quad (cf)(t)=cf(t)$$
により定義すれば, V は $\boldsymbol{R}$ 上のベクトル空間となる.

例4 S を空でない集合とし, $V=M(S,K)$ を S から体 K への写像全体の集合とする. 写像 $f, g\in V$ の和および f の c 倍 $(c\in K)$ を例3の関数の場合と同様に定義する. そのとき V は K 上のベクトル空間となる.

例5 $K[t]$ を変数 t の多項式環とする. 多項式の和と定数倍 $cf(t)$ $(c\in K)$ について, この環は同時に K 上のベクトル空間となる.

一般論にもどり, V を体 K 上の任意のベクトル空間とする.

"任意の $a, b\in K$ および任意の $x, y\in V$ に対し

(1) $\qquad a(x-y)=ax-ay, \quad (a-b)x=ax-bx$

が成り立つ. また

(2) $\qquad\qquad\qquad a0=0, \quad 0x=0$

(3) $\qquad\qquad a(-x)=-ax, \quad (-a)x=-ax$

が成り立つ."

証明 VS1 によって
$$a(x-y)+ay = a((x-y)+y) = ax.$$
ゆえに(1)の第1式が成り立つ．同様に VS2 を用いて(1)の第2式が示される．(1)で $x=y$ または $a=b$ とおけば(2)が得られる．さらに(1)の第1式で $x=0$, 第2式で $a=0$ とおけば，それぞれ $a(-y)=-ay$, $(-b)x=-bx$ が得られる.

"$a \in K$, $x \in V$, $ax=0$ とする．そのとき $a=0$ または $x=0$ である."

証明 $ax=0$, $a \neq 0$ とする．$ax=0$ の両辺を a^{-1} 倍すれば $a^{-1}(ax)=a^{-1}0$ で，右辺は(2)により0に等しく，左辺は VS3, VS4 によって $(a^{-1}a)x=1x=x$ に等しい．ゆえに $x=0$ である．

"$a \in K$, $x \in V$ とし，n を整数とすれば
$$(4) \qquad (na)x = a(nx) = n(ax)$$
である."

この証明は読者の練習問題に残しておく(問題1). (4)の na, nx 等はそれぞれ加法群としての K の元 a, V の元 x の n 倍の意味であることを注意しておこう.

上の(4)において特に a を K の単位元1とすれば
$$(5) \qquad (n1)x = nx$$
となる．左辺の $n1$ は K の元であって整数ではないことに注意されたい.

V を体 K 上のベクトル空間，W を V の部分集合とする．W が加法群 V の部分群であって，スカラー倍について'閉じている'とき，W を V の**部分空間**という．すなわち W が V の部分空間であるとは，W が次の3条件を満たすことを意味する．(i) W は V の元0を含む．(ii) $x, y \in W$ ならば $x+y \in W$. (iii) $x \in W$ ならば，任意の $a \in K$ に対して $ax \in W$.

部分空間は明らかにそれ自身 K 上の1つのベクトル空間である．特に V の元0はそれのみで1つの部分空間を作る.

例6 $V=K^n$ ($n \geq 2$) とし，第 n 成分が0であるような V の元の全体を W とする．W は V の部分空間である.

例7 V を例3の $\boldsymbol{R}$ 上のベクトル空間とする．W を区間 $[0,1]$ 上の微分可能な実数値関数全体の集合とすれば，W は V の部分空間である.

例8 $V=K[t]$ を変数 t の多項式全体のベクトル空間とし，n を整数 $\geqq 0$ とする．$\deg f \leqq n$ であるような多項式 $f(t)$ 全体の集合は $K[t]$ の部分空間である．

V を K 上のベクトル空間とし，$x_1, \cdots, x_n$ を V の元とする．$a_i \in K$ として
$$a_1 x_1 + \cdots + a_n x_n$$
と表わされる元を $x_1, \cdots, x_n$ の**1次結合**または**線型結合**という．$x_1, \cdots, x_n$ の1次結合の全体を W とすれば，W は V の部分空間である．実際，$0 \in W$ は明らかである．また
$$x = a_1 x_1 + \cdots + a_n x_n, \quad y = b_1 x_1 + \cdots + b_n x_n$$
を W の2元とすれば，
$$x + y = (a_1 + b_1) x_1 + \cdots + (a_n + b_n) x_n,$$
$$cx = (ca_1) x_1 + \cdots + (ca_n) x_n$$
も $x_1, \cdots, x_n$ の1次結合であり，したがって W の元である．ゆえに W は V の部分空間となる．この W を $x_1, \cdots, x_n$ によって**生成**される部分空間という．これは $x_1, \cdots, x_n$ のすべてを含むような V の部分空間のうち最小のものである（問題2）．

ふたたび $x_1, \cdots, x_n$ を V の元とする．少なくとも1つは0に等しくない K の元 $a_1, \cdots, a_n$ が存在して
$$a_1 x_1 + \cdots + a_n x_n = 0$$
が成り立つとき，$x_1, \cdots, x_n$ は K 上で**1次従属**または**線型従属**であるという．1次従属でないときには K 上で**1次独立**（**線型独立**）であるという．'K 上で'という語は略すこともある．

"V の1つの元 x が1次独立であることは $x \neq 0$ と同等である."

証明は明らかである．

"V の元 $x_1, \cdots, x_n$ が1次独立ならば $x_1, \cdots, x_n$ はすべて相異なる."

証明は練習問題とする（問題3）．

"V の元 $x_1, \cdots, x_n$ が1次独立ならば，その'一部分' $x_{i_1}, \cdots, x_{i_r} (1 \leqq i_1 < \cdots < i_r \leqq n)$ も1次独立である."

この証明も練習問題とする（問題4）．

例9 $\boldsymbol{R}$ は自然な意味で（すなわち実数の加法と実数の有理数倍について）$\boldsymbol{Q}$ 上のベクトル空間と考えられる．2つの実数 $1, \sqrt{2}$ は $\boldsymbol{Q}$ 上で1次独立である．

例10 $V=K^m$ とし，第 i 成分だけが1で他の成分が0である m-ベクトルを e_i とする．すなわち

$$e_1 = (1, 0, \cdots, 0),$$
$$\cdots\cdots\cdots\cdots\cdots$$
$$e_m = (0, 0, \cdots, 1).$$

これらのベクトル $e_1, \cdots, e_m$ は1次独立である．実際

$$a_1 e_1 + \cdots + a_m e_m = (a_1, \cdots, a_m)$$

であるから，$a_1 e_1 + \cdots + a_m e_m = 0$ となるのは $a_i = 0 \, (i=1, \cdots, m)$ の場合に限る．

例11 例10と同じく $V=K^m$ とし，$A_1, \cdots, A_n$ を任意に与えられた V の n 個の元とする．便宜上 A_j を'列ベクトル'の形に書いて

$$A_1 = \begin{bmatrix} a_{11} \\ \vdots \\ a_{m1} \end{bmatrix}, \quad \cdots, \quad A_n = \begin{bmatrix} a_{1n} \\ \vdots \\ a_{mn} \end{bmatrix}$$

とする．$x_1, \cdots, x_n$ をスカラーとして

(6) $$x_1 A_1 + \cdots + x_n A_n = 0$$

とする．成分ごとに書けば，(6)は連立1次方程式

(7) $$\begin{cases} a_{11} x_1 + \cdots + a_{1n} x_n = 0 \\ \cdots\cdots\cdots\cdots\cdots \\ a_{m1} x_1 + \cdots + a_{mn} x_n = 0 \end{cases}$$

の形に書かれる．$x_1 = \cdots = x_n = 0$ はもちろん方程式(7)の1つの解であるが，これを**自明な解**という．m-ベクトル $A_1, \cdots, A_n$ は，(7)が K の中に自明でない解をもつとき，またそのときに限って，K 上で1次従属である．

上の例に関連して次のことが成り立つ．

補題A 体 K の元 a_{ij} を係数とする連立1次方程式(7)において，$n>m$ ならば，(7)は K の中に自明でない解をもつ．

証明 方程式の個数 m に関する帰納法で証明する．$m=1$ のとき，(7)はただ1つの方程式

$$a_{11} x_1 + \cdots + a_{1n} x_n = 0 \quad (n>1)$$

から成る．もし係数がすべて0ならば，たとえば $x_1 = \cdots = x_n = 1$ が自明でない解となる．また，たとえば $a_{11} \neq 0$ ならば，$x_1 = -a_{11}^{-1}(a_{12} + \cdots + a_{1n})$ とおけば，

$x_1=\alpha_1$, $x_2=\cdots=x_n=1$ が自明でない解となる.

次に $m\geqq 2$ とする. 上と同様, すべての係数が 0 である場合は明らかであるから, 係数のうちに 0 でないものがあるとし, 必要があれば方程式および未知数の順序を入れかえて $a_{11}\neq 0$ とする. (7) の i 番目 $(2\leqq i\leqq m)$ の方程式から 1 番目の方程式の a_{i1}/a_{11} 倍をひけば, 第 2 式から先は x_1 が消去されて,

(8) $\quad \begin{cases} a_{11}x_1+a_{12}x_2+\cdots+a_{1n}x_n=0 \\ (*)\begin{array}{|l|} \hline a_{22}'x_2+\cdots+a_{2n}'x_n=0 \\ \cdots\cdots\cdots\cdots \\ a_{m2}'x_2+\cdots+a_{mn}'x_n=0 \\ \hline \end{array} \end{cases}$

の形となる. この連立方程式 (8) の解は, もちろん (7) の解と同じである. (8) の $(*)$ の部分は, 方程式の個数が $m-1$, 未知数の個数が $n-1$ で, $n-1>m-1$ であるから, 帰納法の仮定によって, $(*)$ は自明でない解 $x_2=\alpha_2, \cdots, x_n=\alpha_n (\alpha_i \in K)$ をもつ. そこで $\alpha_1=-a_{11}^{-1}(a_{12}\alpha_2+\cdots+a_{1n}\alpha_n)$ とおけば, $x_1=\alpha_1, x_2=\alpha_2, \cdots, x_n=\alpha_n$ が (7) の自明でない解となる. (証明終)

例 11 と補題 A から次の系が得られる.

系 $A_1, \cdots, A_n \in K^m$ とする. $n>m$ ならば $A_1, \cdots, A_n$ は K 上で 1 次従属である.

上の補題 A は次節においてふたたび基本的な役割を演ずる. 次の補題はより簡単で, 同じく基本的である.

補題 B V をベクトル空間とし, $x_1, \cdots, x_r, x \in V$ とする. もし $x_1, \cdots, x_r$ が 1 次独立, $x_1, \cdots, x_r, x$ が 1 次従属ならば, x は $x_1, \cdots, x_r$ の 1 次結合である.

証明 $x_1, \cdots, x_r, x$ が 1 次従属であるから, 少なくとも 1 つは 0 でない適当なスカラー $c_1, \cdots, c_r, c$ に対して

(9) $\qquad\qquad c_1x_1+\cdots+c_rx_r+cx=0$

が成り立つ. もし $c=0$ ならば, $c_1, \cdots, c_r$ のうちに 0 でないものがあることになるから, $x_1, \cdots, x_r$ が 1 次従属となって仮定に反する. ゆえに $c\neq 0$ であり, (9) を x について

$$x=(-c^{-1}c_1)x_1+\cdots+(-c^{-1}c_r)x_r$$

と解くことができる. すなわち x は $x_1, \cdots, x_r$ の 1 次結合である.

問　題

1. 本文の式(4)を証明せよ．
2. V をベクトル空間，$x_1,\cdots,x_n \in V$ とし，$x_1,\cdots,x_n$ の1次結合の全体を W とする．W は $x_1,\cdots,x_n$ を含む V の最小の部分空間であることを示せ．
3. ベクトル空間 V の元 $x_1,\cdots,x_n$ が1次独立ならば，$x_1,\cdots,x_n$ はすべて異なることを示せ．
4. ベクトル空間 V の元 $x_1,\cdots,x_n$ が1次独立ならば，$x_{i_1},\cdots,x_{i_r}$ $(1\leqq i_1<\cdots<i_r\leqq n)$ も1次独立であることを示せ．
5. K^2 の2つのベクトル $A=(a_1,a_2)$，$B=(b_1,b_2)$ は，$a_1b_2-a_2b_1\neq 0$ ならば1次独立，$a_1b_2-a_2b_1=0$ ならば1次従属であることを示せ．
6. $\boldsymbol{R}^2$ のベクトル $A=(1+x,2x)$ と $B=(2x,1+x)$ が1次従属となるように実数 x の値を定めよ．
7. $\boldsymbol{R}$ を $\boldsymbol{Q}$ 上のベクトル空間と考え，x を1つの実数とする．1と x が $\boldsymbol{Q}$ 上で1次従属であるためには，x が有理数であることが必要かつ十分であることを証明せよ．
8. 実数 $1,\sqrt{2},\sqrt{3}$ は $\boldsymbol{Q}$ 上で1次独立であることを示せ．
9. K を標数 $p(>0)$ の体とし，V を K 上のベクトル空間とする．n を整数，x を V の0でない元とする．$n\equiv 0 \pmod{p}$ のときまたそのときに限って $nx=0$ であることを示せ．
10. V を K 上のベクトル空間，x_1,x_2,x_3 を V の1次独立な元とし，$y_1=x_2+x_3$，$y_2=x_3+x_1$，$y_3=x_1+x_2$ とする．y_1,y_2,y_3 は1次独立であるといえるか．
11. K^4 において，$g_1=(0,1,1,1)$, $g_2=(1,0,1,1)$, $g_3=(1,1,0,1)$, $g_4=(1,1,1,0)$ が1次従属となるのはどんな場合か．
12. K を標数 0 の体，V を K 上のベクトル空間とする．V が 0 以外の元を含むならば，V は無限に多くの元を含むことを証明せよ．
13. V をベクトル空間，$x_1,\cdots,x_n(n\geqq 2)$ を V の元とする．次の2つの条件は同等であることを証明せよ．(i) $x_1,\cdots,x_n$ は1次独立である．(ii) どの $i(=1,\cdots,n)$ についても x_i は他の元 $x_1,\cdots,x_{i-1},x_{i+1},\cdots,x_n$ の1次結合ではない．
14. V をベクトル空間，W_1,W_2 を V の部分空間とする．$W_1\cap W_2$ も V の部分空間であることを示せ．
15. V をベクトル空間，W_1,W_2 を V の部分空間とする．W_1 の元 x_1 と W_2 の元 x_2 との和 x_1+x_2 全体の集合を W_1+W_2 とする．W_1+W_2 は V の部分空間であることを示せ．
16. V をベクトル空間，W_1,W_2,W_3 を V の部分空間とする．
$$(W_1+W_2)\cap W_3 \supset (W_1\cap W_3)+(W_2\cap W_3)$$
であることを示せ．

17. $V=K^2$, $e_1=(1,0)$, $e_2=(0,1)$ とし, $W_1=\langle e_1\rangle$, $W_2=W_3=\langle e_2\rangle$ とする. そのとき前問の式の両辺はそれぞれ何になるか. また $W_1=\langle e_1\rangle$, $W_2=\langle e_2\rangle$, $W_3=\langle e_1+e_2\rangle$ とする. そのときの両辺はそれぞれ何になるか. ただし $\langle x\rangle$ は x で生成された部分空間を表わすものとする.

18. V の部分空間 W_1, W_2, W_3 に対し
$$(W_1+W_2)\cap W_3 = (W_1\cap W_3)+(W_2\cap W_3)$$
が成り立つとする. そのとき
$$(W_1+W_3)\cap W_2 = (W_1\cap W_2)+(W_3\cap W_2)$$
も成り立つことを証明せよ.

19. V を, すべての実数 t に対して定義された実変数 t の実数値関数全体がつくる $\boldsymbol{R}$ 上のベクトル空間とする. V の元として関数 e^t, e^{2t} は1次独立であることを示せ. ただし e は自然対数の底とする.

20. V を前問のベクトル空間とする. 次の各組の関数はいずれも1次独立であることを示せ.

 (a) t, t^2 (b) e^t, t (c) $\sin t, \cos t$

§2 基底と次元

 V を体 K 上のベクトル空間とする. V が有限個の元 $v_1,\cdots,v_n$ によって生成されるとき(すなわち V の任意の元が $v_1,\cdots,v_n$ の1次結合として表わされるとき), V は**有限生成**であるという. また $v_1,\cdots,v_n$ が V の生成元で, さらに1次独立であるとき, $\{v_1,\cdots,v_n\}$ を V の**基底**(くわしくは K 上の基底)という.

 定理 1 V を $\{0\}$ でない有限生成のベクトル空間とし, $v_1,\cdots,v_n$ を V の生成元とする. そのとき $\{v_1,\cdots,v_n\}$ の部分集合で V の基底となるものが存在する.

 証明 $S=\{v_1,\cdots,v_n\}$ とする. v_i はどれも0でなく, また互いに異なると仮定してよい. S のすべての1次独立な部分集合のうち, 最も多くの元を含む集合を, たとえば $T=\{v_1,\cdots,v_r\}$ とする. もし $r=n$ すなわち $T=S$ ならば, S 自身が V の基底である. また $r<n$ ならば, $r<k\leq n$ である任意の k に対し, $v_1,\cdots,v_r$ は1次独立, $v_1,\cdots,v_r,v_k$ は1次従属であるから, 補題Bによって v_k は $v_1,\cdots,v_r$ の1次結合となる. それゆえ, $v_1,\cdots,v_r,\cdots,v_n$ の任意の1次結合は, 明らかに $v_1,\cdots,v_r$ のみの1次結合の形に書き直すことができる. ゆえに $v_1,\cdots,v_r$ は V を生成し, $T=\{v_1,\cdots,v_r\}$ は V の基底である. (証明終)

例1 $V=K^n$ において,$e_1=(1,0,\cdots,0),\cdots,e_n=(0,0,\cdots,1)$ とする.$e_1,\cdots,e_n$ は1次独立で(前節例10),また K^n の任意の元 $A=(a_1,\cdots,a_n)$ は $e_1,\cdots,e_n$ の1次結合として

$$A = a_1 e_1 + \cdots + a_n e_n$$

と表わされる.したがって $\{e_1,\cdots,e_n\}$ は K^n の基底である.これをしばしば K^n の**標準基底**という.

V を有限生成のベクトル空間とし,$\{v_1,\cdots,v_n\}$ を V の基底とする.$v_1,\cdots,v_n$ は V を生成するから,V の任意の元 x は

(1) $\qquad x = x_1 v_1 + \cdots + x_n v_n, \qquad x_j \in K$

と表わされ,しかも $v_1,\cdots,v_n$ の1次独立性によってこの表わし方は一意的である.実際,

$$x = x_1 v_1 + \cdots + x_n v_n = x_1' v_1 + \cdots + x_n' v_n$$

ならば,

$$(x_1 - x_1') v_1 + \cdots + (x_n - x_n') v_n = 0,$$

したがってすべての j に対し $x_j - x_j' = 0$ すなわち $x_j = x_j'$ となるからである.(1)の係数からできる K 上の n-ベクトル $(x_1,\cdots,x_n)$ を基底 $\{v_1,\cdots,v_n\}$ に関する x の**座標ベクトル**(または単に**座標**)という.

注意 座標ベクトルの決定には $v_1,\cdots,v_n$ の'順序'も関係する.すなわちこのような場合,基底というのは,元 $v_1,\cdots,v_n$ の単なる'集合'ではなく,これらの元の順序も考慮に入れた'組'とみなすべきである.(その意味では,基底は,集合記法で $\{v_1,\cdots,v_n\}$ と書くよりも,むしろ単に $v_1,\cdots,v_n$, あるいは $(v_1,\cdots,v_n)$ のように書いたほうがよい.)以下でも状況に応じ,読者は基底をこの意味に解釈されたい.

次に,与えられたベクトル空間の基底に含まれる元の個数は一定であることを示そう.そのためには次の補題が必要であるが,この補題の内容は実質的には§1の補題Aと同じである.

補題C $v_1,\cdots,v_m, w_1,\cdots,w_n$ をベクトル空間 V の元とし,$w_1,\cdots,w_n$ はいずれも $v_1,\cdots,v_m$ の1次結合であるとする.そのとき $n>m$ ならば,$w_1,\cdots,w_n$ は1次従属である.

証明 仮定により

§2 基底と次元

(2) $$\begin{cases} w_1 = a_{11}v_1 + a_{21}v_2 + \cdots + a_{m1}v_m \\ \cdots\cdots\cdots\cdots\cdots \\ w_n = a_{1n}v_1 + a_{2n}v_2 + \cdots + a_{mn}v_m \end{cases}$$

となるようなスカラー a_{ij} がある．われわれが示したいのは，少なくとも1つは0でない適当なスカラー x_j に対して

(3) $$x_1 w_1 + \cdots + x_n w_n = 0$$

が成り立つということである．(2)を用いて(3)の左辺を書き直せば，

$$x_1 w_1 + \cdots + x_n w_n = \lambda_1 v_1 + \cdots + \lambda_m v_m,$$

ただし

(4) $$\begin{cases} \lambda_1 = a_{11}x_1 + \cdots + a_{1n}x_n \\ \cdots\cdots\cdots\cdots \\ \lambda_m = a_{m1}x_1 + \cdots + a_{mn}x_n \end{cases}$$

となる．$n > m$ であるから，補題Aによって，連立1次方程式 $\lambda_1 = 0, \cdots, \lambda_m = 0$ は自明でない解 $(x_1, \cdots, x_n)$ をもつ．この x_j に対して(3)が成り立つから，$w_1, \cdots, w_n$ は1次従属である．(証明終)

定理2 V を $\{0\}$ でない有限生成のベクトル空間とする．$\{v_1, \cdots, v_m\}, \{w_1, \cdots, w_n\}$ がともに V の基底ならば，$m = n$ である．

証明 $w_1, \cdots, w_n$ はどれも $v_1, \cdots, v_m$ の1次結合で，しかも1次独立であるから，補題Cによって $n \leq m$ でなければならない．v と w の役割を交換して考えれば $m \leq n$ でもなければならないから，$m = n$ となる．(証明終)

K 上の有限生成のベクトル空間 $V (\neq \{0\})$ の基底に含まれる元の個数を V の K 上の**次元**(dimension)といい，$\dim V$ で表わす．'K 上の' ということを強調したい場合は $\dim_K V$ と書く．$V = \{0\}$ のときには，その基底は空集合 ϕ であると考え，$\dim V = 0$ とする．

例2 例1によって $\dim K^n = n$ である．

例3 C は自然な意味で R 上のベクトル空間と考えられ，任意の複素数 α は一意的に $\alpha = a + bi \ (a, b \in R)$ と表わされる．したがって $\{1, i\}$ は C の R 上の1つの基底であり，$\dim_R C = 2$ である．他方 C を C 自身の上のベクトル空間と考えたときには，もちろん $\dim_C C = 1$ である．

有限生成のベクトル空間は**有限次元**であるともいわれる．V が有限次元で

$\dim V = n$ ならば，V の中に n 個の1次独立な元が存在するが，補題 C によって，n 個より多くの1次独立な元は存在しない．すなわち，V の次元 n は，V の中に存在する1次独立な元の個数の最大値である．

有限次元でないベクトル空間は**無限次元**であるといわれる．"V が無限次元ならば，任意の正の整数 k に対して V の中に k 個の1次独立な元が存在する．" この証明は読者の練習問題に残しておこう(問題3)．[**注意**：基底の意味を拡張すれば，無限次元のベクトル空間においてもやはり基底の存在することが証明される．しかしここではそのことには立ち入らない．]

例4 変数 t の多項式全体のベクトル空間 $V = K[t]$ は無限次元である．実際，任意の正の整数 n に対し，多項式 $1, t, t^2, \cdots, t^n$ は1次独立である．

定理3 $\dim V = n$ とし，$v_1, \cdots, v_r$ を V の1次独立な元とする．もし $r = n$ ならば，$\{v_1, \cdots, v_r\}$ は V の基底である．また $r < n$ ならば，$v_1, \cdots, v_r$ に V の適当な $n - r$ 個の元をつけ加えて，V の基底 $\{v_1, \cdots, v_r, \cdots, v_n\}$ を作ることができる．

証明 $v_1, \cdots, v_r$ によって生成される V の部分空間を W とする．まず $r = n$ の場合を考えよう．このときもし $W \neq V$ ならば，W に含まれない V の元 v をとれば，補題 B により $v_1, \cdots, v_r, v$ は1次独立となり，V の中に $r + 1 = n + 1$ 個の1次独立な元が存在することになる．これは矛盾であるから，$W = V$ でなければならない．したがって $\{v_1, \cdots, v_r\}$ は V の基底である．次に $r < n$ としよう．この場合にはもちろん $\{v_1, \cdots, v_r\}$ は V の基底とはなり得ないから，$W \neq V$ である．そこで W に含まれない V の元 v_{r+1} をとれば，$v_1, \cdots, v_r, v_{r+1}$ は1次独立となる．もし $r + 1 = n$ ならば $\{v_1, \cdots, v_r, v_{r+1}\}$ は V の基底である．$r + 1 < n$ ならば，上と同様にして $v_1, \cdots, v_r, v_{r+1}, v_{r+2}$ が1次独立となるような V の元 v_{r+2} をみいだすことができる．この論法をくり返せば，最後に V の基底 $\{v_1, \cdots, v_r, \cdots, v_n\}$ が得られる．(証明終)

定理1および定理3によってわれわれは次のようにいうことができる．すなわち，V が有限次元であるとき，V の任意の生成元の集合からは'基底を選び出す'ことができ，他方 V の任意の1次独立な元の集合は'基底に拡張する'ことができる．

定理4 V を有限次元のベクトル空間，W をその部分空間とすれば，W も有限次元で $\dim W \leq \dim V$ である．このときもし $\dim W = \dim V$ ならば，W

$= V$ である.

この証明は練習問題に残しておこう(問題4).

問題

1. V を n 次元のベクトル空間とする. V の元 $v_1, \cdots, v_n$ が V を生成するならば, $\{v_1, \cdots, v_n\}$ は V の基底であることを示せ.

2. n を整数 $\geqq 0$ とする. K 上の, 次数が $\leqq n$ である変数 t の多項式全体が作るベクトル空間を V とする. V の次元は何か.

3. V が無限次元ならば, 任意の正の整数 k に対して V の中に k 個の1次独立な元が存在することを示せ.

4. 定理4を証明せよ.

5. $\{A_1, A_2, A_3\}$ が $\boldsymbol{R}^3$ の基底で,
$$e_1 = (1,0,0), \quad e_2 = (0,1,0), \quad e_3 = (0,0,1)$$
のこの基底に関する座標ベクトルはそれぞれ $(0,1,1), (1,0,1), (1,1,0)$ である. A_1, A_2, A_3 を求めよ.

6. V を n 次元 ($n \geqq 2$) のベクトル空間, $\{v_1, \cdots, v_n\}$ を V の基底とする. $v_1' = v_1$, $v_i' = v_i - v_{i-1}$ ($2 \leqq i \leqq n$) とおけば, $\{v_1', \cdots, v_n'\}$ も V の基底であることを示せ. 前の基底に関して座標 $(x_1, \cdots, x_n)$ をもつ V の元は後の基底に関してどんな座標をもつか.

7. p を素数とし, V を体 $\boldsymbol{Z}_p$ 上の n 次元ベクトル空間とする. V は全部でいくつの元をもつか.

8. a_{ij} ($i=1,\cdots,n$; $j=1,\cdots,n$) を体 K の n^2 個の元とする. K の任意の元 $b_1, \cdots, b_n$ に対して, 連立1次方程式
$$\begin{cases} a_{11}x_1 + \cdots + a_{1n}x_n = b_1 \\ \cdots\cdots\cdots\cdots\cdots \\ a_{n1}x_1 + \cdots + a_{nn}x_n = b_n \end{cases}$$
が常に (K の中に) 解をもつためには, 方程式
$$\begin{cases} a_{11}x_1 + \cdots + a_{1n}x_n = 0 \\ \cdots\cdots\cdots\cdots\cdots \\ a_{n1}x_1 + \cdots + a_{nn}x_n = 0 \end{cases}$$
が (K の中に) 自明な解しかもたないことが必要かつ十分であることを証明せよ.

9. K を体とし, L を K の拡大体, すなわち K を部分体として含むような体とする. $A_1, \cdots, A_n \in K^m$ とする. $A_1, \cdots, A_n$ が K 上で1次独立ならば, $A_1, \cdots, A_n$ は L 上でも1次独立であることを証明せよ. [ヒント: 定理3によって $A_1, \cdots, A_n$ は K^m の基底に拡張さ

れる.]

10. K を体,L を K の拡大体とする.K の元を係数とする連立1次方程式
$$\begin{cases} a_{11}x_1+\cdots+a_{1n}x_n = 0 \\ \cdots\cdots\cdots\cdots \\ a_{m1}x_1+\cdots+a_{mn}x_n = 0 \end{cases}$$
が L の中に自明でない解をもつならば,すでに K の中に自明でない解をもつことを証明せよ.

11. V を複素数体 C 上のベクトル空間とする.そのとき,スカラー倍 $C\times V\to V$ の定義域を $R\times V$ に縮小すれば,V は自然に実数体 R 上のベクトル空間となる.$\dim_C V=n$ であるとき,$\dim_R V$ は何になるか.

12. R は Q 上で無限次元であることを証明せよ.(この問題は第5章を適当な所まで進んでからやるのがよい.しかし,もし読者が濃度の理論を知っているならば,証明はごく簡単である.)

§3 線型写像

K を体,V, W を K 上のベクトル空間とする.写像 $f: V\to W$ が(ベクトル空間としての)**準同型写像**であるとは,すべての $x, y\in V$ とすべての $a\in K$ に対して
$$f(x+y) = f(x)+f(y), \quad f(ax) = af(x)$$
が成り立つことをいう.通常はこれを K-**線型写像**とよぶ.それは加法群としての準同型であって,さらに条件 $f(ax)=af(x)$ を満たすものである.K を明示する必要がない場合には,単に線型写像という.

例1 V から W への零写像,すなわち V のすべての元を W の 0 に対応させる写像は線型写像である.

例2 V を,すべての実数に対して定義された無限回微分可能な実数値関数全体が作る R 上のベクトル空間とする.V のおのおのの元 f にその導関数 f' を対応させる写像 $D: V\to V$ は線型写像である.これは微分法のよく知られた公式 $(f+g)'=f'+g'$ および $(cf)'=cf'$ $(c\in R)$ をわれわれの語法によって述べかえただけである.

例3 K^n の元 $x=(x_1,\cdots,x_n)$,$y=(y_1,\cdots,y_n)$ に対し,'内積' $x\cdot y$ を
$$x\cdot y = x_1y_1+\cdots+x_ny_n$$

と定義する。$A=(a_1,\cdots,a_n)$ を K^n の1つの元とし，任意の $x=(x_1,\cdots,x_n)\in K^n$ に対して
$$\lambda_A(x) = A\cdot x = a_1x_1+\cdots+a_nx_n$$
とおく．容易に検証されるように λ_A は K^n から K への線型写像である．

一般に V が体 K 上のベクトル空間であるとき，V から K への K-線型写像は特に V 上の**線型形式**（または **1次形式**）とよばれる．例3の λ_A はベクトル空間 K^n 上の線型形式である．

定理5 V,W を K 上のベクトル空間とする．$\dim V=n$ とし，$\{v_1,\cdots,v_n\}$ を V の基底とする．また $w_1,\cdots,w_n$ を W の任意の元とする．そのとき
(1) $$f(v_1) = w_1, \quad \cdots, \quad f(v_n) = w_n$$
であるような線型写像 $f:V\to W$ がただ1つ存在する．

証明 (1)を満たす線型写像 f はこの条件によって一意的に決定される．なぜなら，V の任意の元 x は一意的に
$$x = x_1v_1+\cdots+x_nv_n, \quad x_i\in K$$
と表わされ，(1)と線型性によって，x の f による像は
$$f(x) = x_1f(v_1)+\cdots+x_nf(v_n) = x_1w_1+\cdots+x_nw_n$$
とならなければならないからである．逆に，$x=x_1v_1+\cdots+x_nv_n$ に対し，
(2) $$f(x) = x_1w_1+\cdots+x_nw_n$$
と'定義'すれば，$f:V\to W$ は線型であることを示そう．$y=y_1v_1+\cdots+y_nv_n$ $(y_i\in K)$ を V の元とすれば，
$$x+y = (x_1+y_1)v_1+\cdots+(x_n+y_n)v_n$$
であるから，
$$\begin{aligned}f(x+y) &= (x_1+y_1)w_1+\cdots+(x_n+y_n)w_n\\&= (x_1w_1+\cdots+x_nw_n)+(y_1w_1+\cdots+y_nw_n)\\&= f(x)+f(y).\end{aligned}$$
また $a\in K$ とすれば $ax=(ax_1)v_1+\cdots+(ax_n)v_n$ であるから，
$$f(ax) = (ax_1)w_1+\cdots+(ax_n)w_n = af(x).$$
ゆえに f は線型である．さらにこの f が $f(v_i)=w_i\,(i=1,\cdots,n)$ を満たすことは定義から明らかである．以上で定理は証明された．（証明終）

線型写像 $f:V\to W$ が全単射であるとき，f を**同型写像**という．V から W へ

の同型写像が存在するとき，V と W は **同型** であるといい，$V \cong W$ と書く．

定理6 V, W が K 上の有限次元ベクトル空間ならば，$\dim V = \dim W$ であるときまたそのときに限って $V \cong W$ である．

証明 $\dim V = \dim W = n$ とし，$\{v_1, \cdots, v_n\}$ を V の基底，$\{w_1, \cdots, w_n\}$ を W の基底とする．$f : V \to W$ を前ページ(2)のように
$$f(x_1 v_1 + \cdots + x_n v_n) = x_1 w_1 + \cdots + x_n w_n$$
によって定義された線型写像とする．この場合これは明らかに全単射であり，したがって $V \cong W$ である．逆もほとんど明らかであるが，くわしい証明は読者にまかせよう(問題1)．

系 V が K 上の n 次元ベクトル空間ならば $V \cong K^n$ である．

具体的に V から K^n への同型写像を与えるには，V の1つの基底 $\{v_1, \cdots, v_n\}$ をとって，V の元 $x = x_1 v_1 + \cdots + x_n v_n$ にその座標ベクトル $X = (x_1, \cdots, x_n)$ を対応させればよい．

一般の場合にもどり，$f : V \to W$ を任意の線型写像とする．f の像 $f(V) = W'$ が W の部分空間であること，f の核 $\operatorname{Ker} f = V'$ が V の部分空間であることは直ちに証明される(問題2)．ただし f の核とは，加法群の準同型としての核 $f^{-1}(0)$ を意味する．V が有限次元ならば，核と像の次元について次の定理が成り立つ．

定理7 V を有限次元ベクトル空間とし，線型写像 $f : V \to W$ の核と像をそれぞれ V', W' とする．そのとき

(3) $$\dim V = \dim V' + \dim W'$$

が成り立つ．

証明 f が零写像ならば $V' = V$, $W' = \{0\}$ であるから(3)は明らかである．そこで f は零写像ではないとする．$\dim V' = r$, $\dim V = n$ とし，$\{v_1, \cdots, v_r\}$ を V' の基底とする．定理3によって，これを V の基底 $\{v_1, \cdots, v_r, u_1, \cdots, u_s\}$ に拡張することができる．ただし $r + s = n$ である．(もし f が単射ならば $r = 0$ であるが，その場合は以下で v_i の関与する部分は除いて考えるものとする．) $f(u_1) = w_1, \cdots, f(u_s) = w_s$ とする．このとき $\{w_1, \cdots, w_s\}$ が W' の基底となることをいえば，$\dim W' = s = n - r$ となって証明は完了する．まず $w_1, \cdots, w_s$ は W' を生成することを示そう．x を V の任意の元とすれば，

§3 線型写像　　　　　　　　　　185

$$x = a_1v_1+\cdots+a_rv_r+b_1u_1+\cdots+b_su_s$$

となるような $a_i, b_j \in K$ がある．$f(v_i)=0$ であるから，

$$f(x) = b_1f(u_1)+\cdots+b_sf(u_s) = b_1w_1+\cdots+b_sw_s.$$

すなわち W' の任意の元は $w_1, \cdots, w_s$ の1次結合である．次に $w_1, \cdots, w_s$ は1次独立であることを示そう．$c_j \in K$ として

$$c_1w_1+\cdots+c_sw_s = 0$$

とする．この左辺は $c_1f(u_1)+\cdots+c_sf(u_s)=f(c_1u_1+\cdots+c_su_s)$ に等しいから，$c_1u_1+\cdots+c_su_s \in V'$ であり，したがって適当な $d_i \in K$ により

$$c_1u_1+\cdots+c_su_s = d_1v_1+\cdots+d_rv_r$$

と表わされる．これより

$$(-d_1)v_1+\cdots+(-d_r)v_r+c_1u_1+\cdots+c_su_s = 0$$

となるが，$v_1, \cdots, v_r, u_1, \cdots, u_s$ は1次独立であるから，d_i, c_j はすべて0に等しくなければならない．以上でわれわれの主張はすべて証明された．(証明終)

　V を K 上のベクトル空間とし，U をその部分空間とする．V/U を加法群としての V の U による商群とし，$\varphi: V \to V/U$ を自然な準同型とする．V の元 x の φ による像を $\bar{x}$ とする．$\bar{x}=\bar{y}$ すなわち $x \equiv y \pmod{U}$ ならば，$x-y \in U$ であるから，任意のスカラー a に対して $a(x-y)=ax-ay \in U$, したがって $ax \equiv ay \pmod{U}$, すなわち $\overline{ax}=\overline{ay}$ である．それゆえ

$$a\bar{x} = \overline{ax}$$

によって $\bar{x}$ の a 倍を定義することができる．これがスカラー倍の公理 VS 1-VS 4 を満足することは直ちに検証される．こうして V/U は K 上のベクトル空間となる．これを V の U による**商空間**という．明らかに $\varphi: V \to V/U$ はベクトル空間としての準同型，すなわち線型写像である．

　定理7 をこの線型写像 $\varphi: V \to V/U$ の核と像に適用すれば，商空間の次元に関して次の命題が得られる．

　"V を有限次元のベクトル空間，U をその部分空間とすれば，

$$\dim(V/U) = \dim V - \dim U$$

　である．"

　また次の'準同型定理'も直ちに証明される．証明は読者の練習問題としよう(問題8).

補題 D $f: V \to W$ を線型写像とし，その核を V'，像を W' とすれば，f から誘導される全単射
$$g: V/V' \to W'$$
はベクトル空間としての同型写像である．したがって $V/V' \cong W'$ となる．

問　題

1. V, W が有限次元で $V \cong W$ ならば $\dim V = \dim W$ であることを示せ.

2. 線型写像 $f: V \to W$ の像 $f(V) = W'$ は W の部分空間，核 $f^{-1}(0) = V'$ は V の部分空間であることを示せ.

3. V, W を有限次元ベクトル空間とし，$f: V \to W$ を線型写像とする．次のことを証明せよ.
   (a) f が単射準同型ならば $\dim V \leq \dim W$ である．
   (b) f が全射準同型ならば $\dim V \geq \dim W$ である．

4. V, W を同じ次元の有限次元ベクトル空間とし，$f: V \to W$ を線型写像とする．次の3つの条件は互いに同等であることを証明せよ．(i) f は単射準同型である．(ii) f は全射準同型である．(iii) f は同型写像である．

5. K^n 上の任意の線型形式 λ は K 上のある n-ベクトル A によって $\lambda = \lambda_A$ と書かれることを証明せよ．ただし λ_A は本節例3で定義した線型形式である．

6. V を1次元ベクトル空間，$f: V \to V$ を線型写像とすれば，ある $a \in K$ が存在して，すべての $x \in V$ に対し $f(x) = ax$ であることを証明せよ．

7. V を K 上のベクトル空間，$f: V \to K$ を V 上の線型形式とし，f は零写像ではないとする．f の核を V' とし，x_0 を V' に含まれない V の1つの元とする．そのとき，V の任意の元 x は，ある $x' \in V'$ とスカラー $a \in K$ によって，$x = x' + ax_0$ の形に一意的に表わされることを証明せよ．

8. 補題 D を証明せよ.

9. A, B をベクトル空間 V の部分空間とすれば，$(A+B)/B$ と $A/(A \cap B)$ は同型であることを示せ.

10. A, B が V の有限次元部分空間ならば，
$$\dim(A+B) + \dim(A \cap B) = \dim A + \dim B$$
であることを示せ.

§4 線型写像の空間，双対空間

V, W を体 K 上のベクトル空間とする．V から W への K-線型写像全体の

集合を $\mathrm{Hom}\,(V,W)$ くわしくは $\mathrm{Hom}_K(V,W)$ で表わす. (Hom は準同型の英語 homomorphism の頭文字である.) われわれは,この集合がまた1つのベクトル空間となるように,線型写像の和およびスカラー倍を定義することができる.すなわち, $f, g \in \mathrm{Hom}\,(V,W)$ および $c \in K$ に対して, $f+g$, cf を,それぞれ

(1) $$(f+g)(x) = f(x)+g(x),$$
(2) $$(cf)(x) = cf(x) \quad (x \in V)$$

によって定義される V から W への写像とするのである.これらの写像がまた V から W への線型写像となることは直ちに証明される(問題1).さらに

"この加法とスカラー倍に関して $\mathrm{Hom}\,(V,W)$ はそれ自身 K 上のベクトル空間となる."

この証明は routine である.読者の練習問題に残しておこう(問題2).このベクトル空間の零元は V から W への零写像である.

Z をもう1つの K 上のベクトル空間とし, $f: V \to W$, $g: W \to Z$ をともに線型写像とする.そのとき, $g \circ f: V \to Z$ も明らかに線型写像である.(読者は証明せよ.)線型写像の合成と上に定義した和およびスカラー倍の間には,次のような演算法則が成り立つ.

"$f, f' \in \mathrm{Hom}\,(V,W)$, $g, g' \in \mathrm{Hom}\,(W,Z)$, $c \in K$ とすれば,

(3) $$g \circ (f+f') = g \circ f + g \circ f',$$
(4) $$(g+g') \circ f = g \circ f + g' \circ f,$$
(5) $$g \circ (cf) = (cg) \circ f = c(g \circ f)."$$

この証明も読者にまかせよう(問題3).

特に V からそれ自身への線型写像は, V の**線型変換**あるいは **K-自己準同型** とよばれる. V の K-自己準同型の全体,すなわち $\mathrm{Hom}_K(V,V)$ を $\mathrm{End}_K(V)$ で表わす.(誤解の恐れがないときには,接頭辞 'K-' あるいは添字 'K' を省略することもある.)上記からわかるように, $\mathrm{End}_K(V)$ は体 K 上のベクトル空間であると同時に,単なる加法群としての V の自己準同型環 $\mathrm{End}(V)$(第3章§1,例5)の部分環でもある.そして, $\mathrm{End}_K(V)$ の乗法とスカラー倍の間には法則(5)が成り立っている.

一般に,体 K 上のベクトル空間 A において,さらに乗法が定義され,加法

とこの乗法に関して A が環をなし，すべての $x, y \in A$ およびすべての $c \in K$ に対して
$$(cx)y = x(cy) = c(xy)$$
が成り立っているとき，A を K 上の**線型環**または**多元環**，あるいは**代数**(algebra)という．$\mathrm{End}_K(V)$ は K 上の 1 つの線型環である．

ふたたび V を K 上の任意のベクトル空間とする．V から K への K-線型写像は V 上の**線型形式**とよばれる．(このことは前にも述べた．) 線型形式全体がつくる K 上のベクトル空間 $\mathrm{Hom}_K(V, K)$ を V の**双対空間**という．ここではこれを V^* で表わす．

以後本節では，特に V が有限次元である場合を考える．$\dim V = n$ とし，$\{v_1, \cdots, v_n\}$ を V の 1 つの基底とする．定理 5 によって，K 上の任意の n-ベクトル $A = (a_1, \cdots, a_n)$ に対し，

(6) $\qquad\qquad \lambda(v_1) = a_1, \quad \cdots, \quad \lambda(v_n) = a_n$

となるような V 上の線型形式 λ がただ 1 つ存在する．この λ を λ_A で表わせば，V の任意の元 $x = x_1 v_1 + \cdots + x_n v_n$ に対して

$$\begin{aligned}\lambda_A(x) &= \lambda_A(x_1 v_1 + \cdots + x_n v_n) \\ &= x_1 \lambda_A(v_1) + \cdots + x_n \lambda_A(v_n) \\ &= a_1 x_1 + \cdots + a_n x_n\end{aligned}$$

である．

容易に示されるように，
$$A \mapsto \lambda_A$$
は K^n から V^* への全単射であり，また $A, B \in K^n$, $c \in K$ ならば
$$\lambda_{A+B} = \lambda_A + \lambda_B, \quad \lambda_{cA} = c\lambda_A$$
である(問題 4)．すなわち，$A \mapsto \lambda_A$ はベクトル空間 K^n から V^* への同型写像である．したがって V^* も V と同じく n 次元のベクトル空間である．

特に K^n の標準基底 $\{e_1, \cdots, e_n\}$($\S 2$, 例 1)に対し，λ_{e_i} を簡単に λ_i と書けば，$\{\lambda_1, \cdots, \lambda_n\}$ は双対空間 V^* の基底となる．これを V の基底 $\{v_1, \cdots, v_n\}$ の**双対基底**という．$\lambda_{e_i} = \lambda_i$ は，
$$\lambda_i(v_1) = 0, \quad \cdots, \quad \lambda_i(v_i) = 1, \quad \cdots, \quad \lambda_i(v_n) = 0$$
という条件によって定められる線型形式で，V の元 $x = x_1 v_1 + \cdots + x_n v_n$ の λ_i に

よる像は
$$\lambda_i(x) = x_i$$
である．すなわち，λ_i は x にその $\{v_1, \cdots, v_n\}$ に関する第 i 座標を対応させる写像（'第 i 射影'）である．したがって，x が V の 0 でない元ならば，少なくとも 1 つの i に対して $\lambda_i(x) \neq 0$ となる．このことから次のことがわかる．

"x を V の 1 つの元とし，すべての $\lambda \in V^*$ に対して $\lambda(x)=0$ とすれば，$x=0$ である．"

V^* の双対空間 V^{**} を V の**再双対空間**という．V が有限次元ならば，上記のように $\dim V = \dim V^*$ であるから，V^{**} もまた V と同じ次元のベクトル空間となる．したがって V と V^{**} とは同型であるが，これらのベクトル空間の間には，次のようにして，'自然' な同型写像（基底のとり方には依存しない同型写像）を定義することができる．

いま，V の 1 つの元 x に対し，写像 $\hat{x} : V^* \to K$ を
$$(7) \qquad \hat{x}(\lambda) = \lambda(x) \qquad (\lambda \in V^*)$$
によって定義する．（(7)の左辺と右辺とでは "写像と変数とが入れかわっている！"）$\hat{x}$ は V^* 上の線型形式，すなわち V^{**} の元である．実際，任意の $\lambda, \mu \in V^*$，$c \in K$ に対して
$$\hat{x}(\lambda+\mu) = (\lambda+\mu)(x) = \lambda(x) + \mu(x)$$
$$= \hat{x}(\lambda) + \hat{x}(\mu),$$
$$\hat{x}(c\lambda) = (c\lambda)(x) = c\lambda(x) = c\hat{x}(\lambda)$$
となるからである．そこで次に，写像
$$(8) \qquad x \mapsto \hat{x}$$
を考えれば，容易に示されるように
$$\widehat{x+y} = \hat{x} + \hat{y}, \quad \widehat{cx} = c\hat{x} \qquad (x, y \in V, \ c \in K)$$
であるから，これは V から V^{**} への線型写像である．さらに $\hat{x}=0$，すなわち，すべての $\lambda \in V^*$ に対して
$$\hat{x}(\lambda) = \lambda(x) = 0$$
とすれば，上の注意によって $x=0$ であるから，(8)は単射準同型である．そして $\dim V = \dim V^{**}$ であるから，(8)は V から V^{**} への同型写像となる．証

明の詳細は読者にまかせよう(問題5).

　同型写像 $x \mapsto \hat{x}$ は V から V^{**} への**自然な**同型または**標準的**同型とよばれる. 必要に応じわれわれは $\hat{x}$ と x とを同一視して, $V^{**}=V$ と考えることができる. この意味で, V が有限次元である場合, V と V^* とは '互いに双対な' 空間である.

　今まで通り V を有限次元のベクトル空間とし, M を V の部分空間とする. M のすべての元 x に対して $\lambda(x)=0$ となるような $\lambda \in V^*$ の全体は明らかに V^* の部分空間を作る. これを $M^{\perp}$ で表わす. 同様に, V^* の部分空間 N が与えられたとき, すべての $\lambda \in N$ に対して $\lambda(x)=0$ となるような $x \in V$ の全体を $N^{\perp}$ とすれば, $N^{\perp}$ は V の部分空間である. $M^{\perp}, N^{\perp}$ をそれぞれ M, N の**直交空間**という.

　$\lambda \in M^{\perp}$ とすれば, $\lambda(x) (x \in V)$ の値は x の mod M の類に対して定まるから,
$$\bar{\lambda}(\bar{x}) = \lambda(x) \tag{9}$$
として, 写像 $\bar{\lambda}: V/M \to K$ を定義することができる. ただし, $\bar{x}$ は x の mod M の類, すなわち自然な準同型 $V \to V/M$ による x の像を表わすのである. この $\bar{\lambda}$ が V/M 上の線型形式, すなわち $(V/M)^*$ の元であることは容易に示される. 逆に Λ を $(V/M)^*$ の任意の元とするとき, $\lambda(x)=\Lambda(\bar{x})$ とおけば, λ は V 上の線型形式で, 明らかに $\lambda \in M^{\perp}, \bar{\lambda}=\Lambda$ となる. したがって
$$\lambda \mapsto \bar{\lambda}$$
は $M^{\perp}$ から $(V/M)^*$ への全単射で, しかも直ちにわかるように同型写像である. これらのこともくわしい検証は読者にまかせよう(問題6).

　上記のことから, $M^{\perp}$ は商空間 V/M の双対空間と考えられることがわかる. したがって特に
$$\dim M^{\perp} = \dim(V/M)^* = \dim(V/M) = \dim V - \dim M$$
である. V と V^* との双対性によって, V^* の部分空間 N に対しても
$$\dim N^{\perp} = \dim V^* - \dim N = \dim V - \dim N \tag{10}$$
が成り立つ. 次節でこの最後の式(10)を用いる.

問　題

1. (1), (2) によって定義された $f+g, cf$ が $\operatorname{Hom}_K(V, W)$ の元であることを示せ.

2. $\mathrm{Hom}_K(V, W)$ が K 上のベクトル空間であることをくわしく確かめよ.

3. 本文の式(3), (4), (5) を証明せよ.

4. K^n の元 $A=(a_1, \cdots, a_n)$ に対し, (6)を満たす $\lambda \in V^*$ を本文のように λ_A とする. $A \mapsto \lambda_A$ は K^n から V^* への同型写像であることを示せ.

5. (7)で定義した V^* 上の線型形式 $\hat{x} : V^* \to K$ について, $x \mapsto \hat{x}$ は V から V^{**} への同型写像であることを示せ. ただし V は有限次元とする.

6. (9)で定義した $\bar{\lambda}$ は V/M 上の線型形式であること, また $\lambda \mapsto \bar{\lambda}$ は $M^{\perp}$ から $(V/M)^*$ への同型写像であることを示せ.

7. $V=K^n$ とし, $\lambda_1, \cdots, \lambda_n$ を, V の元 $x=(x_1, \cdots, x_n)$ に対し,
$$\lambda_i(x) = x_1+\cdots+x_i \qquad (1 \leq i \leq n)$$
によって定義される V 上の線型形式とする. $\{\lambda_1, \cdots, \lambda_n\}$ は V^* の基底であることを示せ. この基底は V のどんな基底の双対基底となっているか.

8. V を有限次元のベクトル空間とすれば, V の任意の部分空間 M に対して $(M^{\perp})^{\perp}=M$ が成り立つことを示せ. また V^* の任意の部分空間 N に対して $(N^{\perp})^{\perp}=N$ が成り立つことを示せ.

9. V を有限次元のベクトル空間とし, M_1, M_2 を V の部分空間とする. $(M_1+M_2)^{\perp}=M_1^{\perp} \cap M_2^{\perp}$ であることを示せ.

10. 前問と同じ仮定のもとに $(M_1 \cap M_2)^{\perp}=M_1^{\perp}+M_2^{\perp}$ であることを示せ.

11. V をベクトル空間とする. (以下の問題では V を有限次元と仮定しない.)
$$\dim(V/H) = 1$$
であるような V の部分空間 H を V の**超平面**という. λ を V 上の 0 でない線型形式とすれば, $\mathrm{Ker}\,\lambda = H$ は V の超平面であることを示せ.

12. V をベクトル空間, H をその超平面とすれば, V 上のある 0 でない線型形式 λ によって $H=\mathrm{Ker}\,\lambda$ と表わされることを示せ.

13. λ, μ を V 上の線型形式とし, $\mu(x)=0$ であるすべての $x \in V$ に対して $\lambda(x)=0$ が成り立つとする. そのとき, ある $c \in K$ が存在して $\lambda = c\mu$ となることを示せ.

14. $\lambda, \mu_1, \cdots, \mu_n$ を V 上の線型形式とする. $\mu_1(x)=\cdots=\mu_n(x)=0$ であるようなすべての $x \in V$ に対して $\lambda(x)=0$ が成り立つならば, 適当な $c_i \in K$ によって $\lambda=\sum_{i=1}^{n} c_i \mu_i$ と表わされることを示せ. [ヒント: n に関する帰納法によれ.]

§5 線型写像と行列

K を1つの体とする. I, J を2つの空でない集合とするとき, $I \times J$ から K への写像 $(i, j) \mapsto a_{ij}$ を K における (I, J) 型の**行列**(matrix)という. これを

$(a_{ij})_{(i,j)\in I\times J}$ または略して (a_{ij}) で表わす. I, J がそれぞれ m 個, n 個の元から成る有限集合である場合には, (I, J) 型の行列を (m, n) 型の行列または $m\times n$ 行列ともいう. 以下ではそのような場合のみを取り扱う. その場合, 添字集合を通常 $I=\{1, \cdots, m\}$, $J=\{1, \cdots, n\}$ にとって, $(a_{ij})_{(i,j)\in I\times J}$ を $(a_{ij})_{1\leq i\leq m, 1\leq j\leq n}$ と書く. 慣用の記法で, これをまた

$$\begin{bmatrix} a_{11} & a_{12} & \cdots & a_{1n} \\ a_{21} & a_{22} & \cdots & a_{2n} \\ \cdots & \cdots & \cdots & \cdots \\ a_{m1} & a_{m2} & \cdots & a_{mn} \end{bmatrix}$$

のように書き表わす. 特に $1\times n$ 行列, $m\times 1$ 行列はそれぞれ n-**行ベクトル**, m-**列ベクトル**とよばれる. これらはそれぞれ K^n, K^m の元と考えられる. 行列 $(a_{ij})_{1\leq i\leq m, 1\leq j\leq n}$ に対して, n-行ベクトル

$$(a_{i1}, a_{i2}, \cdots, a_{in})$$

をその**第 i 行**, m-列ベクトル

$$\begin{bmatrix} a_{1j} \\ a_{2j} \\ \vdots \\ a_{mj} \end{bmatrix}$$

を**第 j 列**といい, a_{ij} を (i, j) **成分**という. K における $m\times n$ 行列全体の集合を $M_{m,n}(K)$ で表わす. 特に $n\times n$ 行列——それを n 次の**正方行列**(または単に n 次の行列)という——の全体は $M_n(K)$ と書く.

V, W をそれぞれ基底 $\{v_1, \cdots, v_n\}$, $\{w_1, \cdots, w_m\}$ をもつ K 上の有限次元ベクトル空間とする. f を V から W への線型写像とすれば,

(1) $$f(v_j) = \sum_{i=1}^{m} a_{ij} w_i \qquad (1\leq j\leq n)$$

によって, K における $m\times n$ 行列 $(a_{ij})_{1\leq i\leq m, 1\leq j\leq n}$ が定まる. 逆に任意の $m\times n$ 行列 (a_{ij}) が与えられたとき, 定理5によって(1)を成り立たせる線型写像 $f: V\to W$ が一意的に存在する. したがって, f に行列 (a_{ij}) を対応させる写像は $\mathrm{Hom}(V, W)$ から $M_{m,n}(K)$ への全単射である. (1)によって定まる行列 (a_{ij}) を, V, W の基底 $\{v_1, \cdots, v_n\}, \{w_1, \cdots, w_m\}$ に関する f の**表現行列**または単に f の**行列**という.

特に $W=K$ の場合には，K は1を基底とする1次元ベクトル空間であるから，線型写像 $\lambda: V \to K$ は，$1 \times n$ 行列，すなわち n-行ベクトル $(a_1, \cdots, a_n)$，ただし $\lambda(v_j)=a_j$，によって表現される．(このことはすでに前節で述べた．) この n-ベクトル $(a_1, \cdots, a_n)$ を簡単に基底 $\{v_1, \cdots, v_n\}$ に関する線型形式 λ の**表現ベクトル**という．前節のように $\{v_1, \cdots, v_n\}$ の双対基底を $\{\lambda_1, \cdots, \lambda_n\}$ とすれば，これは $\lambda \in V^*$ の $\{\lambda_1, \cdots, \lambda_n\}$ に関する座標ベクトルにほかならない．(なぜか？)

前の場合にもどり，$A=(a_{ij})$, $A'=(a_{ij}')$ を2つの $m \times n$ 行列，それらを表現行列とする $\mathrm{Hom}(V, W)$ の元をそれぞれ f, f' とする．そのとき，与えられた基底に関する $f+f'$, $cf (c \in K)$ の行列は，明らかに $(a_{ij}+a_{ij}')$, (ca_{ij}) である．(証明せよ．) そこで，行列の和およびスカラー倍を

$$A+A' = (a_{ij}+a_{ij}'), \quad cA = (ca_{ij})$$

と定義する．この定義によって $M_{m,n}(K)$ は $\mathrm{Hom}(V, W)$ と同型なベクトル空間となる．ベクトル空間 $M_{m,n}(K)$ の次元が mn であることはみやすい．実際，加法とスカラー倍に関しては，$M_{m,n}(K)$ の元は mn-ベクトルと同様に取り扱えるからである．これから，次のことがわかる．

"V, W をそれぞれ K 上の n 次元，m 次元のベクトル空間とすれば，ベクトル空間 $\mathrm{Hom}(V, W)$ の次元は mn である．"

$\dim V = n$ のとき，双対空間 $V^* = \mathrm{Hom}(V, K)$ の次元が n に等しいことは前節でみたが，このことは上の命題の特別な場合である．

Z を，基底 $\{z_1, \cdots, z_l\}$ をもつ，もう1つの K 上のベクトル空間とする．f, g をそれぞれ $\mathrm{Hom}(V, W)$, $\mathrm{Hom}(W, Z)$ の元とし，与えられた基底に関する f の行列を上のように (a_{ij})，また g の行列を $(b_{hi})_{1 \leq h \leq l, 1 \leq i \leq m}$ とする．すなわち

$$g(w_i) = \sum_{h=1}^{l} b_{hi} z_h \quad (1 \leq i \leq m)$$

である．そのとき

$$(g \circ f)(v_j) = g\left(\sum_{i=1}^{m} a_{ij} w_i\right) = \sum_{i=1}^{m} a_{ij} g(w_i)$$
$$= \sum_{i=1}^{m} a_{ij}\left(\sum_{h=1}^{l} b_{hi} z_h\right) = \sum_{h=1}^{l}\left(\sum_{i=1}^{m} b_{hi} a_{ij}\right) z_h$$

であるから，$g \circ f \in \mathrm{Hom}(V, Z)$ の基底 $\{v_1, \cdots, v_n\}, \{z_1, \cdots, z_l\}$ に関する行列を $(c_{hj})_{1 \leq h \leq l, 1 \leq j \leq n}$ とすれば，任意の $1 \leq h \leq l, 1 \leq j \leq n$ に対して

(2) $$c_{hj} = \sum_{i=1}^{m} b_{hi} a_{ij}$$

となる．そこで $m \times n$ 行列 $A = (a_{ij})$ と $l \times m$ 行列 $B = (b_{hi})$ に対し，(2) で定められる c_{hj} を (h, j) 成分とする $l \times n$ 行列 (c_{hj}) を B, A の積 BA と定義する．そうすれば，定義によって，線型写像の合成には行列の積が対応することになる．写像の合成は結合的であるから，行列の積も結合的である．すなわち

$$(CB)A = C(BA).$$

また，前節の式 (3), (4), (5) に対応して

$$B(A + A') = BA + BA', \quad (B + B')A = BA + B'A,$$
$$B(cA) = (cB)A = c(BA) \quad (c \in K)$$

が成り立つ．もちろん，これらの演算法則は，式の中の和や積が意味をもつ場合に成り立つのである．

上記において特に $V = W = Z$ の場合を考えよう．その場合は，V の K-自己準同型 f に対し，

$$f(v_j) = \sum_{i=1}^{n} a_{ij} v_i \quad (1 \le j \le n)$$

によって定まる n 次の正方行列 $(a_{ij})_{1 \le i, j \le n}$ を，V の基底 $\{v_1, \cdots, v_n\}$ に関する f の**表現行列**という．$M_n(K)$ は上に定義した行列の加法，スカラー倍および乗法について K 上の線型環をなすが，f にその行列 (a_{ij}) を対応させる写像は，$\mathrm{End}_K(V)$ から $M_n(K)$ への線型環としての同型写像である．線型環 $M_n(K)$ を K 上の n 次の**全行列環**または単に**行列環**という．この環の単位元は n 次の**単位行列** $(\delta_{ij})_{1 \le i, j \le n}$ である．ただし，δ はいわゆる 'Kronecker の δ' で，

$$\delta_{ij} = \begin{cases} 1, & i = j \text{ のとき}, \\ 0, & i \ne j \text{ のとき} \end{cases}$$

である．環 $M_n(K)$ の可逆元は n 次の**可逆行列**あるいは**正則行列**とよばれる．$f \in \mathrm{End}_K(V)$ の表現行列を A とすれば，明らかに，f が V の K-自己同型であるとき，またそのときに限って A は可逆行列である．

ふたたび一般の場合にもどり，V, W をそれぞれ $\{v_1, \cdots, v_n\}, \{w_1, \cdots, w_m\}$ を基底とする K 上のベクトル空間とする．線型写像 $f: V \to W$ のこれらの基底に関する表現行列を $A = (a_{ij})$ とする．そのとき，V の元

$$x = x_1 v_1 + \cdots + x_n v_n$$

の f による像を
$$y = y_1 w_1 + \cdots + y_m w_m$$
とすれば，
$$f(x) = f\Big(\sum_{j=1}^{n} x_j v_j\Big) = \sum_{j=1}^{n} x_j f(v_j)$$
$$= \sum_{j=1}^{n} x_j \Big(\sum_{i=1}^{m} a_{ij} w_i\Big) = \sum_{i=1}^{m} \Big(\sum_{j=1}^{n} a_{ij} x_j\Big) w_i$$
であるから，
$$y_i = \sum_{j=1}^{n} a_{ij} x_j \qquad (1 \leq i \leq m)$$
となる．行列の積の定義によれば，この結果は

(3) $$Y = AX$$

と表わされる．ただし，X は基底 $\{v_1, \cdots, v_n\}$ に関する x の座標ベクトル，Y は基底 $\{w_1, \cdots, w_m\}$ に関する $y = f(x)$ の座標ベクトルである．(ここでは X や Y を'列ベクトル'，すなわち $n \times 1$ 行列および $m \times 1$ 行列とみなしていることに注意せよ！) すなわち，与えられた基底に関して V や W の元をそれぞれ座標ベクトルで表現し，また線型写像 $f : V \to W$ を行列で表現すれば，
$$y = f(x)$$
という関係は，(3)のような行列の間の関係式に翻訳されるのである．

さらに続けて線型写像 $f : V \to W$ を考察する．f の像 $f(V)$ の次元は f の**階数**とよばれる．$f(V)$ は $f(v_1), \cdots, f(v_n)$ によって生成される W の部分空間である．f の階数を r とすれば，定理7によって

(4) $$\dim(\mathrm{Ker}\, f) = n - r$$

となる．一方 f を

(5) $$f(x) = \mu_1(x) w_1 + \cdots + \mu_m(x) w_m \qquad (\mu_i(x) \in K)$$

の形に書けば，おのおのの'座標関数' $\mu_i : V \to K$ は明らかに V 上の線型形式である．$\mu_1, \cdots, \mu_m$ によって生成される V^* の部分空間を N とする．$x \in V$ が $\mathrm{Ker}\, f$ に属するためには，すべての $i = 1, \cdots, m$ に対して $\mu_i(x) = 0$，したがってすべての $\mu \in N$ に対して $\mu(x) = 0$ となることが必要かつ十分である．いいかえれば，$\mathrm{Ker}\, f$ は N の直交空間 $N^\perp$ に等しい．前節の(10)によれば，$\dim N = r'$ とするとき

(6) $$\dim N^\perp = n - r'$$

である．上に示したように $\operatorname{Ker} f = N^\perp$ であるから，(4), (6) を比較すれば，$r = r'$ であることがわかる．これで次の命題が証明された．

　"線型写像 $f: V \to W$ を (5) の形に書くとき，$\mu_1, \cdots, \mu_m$ によって生成される V^* の部分空間 N の次元は f の階数に等しい．"

　この命題を行列のことばに翻訳すれば，次のような興味ある結論が得られる．上のように f の表現行列を $A = (a_{ij})$ とすれば，定義の式 (1) によって，A の第 j 列

$$A_j = \begin{bmatrix} a_{1j} \\ \vdots \\ a_{mj} \end{bmatrix}$$

は基底 $\{w_1, \cdots, w_m\}$ に関する $f(v_j)$ の座標ベクトルである．f の階数は，$f(V)$，すなわち $f(v_1), \cdots, f(v_n)$ によって生成される W の部分空間の次元であったから，それは $A_1, \cdots, A_n$ によって生成される K^m の部分空間の次元に等しい．他方，$\mu_i(v_j) = a_{ij}$，したがって

$$\mu_i(v_1) = a_{i1}, \; \cdots, \; \mu_i(v_n) = a_{in}$$

であるから，A の第 i 行

$$A^i = (a_{i1}, \cdots, a_{in})$$

は，$\mu_i \in V^*$ の $\{v_1, \cdots, v_n\}$ に関する表現ベクトルである．したがって $\mu_1, \cdots, \mu_m$ によって生成される V^* の部分空間 N の次元は，$A^1, \cdots, A^m$ によって生成される K^n の部分空間の次元に等しい．よって次の命題が得られる．

　補題 E　$A \in M_{m,n}(K)$ の第 j 列を A_j (これは m-列ベクトルである)，第 i 行を A^i (これは n-行ベクトルである) とすれば，$A_1, \cdots, A_n$ によって生成される K^m の部分空間の次元は，$A^1, \cdots, A^m$ によって生成される K^n の部分空間の次元に等しい．

　定理 1 の証明を参照すれば，われわれはまた，この命題を次のように述べることができる："$m \times n$ 行列 A の n 個の列ベクトル $A_1, \cdots, A_n$ のうち 1 次独立であるものの最大数は，m 個の行ベクトル $A^1, \cdots, A^m$ のうち 1 次独立であるものの最大数に等しい．" われわれはこの共通の値を行列 A の **階数** と定義する．それは A を表現行列にもつような線型写像の階数に等しい．

最後に，線型写像 $f: V \to W$ の核 $\operatorname{Ker} f$ は，行列表示の形でいえば，1次方程式

(7) $$AX = O$$

すなわち

(7′) $$\begin{cases} a_{11}x_1 + \cdots + a_{1n}x_n = 0 \\ \cdots\cdots\cdots\cdots \\ a_{m1}x_1 + \cdots + a_{mn}x_n = 0 \end{cases}$$

の解の全体にほかならないことに注意する．写像 $x \mapsto f(x)$ は，行列表示すれば，$X \mapsto AX$ の形になるからである．(7)あるいは(7′)の解の全体は K^n の部分空間——それを(7)あるいは(7′)の**解空間**という——を作るが，(4)によれば，その次元は $n-r$ (r は A の階数)に等しい．この結果を定理として述べておこう．

定理8 体 K における $m \times n$ 行列 $A = (a_{ij})$ の階数を r とすれば，連立1次方程式(7′)の解空間の次元は $n-r$ に等しい．

問　題

1. i, j を $1 \leq i, j \leq n$ を満たす1組の整数とするとき，(i, j) 成分だけが1で他の成分がすべて0である n 次の正方行列を E_{ij} とする．次のことを示せ．
(a) $E_{ij}E_{kl} = \delta_{jk}E_{il}$. ($\delta$ は Kronecker の δ)
(b) $M_n(K)$ の任意の元 $A = (a_{ij})$ に対して $E_{ii}AE_{jj} = a_{ij}E_{ij}$.

2. n 次の全行列環 $M_n(K)$ の0でない両側イデアルは $M_n(K)$ 自身のほかにないことを証明せよ．[ヒント：前問の等式を用いよ．]

3. $A \in M_n(K)$ とし，任意の $X \in M_n(K)$ に対して $AX = XA$ が成り立つとする．そのとき，ある $c \in K$ が存在して $A = cE$ であることを示せ．ただし E は n 次の単位行列である．[ヒント：$AE_{ij}, E_{ij}A$ を計算してみよ．]

4. $M_n(K)$ の元 $A = (a_{ij})$ に対して，次の3つの条件は互いに同等であることを示せ．
(i) A は可逆である．
(ii) A の階数は n である．
(iii) 任意の $b_1, \cdots, b_n \in K$ に対して，連立1次方程式
$$\begin{cases} a_{11}x_1 + \cdots + a_{1n}x_n = b_1 \\ \cdots\cdots\cdots\cdots \\ a_{n1}x_1 + \cdots + a_{nn}x_n = b_n \end{cases}$$
は K の中に解をもつ．

5. A, B を体 K における行列とし, 積 BA が定義されるとする. そのとき
$$\text{rank}(BA) \leqq \min\{\text{rank } A, \text{rank } B\}$$
であることを示せ. ただし rank A は A の階数を表わす.

6. $A \in M_{m,n}(K)$, $B \in M_{l,m}(K)$ とする. もし $BA = O$ ならば
$$\text{rank } A + \text{rank } B \leqq m$$
であることを示せ. ただし O は零行列である.

7. 複素数を成分とする 2 次の正方行列で,
$$\begin{bmatrix} \alpha & -\beta \\ \bar{\beta} & \bar{\alpha} \end{bmatrix} \quad (\bar{\alpha}, \bar{\beta} \text{ は } \alpha, \beta \text{ の共役})$$
の形のもの全体の集合を Q とする.

 (a) Q は $M_2(\boldsymbol{C})$ の部分環をなすことを示せ.

 (b) A を零行列でない Q の元とすれば, A は可逆行列で, A^{-1} も Q に属することを示せ.

 (c) $I = \begin{bmatrix} i & 0 \\ 0 & -i \end{bmatrix}$, $J = \begin{bmatrix} 0 & -1 \\ 1 & 0 \end{bmatrix}$, $K = \begin{bmatrix} 0 & -i \\ -i & 0 \end{bmatrix}$ とすれば, これらは Q の元で, $I^2 = J^2 = K^2 = -E$, $IJ = -JI = K$, $JK = -KJ = I$, $KI = -IK = J$ であることを示せ. ただし E は 2 次の単位行列, すなわち Q の単位元である. [(a),(b),(c) によって Q は非可換体であることがわかる. これは第 3 章 §2, 例 7 に述べた非可換体を, 行列記法によってみやすく表現したものである.]

 (d) Q は $\boldsymbol{R}$ 上の 4 次元のベクトル空間で, E, I, J, K がその基底となること, すなわち, 任意の $A \in Q$ は一意的に
$$A = aE + bI + cJ + dK \quad (a, b, c, d \in \boldsymbol{R})$$
と表わされることを示せ. [通常, I, J, K を小文字 i, j, k で表わして, Q の元を $a + bi + cj + dk$ の形に書く. Q を '$\boldsymbol{R}$ 上の四元数環' とよぶことはこの記法に由来している.]

8. Q を $\boldsymbol{R}$ 上の四元数環とする. Q の元 $x = a + bi + cj + dk$ に対して, $x^* = a - bi - cj - dk$ とおく.

 (a) $x, y \in Q$ に対し $(xy)^* = y^* x^*$ を示せ.

 (b) $x \in Q$ のノルムを $N(x) = xx^*$ で定義する. $x = a + bi + cj + dk$ ならば $N(x) = a^2 + b^2 + c^2 + d^2$ であることを示せ. [したがって $x \neq 0$ ならば, $x^{-1} = x^*/N(x)$ である.]

 (c) $x, y \in Q$ に対し $N(xy) = N(x)N(y)$ を示せ. [$x = a_0 + a_1 i + a_2 j + a_3 k$, $y = b_0 + b_1 i + b_2 j + b_3 k$ とすれば, この結果は
 (*) $\quad (a_0^2 + a_1^2 + a_2^2 + a_3^2)(b_0^2 + b_1^2 + b_2^2 + b_3^2) = \lambda_0^2 + \lambda_1^2 + \lambda_2^2 + \lambda_3^2,$
ただし
$$\lambda_0 = a_0 b_0 - a_1 b_1 - a_2 b_2 - a_3 b_3,$$
$$\lambda_1 = a_0 b_1 + a_1 b_0 + a_2 b_3 - a_3 b_2,$$

$$\lambda_2 = a_0b_2 - a_1b_3 + a_2b_0 + a_3b_1,$$
$$\lambda_3 = a_0b_3 + a_1b_2 - a_2b_1 + a_3b_0$$

と表わされる．(*)を **Lagrange の恒等式**という．]

§6 加 群

ベクトル空間の概念は，次のように，環の上の加群の概念に一般化される．

R を環($\neq 0$)，M を加法群とする．$R \times M$ から M への写像 $(a, x) \mapsto ax$ が定義され，次の条件が満たされているとき，M を R の上の**加群**(module)または R **加群**という．

M 1 $a \in R$, $x, y \in M$ ならば $a(x+y) = ax + ay$.

M 2 $a, b \in R$, $x \in M$ ならば $(a+b)x = ax + bx$.

M 3 $a, b \in R$, $x \in M$ ならば $(ab)x = a(bx)$.

M 4 $x \in M$ ならば $1x = x$. (1 は R の単位元)

R-加群においても R の元は**スカラー**，写像 $(a, x) \mapsto ax$ は**スカラー倍**とよばれる．R が特に体 K であるとき，K-加群をベクトル空間というのである．

上に定義したのは，くわしくは**左 R-加群**である．M が加法群で，$R \times M$ から M への写像 $(a, x) \mapsto xa$ が定義され，

M 1′ $(x+y)a = xa + ya$,

M 2′ $x(a+b) = xa + xb$,

M 3′ $x(ab) = (xa)b$,

M 4′ $x1 = x$

が満たされているときには，M は**右 R-加群**とよばれる．

注意 R, R' が2つの環で，R から R' への全単射 $a \mapsto a'$ が定義され，$(a+b)' = a' + b'$, $(ab)' = b'a'$ が成り立っているとき，R' を R の'逆転環'という．簡単にいえば，R の逆転環とは，R の'乗法を逆にした環'である．M が右 R-加群ならば，$a'x = xa$ とおくことによって，明らかに M は左 R'-加群となる．特に R が可換ならば，左加群と右加群の概念は(記法上の差異を除き)一致する．以下の一般論では左 R-加群を取り扱う．

例 1 $R^n = R \times \cdots \times R$ (n 個)において，加法を通常のように定義し，スカラー倍を

$$ax = (ax_1, \cdots, ax_n)$$

と定義する．ただし $a \in R$, $x = (x_1, \cdots, x_n) \in R^n$ である．そのとき R^n は左 R-加群となる．また

$$xa = (x_1 a, \cdots, x_n a)$$

と定義すれば，R^n は右 R-加群となる．

例2 例1で $n=1$ とすれば，R 自身，左 R-加群にも右 R-加群にもなる．

例3 M を任意の加法群とする．n を整数，$x \in M$ とすれば，すでに知っているように 'x の n 倍' nx が定義され，$(n, x) \mapsto nx$ は M 1 - M 4 を満たす．したがって，任意の加法群は '自然に' 有理整数環の上の加群，すなわち **Z**-加群と考えられる．

一般論にもどり，R を任意の環，M を（左）R-加群とする．§1 の式 (1) - (5) はもちろん任意の R-加群 M においても成り立つ．しかし，"$ax=0$ ならば $a=0$ または $x=0$" という命題は一般には必ずしも成立しない．

M を R-加群とし，N を加法群 M の部分群とする．N が条件 "$x \in N$ ならば任意の $a \in R$ に対して $ax \in N$" を満たすとき，N を M の**部分加群**という．部分加群はそれ自身1つの R-加群である．

例4 R 自身を左 R-加群と考えるとき，その部分加群は，R の左イデアルにほかならない．同様に，右 R-加群としての R の部分加群は，R の右イデアルにほかならない．

M を R-加群，$x_1, \cdots, x_n$ を M の元とする．これらの元の**1次結合**，すなわち

$$a_1 x_1 + \cdots + a_n x_n \qquad (a_i \in R)$$

の形の元の全体は M の1つの部分加群を作る．それを $x_1, \cdots, x_n$ によって**生成される部分加群**という．

M を R-加群，N を M の部分加群とする．M/N を加法群としての商群とし，自然な準同型 $M \to M/N$ による $x \in M$ の像を $\bar{x}$ とする．そのとき $a\bar{x} = \overline{ax}$ ($a \in R$) とおくことによって，M/N に R-加群としての構造を与えることができる．この R-加群を M の N による**商加群**という．

R を環とし，M, M' を R-加群とする．$f: M \to M'$ が加法群としての準同型で，任意の $a \in R$, $x \in M$ に対し

§6 加群

$$f(ax) = af(x)$$

が成り立つとき，f を R-**準同型写像**または R-**線型写像**という．(M, M' を R-加群として考察していることが明らかな場合には，単に線型写像という．) §3 の補題 D はもちろん R-加群の場合にも成り立つ．すなわち

"(R-加群の準同型定理) $f: M \to M'$ を R-線型写像とすれば，その像 $f(M)$ は M' の部分加群，核 $f^{-1}(0) = N$ は M の部分加群であって，$f(M)$ は商加群 M/N と (R-)同型である．"

ベクトル空間のときと同様に，M から M' への (R-)線型写像全体の集合を $\mathrm{Hom}(M, M')$ くわしくは $\mathrm{Hom}_R(M, M')$ で表わす．$f, g \in \mathrm{Hom}(M, M')$ に対し，前と同様に，写像 $f+g: M \to M'$ を

$$(f+g)(x) = f(x) + g(x) \quad (x \in M)$$

と定義する．これも M から M' への線型写像で，この加法について $\mathrm{Hom}(M, M')$ は加法群となる．さらに，R が '可換' ならば，$c \in R$ と $f \in \mathrm{Hom}(M, M')$ に対し

$$(cf)(x) = cf(x) \quad (x \in M)$$

として定義される写像 $cf: M \to M'$ も線形写像で，$\mathrm{Hom}(M, M')$ は R-加群となる．(R の可換性はどこに必要か？) [**注意**：一般には $\mathrm{Hom}(M, M')$ は単に加法群，すなわち $\mathbf{Z}$-加群となるだけである！]

R-線型写像の合成はまた R-線型である．すなわち M, M', M'' が R-加群で，$f: M \to M'$，$g: M' \to M''$ がともに R-線型ならば，$g \circ f: M \to M''$ も R-線型である．

M からそれ自身への R-線型写像を M の R-**自己準同型**といい，その全体を $\mathrm{End}_R(M)$ と書く．この記法もベクトル空間の場合と同様である．明らかに，$\mathrm{End}_R(M)$ は $\mathbf{Z}$-加群としての M の自己準同型環 $\mathrm{End}_{\mathbf{Z}}(M) = \mathrm{End}(M)$ の部分環である．(証明せよ．)

M_1, M_2 を R-加群とし，$M' = M_1 \times M_2$ とする．M' において，加法とスカラー倍を

$$(x_1, x_2) + (y_1, y_2) = (x_1 + y_1, x_2 + y_2),$$
$$a(x_1, x_2) = (ax_1, ax_2)$$

と定義すれば，M' は R-加群となる．この R-加群 M' を M_1 と M_2 の**直和**と

いい，$M_1 \oplus M_2$ で表わす．[**注意**：M' を M_1 と M_2 の'**直積**'とよんでもよいが，加群の場合には，記法上の理由から'**直和**'という語が慣用されるのである．]

M を R-加群とし，N_1, N_2 を M の部分加群とする．もし任意の $z \in M$ が(順序を除き)一意的に
$$z = z_1 + z_2; \quad z_1 \in N_1, \ z_2 \in N_2$$
と表わされるならば，M は N_1 と N_2 の**直和に分解される**という．

第2章§11と同様に，'直和'と'直和分解'との関係は次のように述べられる．すなわち，上のように M' を2つの与えられた R-加群 M_1, M_2 の直和とすれば，
$$M_1' = \{(x_1, 0) | x_1 \in M_1\}, \quad M_2' = \{(0, x_2) | x_2 \in M_2\}$$
はそれぞれ M_1, M_2 と同型な M' の部分加群となり，M' は M_1' と M_2' の直和に分解される．他方，R-加群 M がその部分加群 N_1, N_2 の直和に分解されるならば，
$$(z_1, z_2) \mapsto z_1 + z_2$$
は直和 $N_1 \oplus N_2$ から M への同型写像となる．それゆえ，われわれは，M が部分加群 N_1, N_2 の直和に分解される場合にも，略式に'M は部分加群 N_1 と N_2 の直和である'といい，この場合も $M = N_1 \oplus N_2$ と書く．

M が部分加群 N_1, N_2 の直和ならば，$M/N_1 \cong N_2$ である．このことは，準同型 $z = z_1 + z_2 \mapsto z_2$ に準同型定理を適用すればわかる．

直和および直和分解の概念はもちろん2つより多くの R-加群に対しても定義することができる．たとえば，R-加群 R^n は (R-加群としての) R の n 個の直和である．R-加群 $M_1, \cdots, M_n$ の直和 $M_1 \oplus \cdots \oplus M_n$ を簡単に
$$\bigoplus_{i=1}^{n} M_i$$
とも書く．

問　題

1. R を環，M を R-加群とするとき，次のことを示せ．
(a) おのおのの $a \in R$ に対し，写像 $x \mapsto ax \ (x \in M)$ は加法群 M の自己準同型である．

§6 加群

(b) (a)の写像を ρ_a で表わせば，$a \mapsto \rho_a$ は R から M の自己準同型環 $\mathrm{End}(M)$ への環準同型である．

2. R を環，M を加法群とする．$\rho: R \to \mathrm{End}(M)$ が環準同型ならば，$a \in R$, $x \in M$ に対し $ax = (\rho(a))(x)$ とおくことによって，M は R-加群となることを示せ．

3. R を標数 $m \geq 2$ の環，M を R-加群とすれば，すべての $x \in M$ に対して $mx = 0$ であることを示せ．

4. m を整数 ≥ 2, $\mathbf{Z}_m = \mathbf{Z}/(m)$ を $\mathbf{Z}$ のイデアル (m) による商環，M を加法群とする．スカラー倍 $\mathbf{Z}_m \times M \to M$ を適当に定義して，M を $\mathbf{Z}_m$-加群とすることができるためには，すべての $x \in M$ に対して $mx = 0$ であることが必要かつ十分であることを証明せよ．

5. R を環，M を R-加群とするとき，$\mathrm{Hom}_R(R, M)$ と M とは加法群として同型であることを示せ．

6. M を R-加群，$N_1, \cdots, N_n$ を M の部分加群とする．M が $N_1, \cdots, N_n$ の直和に分解されるための必要十分条件を，第2章§11，補題 O_n に準ずる形で述べよ．

7. $M_1, \cdots, M_n$ を R-加群，N_i を M_i の部分加群 $(i = 1, \cdots, n)$ とすれば，

$$\bigoplus_{i=1}^{n} M_i \Big/ \bigoplus_{i=1}^{n} N_i \cong \bigoplus_{i=1}^{n} (M_i/N_i)$$

であることを示せ．

8. M を R-加群，N をその部分加群とする．$M = N \oplus P$ となるような M の部分加群 P が存在するとき，N を M の**直和因子**といい，P を N の M における**補加群**という．（P は N に対して一意的には定まらない．）V を体 K 上の有限次元ベクトル空間とすれば，その任意の部分空間は直和因子であることを証明せよ．

9. M, M' を R-加群，$f: M \to M'$ を全射準同型，$\mathrm{Ker}\, f = N$ とする．N が M の直和因子ならば，N の1つの補加群を P とするとき，f を P に縮小した写像 $f|P = f_P$ は P から M' への同型写像であることを示せ．

10. M, M' を R-加群，$f: M \to M'$ を全射準同型，P を M の部分加群とし，f の P への縮小 $f_P: P \to M'$ は同型写像であるとする．そのとき，$\mathrm{Ker}\, f = N$ とすれば，$M = N \oplus P$ であることを示せ．

11. M, M', N, N' を R-加群，$\varphi: M \to M'$, $\psi: N \to N'$ を R-準同型とする．そのとき，$f \mapsto f \circ \varphi$ によって定義される写像

$$\varphi^*: \mathrm{Hom}_R(M', N) \to \mathrm{Hom}_R(M, N),$$

および，$f \mapsto \psi \circ f$ によって定義される写像

$$\psi_*: \mathrm{Hom}_R(M, N) \to \mathrm{Hom}_R(M, N')$$

は $\mathbf{Z}$-準同型であることを示せ．さらに，もし R が可換ならば，これらは R-準同型であることを示せ．（次の問題12, 13では φ^*, ψ_* を本問で定義した意味に用いる．）

以下の問題をするために，次の概念を用意しておく．R-加群の間の線型写像の列
$$\cdots\cdots \to M_0 \to M_1 \to M_2 \to \cdots\cdots$$
が**完全**(exact)であるとは，その中の連続する任意の2つの線型写像
$$A \xrightarrow{f} B \xrightarrow{g} C$$
について，$\mathrm{Im}\, f = \mathrm{Ker}\, g$ が成り立つことをいう．ただし $\mathrm{Im}\, f$ は f の像(image)である．たとえば，列 $0 \to A \xrightarrow{f} B$ が完全であるとは f が単射準同型であること，列 $B \xrightarrow{g} C \to 0$ が完全であるとは g が全射準同型であることを意味する．なぜなら，線型写像 $0 \to A$ の像は0，線型写像 $C \to 0$ の核は C であるからである．（もちろんここで0は零加群を表わす.）

12. M_1, M_2, M_3, N を R-加群とする．R-準同型の列
$$M_1 \xrightarrow{\varphi_1} M_2 \xrightarrow{\varphi_2} M_3 \longrightarrow 0$$
が完全ならば，**Z**-準同型の列
$$0 \longrightarrow \mathrm{Hom}(M_3, N) \xrightarrow{\varphi_2{}^*} \mathrm{Hom}(M_2, N) \xrightarrow{\varphi_1{}^*} \mathrm{Hom}(M_1, N)$$
は完全であることを証明せよ．

13. M, N_1, N_2, N_3 を R-加群とする．R-準同型の列
$$0 \longrightarrow N_1 \xrightarrow{\psi_1} N_2 \xrightarrow{\psi_2} N_3$$
が完全ならば，**Z**-準同型の列
$$0 \longrightarrow \mathrm{Hom}(M, N_1) \xrightarrow{\psi_1{}_*} \mathrm{Hom}(M, N_2) \xrightarrow{\psi_2{}_*} \mathrm{Hom}(M, N_3)$$
は完全であることを証明せよ．

14. M, N, P を R-加群，
$$0 \longrightarrow N \xrightarrow{f} M \xrightarrow{g} P \longrightarrow 0$$
を線型写像の完全列とする．これについて次の3つの条件は互いに同等であることを証明せよ．(i) $\mathrm{Im}\, f = \mathrm{Ker}\, g$ は M の直和因子である．(ii) $f' \circ f = I_N$ となるような線型写像 $f' : M \to N$ が存在する．(iii) $g \circ g' = I_P$ となるような線型写像 $g' : P \to M$ が存在する．

§7 自由加群とその階数

R を環とし，M を R-加群とする．M の元 $x_1, \cdots, x_n$ によって生成される M の部分加群を，以後 $\langle x_1, \cdots, x_n \rangle$ くわしくは $\langle x_1, \cdots, x_n \rangle_R$ で表わす．M が有限個の元によって生成されるとき，M を**有限生成**または**有限型**の R-加群という．特にただ1個の元によって生成される R-加群 $\langle x \rangle_R$ は**単項加群**または**巡回加群**とよばれる．以下では特に断わらない限り，われわれは有限生成の加群のみを考察する．

§7 自由加群とその階数

R-加群 M の元 $x_1, \cdots, x_n$ が (R 上で) **1次従属**であるとは，少なくとも1つは 0 でない R の適当な元 $a_1, \cdots, a_n$ に対して

$$a_1 x_1 + \cdots + a_n x_n = 0$$

が成り立つことをいう．1次従属でないときには**1次独立**であるという．これらの定義はベクトル空間の場合と同様である．ただ1個の元 x が1次独立であることは，$ax=0\,(a \in R)$ となるのが $a=0$ のときに限ることを意味するが，そのような元は**自由元**とよばれる．自由でない元は**束縛元**または**ねじれ元**という．ベクトル空間の場合には，0 でない元はすべて自由であるが，一般の環の場合はそうではない．たとえば，加法群を $\mathbf{Z}$-加群と考えるとき，位数が有限の元はすべて束縛元である．

R-加群 L が $u_1, \cdots, u_n$ によって生成され，しかも $u_1, \cdots, u_n$ が1次独立であるとき，$\{u_1, \cdots, u_n\}$ を L の**基底**という．この概念もベクトル空間の場合と同じである．$\{u_1, \cdots, u_n\}$ が L の基底であることは，明らかに，L の任意の元 x が'一意的に'

$$x = c_1 u_1 + \cdots + c_n u_n \quad (c_i \in R)$$

と表わされることと同等である．いいかえれば，すべての u_i が自由元であって，

$$L = \langle u_1 \rangle_R \oplus \cdots \oplus \langle u_n \rangle_R$$

が成り立つことと同等である．

たとえば，R-加群 R^n において，第 i 座標だけが1で他の座標がすべて0に等しい元を u_i とすれば，$\{u_1, \cdots, u_n\}$ は R^n の基底となる．この基底を R^n の**標準基底**という．

基底をもつような R-加群は**自由 R-加群**とよばれる．R が体 K ならば，(有限生成の) K-加群，すなわちベクトル空間はすべて自由であるが，一般の環の場合はそうではない．たとえば，有限加法群 ($\neq 0$) は $\mathbf{Z}$-加群として基底をもたない．

自由でない加群については次節以後で考えることとし，さしあたりここでは，自由加群について，ベクトル空間の場合と類似の次のような命題が成り立つかどうかを考えてみよう．

(A) 自由加群の基底の元の個数は一定である．

(B) L が自由加群ならば,その任意の部分加群 N も自由加群で,N の基底の元の個数は L の基底の元の個数をこえない.

このうち命題(A)は,R が'整域'ならば正しいことが容易に証明される.(次の定理でその証明を述べる.) 実はこの命題は R が'可換環'ならば一般に正しいのであるが,一般の可換環の場合の証明にはかなりの手順を要し,本書でそれを扱うのは適当でない.この証明については,弥永・小平,現代数学概説 I (岩波),第6章§7 を参照されたい.

定理9 R を整域とし,L を(有限生成の)自由 R-加群とすれば,L の基底の元の個数は一定である.

証明 この証明は簡単である.われわれは §2 の補題 C と同様な次の補題 C′ を証明すればよい.これが示されれば,補題 C から定理2を導いたのと全く同じ論法によって,上の定理が導かれるからである.

"(**補題 C′**) R を整域,M を R-加群とし,$v_1, \cdots, v_m, w_1, \cdots, w_n$ を M の元とする.もし $w_1, \cdots, w_n$ がいずれも $v_1, \cdots, v_m$ の1次結合で,$n > m$ ならば,$w_1, \cdots, w_n$ は1次従属である."

この証明も実質的に補題 C の証明のくり返しである.われわれはもう一度,前の証明 (p.178-179) をそのままの記法で引用することにする.ただし,今の場合は前の証明の中の式 (2), (3), (4) における a_{ij}, x_j はもちろん R の元である.しかし R は整域であるから,その商の体 K を作ることができ,$\lambda_1 = 0, \cdots, \lambda_m = 0$ を 'K における' 連立1次方程式とみなせば,それは K の中に自明でない解 $(x_1', \cdots, x_n')$ を有する.これに R の適当な元を掛ければ,R の中に $\lambda_1 = 0, \cdots, \lambda_m = 0$ の自明でない解 $(x_1, \cdots, x_n)$ が得られ,この解に対して

$$x_1 w_1 + \cdots + x_n w_n = 0$$

が成り立つ.これで補題 C′ が証明された.(証明終)

自由 R-加群 L の基底の元の個数を L の**階数**(rank)といい,rank L で表わす.(これは次元にあたる概念であるが,環の上の加群の場合には階数という語が慣用されている.)

次に (R を可換環として)命題(B)について考える.この命題は任意の可換環に対しては成立しない.実際,R 自身は1を基底とする階数1の自由 R-加群であるから,もし命題(B)が成り立つとすれば,R の 0 以外の R-部分加群,す

なわち R の 0 でないイデアルはどれも階数 1 の自由加群でなければならない. いいかえれば, I を R の 0 でない任意のイデアルとすれば, ある 1 つの元 a が存在して, I のすべての元が ra $(r \in R)$ の形に一意的に表わされなければならない. すなわち, R の任意のイデアルは単項イデアル (a) であって, しかも, (もし $a \neq 0$ が R の零因子ならば, イデアル (a) の元の表示が一意的ではなくなるから) R は零因子をもち得ない. すなわち, R は'単項イデアル整域'でなければならない. 以上で次の結論が得られた. "命題(B)が成り立つためには R が単項イデアル整域であることが必要である!"

逆にこれが十分条件でもあることを, 次に証明しよう.

定理 10 R を単項イデアル整域, L を自由 R-加群とする. N を L の部分加群とすれば, N も自由加群で, $\operatorname{rank} N \leqq \operatorname{rank} L$ である.

証明 $N=0$ の場合は証明することは何もないから, $N \neq 0$ とし, $\operatorname{rank} L = n$ に関する帰納法によって証明する. まず $n=1$ とし, L の基底を u とする. そのとき, $cu \in N$ となるような $c \in R$ の全体 I は R の 0 でないイデアルとなり, $I=(a)$ とすれば, 明らかに, N は au を基底とする階数 1 の自由加群となる.

次に $n \geqq 2$ とし, L の基底を $\{u_1, \cdots, u_n\}$ とする.
$$L' = \langle u_1, \cdots, u_{n-1} \rangle_R, \qquad N' = N \cap L'$$
とおく. 帰納法の仮定によって N' は階数 $\leqq n-1$ の自由加群である. N' の基底を $\{v_1, \cdots, v_s\}$ $(s \leqq n-1)$ とする. $\lambda_n : L \to R$ を基底 $\{u_1, \cdots, u_n\}$ に関する'第 n 射影', すなわち L の元
$$x = c_1 u_1 + \cdots + c_n u_n \qquad (c_i \in R)$$
に $c_n \in R$ を対応させる写像とする. もちろんこれは線型で, したがって $\lambda_n(N) = I$ は R のイデアルである. もし $I=(0)$ ならば, $N \subset L'$, したがって $N = N'$ となる. $I \neq (0)$ の場合は, $I = (a)$ $(a \neq 0)$ とし, v^* を $\lambda_n(v^*) = a$ であるような N の 1 つの元とする. そのとき $v_1, \cdots, v_s, v^*$ が N の基底となることを示そう. v を N の任意の元とすれば, ある $r \in R$ によって $\lambda_n(v) = ra$ と書かれるから,
$$\lambda_n(v - rv^*) = 0,$$
したがって $v - rv^* \in N'$ となる. よって $v - rv^* = r_1 v_1 + \cdots + r_s v_s$, すなわち
$$v = r_1 v_1 + \cdots + r_s v_s + rv^*$$
となるような $r_j \in R$ がある. ゆえに $v_1, \cdots, v_s, v^*$ は N を生成する. また

$$b_1v_1+\cdots+b_sv_s+bv^* = 0 \qquad (b_j, b \in R)$$

とすれば，左辺の λ_n による像を考えれば，$\lambda_n(bv^*)=ba=0$ であるから $b=0$ となり，したがってまた $v_1,\cdots,v_s$ の1次独立性によって $b_1=\cdots=b_s=0$ となる．すなわち $v_1,\cdots,v_s,v^*$ は1次独立である．これで $\{v_1,\cdots,v_s,v^*\}$ は N の基底であることが示され，同時に rank $N=s+1\leqq n$ も証明された．（証明終）

問 題

1. R を整域，M を R-加群とし，M の束縛元(自由でない元)全体の集合を M_0 とする．M_0 は M の部分加群であることを示せ．

2. 前問の仮定のもとに，商加群 M/M_0 は 0 以外に束縛元をもたないことを示せ．

3. 問題 1, 2 を **Z**-加群に適用して次の命題を導け：G を可換群とすれば，G の有限位数の元全体の集合 G_0 は G の部分群をなし，商群 G/G_0 は単位元のほかに有限位数の元をもたない．

4. R を整域，L を自由 R-加群とすれば，L の 0 以外の元はすべて自由であることを示せ．

§8 単項イデアル整域の上の加群

本節から先では，単項イデアル整域の上の加群について考察する．前節の定理10からも示唆されるように，このような環の上の加群は，体の上の加群，すなわちベクトル空間の次に取り扱いやすく，応用上も重要なのである．

R を1つの単項イデアル整域とする．われわれが以下で目標とするのは，R-加群の'構造定理'の証明である．その構造定理は，任意の(有限生成の)R-加群はいくつかの巡回加群の直和として表わされること，および，適当な条件のもとではそれらの直和因子が同型を除いて一意的に決定されることを主張する．しかしその証明を述べるためには，まず，前節の定理10を，もっと精密な内容に改良しておく必要がある．本節ではその'精密化'を述べよう．

はじめに二,三の概念を用意しておく．一般に，M を R-加群とするとき，R-線型写像 $\lambda: M \to R$ は M 上の**線型形式**とよばれる．線型形式全体の集合 $\mathrm{Hom}_R(M,R)$ は(R が可換であるから)また1つの R-加群となるが，これを M の**双対加群**といい，前と同様に M^* で表わす．

特に L を階数 n の自由 R-加群とすれば, 双対加群 L^* もまた階数 n の自由 R-加群である. 実際, $\{u_1,\cdots,u_n\}$ を L の1つの基底とし, $\lambda_i: L\to R$ をこの基底に関する第 i 射影, すなわち

(1) $\qquad\qquad\qquad x=c_1u_1+\cdots+c_nu_n \qquad (c_i\in R)$

に c_i を対応させる写像とすれば, $\lambda_i\in L^*$ であって, $\{\lambda_1,\cdots,\lambda_n\}$ が L^* の基底となる. この証明はベクトル空間の場合と全く同様である. 練習のため読者はその証明を実行されたい(問題1). ただし, 以下でわれわれは記号 λ_i などを上の意味に用いるけれども, 上記のような L^* の構造までが必要であるわけではない. ただ次のことには注意しておかなければならない. "x が自由加群 L の 0 でない元ならば, $\lambda(x)\neq 0$ となるような $\lambda\in L^*$ が存在する." 実際, $x\neq 0$ ならば, (1)で $c_i\neq 0$ となる i があり, したがって $\lambda_i(x)=c_i\neq 0$ となるからである.

さて定理 10 の'精密化'は次のように述べられる.

定理 11 R を単項イデアル整域とし, L を自由 R-加群とする. N を L の部分加群とし, $\mathrm{rank}\,L=n$, $\mathrm{rank}\,N=r\,(r\leq n)$ とする. そのとき, L の基底 $\{e_1,\cdots,e_n\}$, および R の 0 でない元 $a_1,\cdots,a_r$ で, 次の条件(i), (ii)を満たすものが存在する.

(i) $\{a_1e_1,\cdots,a_re_r\}$ は N の基底である.

(ii) $a_i|a_{i+1}\,(1\leq i\leq r-1)$ が成り立つ.

この定理の証明はいろいろな方法によって与えられる. 以下にわれわれが述べるのは, 特殊な準備や技巧を要しない比較的'素朴な'証明である. ただ証明の過程で §6 の問題 10 を用いるので, それを次の補題として掲出しておくことにする. この補題の証明は簡単であるから, 読者にまかせよう.

補題 F M,M' を R-加群, $f: M\to M'$ を全射準同型とし, P を M の部分加群, $\mathrm{Ker}\,f=N$ とする. もし f の P への縮小 $f_P: P\to M'$ が P から M' への同型写像ならば,

$$M=P\oplus N$$

である.

次に定理 11 の証明を述べるが, その前に R の元の整除関係に関する一, 二の用語を思い出しておく. R の 0 でない元 a,a' が'同伴'であるとは, $a'|a$ かつ $a|a'$ であることをいう. イデアルについていえば, これは $(a)=(a')$ であ

ることと同等である．$a'|a$ で，a' が a と同伴でないときには，a' を a の'真の約元'という．

定理11の証明 $N=0$ の場合には証明することは何もないから，$N \neq 0$ とし，rank $N = r$ に関する帰納法によって証明する．証明は幾分長いので，段階に分けて述べる．

1) R の 0 でない元 a で，ある $\lambda \in L^*$ と $x \in N$ によって $a = \lambda(x)$ と表わされるもの全体の集合を A とする．$N \neq 0$ であるから，A は空ではない．A の元 a が次の条件 $(*)$ を満足するとき，仮りに a を'原始元'という．

$(*)$ $a' \in A$, $a'|a$ ならば，a' は a と同伴である．

いいかえれば，$a \in A$ が原始元であるとは，a が A の中に真の約元をもたないことをいうのである．A の原始元が存在することは，第 3 章の補題 M から直ちにわかる．その証明は読者の練習問題としよう(問題 3)．

2) a_1 を A の 1 つの原始元とする．$\bar{\lambda} \in L^*$ と $v_1 \in N$ とを $\bar{\lambda}(v_1) = a_1$ となるように選ぶ．$I = \{\lambda(v_1) | \lambda \in L^*\}$ とおけば，これは明らかに R のイデアルである．a_1 はその生成元となることを証明しよう．実際，$a_1 \in I$ であるから，$I = (b)$ とすれば，$b | a_1$ となるが，b ももちろん A の元であるから，条件 $(*)$ によって b と a_1 とは同伴でなければならない．ゆえに $I = (b) = (a_1)$ である．これより，任意の $\lambda \in L^*$ に対して $a_1 | \lambda(v_1)$ であることがわかる．今，L の 1 つの基底を $\{u_1, \cdots, u_n\}$ とし，$\lambda_i \in L^*$ をこの基底に関する第 i 射影とすれば，上記のことから
$$v_1 = \lambda_1(v_1)u_1 + \cdots + \lambda_i(v_1)u_i + \cdots + \lambda_n(v_1)u_n$$
の係数はすべて a_1 で割り切れる．したがって $\lambda_i(v_1) = a_1 b_i$ ($b_i \in R$) と書くことができる．そこで
$$e_1 = b_1 u_1 + \cdots + b_i u_i + \cdots + b_n u_n$$
とおけば，$v_1 = a_1 e_1$ となる．$a_1 = \bar{\lambda}(v_1) = a_1 \bar{\lambda}(e_1)$ で，R は零因子をもたないから，$\bar{\lambda}(e_1) = 1$ である．

3) 今度は $I' = \bar{\lambda}(N)$ を考える．これももちろん R のイデアルで，$a_1 \in I'$ である．このことから，2) の I の場合と全く同じ論法によって $I' = (a_1)$ であることがわかる．$\bar{\lambda}(e_1) = 1$ であるから，線型写像 $\bar{\lambda}: L \to R$ は全射準同型で，$\bar{\lambda}$ を $\langle e_1 \rangle_R$ に縮小した写像は，$\langle e_1 \rangle_R$ から R への R-同型写像である．したがって補題 F により，Ker $\bar{\lambda} = L'$ とおけば

§8 単項イデアル整域の上の加群

(2) $$L = \langle e_1 \rangle_R \oplus L'$$

となる．また上に注意したことから，$\tilde{\lambda}$ の N への縮小 $\tilde{\lambda}_N : N \to R$ は N を (R-加群としての) $\tilde{\lambda}(N) = (a_1)$ の上に線型に写像し，$\tilde{\lambda}_N$ の $\langle v_1 \rangle_R = \langle a_1 e_1 \rangle_R$ への縮小は，$\langle a_1 e_1 \rangle_R$ から (a_1) への R-同型写像である．したがってふたたび補題Fにより，$\operatorname{Ker} \tilde{\lambda}_N = N' = N \cap L'$ とおけば

(3) $$N = \langle a_1 e_1 \rangle_R \oplus N'$$

となる．

4) 定理10によって，(2)および(3)の L', N' は自由加群で，階数はそれぞれ

$$\operatorname{rank} L' = n-1, \quad \operatorname{rank} N' = r-1$$

である．もし $N' = 0$, すなわち $r = 1$ ならば，L' の任意の基底を $\{e_2, \cdots, e_n\}$ として，われわれの証明はすでに完了している．$N' \neq 0$ ならば，帰納法の仮定によって，L' の基底 $\{e_2, \cdots, e_n\}$ および R の 0 でない元 $a_2, \cdots, a_r$ を，

(i′)　$\{a_2 e_2, \cdots, a_r e_r\}$ は N' の基底，

(ii′)　$a_i | a_{i+1}$ $(2 \leq i \leq r-1)$

となるように選ぶことができる．これらの L' または N' の基底 $\{e_2, \cdots, e_n\}$, $\{a_2 e_2, \cdots, a_r e_r\}$ の先頭にそれぞれ $e_1, a_1 e_1$ をつけ加えれば，L または N の基底が得られ，$a_1 | a_2$ という主張を除いて，定理の条件 (ⅰ), (ⅱ) はすべて満足させられる．よって最後に $a_1 | a_2$ であることを示せば，われわれの証明は完了することになる．

5) $a_1 | a_2$ であることは次のように証明される．今 λ' を L' 上の任意の線型形式，すなわち $(L')^*$ の任意の元とする．(2) によって L は $\langle e_1 \rangle_R$ と L' の直和であるから，$\langle e_1 \rangle_R$ 上では前の $\tilde{\lambda}$ と一致し，L' 上では λ' と一致するような L 上の線型形式 λ が存在する．すなわち，L の元 $x = c_1 e_1 + x'$ $(c_1 \in R, x' \in L')$ に対して

$$\lambda(x) = c_1 + \lambda'(x')$$

と定義すればよいのである．$I'' = \lambda(N)$ は R のイデアルであるが，明らかに $\lambda(v_1) = \lambda(a_1 e_1) = a_1$ であるから，$a_1 \in I''$ である．これより，もう一度前と同じ論法を用いて $I'' = (a_1)$ であることがわかる．したがって，任意の $y' \in N'$ に対して

$$a_1 | \lambda(y') = \lambda'(y'),$$

特に $a_1 | \lambda'(a_2 e_2)$ である．このことは L' 上の任意の線型形式 λ' に対して成り立つ．特に，L' の基底 $\{e_2, \cdots, e_n\}$ に関する第2射影，すなわち $x' = c_2 e_2 + \cdots + c_n e_n$ に c_2 を対応させる写像 λ_2' を考えれば，$\lambda_2'(a_2 e_2) = a_2$ であるから，$a_1 | a_2$ となる．以上で定理の証明が完結した．（証明終）

問　題

1. L が階数 n の自由 R-加群ならば，L^* も階数 n の自由 R-加群であることを証明せよ．
2. 有限加法群 M を $\mathbf{Z}$-加群と考えるとき，その双対加群 M^* は零加群であることを示せ．
3. 定理11の証明において，A が原始元をもつことの証明をくわしく述べよ．
4. 定理11の a_1 は同伴を除き A の唯一の原始元で，$A \cup \{0\}$ は a_1 によって生成されるイデアル (a_1) に等しいことを示せ．

§9　加群の構造定理

前節にひき続き，R を単項イデアル整域とする．M を R-加群，x を M の元とする．$cx = 0$ であるような $c \in R$ の全体は明らかに R のイデアルとなるが，これを x の**零化域**(annihilator)といい，$\mathrm{Ann}\, x$ で表わす．x が自由であることは $\mathrm{Ann}\, x = (0)$ と同等である．

写像 $c \mapsto cx$ は R から $\langle x \rangle_R$ への(R-加群としての)全射準同型で，$\mathrm{Ann}\, x$ はその核にほかならない．したがって $\mathrm{Ann}\, x = (a)$ とすれば，R-加群として

$$\langle x \rangle_R \cong R/(a)$$

である．すなわち，任意の巡回 R-加群は $R/(a)$ と同型で，特に自由な R-加群は R と同型である．［注意：$R/(a)$ は環としての構造ももつが，ここではわれわれはこれを R-加群とみなしている．すなわち，R 自身を1つの R-加群，(a) をその R-部分加群とみて，商加群 $R/(a)$ を考えるのである．］

R-加群 M において，M のねじれ元(束縛元)全体の集合を M_0 とすれば，M_0 は M の部分加群となる．この証明は練習問題とする(§7, 問題1)．M_0 を M の**ねじれ部分**(または**束縛部分**)という．$M = M_0$ であるとき，M をねじれ

加群(torsion module)といい，$M_0=\{0\}$ であるとき，M は**ねじれがない**(torsion-free)という．(これらの奇妙な言葉はトポロジーから派生した術語である.) 容易にわかるように，自由 R-加群はねじれのない加群である($\S7$, 問題4). その逆に，(有限型の R-加群については)M がねじれのない加群ならば M は自由であることが，少しのちに示される.

今 M を有限型の R-加群とし，生成元を $v_1, \cdots, v_n$ とする. L を，基底 $\{u_1, \cdots, u_n\}$ をもつ階数 n の任意の自由 R-加群とする. (たとえば $L=R^n$ とし，$\{u_1, \cdots, u_n\}$ をその標準基底とすればよい.) 写像 $f: L \to M$ を

$$f\left(\sum_{i=1}^n c_i u_i\right) = \sum_{i=1}^n c_i v_i \qquad (c_i \in R)$$

と定義すれば，f は R-全射準同型である. したがって，その核を N とすれば

$$L/N \cong M$$

となる. 定理11によって，われわれは L の新しい基底 $\{e_1, \cdots, e_n\}$ と R の 0 でない元 $a_1, \cdots, a_r$ とを，$a_i | a_{i+1}$ であって，$\{a_1 e_1, \cdots, a_r e_r\}$ が N の基底となるようにとることができる. そのとき，

$$L = \langle e_1 \rangle_R \oplus \cdots \oplus \langle e_r \rangle_R \oplus \cdots \oplus \langle e_n \rangle_R,$$
$$N = \langle a_1 e_1 \rangle_R \oplus \cdots \oplus \langle a_r e_r \rangle_R$$

であるから，

$$L/N \cong \left(\bigoplus_{i=1}^r \langle e_i \rangle_R / \langle a_i e_i \rangle_R \right) \oplus \langle e_{r+1} \rangle_R \oplus \cdots \oplus \langle e_n \rangle_R$$

となり，$\langle e_i \rangle_R / \langle a_i e_i \rangle_R \cong R/(a_i)$, $\langle e_j \rangle_R \cong R$ であるから

(1) $$M \cong \left(\bigoplus_{i=1}^r R/(a_i)\right) \oplus \overbrace{R \oplus \cdots \oplus R}^{s} \qquad (r+s=n)$$

となる. すなわち，M はいくつかの巡回 R-加群の直和の形に表わされる. (もちろん(1)で $r=0$ となることも $s=0$ となることもある.) ここでイデアル (a_i) は

$$(a_1) \supset (a_2) \supset \cdots \supset (a_r)$$

を満足しているが，このうちの最初の数項は $=R$ であることもあり得る. (1) の直和分解においてそのような (a_i) に対応する因子は $R/(a_i)=\{0\}$ となるから省略してよい. もしそのような'むだ'があればそれを取り除いて，(1)を'むだのない'表現に直すことができる. (最初に M の生成元 $v_1, \cdots, v_n$ をその個数

が最小となるようにとっておけば，明らかにむだな (a_i) は現われない.)

以上で，次の'構造定理'の前半の部分が証明された.

定理 12 R を単項イデアル整域とすれば，任意の有限型 R-加群 M は有限個の巡回加群の直和として

$$(1) \qquad M \cong \left(\bigoplus_{i=1}^{r} R/(a_i)\right) \oplus \overbrace{R \oplus \cdots \oplus R}^{s}$$

と表わされる．ここでイデアル (a_i) は

$$(2) \qquad R \neq (a_1) \supset (a_2) \supset \cdots \supset (a_r) \neq (0)$$

を満たすように選ぶことができる．しかも，この条件のもとで，イデアル (a_1), $\cdots, (a_r)$ および自由巡回因子の数 s は M に対して一意的に定まる．

一意性の部分の証明は次節までのばすことにする．ここではひとまず一意性の部分も承認して，先の議論を続けよう．

定理 12 のイデアル $(a_1), \cdots, (a_r)$ は加群 M の**不変因子**とよばれる．また s は M の**階数**とよばれる．

上のように有限型 R-加群 M の直和分解が (1) で与えられているとき，M のねじれ部分を M_0 とすれば，明らかに

$$(3) \qquad M_0 \cong \bigoplus_{i=1}^{r} R/(a_i)$$

となる．したがって (1) より

$$(4) \qquad M/M_0 \cong \overbrace{R \oplus \cdots \oplus R}^{s} \cong R^s.$$

すなわち M/M_0 は自由加群である．特に $M_0 = \{0\}$ ならば M 自身が自由となる．よって次の系が得られる．

系 有限型 R-加群 M がねじれのない加群ならば M は自由である．

注意 前にもいったように，自由 R-加群はねじれがないから，単項イデアル整域 R の上の有限型加群 M については，'自由である'ことと'ねじれがない'こととは同等となる．しかしこの結論は，一般の環 R や有限型でない加群 M に対しては成り立たない (問題 1, 2 参照).

一般の ('ねじれのある') 場合にもどれば，(4) によって M/M_0 は自由加群で，M の階数 s はこの自由加群の階数 $\mathrm{rank}(M/M_0)$ に等しい．自由加群の階数が確定することは定理 9 ですでに知られているから，これより s は M に対して

一意的に定まることがわかる．これで定理12の一意性の一半は証明されたのである．(定理12の一意性の主要な部分は，ねじれ部分 M_0 に対して不変因子 (a_i) が一意に確定することを主張する部分である．)

次の議論に進む前に1つの補題を用意しておく．

補題 G　$b_1, \cdots, b_r$ を対ごとに素な R の元とすれば，$a=b_1\cdots b_r$ とおくとき
$$R/(a) \cong R/(b_1) \oplus \cdots \oplus R/(b_r)$$
である．

証明　簡単のため $r=2$ の場合を証明する．(一般の場合はこれから帰納法によって導かれる．) まず次の命題を証明する．

"$a=b_1 b_2$, $(b_1, b_2)=1$ ならば，任意の $x_1, x_2 \in R$ に対して

(5) $\begin{cases} x \equiv x_1 \pmod{(b_1)} \\ x \equiv x_2 \pmod{(b_2)} \end{cases}$

を満たす $x \in R$ が $\bmod (a)$ でただ1つ存在する．"

この命題の証明は実質的に $\boldsymbol{Z}$ の場合の第1章，定理9の証明と同じである．念のためにくり返しておこう．$(b_1, b_2)=1$ であるから，$r_1 b_1 + r_2 b_2 = 1$ を満たす $r_1, r_2 \in R$ が存在し(第3章補題 K)，
$$x = r_1 b_1 x_2 + r_2 b_2 x_1$$
とおけば，$x \equiv r_2 b_2 x_1 \pmod{(b_1)}$, $r_2 b_2 \equiv 1 \pmod{(b_1)}$ であるから，$x \equiv x_1 \pmod{(b_1)}$. 同様に $x \equiv x_2 \pmod{(b_2)}$. すなわち x は(5)の1つの解となる．(5)の解が $\bmod (a)$ で一意的であることは明らかである．

そこで，写像 $R/(a) = R/(b_1 b_2) \to R/(b_1) \times R/(b_2)$ を

(6) $\qquad x \bmod (a) \mapsto (x \bmod (b_1), \ x \bmod (b_2))$

と定義する．ただし，たとえば $x \bmod (a)$ は，自然な準同型 $R \to R/(a)$ による $x \in R$ の像を表わすのである．これは明らかに R-準同型で，上の命題からわかるように全単射である．したがって
$$R/(a) \cong R/(b_1) \oplus R/(b_2)$$
となる．くわしい検証は読者の練習問題としよう(問題3)．

さてもう一度，有限型 R-加群 M の直和分解(1)にもどる．前のように M の不変因子を $(a_1), \cdots, (a_r)$ とし，$a_1, \cdots, a_r$ の素元分解を考える．a_r の素元分解に現われる互いに同伴でない素元の全体を $p_1, \cdots, p_l$ とすれば，$a_1, \cdots, a_r$ の素元分

解は

(7)
$$\begin{cases} a_1 = \varepsilon_1 p_1{}^{\mu_{11}} p_2{}^{\mu_{12}} \cdots p_l{}^{\mu_{1l}} \\ a_2 = \varepsilon_2 p_1{}^{\mu_{21}} p_2{}^{\mu_{22}} \cdots p_l{}^{\mu_{2l}} \\ \cdots\cdots\cdots\cdots \\ a_r = \varepsilon_r p_1{}^{\mu_{r1}} p_2{}^{\mu_{r2}} \cdots p_l{}^{\mu_{rl}} \end{cases}$$

の形に書かれる．ただし $\varepsilon_i (1 \leq i \leq r)$ は単元で，条件(2)により，指数 μ_{ij} は

(8) $\qquad 0 \leq \mu_{1j} \leq \mu_{2j} \leq \cdots \leq \mu_{rj} \qquad (1 \leq j \leq l)$

を満たし，少なくとも1つの j に対して $\mu_{1j} > 0$，またすべての j に対して $\mu_{rj} > 0$ である．

補題 G によれば，上のような a_i の素元分解に対応して，$R/(a_i)$ の直和分解

$$R/(a_i) \cong \bigoplus_{j=1}^{l} R/(p_j{}^{\mu_{ij}}) \qquad (1 \leq i \leq r)$$

が得られる．したがって(3)より

(9) $\qquad\qquad\qquad M_0 \cong \bigoplus_{i,j} R/(p_j{}^{\mu_{ij}}).$

もちろんこの右辺の中には $(p_j{}^{\mu_{ij}}) = R$ (すなわち $\mu_{ij}=0$) であるような trivial な因子もあり得るが，それらを取り除けば，M のねじれ部分 M_0 は

$\qquad\qquad R/(p^\mu) \qquad (p$ は素元, $\mu > 0)$

の形の巡回加群の直和として表わされることになる．叙述の便宜上，このような巡回加群を'素べき巡回加群'とよぶことにする．

M_0 の上記のような素べき巡回加群への直和分解は(順序と同型を除けば)一意的である．そのことを次に証明しよう．今 M_0 が $R/(q^\nu)$ (q は素元, $\nu > 0$) の形のいくつかの巡回加群の直和として表わされているとし，この直和分解に現われるイデアル (q^ν) の全体を，重複をこめて書き並べた系列を $\varDelta$ とする．q のうち互いに同伴でないものの全体を $q_1, \cdots, q_m$ とし，q_j に同伴な元はすべて q_j におきかえる．各 q_j について最大の指数をもつ $\varDelta$ の項の積を

$$c_1 = q_1{}^{\nu_1} \cdots q_m{}^{\nu_m}$$

とする．次に系列 $\varDelta$ から $q_1{}^{\nu_1}, \cdots, q_m{}^{\nu_m}$ を1つずつ取り除き，残りの部分からふたたび最大指数の項の積を作って

$$c_2 = q_1{}^{\nu_1'} \cdots q_m{}^{\nu_m'}$$

とする．(もし，ある j について q_j のべきの項が残っていなければ $\nu_j' = 0$ とす

る．）以下同様の操作を $\varDelta$ のすべての項がなくなるまで続けて，R の元 $c_1, c_2, \cdots,$ c_s が得られたとする．（c_s までは少なくとも1つの素元因子を含んでいるとする．）このとき $c_1, c_2, \cdots, c_s$ は順に前の元の約元で，どの元も単元ではない．そこで $c_1, c_2, \cdots, c_s$ の順序を逆にして $b_1=c_s, b_2=c_{s-1}, \cdots, b_s=c_1$ とすれば，

$$R \neq (b_1) \supset (b_2) \supset \cdots \supset (b_s) \neq (0)$$

であって，また，b_i の定義と補題 G から明らかに

$$M_0 \cong \bigoplus_{i=1}^{s} R/(b_i)$$

である．このことは $(b_1), \cdots, (b_s)$ が M の不変因子であることを意味している．したがって実は $r=s$ かつ $(a_i)=(b_i)$ $(1 \leq i \leq r)$ でなければならない．（ここではわれわれは不変因子の一意性を仮定している！）このことと素元分解の一意性から，(q^v) の全体は前の(9)における $(p_j^{\mu_{ij}})$ の全体(ただし $=R$ であるものを取り除く)と一致していることがわかる．すなわち，M_0 の素べき巡回加群への直和分解は一意的である．

注意 逆に，M_0 の素べき巡回加群への直和分解の一意性を仮定すれば，不変因子の一意性が導かれる．実際，上に示したように，M_0 の素べき巡回加群への直和分解から M の不変因子は一意的に算出されるからである．

以上で次の定理が証明された．

定理13 R を単項イデアル整域，M を有限型 R-加群とすれば，M は有限個の自由巡回加群および素べき巡回加群 $R/(p^\mu)$ の直和として表わされる．かつ，このような直和分解は(直和因子の順序と同型を除いて)一意的である．より正確にいえば，自由巡回因子の個数およびイデアル (p^μ) の全体は，M に対して一意的に定まる．

素べき巡回加群 $R/(p^\mu)$ が定理13の意味で M の直和因子であるとき，(p^μ) を M の**単因子**という．また $R/(p^\mu)$ が M の直和分解の中に現われる回数を (p^μ) の M における**重複度**という．M のすべての不変因子が知られていれば，素元分解(7)によって M のすべての単因子が(重複度もこめて)知られる．逆に M のすべての単因子がわかっていれば，すぐ上に述べたようにして M のすべての不変因子が算出される．

注意 不変因子や単因子という語の用法は必ずしも一定していない．たとえ

ば本書の意味の不変因子を単因子とよんでいる書物もある．本書の用法は(多少の違いを除けば) Bourbaki の用法と同じである．

上記の所論をわれわれは単なる可換群 G に適用することができる．可換群 G を加法的に記せば，それは自然に $\mathbf{Z}$-加群とみなされ，$\mathbf{Z}$ は単項イデアル整域であるからである．この場合，$\mathbf{Z}/(n)$ $(n\geqq 2)$ は位数 n の(普通の意味の)巡回群である．よって定理 12, 13 の特別な場合として，それぞれ次の定理が得られる．

定理 14 有限型の可換群 G は，そのねじれ部分 G_0 と階数 s の自由可換群 F との直和である．G_0 は，さらに，位数が $n_1, \cdots, n_r$ である有限巡回群の直和として表わされる．ここで

$$n_1 > 1, \quad n_i | n_{i+1} \quad (1 \leqq i \leqq r-1)$$

である．また $F(\cong \mathbf{Z}^s)$ は s 個の無限巡回群(自由巡回群)の直和である．さらに整数 r, s および n_i $(1\leqq i \leqq r)$ は G によって一意的に定まる．

定理 15 前定理 14 において，G_0 はまた，有限個の，位数が素数べき p^m である巡回群の直和として表わされる．この直和分解も，直和因子の順序と同型を除いて一意的である．

上の定理 14, 15 を**可換群(Abel 群)の基本定理**という．これらの定理において，G のねじれ部分 G_0 は G の有限位数の元全体が作る部分群である．またこの場合には，イデアル $(n_i), (p^m)$ のかわりに，簡単に，数 n_i または p^m をそのまま G の不変因子，単因子という．明らかにすべての不変因子の積 $n_1\cdots n_r$ は G_0 の位数に等しい．すべての単因子の積(各因子は重複度に等しい回数ずつ掛ける)も同様である．(なお，G の演算が乗法で記されているときには，定理 14, 15 の'直和'という語は'直積'におきかえたほうがよい．)

G が有限可換群であるとき，G の各単因子を重複度に等しい回数ずつ並べて書いて，G の構造を記述することがある．たとえば

$$(2, 2, 2^2, 3^3, 5^2, 5^2)$$

型の可換群とは，

$$\mathbf{Z}/(2) \oplus \mathbf{Z}/(2) \oplus \mathbf{Z}/(2^2) \oplus \mathbf{Z}/(3^3) \oplus \mathbf{Z}/(5^2) \oplus \mathbf{Z}/(5^2)$$

(に同型な)群を意味する．

終りに一, 二の簡単な応用例を挙げておく．

§9 加群の構造定理

例1 位数が400である可換群をすべて決定せよ.

この問題を解くために,400をいくつかの素数べきの積に表わす方法が何通りあるかを考える. $400=2^4\cdot 5^2$ で, 2^4 をいくつかの2のべきの積, 5^2 をいくつかの5のべきの積に表わす方法は,それぞれ

$$2\cdot 2\cdot 2\cdot 2, \quad 2\cdot 2\cdot 2^2, \quad 2\cdot 2^3, \quad 2^2\cdot 2^2, \quad 2^4,$$
$$5\cdot 5, \quad 5^2$$

である.これらを組合せれば10種類の表示法が得られるから,位数400の可換群には次の10個の型があることがわかる.

$$(2,2,2,2,5,5)型, \quad (2,2,2^2,5,5)型, \quad (2,2^3,5,5)型,$$
$$(2^2,2^2,5,5)型, \quad (2^4,5,5)型, \quad (2,2,2,2,5^2)型,$$
$$(2,2,2^2,5^2)型, \quad (2,2^3,5^2)型, \quad (2^2,2^2,5^2)型, \quad (2^4,5^2)型.$$

すなわち,位数400の互いに同型でない可換群は全部で10種類存在する.

例2 G を有限可換群とすれば, G の中に最大の位数をもつ元が存在する.その位数を N とすれば, G の任意の元の位数は N の約数である.

証明 この命題は定理14から得られる.すなわち, G の不変因子を $n_1, n_2, \cdots, n_r$; $n_i|n_{i+1}$ $(1\leq i\leq r-1)$ とすれば, $N=n_r$ が明らかに求めるものである.

例3 不変因子または単因子の一方から他方が算出されることは本文で述べたが,その方法を具体的に例示しよう.

たとえば,有限可換群 G の不変因子が $(2, 10, 10, 20, 1100)$ であるならば,

$$2 = 2,$$
$$10 = 2\cdot 5,$$
$$10 = 2\cdot 5,$$
$$20 = 2^2\cdot 5,$$
$$1100 = 2^2\cdot 5^2\cdot 11$$

であるから,単因子は $(2, 2, 2, 2^2, 2^2, 5, 5, 5, 5^2, 11)$ である.

また G の単因子が $(2, 2^3, 3, 3, 3, 3, 5, 5, 5^2)$ であるならば,

$$2^3\cdot 3\cdot 5^2 = 600,$$
$$2\cdot 3\cdot 5 = 30,$$
$$3\cdot 5 = 15,$$
$$3 = 3$$

であるから，不変因子は $(3, 15, 30, 600)$ である．

問 題

1. R が零因子をもつならば，R 自身は free（自由）な R-加群であるが，torsion-free（ねじれがない）ではないことを示せ．

2. M を（必ずしも有限型でない）R-加群とする．M の部分集合 B が M の**基底**であるとは，B の任意の有限個の元 $x_1, \cdots, x_n$（ただし $i \neq j$ ならば $x_i \neq x_j$）がいつも1次独立であって，しかも M の任意の元が B の適当な有限個の元の1次結合として表わされることをいう．基底をもつ R-加群は free（自由）であるという．加法群 $\boldsymbol{Q}$ は $\boldsymbol{Z}$-加群として torsion-free であるが，free ではないことを証明せよ．

3. R を単項イデアル整域とする．本節の (6) で定義した写像は，$R/(a)$ から
$$R/(b_1) \oplus R/(b_2)$$
への R-同型写像であることを示せ．ただし $a = b_1 b_2$，$(b_1, b_2) = 1$ とする．

4. R を単項イデアル整域とし，L を有限型の自由 R-加群，N を L の部分加群とする．N が L の直和因子であるためには，L/N が自由であることが必要かつ十分であることを証明せよ．

5. 有限可換群 G の位数 n の標準分解を $n = p_1^{e_1} \cdots p_k^{e_k}$ とし，G の p_i Sylow 部分群を P_i $(1 \leq i \leq k)$ とする．G は $P_1, \cdots, P_k$ の直積に分解されることを証明せよ．

6. G を位数 n の可換群とすれば，n の任意の約数 d に対して G の位数 d の部分群が存在することを示せ．

7. G を有限可換群，A, B をそれぞれ位数 m，位数 n の G の部分群とする．m, n の最小公倍数を l とすれば，G は位数 l の部分群をもつことを証明せよ．

8. 位数が 32 である互いに同型でないすべての可換群の構造を記述せよ．

9. 位数が $p_1^{e_1} \cdots p_k^{e_k}$ (p_i は相異なる素数，$e_i \in \boldsymbol{Z}^+$) である可換群のうち，互いに同型でないものは全部で
$$p(e_1) \cdots p(e_k)$$
個存在することを証明せよ．ただし，$p(e)$ は整数 e の分割数（第2章 §9，p.87 参照）を表わす．

10. 位数が 17600 の可換群で互いに同型でないものは全部でいくつあるか．

11. 有限可換群 G の位数 n が整数 >1 の平方で割り切れなければ，G は巡回群であることを証明せよ．

12. 位数 n の巡回群の不変因子および単因子を求めよ．ただし，n の標準分解を $n = p_1^{e_1} \cdots p_k^{e_k}$ とする．

13. 次の加法群を

$$Z/(n_1) \oplus Z/(n_2) \oplus \cdots \oplus Z/(n_r),$$
$$n_1 > 1, \quad n_i | n_{i+1} \ (1 \leq i \leq r-1)$$

の形に書き表わせ．

(a) $Z/(8) \oplus Z/(12)$
(b) $Z/(4) \oplus Z/(25) \oplus Z/(100)$
(c) $Z/(24) \oplus Z/(40) \oplus Z/(50) \oplus Z/(60)$

§10 一意性の証明

本節では定理12, 13の一意性の証明を述べる．前節で注意したように，不変因子と単因子の一意性は相互に他を導くから，どちらか一方を証明すればよい．ここでは，加群 M の単因子の一意性，すなわち M_0 (M のねじれ部分) の素べき巡回加群への直和分解の一意性を証明する．問題はねじれ部分 M_0 のみに関係するから，以下では M 自身をねじれ加群と仮定する．（$M \neq M_0$ のとき，M の自由巡回因子の個数が一定であることは，すでに前節で証明した．）

われわれの証明の基本のアイデアは次のようなものである．すなわち，与えられた加群 M に適当な操作をほどこして，同一の直和因子 $R/(p)$（p は R の素元）のみをもつ簡単な加群を構成し，一般の場合をその特殊な場合に還元させるのである．そのために，まず1つの記号を用意する．M を R-加群，b を R の1つの元とする．そのとき $bx\,(x \in M)$ の全体は明らかに M の部分加群を作るが，それを bM で表わす．もし $M \cong N_1 \oplus \cdots \oplus N_r$ ならば，明らかに

$$bM \cong bN_1 \oplus \cdots \oplus bN_r$$

である．また $b|c$ ならば，cM は bM の部分加群である．

今 p を R の1つの素元とし，k を正の整数とする．商加群 $p^{k-1}M/p^k M$ がどのような構造をもつかを調べよう．次の2つの補題はそのための準備である．

補題H $N(\cong R/(a))$ をねじれ巡回加群とし，

$$N = \langle x \rangle_R, \quad \mathrm{Ann}\, x = (a)$$

とする．$b \in R$ を a と互いに素な R の元とすれば，$bN = N$ である．

証明 $(a, b) = 1$ であるから，$ra + sb = 1$ を満たす $r, s \in R$ が存在し，

$$x = (sb)x + (ra)x = b(sx).$$

したがって $x \in bN$, ゆえに $bN=N$.

補題 I $N(\cong R/(a))$ を素べき巡回加群とし,
$$N = \langle x \rangle_R, \quad \text{Ann}\, x = (a) \quad (a \text{ は素元のべき})$$
とする. p を R の素元, k を正の整数とする. もし $(a,p)=1$ ならば
$$p^{k-1}N/p^kN = \{0\}$$
である. また $(a)=(p^\mu)\,(\mu>0)$ ならば
$$\mu<k \quad \text{のとき} \quad p^{k-1}N/p^kN = \{0\},$$
$$\mu\geq k \quad \text{のとき} \quad p^{k-1}N/p^kN \cong R/(p)$$
である.

証明 $(a,p)=1$ ならば, 補題 H によって $p^{k-1}N=N$, $p^kN=N$ であるから, $p^{k-1}N/p^kN=\{0\}$ となる. $(a)=(p^\mu)$, $\mu<k$ ならば, $\mu\leq k-1$ であるから $p^{k-1}N=\{0\}$, $p^kN=\{0\}$, したがってやはり $p^{k-1}N/p^kN=\{0\}$ である. 最後に $(a)=(p^\mu)$, $\mu\geq k$ とする. $\varphi: p^{k-1}N \to p^{k-1}N/p^kN$ を自然な準同型とし,
$$f: R \to p^{k-1}N/p^kN$$
を, 任意の $c\in R$ に対し
$$f(c) = \varphi(p^{k-1}(cx))$$
と定義する. これは明らかに R-全射準同型で, $f(c)=0$, すなわち $p^{k-1}(cx) \in p^kN$ とすれば, $p^{k-1}(cx) = p^k(dx)$ を満たす $d\in R$ が存在するから,
$$p^{k-1}c \equiv p^k d \pmod{p^\mu},$$
したがって
$$c \equiv pd \pmod{p^{\mu-k+1}},$$
ゆえに $c\equiv 0 \pmod p$ となる. 逆に $c\equiv 0 \pmod p$ ならば, もちろん $p^{k-1}(cx) \in p^kN$, したがって $f(c)=0$ である. ゆえに $\text{Ker}\, f=(p)$,
$$R/(p) \cong p^{k-1}N/p^kN$$
となる. (証明終)

さて, M を与えられた 1 つの(有限型)ねじれ R-加群とし, その素べき巡回加群への直和分解を
$$(1) \qquad M \cong \bigoplus_{q,\nu} R/(q^\nu) \qquad (\text{有限和})$$
とする. p を R の 1 つの素元とする. $k\in \mathbb{Z}^+$ とし, 商加群 $p^{k-1}M/p^kM$ を作れ

ば，補題 I からわかるように，(1)の右辺の直和因子のうち，$R/(p^\mu)$, $\mu \geq k$ であるような項からはそれぞれ $R/(p)$ に同型な項が生ずるが，その他の部分はすべて'零化'される．したがって，(1)で $R/(p^\mu)$, $\mu \geq k$ である直和因子の個数を m_k とすれば，

(2) $$p^{k-1}M/p^k M \cong \overset{m_k}{\underset{1}{\oplus}} R/(p) \qquad (m_k \text{個の直和})$$

となる．ここで次の補題が成り立つ．

補題 J P を R-加群，p を R の素元とする．もし P が $R/(p)$ の m 個の直和と同型ならば，m は P に対して一意的に定まる．

証明 仮定によって
$$P = \langle x_1 \rangle_R \oplus \cdots \oplus \langle x_m \rangle_R, \qquad \text{Ann } x_i = (p)$$
と書くことができる．各 $\langle x_i \rangle_R$ は $R/(p)$ に同型な P の部分加群である．$R/(p) = K$ とおく．これは R-加群であるが，同時に商環としての構造をもち，p が素元であるから商環 $R/(p) = K$ は体である（第3章§9, 問題3参照）．自然な準同型 $R \to K$ による $a \in R$ の像を $\bar{a}$ とする．明らかに任意の $x \in P$ に対して $px = 0$ であるから，$a, b \in R$ が $a \equiv b \pmod{p}$ を満たせば $ax = bx$ である．したがって
$$\bar{a}x = ax$$
とおくことにより，$K \times P$ から P への写像 $(\bar{a}, x) \mapsto \bar{a}x$ を定義することができる．これがスカラー倍の公理を満たすことは直ちに検証される．したがって P は K-加群，すなわち体 K 上のベクトル空間となる．任意の $x \in P$ は
$$x = a_1 x_1 + \cdots + a_m x_m = \bar{a}_1 x_1 + \cdots + \bar{a}_m x_m$$
と表わされるから，K-加群としても P は $x_1, \cdots, x_m$ で生成される．さらに $\bar{a}_1 x_1 + \cdots + \bar{a}_m x_m = 0$, すなわち $a_1 x_1 + \cdots + a_m x_m = 0$ ならば，すべての i に対して $a_i x_i = 0$, したがって $a_i \equiv 0 \pmod{p}$, $\bar{a}_i = 0$ となるから，$\{x_1, \cdots, x_m\}$ は K 上のベクトル空間 P の基底である．したがって $\dim_K P = m$ となるが，体の上のベクトル空間の次元が確定することは既知である．これで m が P に対して一意的に確定することが証明された．（証明終）

そこで直和分解(2)にもどれば，補題 J によって，整数 m_k は加群 $p^{k-1}M/p^k M$ に対して一意的に確定することがわかる．もちろん $p^{k-1}M/p^k M$ は M（および

p, k) によってその構造が確定するから,m_k は M に対して一意的に定まる. m_k は,M の直和分解(1)における,$R/(p^\mu)$,$\mu \geqq k$ であるような因子の個数であった.(もちろん十分大きい k に対しては $m_k=0$ である.)したがって,(1)における因子 $R/(p^k)$ の個数は

$$m_k - m_{k+1}$$

によって与えられ,これも M に対して一意的に確定する.以上で,任意の素元 p および任意の $k \in \mathbf{Z}^+$ に対し,M の直和分解(1)の中に現われる因子 $R/(p^k)$ の個数は M に対して確定していることが示された.これで一意性の証明は終ったのである.

問 題

1. R-加群 $M(\neq 0)$ が 0 でない 2 つの部分加群の直和に分解されないとき,M は**分解不能**あるいは**直既約**であるという.R が単項イデアル整域であるとき,有限型 R-加群 M が分解不能であるためには,M が R または $R/(p^\mu)$ に同型であることが必要十分であることを証明せよ.ここに p は R の素元,μ は整数 $\geqq 1$ である.

2. R-加群 $M(\neq 0)$ が 0 および M 以外に部分加群をもたないとき,M は**単純**または**既約**であるという.
 (a) 単純な R-加群は巡回加群であることを示せ.
 (b) R が単項イデアル整域ならば,R-加群 M は,$R/(p)$(p は R の素元)に同型であるとき,またそのときに限って単純であることを示せ.ただし R は体ではないとする.

3. R を任意の環とする.M が単純な R-加群ならば,M の R-自己準同型全体が作る環 $\mathrm{End}_R(M)$ は斜体であることを証明せよ.(この命題を **Schur の補題**という.)

§11 Jordan の標準形

前の 3 節(§8, 9, 10)では単項イデアル整域の上の加群の構造定理について述べ,その特別な場合として可換群の基本定理が得られることをみた.本節では,構造定理の他の応用として,Jordan の標準形について述べよう.Jordan の標準形は線型変換の理論における基本定理の 1 つであるが,その内容は可換群の基本定理などとは一見無関係にみえる.しかし実際には,上述のように同一の原理から導かれるという意味で,両者は類縁関係にあるのである.本節を設けた主要な目的は,数学におけるこのような類縁性(の一例)を読者に示すこと

§11 Jordanの標準形

である．したがって本節で述べるのは理論の中心部分だけであり，標準形の応用その他には立ち入らない．

以下本節ではKを1つの代数的閉体とする．（具体性を望む読者は$K=\mathbf{C}$と仮定してよい．）VをK上のn次元のベクトル空間，$\varphi: V \to V$をVの1つの線型変換（K-自己準同型）とする．われわれの目標は，Vの適当な基底を選んで，φを表現する行列にできるだけ簡単な（'標準的な'）形を与えることである．

そのために，われわれはVに$K[x]$-加群としての構造を導入する．ただし$R=K[x]$はK上の変数xの多項式環である．この環が単項イデアル整域であることはすでに知られている（第3章定理9）．$K[x]$の元

(1) $$f(x) = a_0 + a_1 x + \cdots + a_m x^m$$

に対し，変数xにφを'代入'して得られるVの線型変換

(2) $$a_0 I + a_1 \varphi + \cdots + a_m \varphi^m$$

を$f(\varphi)$とする．もちろん，ここでIはVの恒等変換，φ^iはφをi回合成した変換である．$\mathrm{End}_K(V)$はK上の線型環であるから，$\mathrm{End}_K(V)$の中で(2)のような元を作ることができるのである．そこで，多項式xの$v \in V$に対する'作用'を

$$x \cdot v = \varphi(v)$$

と定義し，これを自然に拡張して，$f(x) \in K[x]$の$v \in V$に対する作用を

(3) $$f(x) \cdot v = (f(\varphi))(v)$$

と定義する．すなわち$f(x)$が(1)で与えられた多項式ならば

$$f(x) \cdot v = \sum_{i=0}^{m} a_i \varphi^i(v)$$

である．このように定義した$K[x] \times V$からVへの写像$(f(x), v) \mapsto f(x) \cdot v$がスカラー倍の公理を満足することは直ちにわかる．こうしてVは$K[x]$-加群となる．上記のようにして$K[x]$-加群の構造を与えられたVをV_φと書くことにする．V_φの'作用環'をKに制限したものは，もとのベクトル空間Vである．

Wが$K[x]$-加群V_φの部分加群であることは，明らかに，WがVの部分空間（K-部分加群）であって，かつ$\varphi(W) \subset W$が成り立つことと同等である．$\varphi(W) \subset W$であるような部分空間Wは'φ-認容'であるということにする．

次に，$K[x]$-加群V_φは有限型のねじれ加群であることを示そう．V_φが有限

型であることは明らかである．実際，$\{v_1, \cdots, v_n\}$ をベクトル空間 V の基底とすれば，$K[x]$-加群としても，もちろん V_φ は $v_1, \cdots, v_n$ によって生成されるからである．V_φ がねじれ加群であることは次のように証明される．§5 でみたように，$\mathrm{End}_K(V)$ は K 上のベクトル空間として n^2 次元であるから，$s=n^2$ とおけば，$s+1$ 個の線型変換

$$I, \ \varphi, \ \varphi^2, \ \cdots, \ \varphi^s \qquad (s=n^2)$$

は K 上で1次従属である．したがって，すべては0でない適当な $b_i \in K$ に対して

$$b_0 I + b_1 \varphi + b_2 \varphi^2 + \cdots + b_s \varphi^s = 0$$

が成り立つ．そこで $g(x)=b_0+b_1 x+\cdots+b_s x^s$ とおけば，$g(\varphi)=0$ であるから，(3)によって，すべての $v \in V_\varphi$ に対し

$$g(x) \cdot v = 0$$

となる．そして $g(x)$ は $K[x]$ の0でない元である．ゆえに V_φ の元はすべてねじれ元である．[**注意**：上の $g(x)$ の次数は $\leqq n^2$ であるが，実際には次数 $\leqq n$ の0でない多項式 $f(x)$ で $f(\varphi)=0$ となるものが存在する．節末の問題2参照．]

V_φ がねじれ加群であることはまた次のようにしても証明される．$R=K[x]$ は単項イデアル整域であるから，もし V_φ がねじれ加群でなければ，定理12によって V_φ は $K[x]$ と同型な部分加群を含む．その部分加群は φ-認容な V の部分空間であるが，$K[x]$ は K 上で無限次元であるから，V がそのような部分空間を含むことは不可能である．

以上で V_φ は $K[x]$-加群としてねじれ加群であることが証明された．そこで定理13を適用すれば，V_φ は $K[x]/(p^m)$ の形の巡回加群の直和として一意的に表わされることがわかる．ここに $p=p(x)$ は K 上の既約多項式，m は整数 $\geqq 1$ である．K は代数的閉体であるから，$p(x)$ は1次式で，われわれはこれをモニック $p(x)=x-\alpha$ の形に書くことができる．すなわち

(4) $$V_\varphi \cong \bigoplus_{\alpha, m} K[x]/((x-\alpha)^m)$$

である．

今 W を $K[x]/((x-\alpha)^m)$ に同型な V_φ の $K[x]$-部分加群とし，W の生成元を w_0 とする．すなわち

§11 Jordan の標準形

$$W = \langle w_0 \rangle_{K[x]}, \qquad \operatorname{Ann} w_0 = ((x-\alpha)^m).$$

W は φ-認容な V の部分空間であるが，

$$w_i = (x-\alpha)^i \cdot w_0 \qquad (i=0,1,\cdots,m-1)$$

とおけば，$\{w_0, w_1, \cdots, w_{m-1}\}$ はベクトル空間 W の基底で，$\dim_K W = m$ となる．実際，任意の $f(x) \in K[x]$ を '$x-\alpha$ の多項式' の形に書けば，

$$(5) \qquad f(x) \equiv \sum_{i=0}^{m-1} a_i(x-\alpha)^i \pmod{(x-\alpha)^m}$$

と表わされるから（第3章§9，問題10），

$$f(x) \cdot w_0 = \sum_{i=0}^{m-1} a_i (x-\alpha)^i \cdot w_0 = \sum_{i=0}^{m-1} a_i w_i$$

となる．すなわち W の任意の元は $w_0, w_1, \cdots, w_{m-1}$ の1次結合の形に書かれる．この表示が一意的であることは(5)の表示が一意的であることからわかる．したがって $\{w_0, w_1, \cdots, w_{m-1}\}$ は W の基底である．

W は φ-認容であるから，$\varphi|W$（φ の W への縮小）はベクトル空間としての W の線型変換である．そして

$$\begin{aligned}
\varphi(w_i) &= x(x-\alpha)^i \cdot w_0 \\
&= \alpha(x-\alpha)^i \cdot w_0 + (x-\alpha)^{i+1} \cdot w_0 \\
&= \alpha w_i + w_{i+1} \qquad (0 \leq i \leq m-2), \\
\varphi(w_{m-1}) &= x(x-\alpha)^{m-1} \cdot w_0 \\
&= \alpha(x-\alpha)^{m-1} \cdot w_0 + (x-\alpha)^m \cdot w_0 \\
&= \alpha w_{m-1}
\end{aligned}$$

であるから，$\varphi|W$ を W の基底 $\{w_0, w_1, \cdots, w_{m-1}\}$ に関して表現する行列は

$$(6) \qquad \begin{bmatrix} \alpha & 0 & 0 & \cdots & 0 & 0 \\ 1 & \alpha & 0 & \cdots & 0 & 0 \\ 0 & 1 & \alpha & \cdots & 0 & 0 \\ \multicolumn{6}{c}{\cdots\cdots\cdots\cdots\cdots\cdots} \\ 0 & 0 & 0 & \cdots & \alpha & 0 \\ 0 & 0 & 0 & \cdots & 1 & \alpha \end{bmatrix}$$

となる．(6)の形の m 次の正方行列を簡単に $U(m, \alpha)$ で表わそう．

(4)によれば，$K[x]$-加群 V_φ は上記のようないくつかの部分加群 W の直和である．したがって，K 上のベクトル空間として，V はいくつかの φ-認容な

部分空間 W の直和となる．これらの W のそれぞれに上のような基底をとっておけば，それらの基底の元を並べたものは V の基底となり，その基底に関する φ の表現行列は(6)の形の行列 $U(m, \alpha)$ を対角線に沿って並べたものとなる．すなわち

$$(7) \quad \begin{bmatrix} U(m_1, \alpha_1) & 0 & \cdots & 0 \\ 0 & U(m_2, \alpha_2) & \cdots & 0 \\ \vdots & \vdots & \ddots & \vdots \\ 0 & 0 & \cdots & U(m_s, \alpha_s) \end{bmatrix} \quad \left(\sum_{i=1}^{s} m_i = n \right)$$

の形の行列となる．これが φ の行列の **Jordan の標準形**である．もちろん(7)において m_i や α_i のうちには同じものもあり得るが，(直和分解(4)は一意的であるから) 組 (m_i, α_i) は全体として φ の不変量であって，φ に対して一意的に定まるのである．

以上の結果を次の定理として述べておく．

定理 16 K を代数的閉体，V を K 上の n 次元ベクトル空間，φ を V の線型変換とすれば，φ は V の適当な基底に関して(7)の形の行列によって表現される．行列(7)において，組 (m_i, α_i) $(i=1, \cdots, s)$ は順序を除き φ によって一意的に定まる．

問　題

1. $h(x) \in K[x]$ を m 次の多項式とすれば，$K[x]$-加群 $K[x]/(h(x))$ は K 上のベクトル空間として m 次元であることを示せ．

2. 本文の $K[x]$-ねじれ加群 V_φ の不変因子を $(h_1), \cdots, (h_r)$ とする．すなわち

$$V_\varphi \cong \bigoplus_{i=1}^{r} K[x]/(h_i),$$

$$K[x] \neq (h_1) \supset (h_2) \supset \cdots \supset (h_r) \neq (0).$$

このとき $\sum_{i=1}^{r} \deg h_i = n$ で，$h_r = q$ とおけば $q(\varphi) = 0$ であることを示せ．また $f \in K[x]$ を $f(\varphi) = 0$ であるような多項式とすれば，f は q で整除されることを示せ．($q(x)$ を線型変換 φ の**最小多項式**という．)

第5章 体　　論

§1　体の拡大

K を体とする．K の標数は 0 または素数 p である(第3章補題F)．K の単位元を 1 とし，$U=\{n1\,|\,n\in\mathbf{Z}\}$ とおく．これは K の最小の部分環である．したがって U の商の体 P は，K の最小の部分体となる．K の標数が 0 ならば，$U\cong\mathbf{Z}$ であるから，
$$P = \{m1/n1\,|\,m, n\in\mathbf{Z}, n\neq 0\}$$
は有理数体 $\mathbf{Q}$ と同型である．他方 K の標数が p ならば，$U\cong\mathbf{Z}_p$ はすでに体であるから(第3章定理3)，$U=P$ である．すなわち

補題A　体 K の標数が 0 ならば K は $\mathbf{Q}$ と同型な部分体を含み，K の標数が p ならば K は $\mathbf{Z}_p$ と同型な部分体を含む．

体 $\mathbf{Q}$ または $\mathbf{Z}_p$ に同型な体を**素体**という．素体は'真の部分体を含まない体'であって，任意の体は同型を除いて唯一の素体を含むのである．

以下混乱の恐れがない限り，体 K の'整数' $n1$ も単に n で表わす．読者は，$x\in K$ の n 倍 nx は，'整数' $n1$ と x との K の乗法による積 $(n1)x$ に等しいことに注意されたい．

E, K が体で，K が E の部分体であるとき，E を K の**拡大体**という．E が K の拡大体ならば，E は'自然に' K 上のベクトル空間と考えられる．K 上のベクトル空間として E が有限次元であるとき，E を K の**有限次拡大体**または**有限拡大**という．その場合 $\dim_K E$ を E の K 上の**拡大次数**または単に**次数**といい，$(E:K)$ で表わす．

定理1　F が K の有限拡大，E が F の有限拡大ならば，E は K の有限拡大で，
$$(E:K) = (E:F)(F:K)$$
が成り立つ．

証明　$(F:K)=m$, $(E:F)=n$ とし，$\{\alpha_1,\cdots,\alpha_m\}$ を F の K 上の基底，$\{\beta_1,\cdots,\beta_n\}$ を E の F 上の基底とする．x を E の任意の元とすれば，

(1) $$x = \sum_{j=1}^{n} u_j \beta_j$$

となるような $u_j \in F$ があり，おのおのの u_j に対して

(2) $$u_j = \sum_{i=1}^{m} a_{ij} \alpha_i$$

となるような $a_{ij} \in K$ がある．(1), (2) より
$$x = \sum_j \sum_i a_{ij} \alpha_i \beta_j.$$
すなわち，x は $\alpha_i \beta_j$ ($i=1,\cdots,m$; $j=1,\cdots,n$) の K 上の1次結合の形に書かれる．他方 $c_{ij} \in K$ として
$$\sum_j \sum_i c_{ij} \alpha_i \beta_j = 0$$
とすれば，
$$\sum_j \Bigl(\sum_i c_{ij}\alpha_i\Bigr)\beta_j = 0, \quad \sum_i c_{ij}\alpha_i \in F$$
であるから，β_j の F 上の1次独立性によって，すべての j に対し
$$\sum_i c_{ij}\alpha_i = 0,$$
したがってまた，α_i の K 上の1次独立性により，すべての i に対し $c_{ij}=0$ となる．ゆえに $\alpha_i\beta_j$ ($i=1,\cdots,m$; $j=1,\cdots,n$) は E の K 上の基底である．(証明終)

E を K の拡大体とし，$\alpha_1,\cdots,\alpha_n$ を E の元とする．K の元を係数とする'$\alpha_1,\cdots,\alpha_n$ の多項式'
$$\sum a_{i_1\cdots i_n} \alpha_1{}^{i_1}\cdots\alpha_n{}^{i_n} \quad (a_{i_1\cdots i_n} \in K)$$
全体の集合を $K[\alpha_1,\cdots,\alpha_n]$ とすれば，これは明らかに環であって，しかも K のすべての元と $\alpha_1,\cdots,\alpha_n$ を含む E の最小の部分環である．したがって，その商の体は，(E の中で) $\alpha_1,\cdots,\alpha_n$ を含む K の最小の拡大体となる．これを $K(\alpha_1,\cdots,\alpha_n)$ で表わし，K に $\alpha_1,\cdots,\alpha_n$ を**付加**(あるいは**添加**)した体という．それは K の元を係数とする'$\alpha_1,\cdots,\alpha_n$ の有理式'の全体から成る．(のちにみるように，ある種の場合には $K[\alpha_1,\cdots,\alpha_n]$ はすでに体であり，したがって $K[\alpha_1,\cdots,\alpha_n]=K(\alpha_1,\cdots,\alpha_n)$ となる．)

特に K にただ1つの元 α を付加した体 $K(\alpha)$ は K の**単純拡大**とよばれる．われわれは §3 で，単純拡大の構造についてより精密な記述を与えるであろう．

問　題

1. K, F, E を $K \subset F \subset E$ である体とし, E は K の有限拡大とする. 次のことを示せ.
(a) $(E : K) = (F : K)$ ならば $E = F$ である.
(b) $(E : F) = (E : K)$ ならば $F = K$ である.

2. $K \subset F_i \subset E (i = 1, 2)$ とし, F_i は K の有限拡大で, $(F_1 : K)$ と $(F_2 : K)$ とは互いに素であるとする. そのとき $F_1 \cap F_2 = K$ であることを示せ.

3. E を K の拡大体とし, $\alpha, \beta \in E$ とする.
$$K(\alpha, \beta) = (K(\alpha))(\beta) = (K(\beta))(\alpha)$$
を示せ.

4. $\mathbf{Q}(\sqrt{2})$ は $a + b\sqrt{2}\ (a, b \in \mathbf{Q})$ の全体から成ることを示せ. $(\mathbf{Q}(\sqrt{2}) : \mathbf{Q})$ はいくらか.

5. $\mathbf{Q}(\sqrt{2}, \sqrt{3})$ は $a + b\sqrt{2} + c\sqrt{3} + d\sqrt{6}\ (a, b, c, d \in \mathbf{Q})$ の全体から成ることを示せ. $(\mathbf{Q}(\sqrt{2}, \sqrt{3}) : \mathbf{Q})$ はいくらか.

6. $\mathbf{Q}(\sqrt{2}, \sqrt{3}) = \mathbf{Q}(\sqrt{2} + \sqrt{3})$ を示せ.

7. $\mathbf{Q}(\sqrt{2}, \sqrt[3]{5})$ の $\mathbf{Q}$ 上の次数を求めよ.

§2　多項式の根

K を体, $f(x) \in K[x]$ を変数 x の定数でない多項式とする. $\alpha \in K$ が f の根であるためには, f が $x - \alpha$ で割り切れることが必要かつ十分である(第3章補題N). f が $(x - \alpha)^m$ では割り切れるが $(x - \alpha)^{m+1}$ では割り切れないとき, α を f の m **重根**といい, m を f の根としての α の**重複度**という. 一般に $m \geq 2$ ならば α は**重根**, $m = 1$ ならば**単根**とよばれる.

以後 f の根の個数を数えるときは, 断わらない限り, どの根も重複度に等しい回数ずつ数えるものとする. すなわち, α が f の m 重根ならば, f は'根 α を m 個もつ'とするのである.

今, f の K における相異なる根を $\alpha_1, \cdots, \alpha_r$ とし, それらの重複度をそれぞれ $m_1, \cdots, m_r$ とすれば, f の $K[x]$ における既約多項式への分解は, 明らかに
$$f(x) = c(x - \alpha_1)^{m_1} \cdots (x - \alpha_r)^{m_r} p_1(x) \cdots p_s(x)$$
$$(p_j(x) \text{ は 2 次以上の既約多項式})$$
の形となる. したがって, f の K における根の個数 $m_1 + \cdots + m_r$ は f の次数を

こえない．すなわち次の定理が証明された．

定理 2 $f \in K[x]$ を n 次 $(n \geqq 1)$ の多項式とすれば，f の K における根の個数は n をこえない．

定理 2 の結論はもちろん K の任意の拡大体 E においても成り立つ．K 上の多項式 f は当然 E 上の多項式とも考えられるからである．

系 $f, g \in K[x]$ がともに n 次以下の多項式で，K の $n+1$ 個の'異なる'元 $\alpha_1, \cdots, \alpha_{n+1}$ に対して $f(\alpha_i) = g(\alpha_i) \, (i = 1, \cdots, n+1)$ が成り立つならば，$f = g$ である．

実際，$\deg f \leqq n$, $\deg g \leqq n$ ならば，$\deg(f-g) \leqq n$ であるから，もし $f \not\equiv g$ ならば，$f - g$ が $n+1$ 個の根をもつことはあり得ない．

次に，定理 2 とその系の応用をいくつか述べよう．

K を体とし，その 0 以外の元全体の集合を K^* とする．K^* は乗法に関して群をなすが，これを'体 K の乗法群'という．（乗法群として注目するときには K^* を $K^\times$ とも書く．）この群の有限部分群について次の定理が成り立つ．

定理 3 体 K の乗法群の任意の有限部分群は巡回群である．

証明 G を $K^\times$ の位数 n の部分群とする．第 4 章 §9, 例 2 (p.219) でみたように，G には最大位数 N の元が存在し，G のすべての元の位数は N の約数である．したがって，任意の $x \in G$ に対し
$$x^N = 1$$
が成り立つ．定理 2 によって多項式 $x^N - 1$ の根の個数は N をこえないから，$n \leqq N$ である．一方もちろん $N | n$ であるから，$N = n$ であり，G は位数 n の元を含む．したがって G は巡回群である．（証明終）

定理 3 を特に体 $\mathbf{Z}_p$ に適用すれば，$\mathbf{Z}_p$ の乗法群は巡回群であることがわかる．（この事実は第 3 章 §4 で予告した．）巡回群 $\mathbf{Z}_p^\times$ の生成元は**法 p の原始根**とよばれる．たとえば，$\mathbf{Z}_7$ において
$$3^1 = 3, \quad 3^2 = 2, \quad 3^3 = 6, \quad 3^4 = 4, \quad 3^5 = 5, \quad 3^6 = 1$$
であるから，3 は法 7 の 1 つの原始根である．原始根は合同式の解法などに有効に利用されるが，ここではその理論に深入りはしない．

ついでながら，体 $\mathbf{Z}_p$ において，多項式 $x^{p-1} - 1$ は
$$(1) \qquad x^{p-1} - 1 = (x-1)(x-2) \cdots (x-(p-1))$$

と因数分解されることに注意しておこう．実際，Z_p の 0 以外のすべての元は多項式 $x^{p-1}-1$ の根となっているからである．(1)の両辺の定数項を比較すれば，Z_p において $(p-1)!=-1$ となることがわかる．普通の記法で書けば
$$(p-1)! \equiv -1 \pmod{p}$$
である．この結果は **Wilson の定理** とよばれる．(前に第 3 章 §10 で，この定理の別証を述べた．)

注意 定理 2 の系によれば，K が無限に多くの元を含む場合には，すべての $c \in K$ に対して $f(c)=g(c)$ が成り立つならば，$f=g$ である．いいかえれば，多項式 f は '多項式写像' $c \mapsto f(c)$ によって一意的に決定される．しかし '有限体' の場合にはこのことは成り立たない．たとえば Z_p において，多項式 $x^{p-1}-1$ から定まる多項式写像 $c \mapsto c^{p-1}-1$ は零写像である．

定理 4 K を体，n を整数 ≥ 0 とし，$\alpha_0, \alpha_1, \cdots, \alpha_n$ を K の '異なる' $n+1$ 個の元とする．そのとき任意の $a_0, a_1, \cdots, a_n \in K$ に対して
$$f(\alpha_i) = a_i \quad (i=0, 1, \cdots, n)$$
となるような次数 $\leq n$ の多項式 f がただ 1 つ存在する．

証明 f の一意性は定理 2 の系から明らかである．f の存在は数学的帰納法によって次のように証明される．$n=0$ ならば $f(x)=a_0$ とすればよい．$n \geq 1$ とし，g を
$$g(\alpha_i) = a_i \quad (i=0, 1, \cdots, n-1)$$
となるような次数 $\leq n-1$ の多項式とする．$\lambda \in K$ として
$$(2) \qquad f(x) = g(x) + \lambda(x-\alpha_0)(x-\alpha_1)\cdots(x-\alpha_{n-1})$$
とおけば，$\deg f \leq n$, $f(\alpha_i)=g(\alpha_i)$ $(i=0,1,\cdots,n-1)$ である．(2) の x に α_n を代入すれば，
$$f(\alpha_n) = g(\alpha_n) + \lambda(\alpha_n-\alpha_0)(\alpha_n-\alpha_1)\cdots(\alpha_n-\alpha_{n-1}).$$
したがって $f(\alpha_n)=a_n$ となるためには，λ を
$$\lambda = \frac{a_n - g(\alpha_n)}{(\alpha_n-\alpha_0)(\alpha_n-\alpha_1)\cdots(\alpha_n-\alpha_{n-1})}$$
と定めればよい．これで f の存在が証明された．(証明終)

上の証明に述べた f の帰納的な決定法を形式的に再記すれば次のようになる．すなわち

$$f(x) = \lambda_0 + \lambda_1(x-\alpha_0) + \lambda_2(x-\alpha_0)(x-\alpha_1) + \cdots$$
$$\cdots + \lambda_n(x-\alpha_0)(x-\alpha_1)\cdots(x-\alpha_{n-1})$$

とおいて，$f(\alpha_0)=a_0, f(\alpha_1)=a_1, \cdots, f(\alpha_n)=a_n$ という条件から順次に $\lambda_0, \lambda_1, \cdots, \lambda_n$ を定めるのである．この方法を Newton の**補間法**という．

われわれはまた，もっと直接的に f の公式を与えることもできる．すなわち

(3) $$f(x) = \sum_{i=0}^{n} \frac{a_i(x-\alpha_0)\cdots(x-\alpha_{i-1})(x-\alpha_{i+1})\cdots(x-\alpha_n)}{(\alpha_i-\alpha_0)\cdots(\alpha_i-\alpha_{i-1})(\alpha_i-\alpha_{i+1})\cdots(\alpha_i-\alpha_n)}$$

とおけば，これが定理 4 の条件を満たす多項式となる．（読者は検証せよ！）(3) は Lagrange の**補間公式**とよばれる．

上に述べたことの 1 つの応用として，Z 上の多項式の $Z[x]$ の範囲における因数分解を "有限回の手続きによって実行するプログラム"を，次のように作製することができる．（この問題には第 3 章§12 でふれた．p. 164 参照．）

今 $f \in Z[x]$ を n 次の多項式とする．f は '原始' であると仮定してよい．もし f が $Z[x]$ において可約ならば，$n/2$ をこえない最大の整数を s として，f は次数 $\leq s$ の因数をもつ．$\alpha_0, \alpha_1, \cdots, \alpha_s$ を任意の $s+1$ 個の異なる整数とし，$f(\alpha_i) = a_i$ とする．もし $g \in Z[x]$ が次数 $\leq s$ の f の因数ならば，$g(\alpha_i) = b_i$ とおくとき，$b_i | a_i \, (i=0, 1, \cdots, s)$ でなければならない．a_i の約数の個数は有限であるから，可能な $(b_0, b_1, \cdots, b_s)$ の組は有限個である．その各組に対し，$g(\alpha_i) = b_i \, (i=0, 1, \cdots, s)$ となるような g を Newton あるいは Lagrange の方法によって求め，そのうちから整係数であるものを抽出する．そして抽出された g が実際に f の因数であるかどうかを除法の演算を行なって確かめる．もし可能な g のどれによっても f が割り切れなければ，f は既約である．そうでない場合には，f は 2 つの因数の積に分解される．その因数のおのおのにふたたび上記の手続きを適用する．この操作を続ければ，最後に f の既約多項式への分解が得られる．[注意：実際には，たとえば mod 2, mod 3 での分解を考える等の工夫によって，上記の手続きをかなり大幅に短縮することができる．]

問　題

1. $f \in K[x], \alpha \in K, m \in Z^+$ とする．α が f の m 重根であるためには，$K[x]$ において
$$f(x) = (x-\alpha)^m q(x), \quad q(\alpha) \neq 0$$

となることが必要かつ十分である．このことを証明せよ．

2. $f \in K[x]$ を n 次 $(n \geq 1)$ の多項式とし，E を K の拡大体とする．f が E の中に（重根は重複度に等しい回数ずつ数えて）ちょうど n 個の根をもつことと，f が $E[x]$ において完全に1次式の積に分解されることとは同等であることを示せ．

3. K を無限に多くの元を含む体とし，$f(x_1, \cdots, x_n)$ を K 上の 0 でない n 変数の多項式とする．そのとき
$$f(\alpha_1, \cdots, \alpha_n) \neq 0$$
であるような $\alpha_1, \cdots, \alpha_n \in K$ が存在することを示せ．

4. 法 11, 13, 17 の原始根をそれぞれ1つずつ求めよ．

§3 単純拡大

K を体，E を K の拡大体，α を E の1つの元とする．K 上の（1変数の）0 でない多項式で α を根にもつものが存在するとき，α は K 上で（あるいは K に関して）**代数的**であるといい，そのような多項式が存在しないとき，α は K 上で**超越的**であるという．

多項式環 $K[x]$（x は変数）から E の部分環 $K[\alpha]$ への写像
$$f(x) \mapsto f(\alpha)$$
を φ とすれば，$\varphi : K[x] \to K[\alpha]$ は全射準同型である．α が K 上で超越的ならば，φ は同型写像で，したがって $K(\alpha)$ は1変数の有理式体 $K(x)$ と同型となる．α が代数的ならば，$\operatorname{Ker}\varphi$ は (0) にも (1) にも等しくない $K[x]$ のイデアルである．$K[x]$ は単項イデアル整域であるから，定数でない多項式 $p = p(x)$ が存在して $\operatorname{Ker}\varphi = (p)$ と書かれる．この p について次のことが成り立つ．

（i） $f \in K[x]$ が α を根にもつためには，f が p で割り切れることが必要かつ十分である．

（ii） $p = p(x)$ は K 上で既約である．

実際，$f(\alpha) = 0$ は $f \in \operatorname{Ker}\varphi = (p)$ と同等であるから，（i）は明らかである．また $K[x]$ において
$$p = h_1 h_2; \quad \deg h_1 < \deg p, \ \deg h_2 < \deg p$$
と分解されるとすれば，$p(\alpha) = h_1(\alpha) h_2(\alpha) = 0$ より $h_1(\alpha) = 0$ または $h_2(\alpha) = 0$ となるが，これは（i）に反する．ゆえに（ii）が成り立つ．

上の $p = p(x)$ を α の K 上の（あるいは K に関する）**最小多項式**という．これ

は α を根にもつ K 上の (0 でない) 最小次数の多項式であって，定数因子を除き α によって一意的に決定される．(通常は $p=p(x)$ をモニックにとる．)

準同型定理によって，このとき

$$K[x]/(p(x)) \cong K[\alpha]$$

である．$p=p(x)$ は $K[x]$ の素元であるから，この左辺の商環は実は体である（第3章§9，問題3参照）．したがって $K[\alpha]$ はすでに体であり，よって $K[\alpha]=K(\alpha)$,

$$K[x]/(p(x)) \cong K(\alpha)$$

となる．

上の結果は，単純拡大 $K(\alpha)$ の構造は，α それ自身よりも，むしろ α の最小多項式 p によって決定されることを示している．たとえば，有理数体 $\boldsymbol{Q}$ 上で多項式 x^3-2 は既約であり，複素数体 $\boldsymbol{C}$ の中に3つの根 $\sqrt[3]{2}, \sqrt[3]{2}\omega, \sqrt[3]{2}\omega^2$ (ただし $\omega=(-1+\sqrt{3}i)/2$) をもつが，$\boldsymbol{Q}(\sqrt[3]{2}), \boldsymbol{Q}(\sqrt[3]{2}\omega), \boldsymbol{Q}(\sqrt[3]{2}\omega^2)$ はいずれも $\boldsymbol{Q}[x]/(x^3-2)$ に同型である．

単純拡大 $K(\alpha)$ の構造をもう少しくわしく調べよう．いま，α の最小多項式 p の次数を n とする．$K(\alpha)=K[\alpha]$ の元 θ は $\theta=f(\alpha)$ $(f \in K[x])$ の形に書かれるが，f を p で割り算して

$$f(x) = p(x)q(x) + f_0(x), \quad \deg f_0 < n$$

とすれば，$p(\alpha)=0$ であるから，$\theta=f(\alpha)=f_0(\alpha)$ となる．すなわち $K(\alpha)$ の任意の元 θ は α のたかだか $n-1$ 次の多項式

$$\theta = f_0(\alpha) = c_0 + c_1\alpha + \cdots + c_{n-1}\alpha^{n-1} \quad (c_i \in K)$$

の形に書かれる．しかもこの表わし方は一意的である．もし，$n-1$ 次以下の異なる $f_0, g_0 \in K[x]$ に対して $f_0(\alpha)=g_0(\alpha)$ となるならば，α が $n-1$ 次以下の 0 でない多項式 f_0-g_0 の根となって矛盾であるからである．したがって $1, \alpha, \alpha^2, \cdots, \alpha^{n-1}$ は $K(\alpha)$ の K 上の基底であり，

$$(K(\alpha):K) = n$$

となる．

体 $K(\alpha)$ における四則の演算は，$K[x]$ の元の $\mathrm{mod}(p)$ による演算と同じである．たとえば，$\theta=f_0(\alpha), \theta'=g_0(\alpha)$ $(\deg f_0 < n, \deg g_0 < n)$ の積を求めるには，まず $h(x)=f_0(x)g_0(x)$ を計算し，次に h を p で割って余り h_0 を求め，$\theta\theta'=h_0(\alpha)$

§3 単純拡大

とすればよい.商の求め方については後述の例を参照されたい.

以上の結果を次の定理としてまとめておこう.

定理5 K を体,E を K の拡大体とし,$\alpha \in E$ とする.α が K 上で超越的ならば,単純拡大 $K(\alpha)$ は1変数の有理式体 $K(x)$ と同型である.α が K 上で代数的ならば,α の K 上の最小多項式を $p(x)$,その次数を n とすれば,$K(\alpha)$ は $K[x]/(p(x))$ に同型で,$(K(\alpha):K)=n$ である.特に $1,\alpha,\alpha^2,\cdots,\alpha^{n-1}$ は $K(\alpha)$ の K 上の基底となる.

α が K 上で代数的であるとき,その最小多項式の次数を,α の K 上の **次数** ともいう.それは $K(\alpha)$ の K 上の拡大次数に等しい.

系 K を体,E を K の拡大体とする.$\alpha \in E$ が K 上で代数的であるためには,$K(\alpha)$ が K の有限拡大であることが必要十分である.

証明 α が K 上で超越的ならば,任意の n に対して $1,\alpha,\cdots,\alpha^n$ は K 上で1次独立であるから,ベクトル空間 $K(\alpha)$ は無限次元である.他の半分は定理の中に述べられている.(証明終)

例1 $\alpha=1+\sqrt{2}+\sqrt{3}$ の $\mathbf{Q}$ 上の最小多項式を求めよ.

解 $\alpha-1=\sqrt{2}+\sqrt{3}$ の両辺を2乗して
$$\alpha^2-2\alpha+1=5+2\sqrt{6},$$
すなわち
$$\alpha^2-2\alpha-4=2\sqrt{6}.$$
この両辺をふたたび2乗して整理すれば
$$\alpha^4-4\alpha^3-4\alpha^2+16\alpha-8=0.$$
よって α の最小多項式は $p(x)=x^4-4x^3-4x^2+16x-8$ である.読者はくわしくその理由を説明せよ!(問題5)

例2 例1の α に対し,次の数を(有理数を係数とする)α の3次以下の多項式として表わせ.

(a) $(\alpha^2+1)(\alpha^3-2\alpha+2)$ (b) $(\alpha+1)^{-1}$

解 (a) $(x^2+1)(x^3-2x+2)$ を $p(x)=x^4-4x^3-4x^2+16x-8$ で割れば,余りは $19x^3+2x^2-58x+34$.よって
$$(\alpha^2+1)(\alpha^3-2\alpha+2)=19\alpha^3+2\alpha^2-58\alpha+34.$$

(b) $(\alpha+1)^{-1}=a\alpha^3+b\alpha^2+c\alpha+d$ $(a,b,c,d \in \mathbf{Q})$ とおけば,

$$(\alpha+1)(a\alpha^3+b\alpha^2+c\alpha+d)=1.$$

この左辺の積を(a)と同様にして計算すれば

$$A\alpha^3+B\alpha^2+C\alpha+D=1,$$

ただし

$$A=5a+b, \quad B=4a+b+c,$$
$$C=-16a+c+d, \quad D=8a+d.$$

これより

$$\begin{cases} 5a+b &= 0 \\ 4a+b+c &= 0 \\ -16a+c+d &= 0 \\ 8a+d &= 1 \end{cases}$$

この連立1次方程式を解いて

$$a=1/23, \quad b=-5/23, \quad c=1/23, \quad d=15/23.$$

ゆえに

$$\frac{1}{\alpha+1}=\frac{1}{23}(\alpha^3-5\alpha^2+\alpha+15).$$

(時間に余裕のある読者はこの結果を検算してみるとよい.)

ところで，われわれの今までの議論では，あらかじめ K の拡大体 E を設定して，その元 α が K 上のある既約多項式 $p=p(x)$ の根となっている場合を論じたのである．逆に，K 上の1つの既約多項式 p から出発したとき，p がその中で根をもつような K の拡大体は必ず存在するであろうか？（もちろんこの場合，与えられた既約多項式 p の次数は ≥ 2 であると仮定してよい．$\deg p=1$ ならば，p はすでに K の中に根をもつからである.)

この問題の解答は，すでに上述した部分に示唆されている．すなわち，われわれは商環 $F=K[x]/(p(x))$ を作ればよいのである．前にいったように F は体であるが，これが K の拡大体と考えられること，さらに p の根を含むことについては，次のように議論すればよい．いま，自然な準同型 $K[x]\to F$ による $f\in K[x]$ の像を $\bar{f}$ とし，特に多項式 x の像 $\bar{x}$ を α とする．写像 $f\mapsto\bar{f}$ の定義域を K に縮小した写像 $a\mapsto\bar{a}\,(a\in K)$ は明らかに K から F への単射準同型である．したがって a と $\bar{a}$ とを同一視して，K を F に '埋め込む' ことができ

る．そうすれば，
$$f(x) = \sum a_i x^i$$
に対して
$$\overline{f(x)} = \sum \bar{a}_i \bar{x}^i = \sum a_i \alpha^i$$
であるから，$\overline{f(x)} = f(\alpha)$ となる．特に f として p をとれば，$\bar{p}=0$ であるから，$p(\alpha)=0$ となる．すなわち F において α は多項式 p の根となっている．これで，p の根を含む K の拡大体の存在が証明された．

定理6(Kronecker) K を体，$p \in K[x]$ を K 上の既約多項式とするとき，K の拡大体 F で，p がその中に少なくとも1つの根をもつものが存在する．

注意 上に構成した拡大体 $F=K[x]/(p(x))$ は，α を上記の意味として，もちろん単純拡大 $K(\alpha)$ となっている．

例3 体 $\mathbf{Z}_7$ において多項式
$$f(x) = x^3 - x - 2$$
が既約であることは前に示した（第3章§11の例）．定理6により，この1つの根 α を $\mathbf{Z}_7$ に付加した体 $\mathbf{Z}_7(\alpha)$ を作ることができる．$\mathbf{Z}_7(\alpha)$ の任意の元は $\mathbf{Z}_7$ 上の α の2次以下の多項式の形に書かれる．いま
$$\frac{1}{\alpha^2+1}$$
をその形に表わしてみよう．

解答の要領は例2のときと同じである．すなわち
$$(\alpha^2+1)^{-1} = a\alpha^2+b\alpha+c \qquad (a,b,c \in \mathbf{Z}_7)$$
とおけば，$(a\alpha^2+b\alpha+c)(\alpha^2+1)=1$．この左辺を前と同じようにして（あるいは $\alpha^3=\alpha+2$，$\alpha^4=\alpha^2+2\alpha$ を用いて）計算すれば，
$$(a\alpha^2+b\alpha+c)(\alpha^2+1)$$
$$= (2a+c)\alpha^2+2(a+b)\alpha+(2b+c).$$
これが $=1$ となるためには
$$2a+c = 0, \quad a+b = 0, \quad 2b+c = 1.$$
この第1式から $c=-2a$，第2式から $b=-a$．これを第3式に代入して $-4a=1$．これを $\mathbf{Z}_7$ において解けば $a=5$．よって $b=-5=2$，$c=-10=4$．これが答である．

問題

1. 次の体は有理数体 Q 上何次の体か.
  (a) $Q(\alpha)$, ただし $\alpha^3=1$, $\alpha \neq 1$.
  (b) $Q(\alpha)$, ただし $\alpha^3=2$.
  (c) $Q(\alpha)$, ただし $\alpha^4+1=0$.
  (d) $Q(\alpha)$, ただし $\alpha^4+4=0$.
2. p を素数とするとき $(Z_p(\alpha):Z_p)$ を求めよ. ただし $\alpha^2+1=0$ とする.
3. $(Z_3(\alpha):Z_3)$ を求めよ. ただし $\alpha^4+1=0$ とする.
4. $(Z_5(\alpha):Z_5)$ を求めよ. ただし $\alpha^4+1=0$ とする.
5. 例1の結論をくわしく考えよ.
6. 例1の $\alpha=1+\sqrt{2}+\sqrt{3}$ に対し, $\sqrt{2}, \sqrt{3}$ はいずれも $Q(\alpha)$ に属することを示し, かつ, これらを α の (Q 上の) 3 次以下の多項式として書き表せ.
7. 次の数の Q 上の最小多項式を求めよ. ただし i は虚数単位とする.
  (a) $\sqrt{2}+i$ (b) $\sqrt{2}i$ (c) $\sqrt[4]{2}i$ (d) $\sqrt[3]{2}i$
8. 例3の体 $Z_7(\alpha)$ は全部でいくつの元をもつか.
9. 例3の体 $Z_7(\alpha)$ において, 次の元を $a\alpha^2+b\alpha+c$ ($a,b,c \in Z_7$) の形に表わせ.
  (a) $(\alpha+1)^{-1}$ (b) α^5 (c) α^{57}

§4 有限拡大と代数拡大

E を K の拡大体とする. もし E のすべての元が K 上で代数的ならば, E を K の**代数的拡大体**または**代数拡大**という. 本節では有限拡大と代数拡大に関していくつかの簡単な命題を述べる.

補題 B E が K の有限拡大ならば, E は K の代数拡大である.

証明 α を E の任意の元とすれば, $K(\alpha)$ は K の有限拡大であるから, 定理5の系によって α は K 上で代数的である. (証明終)

補題 C E が K の拡大体で, $\alpha_1, \cdots, \alpha_n \in E$ がどれも K 上で代数的ならば, $K(\alpha_1, \cdots, \alpha_n)$ は K の有限拡大である.

証明 $K(\alpha_1, \cdots, \alpha_n) = (K(\alpha_1, \cdots, \alpha_{n-1}))(\alpha_n)$ であって, α_n はもちろん $K(\alpha_1, \cdots, \alpha_{n-1})$ 上でも代数的である. そこで定理1, 定理5の系を用い, 帰納法によればよい. くわしい証明は読者にまかせよう (問題1).

補題 D 補題 C の仮定のもとに
$$K(\alpha_1, \cdots, \alpha_n) = K[\alpha_1, \cdots, \alpha_n]$$
である.

証明 これも帰納法によって容易に証明されるから,読者の練習問題とする(問題 2).

補題 E E を K の任意の拡大体とし,K 上で代数的な E の元全体の集合を E_0 とすれば,E_0 は E の部分体をなす.

証明 $\alpha, \beta \in E_0$ ならば,$K(\alpha, \beta)$ は K の有限拡大(補題 C),したがって代数拡大(補題 B)であるから,$K(\alpha, \beta)$ の元はすべて K 上で代数的である.したがって特に $\alpha \pm \beta$,$\alpha\beta$,α/β(ただし $\beta \neq 0$)は E_0 の元である.(証明終)

補題 F $K \subset F \subset E$ とし,F は K の代数拡大とする.E の元 α が F 上で代数的ならば,α は K 上でも代数的である.

証明 α が F 上で代数的であるから,α を根にもつような F 上の定数でない多項式
$$f(x) = a_0 + a_1 x + \cdots + a_n x^n \qquad (a_i \in F)$$
が存在する.$F_0 = K(a_0, a_1, \cdots, a_n)$ とおけば,$f \in F_0[x]$ と考えられるから,α は F_0 上で代数的である.したがって $F_0(\alpha)$ は F_0 の有限拡大となる.他方 a_i ($i = 0, 1, \cdots, n$) は K 上で代数的であるから,補題 C によって,F_0 は K の有限拡大である.ゆえに $F_0(\alpha) = K(a_0, a_1, \cdots, a_n, \alpha)$ は K の有限拡大となる.したがって α は K 上で代数的である.(証明終)

次の命題を述べる前に'代数的閉体'の定義を思い出しておく.体 E が代数的閉体であるとは,$E[x]$ の定数でない任意の多項式が E の中に根をもつことをいう(第 3 章 §11).

補題 G 補題 E において,E が代数的閉体ならば,E_0 も代数的閉体である.

証明 これは補題 F を用いて容易に証明される.読者の練習問題に残しておこう(問題 4).

上の補題 E, G を特に $K = \boldsymbol{Q}$,$E = \boldsymbol{C}$ の場合に適用すれば,$\boldsymbol{Q}$ 上で代数的であるような $\boldsymbol{C}$ の元全体の集合 A は $\boldsymbol{C}$ の部分体をなし,しかも代数的閉体であることがわかる.(ただし $\boldsymbol{C}$ が代数的閉体であることは既知と仮定する.)この体 A は $\boldsymbol{Q}$ の 'universal' な代数拡大であって,$\boldsymbol{Q}$ の任意の代数拡大はこの体 A

の中に'埋め込む'ことができる．(その証明は省略する．) A の元，すなわち Q 上で代数的であるような複素数を**代数的数**という．また A の部分体，すなわち Q の任意の代数的拡大体を**代数的数体**または簡単に**代数体**という．代数体に関する理論は，いわゆる'代数的数論'として数学の深遠な部門を形成している．この方面に興味をもつ読者は'数論'の書物を参照されたい．

注意 代数的数でない複素数は**超越数**とよばれる．超越数の存在を最初に示したのは Liouville である (1844)．彼は複素数が超越数であるためのある種の criterion を与え，それによって，多くの超越数を実際に構成する方法を示した．(少し後に Cantor は，1874 年に発表された有名な論文で，代数的数の集合は'可算'であることを証明し，そのことから超越数は代数的数よりも'はるかに多く'存在することを結論した．) 他方このような存在問題あるいは構成問題とは別に，与えられた familiar な数が超越数であるかどうかを判定する困難な問題がある．この方面で最初に成功したのは Hermite である．彼は 1873 年に，自然対数の底 e が超越数であることを証明した．続いて 1882 年には，円周率 π の超越性が Lindemann によって証明された．また 1934 年に，Gelfond と Schneider は，a, b が代数的数で (ただし $a \ne 0, 1$) b が無理数ならば a^b は超越数であることを証明し，Hilbert によって提出された "$2^{\sqrt{2}}$ は超越数か？" という問題に解決を与えた．

問 題

1. 補題 C をくわしく証明せよ．

2. 補題 D を証明せよ．

3. F が K の代数拡大，E が F の代数拡大ならば，E は K の代数拡大であることを示せ．

4. 補題 G を証明せよ．

5. E を K の拡大体，$\alpha, \beta \in E$ を K 上で代数的な元とする．α の K 上の次数 m と β の K 上の次数 n とが互いに素ならば，$(K(\alpha, \beta) : K) = mn$ であることを示せ．

6. (a) $\cos\theta = \alpha$, $\sin\theta = \beta$ とおけば，任意の $n \in Z^+$ に対し，
$$\cos n\theta = g_n(\alpha), \quad \sin n\theta = h_{n-1}(\alpha)\beta$$
となるような整係数の n 次多項式 g_n および $(n-1)$ 次多項式 h_{n-1} が存在することを示せ．[ヒント：加法定理を用い，帰納法によれ．]

(b) (a)を用いて $\sin 1°$ が代数的数であることを証明せよ.

§5 分解体

K を体, $f \in K[x]$ を定数でない多項式, $\deg f = n$ とする. L が K の拡大体で, f が $L[x]$ において1次式の積に分解されるとき, 簡単に f は 'L において**分解する**' という. それは, f が L の中に (重根は重複度だけ数えて) n 個の根をもつことを意味する.

"$f \in K[x]$ を定数でない多項式とすれば, f が分解するような K の拡大体 L が存在する."

証明 f の次数を n, f の K 内の根の個数を r とし, $n-r=s$ に関する帰納法で証明する. $s=0$ すなわち $r=n$ ならば, f はすでに K において分解している. $s>0$ ならば, f は $K[x]$ において2次以上の既約な因数 p をもつ. 定理6によって, p がその中に根 α をもつような K の拡大体 K_1 が存在し, f は K_1 内に, K 内の根のほかに少なくとも1つの根 α をもつ. したがって f の K_1 内の根の個数を r_1, $n-r_1=s_1$ とすれば, $r_1>r$, $s_1<s$ である. ゆえに帰納法の仮定によって, f が分解するような K_1 の拡大体 L が存在する. (証明終)

$f \in K[x]$ が L で分解するとし, $L[x]$ において
$$f(x) = c(x-\alpha_1)(x-\alpha_2)\cdots(x-\alpha_n)$$
とする. (もちろん $\alpha_1, \cdots, \alpha_n$ はすべて異なるとは限らない.) このとき, K に f のすべての根を付加した体を $E = K(\alpha_1, \cdots, \alpha_n)$ とすれば, 明らかに E は (L の中で) f が分解するような K の最小の拡大体となる. E を f の K 上の**分解体** (くわしくは 'L における' 分解体) という. 次の定理の系でみるように, 分解体の構造は, 拡大体 L のとり方には依存しない. したがって実は 'L における' という語句は不要であり, 単に 'f の分解体' といっても紛れはないのである.

定理7 $K, \bar{K}$ を同型な体とし, $\sigma : K \to \bar{K}$ を同型写像とする. $K[x]$ の元 $h = \sum a_i x^i$ に対し, $\bar{K}[x]$ の元 $\sum \sigma(a_i) x^i$ を $\bar{h}$ で表わす. (明らかに $h \mapsto \bar{h}$ は $K[x]$ から $\bar{K}[x]$ への同型写像である.) $f \in K[x]$ を定数でない多項式とし, f の K 上の分解体を E とする. また f に対応する多項式 $\bar{f} \in \bar{K}[x]$ の $\bar{K}$ 上の分解体を $\bar{E}$ とする. そのとき, E から $\bar{E}$ への同型写像 $\bar{\sigma}$ で K 上では σ と一致するようなもの, いいかえれば $\sigma : K \to \bar{K}$ の延長であるような同型写像 $\bar{\sigma} : E \to \bar{E}$ が存

在する.

証明に先立って次のことに注意しておく. 今 f の E における根を $\alpha_1,\cdots,\alpha_n$ ($n=\deg f$), $\bar{f}$ の $\bar{E}$ における根を $\bar{\alpha}_1,\cdots,\bar{\alpha}_n$ とする. (そうすれば
$$E = K(\alpha_1,\cdots,\alpha_n), \quad \bar{E} = \bar{K}(\bar{\alpha}_1,\cdots,\bar{\alpha}_n)$$
である.) f は $E[x]$ において
$$f = c(x-\alpha_1)(x-\alpha_2)\cdots(x-\alpha_n) \quad (c \in K)$$
と分解されるが, もし定理にいうような同型写像 $\tilde{\sigma}: E \to \bar{E}$ が存在するならば, 明らかに $\bar{E}[x]$ において
$$\bar{f} = \sigma(c)(x-\tilde{\sigma}(\alpha_1))(x-\tilde{\sigma}(\alpha_2))\cdots(x-\tilde{\sigma}(\alpha_n))$$
となる. したがって $\tilde{\sigma}(\alpha_1),\cdots,\tilde{\sigma}(\alpha_n)$ は全体として $\bar{\alpha}_1,\cdots,\bar{\alpha}_n$ と一致する. すなわち, $\tilde{\sigma}$ は "f の根の全体を $\bar{f}$ の根の全体にうつす" のである.

定理7の証明のために1つの補題を用意する.

補題H 定理7の仮定のもとに, $p \in K[x]$ を K 上の既約多項式とする. (そのときもちろん $\bar{p} \in \bar{K}[x]$ は $\bar{K}$ 上で既約である.) $K(\alpha)$ を K に p の根 α を付加した単純拡大, $\bar{K}(\bar{\alpha})$ を $\bar{K}$ に $\bar{p}$ の根 $\bar{\alpha}$ を付加した単純拡大とすれば, $\sigma: K \to \bar{K}$ は, $\sigma_1(\alpha) = \bar{\alpha}$ を満たすような同型写像 $\sigma_1: K(\alpha) \to \bar{K}(\bar{\alpha})$ に延長される.

証明 $\deg p = m$ とすれば, $K(\alpha)$ の任意の元は K の元を係数とする α の次数 $<m$ の多項式として一意的に表わされる. $\bar{K}(\bar{\alpha})$ の元についても同様である. そこで, $\sigma_1: K(\alpha) \to \bar{K}(\bar{\alpha})$ を
$$\sigma_1(f_0(\alpha)) = \bar{f}_0(\bar{\alpha}) \quad (\text{ただし } f_0 \in K[x], \deg f_0 < m)$$
によって定義すれば, σ_1 は全単射で, 明らかに σ の延長であり, かつ $\sigma_1(\alpha) = \bar{\alpha}$ である. これが同型写像であることも, $\alpha, \bar{\alpha}$ の最小多項式がそれぞれ $p, \bar{p}$ であることから容易に証明される. くわしい証明は読者にまかせよう(問題1).

定理7の証明 $\deg f = n$, f の K 内の根の個数を r とする. もちろん $\bar{f}$ の $\bar{K}$ 内の根の個数も r である. 前のように $n-r=s$ として, s に関する帰納法によって定理を証明する. $s=0$ すなわち $r=n$ ならば, K または $\bar{K}$ がすでに f または $\bar{f}$ の分解体となっているから, $E=K$, $\bar{E}=\bar{K}$ である. したがってこの場合は定理は明らかである.

そこで $s>0$ とすれば, f は $K[x]$ において2次以上の既約な因数 p をもつ. p に対応する $\bar{p}$ は $\bar{f}$ の $\bar{K}[x]$ における既約な因数である. p および $\bar{p}$ はもちろ

ん，それぞれ E および $\bar{E}$ において分解するから，p の根である $\alpha \in E$，$\bar{p}$ の根である $\bar{\alpha} \in \bar{E}$ が存在する．補題 H によって，$\sigma : K \to \bar{K}$ は同型写像

$$\sigma_1 : K(\alpha) \to \bar{K}(\bar{\alpha})$$

に延長される．$K_1 = K(\alpha)$，$\bar{K}_1 = \bar{K}(\bar{\alpha})$ とおけば，E は K_1 上の f の分解体，$\bar{E}$ は $\bar{K}_1$ 上の $\bar{f}$ の分解体と考えられる．しかも K_1 内の f の根の個数 r_1 は $>r$ であるから，$n-r_1=s_1$ とすれば $s_1<s$ である．したがって帰納法の仮定により，

$$\sigma_1 : K_1 \to \bar{K}_1$$

は，同型写像

$$\tilde{\sigma} : E \to \bar{E}$$

に延長される．これで定理が証明された．（証明終）

系 $f \in K[x]$ を定数でない多項式とすれば，f の K 上の任意の 2 つの分解体 $E, \bar{E}$ は同型である．くわしくいえば，K 上では恒等写像であるような E から $\bar{E}$ への同型写像が存在する．

証明 定理 7 において $K=\bar{K}$，σ を K の恒等写像とすればよい．

定理 7 の系によって，たとえば $f \in \boldsymbol{Q}[x]$ の $\boldsymbol{Q}$ 上の分解体を作る場合，$\boldsymbol{C}$ の中に作っても，根の形式的付加によって作っても，実質的には変わりがないことがわかる．すなわち，多項式の根の‘代数的な性質’は分解体の作り方には関係しないのである．

例 1 $\boldsymbol{Q}$ 上で多項式 $f(x)=x^3-2$ は既約であって，($\boldsymbol{C}$ における) f の $\boldsymbol{Q}$ 上の分解体は $E=\boldsymbol{Q}(\sqrt[3]{2}, \sqrt[3]{2}\omega, \sqrt[3]{2}\omega^2)$ である．ただし $\omega=(-1+\sqrt{3}i)/2$ は多項式 x^2+x+1 の根である．明らかに E は

$$E = \boldsymbol{Q}(\sqrt[3]{2}, \omega)$$

と書かれる．$(\boldsymbol{Q}(\sqrt[3]{2}):\boldsymbol{Q})=3$ で，ω は虚数であるから $\boldsymbol{Q}(\sqrt[3]{2})$ には含まれない．したがって $(E:\boldsymbol{Q}(\sqrt[3]{2}))=2$，ゆえに $(E:\boldsymbol{Q})=6$ である．すなわち f の分解体の $\boldsymbol{Q}$ 上の次数は 6 である．

例 2 多項式 $f(x)=x^5-1$ の $\boldsymbol{Q}$ 上の分解体を考えてみよう．

$$f(x) = (x-1)(x^4+x^3+x^2+x+1)$$

で，$g(x)=x^4+x^3+x^2+x+1$ は $\boldsymbol{Q}$ 上で既約である（第 3 章 §12，例 4）．任意の分解体における g の 1 つの根を α とすれば，$\alpha, \alpha^2, \alpha^3, \alpha^4$ はどれも 1 に等しくなく，また互いに異なる元であるが，

$$\alpha^{4k}+\alpha^{3k}+\alpha^{2k}+\alpha^{k}+1=\frac{\alpha^{5k}-1}{\alpha^{k}-1}=0 \qquad (k=1,2,3,4)$$

であるから，$\alpha^2, \alpha^3, \alpha^4$ も g の根である．したがって

$$g(x)=(x-\alpha)(x-\alpha^2)(x-\alpha^3)(x-\alpha^4)$$

となる．すなわち $\mathbf{Q}$ に α を付加した体 $\mathbf{Q}(\alpha)$ において，g したがって f はすでに分解している．ゆえに $E=\mathbf{Q}(\alpha)$ は f の $\mathbf{Q}$ 上の分解体で $(E:\mathbf{Q})=4$ である．

[**注意**：f の根，すなわち '1 の 5 乗根' は，$\mathbf{C}$ においては

$$e^{2k\pi i/5}=\cos\frac{2k\pi}{5}+i\sin\frac{2k\pi}{5} \qquad (k=0,1,2,3,4)$$

で与えられる．これらは複素平面上の単位円を 5 等分する点で表わされ，たとえば $\alpha=\cos(2\pi/5)+i\sin(2\pi/5)$ とすれば第 6 図のようになる．]

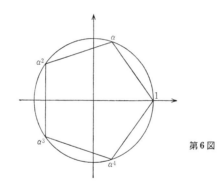

第 6 図

問　題

1. 補題 H をくわしく証明せよ．

2. $f \in K[x]$ を n 次 $(n \geqq 1)$ の多項式とすれば，f の K 上の分解体 E の拡大次数 $(E:K)$ は $n!$ をこえないことを示せ．

3. 次の多項式の $\mathbf{Q}$ 上の分解体は $\mathbf{Q}$ 上何次の体か．
 (a) x^4+1 　　(b) x^4+x^2+1 　　(c) x^4-2 　　(d) $(x^2-2)(x^2-3)$

4. p を素数とすれば，多項式 x^p-1 の $\mathbf{Q}$ 上の分解体の $\mathbf{Q}$ 上の次数は $p-1$ であることを示せ．

5. $f(x)=x^3+ax+b$ を $\mathbf{Q}[x]$ の 3 次多項式とする．
 (a) f の 3 つの根を α, β, γ とし，
$$D=\{(\alpha-\beta)(\beta-\gamma)(\gamma-\alpha)\}^2$$

とおけば，$D=-4a^3-27b^2$ であることを示せ．

(b) Q 上の f の分解体 E は $E=Q(\alpha, \sqrt{D})$ で与えられることを示せ．ただし $\sqrt{D}$ は D の平方根の1つ(一般には複素数)を表わす．

6. $f(x)=x^3+ax+b$ を $Q[x]$ の3次の既約多項式とする．前問を用いて，f の Q 上の分解体の Q 上の拡大次数が3となるための必要十分条件を述べよ．

7. 次の3次式 ($\in Q[x]$) の Q 上の分解体 E の拡大次数 $(E:Q)$ を求めよ．

(a) x^3-3x+1 (b) x^3+2x-2

8. 体 Z_5 上で多項式 $(x^2-2)(x^2-3)$ の分解体を作れ．それは Z_5 上何次の体か．

§6 重根と導多項式

K を体，$f \in K[x]$ を定数でない多項式とする．定理7の系によって，f がその分解体において単根のみをもつかあるいは重根をもつかは，分解体のとり方には依存しない．f が分解体において重根をもつかどうかを K の中だけで判定するためには，導多項式が有効に用いられる．それは次のように定義される．

多項式
$$f(x) = a_0 + a_1 x + \cdots + a_k x^k + \cdots + a_n x^n$$
に対し，
$$f'(x) = a_1 + 2a_2 x + \cdots + k a_k x^{k-1} + \cdots + n a_n x^{n-1}$$
をその**導多項式**という．この定義は全く代数的であって，解析学におけるような極限概念にはもとづいていない．しかし解析学において知られている通常の法則はやはり成立する．すなわち

"f, g をある体の上の多項式，c を定数，$n \in Z^+$ とすれば，

(1) $(f+g)' = f' + g'$,

(2) $(cf)' = cf'$,

(3) $(fg)' = f'g + fg'$,

(4) $(f^n)' = nf^{n-1} f'$

が成り立つ．"

証明 (1), (2) の'線型性'は明らかである．(3) を示すには，線型性によって，$f(x)=x^r$, $g(x)=x^s$ のときを確かめればよい．その場合は
$$(fg)' = (x^{r+s})' = (r+s) x^{r+s-1} = (rx^{r-1}) x^s + x^r (sx^{s-1}),$$
したがって(3)が成り立つ．(4)は帰納法によって(3)から導かれる．その証明

は読者の練習問題に残しておこう(問題1).

なお，これも定義から自明のことであるが，f の導多項式 f' は，f のすべての係数を含む体である限り，どの体の中で考えても同じであることに注意しておこう．

補題I $f \in K[x]$, E を K の拡大体，$\alpha \in E$ を f の根とする．もし α が f の重根ならば，α は f' の根でもある．また α が f の単根ならば $f'(\alpha) \neq 0$ である．

証明 α が f の重根で重複度が $m (\geq 2)$ ならば，$E[x]$ において
$$f = (x-\alpha)^m g$$
と書かれる．これより (3), (4) によって
$$\begin{aligned}f' &= m(x-\alpha)^{m-1}g + (x-\alpha)^m g' \\ &= (x-\alpha)^{m-1}(mg + (x-\alpha)g').\end{aligned}$$
$m-1 \geq 1$ であるから $f'(\alpha) = 0$，すなわち α は f' の根である．他方 α が f の単根ならば，
$$f = (x-\alpha)g, \qquad g(\alpha) \neq 0$$
と書かれ，$f' = g + (x-\alpha)g'$ であるから $f'(\alpha) = g(\alpha) \neq 0$．すなわち α は f' の根ではない．（証明終）

補題Iによれば，$f \in K[x]$ が重根をもつための必要十分条件は，K のある拡大体において f と f' が共通根をもつことである．この条件を K の中だけでの条件に述べ直せば次のようになる．

定理8 $f \in K[x]$ が重根をもつためには，f とその導多項式 f' とが $K[x]$ において定数でない共通因数をもつことが必要かつ十分である．

証明 K のある拡大体において f と f' が共通根 α をもつならば，α の K 上の最小多項式を p とすれば，p は f, f' の共通の因数となる．逆に f, f' が $K[x]$ において定数でない共通因数 h をもつならば，（たとえば h の分解体における）h の任意の根は f と f' の共通根である．（証明終）

特に $f \in K[x]$ が K 上で既約である場合を考えよう．その場合は，f の $K[x]$ における因数は f 自身(に同伴な多項式)と定数以外にないから，f と f' とが定数でない共通因数をもつならば，$f | f'$ でなければならない．そして $\deg f' < \deg f$ であるから，$f | f'$ となるためには $f' = 0$ でなければならない．逆に $f' = 0$ ならば，もちろん f 自身が f と f' の共通因数となる．すなわち，"既約多

項式 f が重根をもつためには, $f'=0$ であることが必要かつ十分である."

今 $f \in K[x]$ を既約とし,
$$f(x) = a_0 + a_1 x + \cdots + a_n x^n \qquad (n \geq 1, a_n \neq 0)$$
とする. そのとき, 定義によって

(5) $\qquad f'(x) = a_1 + 2a_2 x + \cdots + k a_k x^{k-1} + \cdots + n a_n x^{n-1}$

であるが, もし K の標数が 0 ならば, $n a_n \neq 0$ であるから $f' \neq 0$ である. よって次の系が得られる.

系 1 K の標数が 0 ならば, K 上の任意の既約多項式は単根のみをもつ.

次に K の標数が p である場合を考えよう. その場合, $f'=0$ となるためには, (5)によって, すべての k に対して $k a_k = 0$, すなわち '$k=0$ または $a_k=0$' が成り立つことが必要十分である. K の整数として $k=0$ であることは $p | k$ と同等であるから, これは $p | k$ 以外の k に対して $a_k = 0$ であることと同等である. したがって, $f'=0$ であるような f は次の形となる:
$$f(x) = c_0 + c_1 x^p + c_2 x^{2p} + \cdots + c_m x^{mp}.$$
いいかえれば, $f(x)$ は 'x^p の多項式' である. すなわち
$$g(x) = c_0 + c_1 x + c_2 x^2 + \cdots + c_m x^m$$
とおけば, $f(x) = g(x^p)$ となる. これで次の系 2 が証明された.

系 2 K の標数が p ならば, K 上の既約多項式 f は, $f(x) = g(x^p)$ となるような $g \in K[x]$ が存在するとき, またそのときに限って重根をもつ.

K 上の既約多項式 f が単根のみをもつとき f は**分離的**であるという. もっと一般に, 定数でない多項式 $f \in K[x]$ は, その(K における)すべての既約因数が分離的であるとき, 'K 上で' **分離的**であるという. そうでない場合には f は K 上で**非分離的**であるという. 定理 8 の系 1 によれば, K の標数が 0 ならば, K 上の定数でない多項式はすべて K 上で分離的である. [注意: $f \in K[x]$ が K 上で分離的であることは f の根がすべて単根であることを意味しない. たとえば, f が既約な分離多項式であるとき, f^2 は (重根をもつが) やはり分離的である. また多項式が分離的であるかどうかは考えている体にも依存する. たとえば, 任意の多項式 f はその分解体で考えれば必ず分離的である.]

E を K の拡大体とし, $\alpha \in E$ を K 上で代数的な元とする. α の K 上の最小多項式が (K 上で) 分離的であるかないかに応じて α は K 上で (あるいは K に

関して）**分離的**あるいは**非分離的**であるという．E が K の代数拡大で，E のすべての元が K 上で分離的であるとき，E を K の**分離的拡大体**または**分離拡大**という．分離拡大でない代数拡大は**非分離的拡大体**または**非分離拡大**とよばれる．定理 8 の系 1 によって，K の標数が 0 ならば，K の任意の代数拡大は分離拡大である．

問　　題

1. 本節の公式(4)を証明せよ．
2. A を体 K 上の線型環とする．$D: A \to A$ がベクトル空間としての自己準同型で，任意の $x, y \in A$ に対し $D(xy) = Dx \cdot y + x \cdot Dy$ が成り立つとき，D を A の(K 上の)**微分**という．次のことを示せ．
   (a) D が A の微分ならば，任意の $a \in K$ に対して $D(a1) = 0$．（ただし 1 は A の単位元）
   (b) D が A の微分ならば，任意の $a \in K$ に対して aD も A の微分である．
   (c) D_1, D_2 が A の微分ならば，$D_1 + D_2$ も A の微分である．
   (d) D_1, D_2 が A の微分ならば，$D = D_1 D_2 - D_2 D_1$ も A の微分である．
3. 多項式環 $K[x]$ において，写像 $f \mapsto f'$ は $K[x]$ の(K 上の) 1 つの微分である．逆に D を $K[x]$ の任意の微分とすれば，$D(f) = f' \cdot D(x)$ となることを証明せよ．

§7　自己同型群と固定体

本節と次節ではいわゆる Galois の基本定理の準備となる事項を述べる．

E を 1 つの体とする．E の自己同型というのは
$$\sigma(a+b) = \sigma(a) + \sigma(b), \quad \sigma(ab) = \sigma(a)\sigma(b)$$
を満たすような全単射 $\sigma: E \to E$ である．E の自己同型の全体を $\mathrm{Aut}(E)$ で表わす．明らかに σ, τ が E の自己同型ならば $\sigma \circ \tau$ (以後単に $\sigma\tau$ と書く)や σ^{-1} も E の自己同型であるから，$\mathrm{Aut}(E)$ は写像の合成を演算として群を作る．本節ではこの群を E の'全自己同型群'とよび，$\mathrm{Aut}(E)$ の任意の部分群を E の**自己同型群**とよぶことにする．

S を $\mathrm{Aut}(E)$ の空でない任意の部分集合とする．そのとき
　"すべての $\sigma \in S$ に対して
$$\sigma(a) = a$$
となるような $a \in E$ の全体は E の部分体をなす．"

証明は簡単である．読者の練習問題としよう(問題 1)．この部分体は S の**固定体**とよばれる．固定体について考える場合，集合 S としては，$\mathrm{Aut}(E)$ の部分群すなわち E の自己同型群だけを考えても一般性を失わない．なぜなら，S の固定体は，S で生成される $\mathrm{Aut}(E)$ の部分群の固定体に等しいからである．この証明も読者の練習問題に残しておこう(問題 2)．

逆に E の 1 つの部分体 K が与えられたとする．$\sigma \in \mathrm{Aut}(E)$ が K のすべての元を固定するとき，すなわちすべての $a \in K$ に対して $\sigma(a)=a$ であるとき，σ は E の K **上の自己同型**とよばれる．明らかに"K 上の自己同型の全体は全自己同型群 $\mathrm{Aut}(E)$ の部分群をなす．"(証明せよ．)この部分群を E の K **上の自己同型群**という．

ここで次の 2 つの問題を考える．

(Ⅰ) G を E の 1 つの自己同型群とし，G の固定体を K とする．そのとき，E の K 上の自己同型群を G_0 とすれば，$G_0=G$ となるか？

(Ⅱ) K を E の 1 つの部分体とし，E の K 上の自己同型群を G とする．そのとき，G の固定体を K_0 とすれば，$K_0=K$ となるか？

(もちろん(Ⅰ)で $G_0 \supset G$，(Ⅱ)で $K_0 \supset K$ となることは明らかである．)われわれはここでは，問題(Ⅰ)については G が $\mathrm{Aut}(E)$ の'有限部分群'である場合，(Ⅱ)については E が K の'有限拡大'である場合だけを考えることにする．そうすれば，(Ⅰ)では(G が有限な自己同型群ならば) $G_0=G$ という結論が常に成立する．(少し後にその証明を述べる．)(Ⅱ)では $K_0=K$ となることも K_0 が K より'大きい'こともある．その例を次に挙げよう．

例 1 $E=\mathbf{C}$, $K=\mathbf{R}$ とする．σ を E の K 上の自己同型とすれば，$i^2=-1$ であるから，$\sigma(i)^2=\sigma(i^2)=\sigma(-1)=-1$, したがって $\sigma(i)=\pm i$ である．ゆえに σ は恒等写像

$$\sigma_1(a+bi) = a+bi,$$

または'共役写像'

$$\sigma_2(a+bi) = a-bi$$

のいずれかとなる．すなわち E の K 上の自己同型群 G は位数 2 の群 $G=\{\sigma_1, \sigma_2\}$ である．逆に G の固定体を K_0 とし，$\alpha=a+bi \in K_0$ とすれば，$\sigma_2(\alpha)=a-bi=\alpha$ であるから $b=0$, したがって $\alpha=a \in K$ となる．すなわち，この場合，G

例2 $E=\mathbf{Q}(\sqrt[3]{2})$, $K=\mathbf{Q}$ とする.（もちろん $\sqrt[3]{2}$ は2の'実の3乗根'を表わす.) $\alpha=\sqrt[3]{2}$ とおけば，E の任意の元 θ は $\theta=a_0+a_1\alpha+a_2\alpha^2$ ($a_i\in\mathbf{Q}$) の形に書かれる. σ を E の K 上の自己同型とすれば，$\alpha^3=2$ であるから，$\sigma(\alpha)^3=\sigma(\alpha^3)=\sigma(2)=2$, しかも $\sigma(\alpha)$ は実数であるから，これも2の'実の3乗根' $\sqrt[3]{2}$ に等しくなければならない．したがって $\sigma(\alpha)=\alpha$, ゆえに任意の $\theta\in E$ に対して $\sigma(\theta)=\theta$ となる．すなわち E の K 上の自己同型は恒等写像のほかに存在しない. ゆえに E の K 上の自己同型群 G は'単位群'で，したがって G の固定体 K_0 は E 全体と一致する．すなわちこの場合は K_0 は K よりも真に'大きい.'

上の例でみるように，問題(II)の結論は常には成立しない．しかし問題(I)については，前にいったように，Aut(E) の'有限部分群' G から出発して，G の固定体 K をつくり，次に E の K 上の自己同型群をつくればそれは必ずもとの G にもどるのである．このことを次に証明しよう．以下の証明の手法は Artin による．

補題 J $\sigma_1, \sigma_2, \cdots, \sigma_n$ を E の相異なる自己同型とし，$c_1, c_2, \cdots, c_n \in E$ とする. もし，すべての $x\in E$ に対して

(1) $$c_1\sigma_1(x)+c_2\sigma_2(x)+\cdots+c_n\sigma_n(x)=0$$

が成り立つならば，$c_1=c_2=\cdots=c_n=0$ である．

証明 n に関する帰納法による．$n=1$ のときは明らかであるから，$n\geqq 2$ とし，$n-1$ 個の異なる自己同型に対してはわれわれの主張が正しいと仮定する．a を E の任意の元とし，(1)の x に ax を代入すれば

$$c_1\sigma_1(ax)+c_2\sigma_2(ax)+\cdots+c_n\sigma_n(ax)=0,$$

したがって

(2) $$c_1\sigma_1(a)\sigma_1(x)+c_2\sigma_2(a)\sigma_2(x)+\cdots+c_n\sigma_n(a)\sigma_n(x)=0$$

である．一方(1)に $\sigma_n(a)$ を掛ければ

(3) $$c_1\sigma_n(a)\sigma_1(x)+c_2\sigma_n(a)\sigma_2(x)+\cdots+c_n\sigma_n(a)\sigma_n(x)=0.$$

(2)から(3)を引き算すれば

$$c_1(\sigma_1(a)-\sigma_n(a))\sigma_1(x)+\cdots+c_{n-1}(\sigma_{n-1}(a)-\sigma_n(a))\sigma_{n-1}(x)=0.$$

これがすべての $x\in E$ に対して成り立つから，帰納法の仮定によって

(4) $$c_i(\sigma_i(a)-\sigma_n(a))=0 \quad (1\leqq i\leqq n-1)$$

でなければならない．(4)は $1\leq i\leq n-1$ である任意の i とすべての $a\in E$ に対して成り立つのであるが，各 $i(1\leq i\leq n-1)$ に対し $\sigma_i\neq\sigma_n$ であるから，$\sigma_i(a)\neq\sigma_n(a)$ であるような $a\in E$ が存在する．ゆえに (4) より $c_i=0 (1\leq i\leq n-1)$，したがってまた $c_n=0$ となる．(証明終)

定理9 $\sigma_1,\cdots,\sigma_n$ を E の相異なる自己同型とし，$\{\sigma_1,\cdots,\sigma_n\}$ の固定体を K とすれば，$(E:K)\geq n$ である．

注意 $(E:K)\geq n$ という表現には，$(E:K)=\infty$，すなわち E が K の'無限次拡大体'となる場合も含まれる．

証明 $(E:K)=r<n$ として矛盾を導こう．E の K 上の基底を $\alpha_1,\cdots,\alpha_r$ とすれば，任意の $\theta\in E$ は適当な $a_1,\cdots,a_r\in K$ によって
$$\theta=a_1\alpha_1+\cdots+a_r\alpha_r$$
と書かれる．$a_j=\sigma_i(a_j)(i=1,\cdots,n; j=1,\cdots,r)$ であるから
$$(5) \quad \sigma_i(\theta)=\sigma_i(a_1\alpha_1+\cdots+a_r\alpha_r)=a_1\sigma_i(\alpha_1)+\cdots+a_r\sigma_i(\alpha_r).$$
今 $x_1,\cdots,x_n\in E$ として，連立1次方程式
$$(6) \quad \begin{cases} \sigma_1(\alpha_1)x_1+\sigma_2(\alpha_1)x_2+\cdots+\sigma_n(\alpha_1)x_n=0 \\ \cdots\cdots\cdots\cdots\cdots \\ \sigma_1(\alpha_r)x_1+\sigma_2(\alpha_r)x_2+\cdots+\sigma_n(\alpha_r)x_n=0 \end{cases}$$
を考えれば，$n>r$ であるから，第4章補題Aによって (6) は自明でない解を有する．その自明でない解を $x_1=c_1,\cdots,x_n=c_n$ とし，(6) の j 番目の方程式に a_j を掛けて $j=1,\cdots,r$ について加えれば，(5) によって
$$c_1\sigma_1(\theta)+c_2\sigma_2(\theta)+\cdots+c_n\sigma_n(\theta)=0.$$
ここで θ は E の任意の元であり，$c_1,c_2,\cdots,c_n$ は少なくとも1つは0に等しくない E の元である．しかしこれは補題Jに反する．(証明終)

定理9においては，$\{\sigma_1,\cdots,\sigma_n\}$ が'群'であることは仮定していなかった．次に $G=\{\sigma_1,\cdots,\sigma_n\}$ が E の位数 n の自己同型群である場合を考えよう．その場合，K を G の固定体とすれば，任意の $\theta\in E$ に対して
$$(7) \quad T(\theta)=\sigma_1(\theta)+\sigma_2(\theta)+\cdots+\sigma_n(\theta)$$
は K の元となる．実際，(7) に σ_i をほどこせば
$$\sigma_i T(\theta)=\sigma_i\sigma_1(\theta)+\sigma_i\sigma_2(\theta)+\cdots+\sigma_i\sigma_n(\theta)$$
となるが，G が群であるから $\sigma_i\sigma_1,\sigma_i\sigma_2,\cdots,\sigma_i\sigma_n$ は全体として $\sigma_1,\cdots,\sigma_n$ に等し

く，よって $\sigma_i T(\theta) = \sigma_1(\theta) + \cdots + \sigma_n(\theta) = T(\theta)$ $(i=1, \cdots, n)$，したがって $T(\theta) \in K$ となる．さらに，補題 J からわかるように，写像 $T: E \to K$ は恒等的に 0 では ない．そのことから，x を E の 0 でない元とすれば，適当に $\lambda \in E$ をとれば $T(\lambda x) \neq 0$ となることがわかる．実際，$T(\theta) \neq 0$ である θ を 1 つとって，λ を $\lambda x = \theta$ となるように選べばよいからである．以上の準備のもとに次の定理を証明することができる．

定理 10 G を E の位数 n の自己同型群とし，G の固定体を K とすれば，$(E:K) = n$ である．

証明 上のように $G = \{\sigma_1, \cdots, \sigma_n\}$ とする．定理 9 によって $(E:K) \geq n$ であることはすでにわかっているから，$(E:K) \leq n$ を示せばよい．それには，n 個より多くの E の任意の元 $\alpha_1, \alpha_2, \cdots, \alpha_m$ ($m > n$) は必ず K 上で 1 次従属となることを証明すればよい．そのために，今度は連立 1 次方程式

$$(8) \quad \begin{cases} \sigma_1(\alpha_1)x_1 + \sigma_1(\alpha_2)x_2 + \cdots + \sigma_1(\alpha_m)x_m = 0 \\ \cdots\cdots\cdots\cdots\cdots\cdots \\ \sigma_n(\alpha_1)x_1 + \sigma_n(\alpha_2)x_2 + \cdots + \sigma_n(\alpha_m)x_m = 0 \end{cases}$$

を考える．$m > n$ であるから，これは自明でない解 $(x_1, \cdots, x_m)$ をもつ．たとえば $x_1 \neq 0$ とする．任意の $\lambda \in E$ に対して $(\lambda x_1, \cdots, \lambda x_m)$ も (8) の解であるから，定理の前に述べた注意によって，必要があれば $(x_1, \cdots, x_m)$ を $(\lambda x_1, \cdots, \lambda x_m)$ におきかえて $T(x_1) \neq 0$ であると仮定することができる．(8) の i 番目の方程式

$$\sigma_i(\alpha_1)x_1 + \sigma_i(\alpha_2)x_2 + \cdots + \sigma_i(\alpha_m)x_m = 0$$

に σ_i^{-1} をほどこせば，

$$\alpha_1 \sigma_i^{-1}(x_1) + \alpha_2 \sigma_i^{-1}(x_2) + \cdots + \alpha_m \sigma_i^{-1}(x_m) = 0.$$

これを $i = 1, \cdots, n$ について加えれば，$\sigma_1^{-1}, \cdots, \sigma_n^{-1}$ も全体として $\sigma_1, \cdots, \sigma_n$ に一致するから

$$T(x_1)\alpha_1 + T(x_2)\alpha_2 + \cdots + T(x_m)\alpha_m = 0.$$

$T(x_j) = c_j$ ($j = 1, \cdots, m$) とおけば，これも定理の前に注意したように $c_j \in K$ であって

$$c_1 \alpha_1 + c_2 \alpha_2 + \cdots + c_m \alpha_m = 0.$$

しかも $T(x_1) = c_1 \neq 0$ であった．ゆえに $\alpha_1, \alpha_2, \cdots, \alpha_m$ は K 上で 1 次従属である．これで証明は完了した．(証明終)

系 定理10の仮定のもとに，E の K 上の自己同型群は G と一致する．

証明 もし E の K 上の自己同型 σ で G の元 $\sigma_1,\cdots,\sigma_n$ のどれとも一致しないものがあるとすれば，集合 $\{\sigma_1,\cdots,\sigma_n,\sigma\}$ の固定体もやはり K となり，定理9によって $(E:K) \geqq n+1$ となる．それは定理10と矛盾する．(証明終)

定理10の仮定のもとにもう1つの定理をつけ加えておこう．

定理11 定理10の仮定と同じく，G を体 E の有限な自己同型群，K を G の固定体とする．そのとき，E の任意の元 α は K 上で分離的である．(すなわち E は K の分離拡大である．) かつ，α の K 上の最小多項式は E において分解する．

証明 前のように $o(G)=n$, $G=\{\sigma_1,\cdots,\sigma_n\}$ とする．定理10によって E は K の有限拡大であるから，E の元 α は K 上で代数的である．今 $\sigma_1(\alpha), \sigma_2(\alpha),\cdots,\sigma_n(\alpha)$ のうち '相異なる' 元を $\alpha_1,\cdots,\alpha_r$ $(r \leqq n)$ とする．(もちろん α 自身はこのうちの1つである．) 任意の i $(1 \leqq i \leqq n)$ に対し，σ_i は自己同型であるから $\sigma_i(\alpha_1), \cdots, \sigma_i(\alpha_r)$ も相異なる r 個の元であるが，$\sigma_i\sigma_1(\alpha),\cdots,\sigma_i\sigma_n(\alpha)$ は全体として $\sigma_1(\alpha), \cdots, \sigma_n(\alpha)$ に等しいから，

$$\{\sigma_i(\alpha_1), \cdots, \sigma_i(\alpha_r)\} = \{\alpha_1,\cdots,\alpha_r\}$$

である．すなわち σ_i は集合 $\{\alpha_1,\cdots,\alpha_r\}$ の置換を与えている．このことから，多項式

$$f(x) = (x-\alpha_1)(x-\alpha_2)\cdots(x-\alpha_r)$$

の係数はすべての σ_i $(1 \leqq i \leqq n)$ によって不変であることがわかる．ゆえに $f \in K[x]$ であり，これは α を1つの根にもつ分離多項式である．そこで α の K 上の最小多項式を p とすれば，p は f の因数であるから，p は分離的で，しかも p は E において分解している．これで定理は証明された．[**注意**：実は上の f 自身が α の最小多項式 p に等しい．この証明は練習問題に残しておこう (問題5)．]

問　題

1. E を体，S を $\mathrm{Aut}(E)$ の空でない部分集合とするとき，すべての $\sigma \in S$ に対して $\sigma(a)=a$ となるような $a \in E$ の全体は E の部分体となることを示せ．

2. E を体，S を $\mathrm{Aut}(E)$ の空でない部分集合とし，S で生成される $\mathrm{Aut}(E)$ の部分群

を G とする. S の固定体は G の固定体に等しいことを示せ.

3. E を K の有限拡大とすれば, E の K 上の自己同型群 G は有限群で, $o(G)$ は $(E:K)$ の約数であることを示せ.

4. 体 E の 2 つの異なる有限自己同型群 G_1, G_2 は異なる固定体をもつことを示せ.

5. 定理 11 の最後の注意に述べたことを証明せよ.

6. $E=\boldsymbol{Q}(x)$ を $\boldsymbol{Q}$ 上の変数 x の有理式体とし, $\varphi=\varphi(x)\in E$ に対し, $\sigma\varphi\in E$ を
$$\sigma\varphi(x)=\varphi(x+1)$$
により定義する. σ は E の自己同型であること, また σ の固定体 K は '定数' の体 $\boldsymbol{Q}$ に等しいことを示せ.（したがってこの場合は $(E:K)=\infty$ である.）

7. 前問で基礎体 $\boldsymbol{Q}$ を $\boldsymbol{Z}_p$ におきかえた場合には σ の固定体はどうなるか.

§8　正規拡大

E を体, K を E の部分体とする. K が E のある有限自己同型群 G の固定体となっているとき, E を K の**正規拡大**または **Galois 拡大**という. 定理 10 およびその系によって, その場合 E は K の有限拡大で, E の K 上の自己同型群は G に等しい. いいかえれば, E が K の正規拡大であるとは, E が K の有限拡大であって E の K 上の自己同型群の固定体が K と一致している, ということにほかならない.

以後一般に, E が K の拡大体であるとき, E の K 上の自己同型群を $G_{E/K}$ で表わすことにする. 定理 10 および定理 11 によれば, E が K の正規拡大である場合, 次のことが成り立つ.

(a) $o(G_{E/K})=(E:K)$.

(b) E は K 上で分離的である.

(c) E 内に根をもつような $K[x]$ の任意の既約多項式は E において分解する.

逆に, K の有限拡大 E について上の性質 (a) が成り立つならば, E は K の正規拡大である. この証明は簡単であるから, 読者の練習問題としよう（問題 1）. また次の定理でみるように, E が性質 (b) および (c) をもつ場合にも, E は K の正規拡大となる. [**注意**：上の性質 (c) をもつような K の有限拡大 E はしばしば K の**準 Galois 拡大**とよばれる. Bourbaki は正規拡大と Galois 拡大とを区別して, '正規' という語をこの '準 Galois 的' と同じ意味に用いている.]

§8 正規拡大

次の定理でわれわれは正規拡大と分解体との関係を述べる．この定理は，正規拡大について，上に与えた定義よりもっと具体的な，また構成的な記述を与えている．

定理 12 K の有限拡大 E に関する次の3つの条件は互いに同等である．

(i) E は K の正規拡大である．

(ii) E は K の分離拡大で，E 内に根をもつ $K[x]$ の任意の既約多項式は E において分解する．

(iii) E は $K[x]$ のある分離多項式の K 上の分解体である．

証明 (i)から(ii)が導かれることはすでに示した．(ii)から(iii)は次のようにして導かれる．いま，E の K 上の1つの基底を $\{\beta_1, \cdots, \beta_n\}$ とし，β_i の K 上の最小多項式を $p_i = p_i(x)$ とする．もちろん $E = K(\beta_1, \cdots, \beta_n)$ である．$f(x) = p_1(x) p_2(x) \cdots p_n(x)$ とおけば，仮定(ii)によって f は K 上で分離的で，各因子 p_i が E において分解するから f も E において分解する．そこで E の中で f の分解体 F を作れば，F は当然 $\beta_1, \cdots, \beta_n$ を含むから，明らかに $F = E$ となる．すなわち，E は $K[x]$ の分離多項式 f の K 上の分解体である．

最後に(iii)から(i)が導かれることを示そう．そのためにまず次の補題を用意する．

補題 K E を $f \in K[x]$ の K 上の分解体とし，p を f の $K[x]$ における1つの既約な因数とする．α, α' をともに p の E における根とすれば，$\sigma(\alpha) = \alpha'$ であるような $\sigma \in G_{E/K}$ が存在する．

証明 α, α' がともに既約多項式 p の根であるから，補題 H によって，K 上では恒等写像と一致し，かつ $\tau(\alpha) = \alpha'$ であるような $K(\alpha)$ から $K(\alpha')$ への同型写像 τ が存在する．E は $K(\alpha)$ 上の f の分解体であると同時に $K(\alpha')$ 上の f の分解体でもあるから，定理 7 によって，$\tau : K(\alpha) \to K(\alpha')$ は E から E への同型写像，すなわち E の自己同型 σ に延長される．この σ が求めるものである．
(証明終)

定理の証明にもどり，E を $K[x]$ の分離多項式 f の分解体とする．そのとき $G_{E/K}$ の固定体が K と一致すること，すなわち $G_{E/K}$ のすべての元によって不変な E の元は K に属することを証明しよう．そのためにわれわれは前の定理 7 の証明の場合と同様の方針に従う．すなわち f の E における根のうち K に

含まれないものの個数を s として，s に関する帰納法を用いるのである．

$s=0$ ならば，$E=K$ であるから，われわれの主張は明らかである．そこで $s>0$ とし，K 内に含まれない（E における）f の根の個数が s より小さいときにはわれわれの主張が成立すると仮定する．α を K 内にない f の1つの根とし，α の K 上の最小多項式を p とする．p は f の既約な因数で，仮定により重根をもたないから，その次数を e とすれば，p は E において e 個の '異なる' 根 $\alpha_1, \alpha_2, \cdots, \alpha_e$ を有する．もちろん α はそのうちの1つである．たとえば $\alpha=\alpha_1$ とし，$K_1=K(\alpha)=K(\alpha_1)$ とおく．また簡単のため $G_{E/K}=G$, $G_{E/K_1}=G_1$ とする．明らかに G_1 は G の部分群である．ここで基礎体 K を K_1 にうつして考えれば，E は f の K_1 上の分解体で，K_1 内にない f の根の個数は s より小さいから，帰納法の仮定によって，G_1 の固定体は K_1 に等しい．すなわち，すべての $\sigma \in G_1$ によって不変な E の元は K_1 に属する．いま，θ をすべての $\sigma \in G$ によって不変な E の任意の元とする．そうすれば θ はもちろんすべての $\sigma \in G_1$ によって不変であるから，上記によって $\theta \in K_1$ でなければならない．$K_1=K(\alpha)$ の元は $\alpha=\alpha_1$ の K 上の $e-1$ 次以下の多項式の形に書かれるから，θ は

(1) $$\theta = c_0 + c_1 \alpha + \cdots + c_{e-1} \alpha^{e-1} \qquad (c_i \in K)$$

と表わされる．補題 K によれば，おのおのの $i(=1,\cdots,e)$ に対し，$\alpha=\alpha_1$ を α_i にうつすような $G=G_{E/K}$ の元 σ_i が存在する．(1) に σ_i を作用させれば，$\sigma_i(\theta)=\theta$ であるから，

$$\theta = c_0 + c_1 \alpha_i + \cdots + c_{e-1} \alpha_i^{e-1},$$

したがって

$$(c_0-\theta) + c_1 \alpha_i + \cdots + c_{e-1} \alpha_i^{e-1} = 0 \qquad (i=1,\cdots,e)$$

となる．すなわち，多項式

$$g(x) = (c_0-\theta) + c_1 x + \cdots + c_{e-1} x^{e-1}$$

は e 個の '異なる' 根 $\alpha_1,\cdots,\alpha_e$ を有する．しかも g の次数は $\leq e-1$ である．ゆえに定理2により，g は '多項式として'$=0$，したがって特に $c_0-\theta=0$ でなければならない．ゆえに $\theta=c_0$ で，θ は K の元である．以上でわれわれの主張は完全に証明された．（証明終）

本節の最後に，前節および本節で述べたことの1つの応用として，対称式についてよく知られている古典的な結果を導いておこう．この結果はまた Galois

の理論において後にふたたび重要な役割を演ずる (§16).

k を1つの体とし, $k[x_1, \cdots, x_n]$ を n 変数 $x_1, \cdots, x_n$ の k 上の多項式環とする. この商の体を $k(x_1, \cdots, x_n)$ で表わし, $x_1, \cdots, x_n$ の k 上の**有理式体**(または**有理関数体**)という. その元は $x_1, \cdots, x_n$ の k 上の**有理式**とよばれる. 以下, 有理式体 $k(x_1, \cdots, x_n)$ を E で表わす.

$J=\{1,2,\cdots,n\}$ とし, S_n を J 上の対称群とする. $E=k(x_1,\cdots,x_n)$ の元 $\varphi=\varphi(x_1,\cdots,x_n)$ と $\sigma \in S_n$ に対し, 有理式 $\sigma\varphi$ を

$$(\sigma\varphi)(x_1,\cdots,x_n) = \varphi(x_{\sigma(1)},\cdots,x_{\sigma(n)})$$

により定義する. 明らかに $\varphi \mapsto \sigma\varphi$ は体 E の自己同型で, また $\sigma, \tau \in S_n$ ならば

(2) $$\tau(\sigma\varphi) = (\tau\sigma)\varphi$$

である(問題2). したがって対称群 S_n は '自然に' E の自己同型群とも考えられる. この自己同型群の固定体を K とすれば, K は, すべての $\sigma \in S_n$ に対して $\sigma\varphi=\varphi$, すなわち

$$\varphi(x_{\sigma(1)},\cdots,x_{\sigma(n)}) = \varphi(x_1,\cdots,x_n)$$

であるような有理式 φ の全体から成る. K の元を $x_1,\cdots,x_n$ の $(k$ 上の$)$**対称有理式**という. 定義により E は K の正規拡大で, E の K 上の自己同型群 $G_{E/K}$ は S_n(に同型)である. したがって

(3) $$(E:K) = o(S_n) = n!$$

である.

われわれは次に, 対称有理式の体 K が基礎体 k のどんな拡大体となっているかを解明しよう. そのために次のような対称(多項)式を考える:

$$a_1 = \sum_i x_i = x_1+x_2+\cdots+x_n,$$

$$a_2 = \sum_{i<j} x_i x_j,$$

$$a_3 = \sum_{i<j<k} x_i x_j x_k,$$

$$\cdots\cdots,$$

$$a_n = x_1 x_2 \cdots x_n.$$

たとえば $n=4$ ならば

$$a_1 = x_1+x_2+x_3+x_4,$$

$$a_2 = x_1x_2+x_1x_3+x_1x_4+x_2x_3+x_2x_4+x_3x_4,$$

$$a_3 = x_1x_2x_3 + x_1x_2x_4 + x_1x_3x_4 + x_2x_3x_4,$$
$$a_4 = x_1x_2x_3x_4$$

である．一般に a_i は，$x_1, \cdots, x_n$ のうちから相異なる i 個をとって積をつくり，それらの積をすべて加え合わせたものである．これらが対称式であることは直ちに検証される．$a_1, \cdots, a_n$ を $x_1, \cdots, x_n$ の**基本対称式**という．

いま $K_0 = k(a_1, \cdots, a_n)$ とおく．$a_i \in K$ であるから $K_0 \subset K$ であり，したがって

(4) $\qquad\qquad\qquad (E : K_0) \geq n!$

である．他方 t を新しい変数として，t の多項式

(5) $\qquad\qquad f(t) = (t-x_1)(t-x_2)\cdots(t-x_n)$

を考えれば，明らかに

(6) $\qquad\qquad f(t) = t^n - a_1 t^{n-1} + a_2 t^{n-2} - \cdots + (-1)^n a_n$

となるから，f は K_0 の元を係数とする多項式である．そして $x_1, \cdots, x_n$ が f の根であるから，E は K_0 上の f の分解体となる．$\deg f = n$ であるから，これより，§5問題2によって

(7) $\qquad\qquad\qquad (E : K_0) \leq n!$

であることがわかる．(4), (7) を合わせれば $(E : K_0) = n!$ が得られ，これと(3)および $K_0 \subset K$ に注意すれば，実は $K_0 = K$ であることが結論される．これで，対称有理式の体 K は基礎体 k に基本対称式 $a_1, \cdots, a_n$ を付加した体 $K = k(a_1, \cdots, a_n)$ であることがわかった．さらに上の議論から，有理式体 $E = k(x_1, \cdots, x_n)$ は $K[t]$ における分離多項式(5)(あるいは(6))の分解体であることも同時に証明されたのである．

以上の結果を次の定理としてまとめておこう．

定理13　k を体，$E = k(x_1, \cdots, x_n)$ を k 上の n 変数 $x_1, \cdots, x_n$ の有理式体とし，K を対称有理式全体が作る E の部分体とする．そのとき

(a) E は K の正規拡大で，$(E : K) = n!$ であり，E の K 上の自己同型群 $G_{E/K}$ は n 次の対称群 S_n に同型である．

(b) $a_1, \cdots, a_n$ を $x_1, \cdots, x_n$ の基本対称式とすれば，$K = k(a_1, \cdots, a_n)$ である．

(c) E は $K[t]$ における多項式 $t^n - a_1 t^{n-1} + a_2 t^{n-2} - \cdots + (-1)^n a_n$ の K 上の分解体である．

上の定理の(b)は，"$x_1, \cdots, x_n$ の任意の対称有理式は基本対称式 $a_1, \cdots, a_n$ の

有理式である"ことを示している．これが対称式について知られている古典的な結果である．実際にはこれよりさらに強く次の命題が成り立つ．

  "$x_1, \cdots, x_n$ の任意の対称多項式は基本対称式 $a_1, \cdots, a_n$ の多項式として表わされる．"

これがいわゆる**対称式の基本定理**であるが，ここではその証明には立ち入らないことにする．読者は自らこの証明をこころみられたい．

問　題

1. E が K の有限拡大で $o(G_{E/K})=(E:K)$ ならば，E は K の正規拡大であることを示せ．

2. 本節の式(2)を証明せよ．

3. 本節の最後に述べた '対称式の基本定理' を証明せよ．

4. 3変数 x_1, x_2, x_3 の次の対称式を x_1, x_2, x_3 の基本対称式の多項式として表わせ．
(a) $x_1{}^2+x_2{}^2+x_3{}^2$ (b) $x_1{}^3+x_2{}^3+x_3{}^3$
(c) $(x_1-x_2)^2(x_1-x_3)^2(x_2-x_3)^2$

§9　Galois 理論の基本定理

前節に定義した正規拡大の概念は Galois 理論の中心概念であって，いわゆる Galois の基本定理は，"正規拡大の中間体と自己同型群の部分群の間に1対1の対応が存在する"ことを主張する．本節ではその対応について述べよう．

K を体，E を K の正規拡大とする．$K \subset M \subset E$ であるような体 M は K と E の**中間体**(以下略して単に中間体)とよばれる．$G=G_{E/K}$ を E の K 上の自己同型群とする．(E が K の正規拡大であるとき，$G=G_{E/K}$ はまた E の K 上の **Galois 群**ともよばれる．) M を1つの中間体とすれば，$H=G_{E/M}$ はもちろん G の1つの部分群である．逆に H を G の任意の部分群とすれば，H の固定体，すなわちすべての $\sigma \in H$ に対して $\sigma(a)=a$ であるような E の元全体が作る E の部分体 M は1つの中間体である．以下 H の固定体を E_H で表わす．

  "M を中間体とすれば，E は M の正規拡大である．また $H=G_{E/M}$ とすれば，$M=E_H$ である．"

証明　定理12によって E は $K[x]$ のある分離多項式 f の K 上の分解体であ

る．基礎体を K から M にうつして考えれば，E は f の M 上の分解体ともなるから，ふたたび定理 12 により E は M の正規拡大となる．命題の後半は前半から導かれる．（証明終）

"H を G の部分群とし，$M=E_H$ とすれば，$H=G_{E/M}$ である．"

証明 この命題はすでに定理 10 の系で述べられている．

上の 2 つの命題によって，中間体 M と G の部分群 H とは
$$H = G_{E/M}, \quad M = E_H$$
という関係によって 1 対 1 に対応することがわかる．いいかえれば，写像 $M \mapsto G_{E/M}$ は中間体全部の集合から G の部分群全部の集合への全単射であって，$H \mapsto E_H$ がその逆写像となる．特に体 E には単位群が，体 K には群 G が対応する．

"中間体 M が部分群 H に対応しているならば，

(1) $\qquad\qquad (E:M) = o(H),$

(2) $\qquad\qquad (M:K) = (G:H)$

である．"

証明 $M=E_H$ であるから (1) は定理 10 からわかる．(2) は
$$(E:K) = (E:M)(M:K), \quad o(G) = (G:H) \cdot o(H)$$
に注意すれば，(1) から導かれる．（第 7 図参照）

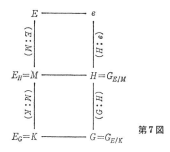

第 7 図

"写像 $M \mapsto G_{E/M}$, $H \mapsto E_H$ は包含関係を逆転する．すなわち，$M_1 \subset M_2$ ならば $G_{E/M_1} \supset G_{E/M_2}$; $H_1 \subset H_2$ ならば $E_{H_1} \supset E_{H_2}$ である．"

証明 これは定義から明らかである．

M を任意の中間体とするとき，E が M 上で正規であることは上に述べた．

§9 Galois理論の基本定理

しかし M が K 上で正規であることは一般には保証されない．M が K の正規拡大となるための条件を次に考えよう．

σ を G の任意の元とし，その M への縮小を $\sigma|M=\sigma_M$ とする．σ_M は M を中間体 $\sigma(M)$ の上に同型にうつし，K のすべての元を固定している．一般に，中間体 M から中間体 M' への同型写像で K の上では恒等写像であるようなものを，簡単に 'M の K 上の同型' とよぶことにする．

"M の K 上の任意の同型は E の K 上の自己同型に延長される．すなわち ρ を M の K 上の同型とすれば，$\rho=\sigma_M(=\sigma|M)$ となるような $\sigma \in G$ が存在する．"

証明 $\rho(M)=M'$ とする．前にもいったように E はある分離多項式 $f \in K[x]$ の K 上の分解体であるが，それは同時に f の M 上の分解体，あるいは f の M' 上の分解体とも考えられる．しかも ρ によって f は f 自身に対応している．したがって定理7により $\rho: M \to M'$ は E の自己同型 σ に延長される．（証明終）

"$H=G_{E/M}$ とすれば，M の K 上の相異なる同型の個数は $(G:H)$ に等しい．"

証明 前の命題によって M の K 上の同型は σ_M ($\sigma \in G$) の形に表わされるから，σ_M のうち相異なるものがいくつあるかを調べればよい．$\sigma, \tau \in G$ が M 上で一致することは，すべての $a \in M$ に対して $\sigma(a)=\tau(a)$ すなわち $\tau^{-1}\sigma(a)=a$ が成り立つことを意味し，これは $\tau^{-1}\sigma \in H$ であることにほかならない．すなわち $\sigma_M=\tau_M$ であるためには，σ と τ が H を法として同じ左剰余類に属することが必要十分である．したがって σ_M のうち異なるものの個数は H を法とする左剰余類の個数 $(G:H)$ に等しい．（証明終）

"$\sigma \in G$, $\sigma(M)=M'$ とする．そのとき $G_{E/M}=H$ とすれば，$G_{E/M'}=\sigma H \sigma^{-1}$ である．"

証明 τ が $G_{E/M'}$ に属することは，すべての $a' \in M'$ に対して $\tau(a')=a'$ が成り立つことを意味するが，それは $\tau\sigma(a)=\sigma(a)$ すなわち $\sigma^{-1}\tau\sigma(a)=a$ がすべての $a \in M$ に対して成り立つことと同等である．いいかえれば $\sigma^{-1}\tau\sigma \in H$ すなわち $\tau \in \sigma H \sigma^{-1}$ であることと同等である．（証明終）

"中間体 M が K 上で正規であるためには，M の K 上の同型がすべて M の自己同型となっていることが必要かつ十分である．"

証明 $(M:K)=s$, $H=G_{E/M}$ とすれば, (2)により $(G:H)=s$ であって, M の K 上の同型の個数は s に等しい. もし M が K 上で正規ならば, M の K 上の自己同型が s 個存在するから, M の K 上の同型はすべて M の自己同型でなければならない. 逆に M の K 上の同型がすべて M の自己同型ならば, $G_{M/K}$ は位数 s の群となるから, 明らかにその固定体は K と一致する. すなわち M は K 上で正規である. (証明終)

"中間体 M が K 上で正規であるための必要十分条件は, $H=G_{E/M}$ が G の正規部分群となることである. かつその場合, M の K 上の自己同型群 $G_{M/K}$ は商群 G/H に同型である."

証明 上の命題により, M が K 上で正規であるための条件はすべての $\sigma\in G$ に対して $\sigma(M)=M$ が成り立つことである. さらにもう1つ前の命題によれば, それはすべての $\sigma\in G$ に対して $\sigma H\sigma^{-1}=H$ が成り立つこと, すなわち H が G の正規部分群であることと同等である. その場合, 写像 $\sigma\mapsto\sigma_M (\sigma_M=\sigma|M)$ は明らかに G から $G_{M/K}$ への全射準同型で, その核が H に等しい. したがって
$$G_{M/K}\cong G/H=G_{E/K}/G_{E/M}$$
である. (証明終)

以上の結果を次の定理にまとめておこう.

定理14 (**Galois 理論の基本定理**) E を K の正規拡大とし, E の K 上の自己同型群(Galois 群)を G とする. そのとき, 中間体 M と G の部分群 H とは
$$H=G_{E/M}, \quad M=E_H$$
という関係によって1対1に対応する. ただし $G_{E/M}$ は E の M 上の自己同型群, E_H は H の固定体である. さらにこの対応において
$$(E:M)=o(H), \quad (M:K)=(G:H)$$
が成り立ち, E は M 上で正規である. また M が K 上で正規であるためには, 対応する H が G の正規部分群であることが必要かつ十分である. その場合, $G_{M/K}$ は商群 G/H と同型である.

基本定理の古典的な問題への応用については後に述べることにする(§16, 17). ここでは最後に具体的な1つの例を挙げておく.

例 $K=\mathbf{Q}$ とし, E を $f(x)=x^4-2$ の K 上の分解体とする. もちろん E は K の正規拡大である. $\sqrt[4]{2}=\alpha$ とおけば, f の4つの根は $\alpha, -\alpha, i\alpha, -i\alpha$ で与え

られるから, $E=K(\alpha, i)$ である. f は K において既約であるから $(K(\alpha):K)=4$, また $i \notin K(\alpha)$ であるから $(K(\alpha, i):K(\alpha))=2$ である. ゆえに
$$(E:K)=8$$
となる. したがって E の K 上の自己同型群 G は位数 8 の群である. $\zeta \in G$ とすれば, ζ による $\alpha=\sqrt[4]{2}$, i の像はやはりそれぞれ x^4-2, x^2+1 の根でなければならないから, $\zeta(\alpha)$ は $\alpha, -\alpha, i\alpha, -i\alpha$ のいずれかであり, $\zeta(i)$ は $i, -i$ のいずれかである. したがって $\zeta(\alpha)$, $\zeta(i)$ の可能な組合せが 8 個得られるが, $o(G)=8$ であるから, これらの組合せ全部が実際に 1 つずつ G の元を定めていることになる. いま,
$$\alpha \mapsto i\alpha, \quad i \mapsto i$$
によって定義される G の元を σ とし,
$$\alpha \mapsto \alpha, \quad i \mapsto -i$$
によって定義される G の元を τ とする. そうすれば, 容易に示されるように, G の 8 個の元は
$$e, \ \sigma, \ \sigma^2, \ \sigma^3, \ \tau, \ \sigma\tau, \ \sigma^2\tau, \ \sigma^3\tau$$
で表わされ(ただし e は恒等写像), これらの自己同型による α および i の像は次の表のようになる:

	e	σ	σ^2	σ^3	τ	$\sigma\tau$	$\sigma^2\tau$	$\sigma^3\tau$
$\alpha=\sqrt[4]{2}$	α	$i\alpha$	$-\alpha$	$-i\alpha$	α	$i\alpha$	$-\alpha$	$-i\alpha$
i	i	i	i	i	$-i$	$-i$	$-i$	$-i$

(読者はくわしく検証せよ!) そして $\sigma^4=e$, $\tau^2=e$, $\tau\sigma=\sigma^3\tau$ であるから, G は正方形のシンメトリーの群 D_4 (第 2 章 §3, 例 7) に同型である. この群の部分群は全部で 10 個(G 自身と単位群のほかに位数 4 の群が 3 個, 位数 2 の群が 5 個)存在し, したがって K と $E=K(\alpha, i)$ の中間体も 10 個存在する. たとえば $\{e, \sigma^2\}$ は明らかに G の 1 つの部分群であるが, これに対応する体——この群の固定体——は容易に示されるように $K(\alpha^2, i)=K(\sqrt{2}, i)$ である (問題 5). G のすべての部分群を決定すること, および各部分群に対応する中間体を構成することは読者の練習問題としよう.

問題

1. $Q(\sqrt[3]{2})$ は Q の正規拡大ではないことを示せ.

2. $Q(\sqrt{2},\sqrt{3})$ は Q の正規拡大であることを示し,その自己同型群を求めよ.またすべての中間体を決定せよ.

3. $K=Q$ とし,E を $f(x)=x^3-2$ の K 上の分解体とする.自己同型群 $G=G_{E/K}$ を求め,そのすべての部分群を決定せよ.

4. 前問において,K と E の間のすべての中間体を決定せよ.そのうち,K 上で正規であるものはどれか.

5. 本文で扱った例において,$G=G_{E/K}$ の部分群 $\{e,\sigma^2\}$ に対応する中間体は $K(\sqrt{2},i)$ であることを確かめよ.

6. 前問の群 G の部分群 $\{e,\sigma^2,\tau,\sigma^2\tau\}$ に対応する中間体は $K(\sqrt{2})$,部分群 $\{e,\sigma\tau\}$ に対応する中間体は $K((1+i)\sqrt[4]{2})$ であることを示せ.

7. 前の2問を継続し,G のすべての部分群と E のすべての中間体との対応関係を完成して,適当な図式で表わせ.また中間体のうち,K の正規拡大であるものを全部挙げよ.

8. K の標数が2でなければ,K の2次の拡大体 E は K の正規拡大であることを証明せよ.

9. $Z_2(x)$ を体 Z_2 上の変数 x の有理式体とする.$(Z_2(x):Z_2(x^2))=2$ であるが,$Z_2(x)$ は $Z_2(x^2)$ の正規拡大ではないことを示せ.

10. "E_1 が K の正規拡大,E_2 が E_1 の正規拡大ならば,E_2 は K の正規拡大である" という命題は正しくないことを,例を挙げて示せ.

§10 有限分離拡大の単純性

E を K の正規拡大とすれば,定理14によって,自己同型群 $G=G_{E/K}$ の部分群と K,E の中間体とは1対1に対応する.G の部分群の個数はもちろん有限であるから,K,E の中間体の個数も有限である.このことから,K の正規拡大,もっと一般に K の有限次分離拡大体は K の単純拡大であることを導くことができる.それは次の補題Lと定理15にもとづく.

補題L E を K の有限拡大とし,さらに E は K 上で分離的であるとする.そのとき K の正規拡大 Ω で E を含むようなものが存在する.また K と E の間の中間体の個数は有限である.

証明 E は K の有限拡大であるから,K に有限個の代数的な元 $\alpha_1,\cdots,\alpha_n$ を

付加して得られる．（たとえば $\alpha_1, \cdots, \alpha_n$ として E の K 上の基底をとればよい．）仮定によって各 α_i は K 上で分離的であるから，α_i の K 上の最小多項式を $p_i = p_i(x)$ とし，$f(x) = p_1(x) \cdots p_n(x)$ とすれば，$f \in K[x]$ は分離多項式である．f の $E = K(\alpha_1, \cdots, \alpha_n)$ 上の分解体を Ω とすれば，Ω は f の K 上の分解体でもあるから，K の正規拡大である．そして Ω は E の拡大体となっている．K と Ω の間の中間体は有限個しか存在しないから，命題の後半は明らかである．（証明終）

定理15(Steinitz) K の有限拡大 E が単純拡大であるための必要十分条件は，K と E の間に中間体が有限個しか存在しないことである．

証明 1) E を単純拡大 $E = K(\alpha)$ とし，α の K 上の最小多項式を $p = p(x)$ とする．p の $E[x]$ における因数でモニックであるものの個数は明らかに有限である．q をそのような因数の1つとするとき，K に q のすべての係数を付加して得られる中間体を M_q とする．これらの M_q のほかには中間体が存在しないことを示せばよい．M を任意の1つの中間体とし，α の M 上の最小多項式を $q = q(x)$ とする．q はモニックにとるものとすれば，q は上にいったような因数のうちの1つである．このとき $K \subset M_q \subset M$，$E = M(\alpha) = M_q(\alpha)$ であるが，q は $M[x]$ したがって $M_q[x]$ において既約であるから，$(E:M)$, $(E:M_q)$ はいずれも q の次数に等しい．したがって $M = M_q$ となり，われわれの主張は証明された．

2) E は K の有限拡大で，K と E の間に中間体が有限個しか存在しないとする．E は有限拡大であるから，$E = K(\alpha_1, \cdots, \alpha_n)$ と表わされる．各 α_i は K 上で代数的な元である．いま $n = 2$ とし，$E = K(\alpha, \beta)$ が単純拡大となることを証明しよう．これが示されれば一般の場合は帰納法によって直ちに導かれる．われわれはここでは K が無限に多くの元を含む体である場合を考える．いま $c \in K$ として

$$\gamma_c = \alpha + c\beta$$

とおき，$M_c = K(\gamma_c)$ とおく．仮定によって c のとり方は無限にあるが，一方 M_c は有限個しかないから，$c \neq d$，$M_c = M_d$ となるような K の元 c, d がある．このとき $\gamma_c, \gamma_d \in M_c$ であるから，

$$\gamma_c - \gamma_d = (c-d)\beta$$

も M_c の元である．$c-d \in K$, $c-d \neq 0$ であるから，これより $\beta \in M_c$ であることがわかる．したがってまた $\alpha = \gamma_c - c\beta$ も M_c の元である．ゆえに $K(\alpha, \beta) \subset M_c = K(\gamma_c)$, したがって $K(\alpha, \beta) = K(\gamma_c)$ となる．以上で K が無限に多くの元を含む場合の証明は完了した．K が'有限体'である場合の証明は次節にゆずろう（次節問題 3）．[**注意**：上のように $K(\alpha, \beta) = K(\gamma)$ となる γ としては，$c \in K$ を適当な元として $\alpha + c\beta$ をとることができる．実際的には，まず $c = 1$ として $\alpha + \beta$ を考えてみるのがよい．]

補題 L と定理 15 から直ちに次の系が得られる．

系 E を K の有限分離拡大とすれば，$E = K(\alpha)$ となるような $\alpha \in E$ が存在する．

問 題

1. $E = K(\alpha_1, \cdots, \alpha_n)$ とし，α_i がすべて K 上で分離的であるとすれば，E は K の分離拡大であることを示せ．

2. α, β が次のように与えられているとき，$\gamma = \alpha + \beta$ とおけば，$\boldsymbol{Q}(\alpha, \beta) = \boldsymbol{Q}(\gamma)$ となることを示せ．
   (a) $\alpha = \sqrt{2}$, $\beta = i$　　　　　(b) $\alpha = \sqrt{2}$, $\beta = \sqrt[3]{2}$

3. E を $f(x) = x^3 - 2$ の $\boldsymbol{Q}$ 上の分解体とすれば，$E = \boldsymbol{Q}(\sqrt[3]{2} + \omega)$ であることを示せ．ただし $\omega = (-1 + \sqrt{3}i)/2$ である．

4. E を $f(x) = x^4 - 2$ の $\boldsymbol{Q}$ 上の分解体とすれば，$E = \boldsymbol{Q}(\sqrt[4]{2} + i)$ であることを示せ．

5. $\alpha = \sqrt[4]{2}$, $\beta = \sqrt[4]{2}\,i$, $\gamma = \alpha + \beta$ とするとき，$\boldsymbol{Q}(\alpha, \beta) \neq \boldsymbol{Q}(\gamma)$ であることを示せ．

§11 有限体

本節では**有限体**，すなわち有限個の元から成る体について考察する．K を有限体とし，その元の個数を q とする．もちろん K の標数は 0 ではない．K の標数を p とすれば，K は素体 $\boldsymbol{Z}_p$ を含み（補題 A），K の $\boldsymbol{Z}_p$ 上の次数は有限である．$(K : \boldsymbol{Z}_p) = n$ とし，$\beta_1, \beta_2, \cdots, \beta_n$ を K の $\boldsymbol{Z}_p$ 上の基底とすれば，K の任意の元は一意的に

$$c_1 \beta_1 + c_2 \beta_2 + \cdots + c_n \beta_n \quad (c_i \in \boldsymbol{Z}_p)$$

と書かれる．ここで各 c_i は $\boldsymbol{Z}_p$ の p 個の値をとり得るから，K の元は全部で p^n 個存在する．すなわち $q = p^n$ である．K の乗法群は位数 $q - 1 = p^n - 1$ の群

であるから、α を K の 0 以外の任意の元とすれば、
$$\alpha^{q-1} = 1$$
である．これに α を掛ければ
$$\alpha^q = \alpha$$
となり，この式は $\alpha=0$ の場合にも成り立つ．すなわち K の q 個の元はすべて多項式 x^q-x の根である．x^q-x の次数は q であるから，K はちょうどこの多項式の'根の全体'である．したがって，多項式 x^q-x は K において
$$x^q - x = \prod_\alpha (x-\alpha)$$
と分解され（右辺の積は K のすべての元 α にわたる），K はこの多項式の Z_p 上の分解体となる．以上で次のことが証明された．"有限体 K の元の個数 q はある素数のべきであって，$q=p^n$ ならば，K は多項式 x^q-x の Z_p 上の分解体である．"

定理 7 の系によれば，与えられた多項式の分解体の構造は一意的に決定されるから，上記のことから，元の個数が $q=p^n$ である有限体は（同型を除いて）たかだか 1 つしか存在しないことがわかる．

逆に，$q=p^n$ であるとき，Z_p 上で x^q-x の分解体を作れば，それは実際 q 個の元をもつ有限体となることを証明しよう．そのためにまず次の補題を用意する．

補題 M F を標数 p の体，n を正の整数とすれば，任意の $a, b \in F$ に対して
(1) $\quad (a+b)^{p^n} = a^{p^n} + b^{p^n}$,
(2) $\quad (a-b)^{p^n} = a^{p^n} - b^{p^n}$

が成り立つ．

証明 はじめに (2) は (1) から導かれることに注意する．なぜなら (1) は写像 $a \mapsto a^{p^n}$ が F の加法群の自己準同型であることを示しているからである．(1) を示すために，まず $n=1$ とすれば，二項定理によって
$$(a+b)^p = \sum_{r=0}^p \binom{p}{r} a^{p-r} b^r.$$
この両端以外の項の係数 $\binom{p}{r}$ ($1 \leq r \leq p-1$) は第 1 章 §5，問題 3 によって p で割り切れる．ゆえに両端以外の項は 0 に等しく，$(a+b)^p = a^p + b^p$ となる．一般の場合はこれから帰納法によって容易に導かれる．その証明は読者の練習問題

としよう(問題1).[**注意**：補題 M は F を標数 p の '可換環' としても成り立つ．その場合にも上の証明はそのまま通用するからである．]

さて p を1つの素数，n を任意に与えられた正の整数として，$q=p^n$ とする．$f(x)=x^q-x$ を $\boldsymbol{Z}_p$ 上の多項式とすれば，

$$f'(x) = qx^{q-1}-1 = -1$$

であるから，定理8によって f は重根をもたない．f の $\boldsymbol{Z}_p$ 上の分解体を K とし，K における f の根の全体を K_0 とする．f の根はすべて単根であるから，K_0 はちょうど q 個の元をもつ．しかも K_0 はそれ自身すでに1つの体である．実際 $\alpha, \beta \in K_0$ とすれば，$\alpha^q=\alpha$，$\beta^q=\beta$ であるから，補題 M によって

$$(\alpha\pm\beta)^q = \alpha^q \pm \beta^q = \alpha \pm \beta,$$

またもちろん $(\alpha\beta)^q=\alpha^q\beta^q=\alpha\beta$，$(\alpha/\beta)^q=\alpha^q/\beta^q=\alpha/\beta$(ただし $\beta\neq 0$)，したがって $\alpha\pm\beta$，$\alpha\beta$，$\alpha/\beta \in K_0$ となるからである．ゆえに K_0 は K の部分体であり，f はすでに K_0 において分解しているから，実は $K=K_0$ である．すなわち $f(x)=x^q-x$ の $\boldsymbol{Z}_p$ 上の分解体は $q=p^n$ 個の元をもつ有限体である．

以上で次の定理が証明された．

定理16 有限体の元の個数は素数のべきである．また任意の素数べき p^n に対して，p^n 個の元をもつ有限体が(同型を除いて)ただ1つ存在する．

元の個数が p^n である有限体をしばしば $\mathrm{GF}(p^n)$ で表わす．GF は Galois field (Galois 体)の略である．(発見者の名にちなんで，有限体のことを **Galois 体**ともいうのである．)

定理3によって，有限体 $\mathrm{GF}(p^n)$ の乗法群は位数 p^n-1 の巡回群である．この巡回群の生成元を $\mathrm{GF}(p^n)$ の**原始根**という．ε を1つの原始根とすれば，$\mathrm{GF}(p^n)$ の 0 以外の元の全体は $1, \varepsilon, \varepsilon^2, \cdots, \varepsilon^{q-2}$ $(q=p^n)$ で表わされる．したがって特に，$\mathrm{GF}(p^n)$ は $\mathrm{GF}(p)=\boldsymbol{Z}_p$ に ε を付加した体となる．すなわち

"有限体はそれに含まれる素体の単純拡大である．"

このことからまた一般に，有限体 K の有限拡大 E——これもまた有限体である——は K の単純拡大であることがわかる(問題3)．これで定理15の証明の未完となっていた部分が完成した．

一般に $K=\mathrm{GF}(p^n)$ に対して $K=\boldsymbol{Z}_p(\alpha)$ とすれば，α の $\boldsymbol{Z}_p$ 上の次数は n である．すなわち，α は $\boldsymbol{Z}_p$ 上の次数 n の既約多項式の根である．このことから，

素体 Z_p においては，任意の次数の既約多項式が存在することがわかる．有限体 $GF(p^n)$ を(具体的に)構成するには，Z_p における n 次の既約多項式を1つみいだして，その1つの根を Z_p に付加すればよい．

例 25個の元をもつ体 $GF(5^2)$ を構成してみよう．そのために，Z_5 における2次の多項式

$$x^2+ax+b$$

を考える．(主係数は1と仮定してさしつかえない．) $a, b \in Z_5$ のとり方によってこれらの多項式は25個できるが，そのうち可約なものは15個あり(同一の1次式の平方になるものが5個，2つの異なる1次式の積になるものが10個)，残りの10個は既約である．たとえば，直ちにわかるように $p_1(x)=x^2-2$ は既約である．したがって Z_5 に p_1 の根 α を付加した体 $Z_5(\alpha)$ は25個の元をもつ体となる．その元は $a\alpha+b (a,b \in Z_5)$ の形に一意的に表わされ，それらの間の演算は既知の方法(§3)によって行なわれる．同様に，たとえば $p_2(x)=x^2+x+1$ も既約であり，p_2 の根 β を付加した体 $Z_5(\beta)$ も25個の元をもつ．これらの体 $Z_5(\alpha), Z_5(\beta)$ が同型であることもすでにわれわれは知っている．実際に，

(3) $$a\alpha+b \mapsto 2a\beta+(a+b)$$

は $Z_5(\alpha)$ から $Z_5(\beta)$ への同型写像を与える．読者はこのことを検証せよ(問題6)．

最後に，$GF(p^n)$ の素体 $GF(p)=Z_p$ 上の自己同型群 G を決定しよう．$K=GF(p^n)$ は分離多項式 $x^q-x (q=p^n)$ の Z_p 上の分解体であるから，Z_p の正規拡大である．したがってその自己同型群 G は位数 n の群となる．$\sigma: K \to K$ を

$$\sigma(\alpha) = \alpha^p$$

と定義すれば，σ は明らかに K の Z_p 上の1つの自己同型である．(証明せよ！) $\sigma^2(\alpha)=\alpha^{p^2}, \sigma^3(\alpha)=\alpha^{p^3}, \cdots$ であるから，$\sigma \in G$ の位数を s とすれば，すべての $\alpha \in K$ に対して $\alpha^{p^s}=\alpha$，すなわち $\alpha^{p^s}-\alpha=0$ となる．K の元の個数は p^n であるから，これより $p^s \geq p^n$，したがって $s \geq n$ であることがわかる．一方もちろん s は n の約数である．ゆえに $s=n$ で，σ は G の位数 n の元である．これで次の命題が証明された．

"$GF(p^n)$ の $GF(p)=Z_p$ 上の自己同型群は，自己同型 $\alpha \mapsto \alpha^p$ によって生成される位数 n の巡回群である．"

問　題

1. 補題 M の証明を完成せよ．
2. F を標数 p の体（可換環でもよい）とすれば，任意の $a_1, a_2, \cdots, a_r \in F$ に対して
$$(a_1+a_2+\cdots+a_r)^{p^n} = a_1^{p^n}+a_2^{p^n}+\cdots+a_r^{p^n}$$
が成り立つことを示せ．
3. 有限体 K の有限拡大 E は K の単純拡大であることを示せ．
4. K が標数 p の有限体ならば，任意の $n \in \mathbf{Z}^+$ に対して，写像 $\alpha \mapsto \alpha^{p^n}$ $(\alpha \in K)$ は K の自己同型であることを示せ．（本問によって，標数 p の有限体においては，任意の $\beta \in K$ に対して $\alpha^{p^n} = \beta$ を満たす α，すなわち β の p^n 乗根が一意的に存在することがわかる．特に任意の $\beta \in K$ に対してその p 乗根 $\beta^{1/p}$ がただ 1 つ存在する．）
5. 有限体 K の任意の代数拡大は分離拡大であることを示せ．[ヒント：K の標数を p とするとき，$K[x]$ における x^p の多項式は必ず可約となることを示せ．（定理 8 の系 2 参照）そのために前問に付記した注意を用いよ．]
6. 本節の例において，式(3)で与えた写像は $\mathbf{Z}_5(\alpha)$ から $\mathbf{Z}_5(\beta)$ への同型写像であることを示せ．
7. 本節の例のように，$\mathbf{Z}_5[x]$ における既約多項式 x^2-2 の根を α とする．$2\alpha+1$ は $\mathbf{Z}_5(\alpha)=\mathrm{GF}(5^2)$ の原始根であることを示せ．
8. $\mathbf{Z}_2[x]$ において多項式 $f(x)=x^6+x^5+x^3+x^2+1$ は既約である（第 3 章 §11, 問題 10）．$\mathbf{Z}_2$ に f の根 α を付加した体 $\mathbf{Z}_2(\alpha)=\mathrm{GF}(2^6)$ において，α はその原始根となっていることを証明せよ．
9. $K=\mathrm{GF}(p^n)$ について次のことを証明せよ．
   (a) n の任意の正の約数 m に対して，K は元の個数が p^m である部分体 $K_m=\mathrm{GF}(p^m)$ をただ 1 つもつ．K_m は $\alpha^{p^m}=\alpha$ を満たすような K の元全体から成る．
   (b) K の部分体は(a)に与えたようなものだけに限る．
   (c) K の $K_m=\mathrm{GF}(p^m)$ 上の自己同型群は位数 n/m の巡回群である．
10. K を p^n 個の元をもつ有限体とする．$\mathbf{Z}_p$ における任意の n 次の既約多項式は必ず K の中に根をもつことを示せ．
11. n を正の整数とする．$1 \leq r \leq n-1$ であるすべての r に対して二項係数 $\binom{n}{r}$ が偶数となるためには，n が 2 のべき $n=2^k$ であることが必要かつ十分であることを証明せよ．[ヒント：$\mathbf{Z}_2[x]$（x は変数）における $(x+1)^n$ の展開式を考えよ．]
12. n を任意の正の整数とする．$n+1$ 個の二項係数 $\binom{n}{r}$ $(0 \leq r \leq n)$ のうち奇数であるものの個数は必ず 2 のべきであることを証明せよ．

§12 1のべき根(累乗根)

K を体とし，n を正の整数とする．K あるいはその拡大体の元で，多項式 x^n-1 の根となるものを1の n **乗根**という．たとえば，有限体 $\mathrm{GF}(q)$ の0以外の元はすべて1の $q-1$ 乗根である．

1の n 乗根について考えるとき，K の標数が p の場合は $p \nmid n$ と仮定してさしつかえない．なぜなら，もし $p|n$ ならば，$n=p^e m$，$p \nmid m$ とすれば，$x^n-1=(x^m-1)^{p^e}$ となって，1の n 乗根は1の m 乗根と同じになる．したがって $p \nmid n$ と仮定しても一般性を失わないのである．K の標数が0であるときには n は任意の正の整数である．

$f(x)=x^n-1$ とおけば，

$$f'(x) = nx^{n-1}$$

で，われわれの仮定により K の元として $n \neq 0$ であるから，f' の根は0以外にない．ゆえに f と f' は共通根をもたない．したがって f は重根をもたない．よって K 上の f の分解体 E は K の正規拡大で，E 内に f の根はちょうど n 個存在する．その全体を U とし，$\varepsilon, \varepsilon' \in U$ とすれば，明らかに $\varepsilon\varepsilon'$，$\varepsilon^{-1} \in U$ であるから，U は E の乗法群の部分群をつくる．定理3によってこの群 U は巡回群である．U の生成元を1の**原始** n **乗根**という．ζ を1の1つの原始 n 乗根とすれば，ζ^i が1の原始 n 乗根となるためには，i と n が互いに素であることが必要十分である(第2章§8，問題3)．したがって1の原始 n 乗根は $\varphi(n)$ 個存在する．φ は Euler の関数である．

1のすべての原始 n 乗根 ζ にわたる積 $\prod(x-\zeta)$ を通常 $\varPhi_n(x)$ で表わす．すなわち，上の乗法群 U の位数 n の元全体の集合を U_n とすれば，

$$\varPhi_n(x) = \prod_{\varepsilon \in U_n}(x-\varepsilon)$$

である．U の任意の元の位数は n の約数で，d を n の1つの約数とするとき，位数が d である U の元全体の集合 U_d は明らかに1の原始 d 乗根の全体に等しい．したがって

$$x^n-1 = \prod_{\varepsilon \in U}(x-\varepsilon) = \prod_{d|n}\prod_{\varepsilon \in U_d}(x-\varepsilon),$$

すなわち

(1) $$x^n-1 = \prod_{d|n}\varPhi_d(x)$$

である. $\Phi_n(x)$ を第 n 円分多項式(くわしくは**円周等分多項式**)という. 定義によってその次数は $\varphi(n)$ である.

例1 $n=8$ とし,複素数体 C における1の8乗根を考える.それらは
$$\varepsilon_k = e^{2k\pi i/8} = \cos\frac{2k\pi}{8} + i\sin\frac{2k\pi}{8} \quad (k=0, 1, \cdots, 7)$$
である.($\varepsilon_1 = \varepsilon$ とおけば $\varepsilon_k = \varepsilon^k$ である.)

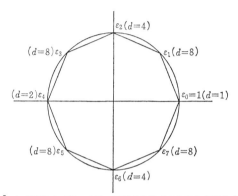

[ε_k に付記した d は ε_k が1の原始 d 乗根であることを示す.]

第 8 図

このうち ε_0 は原始1乗根,ε_4 は原始2乗根,ε_2 と ε_6 は原始4乗根で,残りの $\varepsilon_1, \varepsilon_3, \varepsilon_5, \varepsilon_7$ が1の原始8乗根である(第8図参照). したがって
$$\begin{aligned}
\Phi_1(x) &= x - \varepsilon_0 = x - 1, \\
\Phi_2(x) &= x - \varepsilon_4 = x + 1, \\
\Phi_4(x) &= (x - \varepsilon_2)(x - \varepsilon_6) = (x - i)(x + i) = x^2 + 1, \\
\Phi_8(x) &= (x - \varepsilon_1)(x - \varepsilon_3)(x - \varepsilon_5)(x - \varepsilon_7) = x^4 + 1
\end{aligned}$$
であり,また,たしかに
$$x^8 - 1 = \Phi_1(x)\Phi_2(x)\Phi_4(x)\Phi_8(x)$$
である.[**注意**:複素平面上で,1の n 乗根は単位円周を n 等分する点で与えられる.特に ζ を任意の原始 n 乗根とすれば,点1から点 ζ までの弧を単位としてつぎつぎに円周を区切っていくことにより,単位円のすべての n 等分点が得られる.$\Phi_n(x)$ を円分多項式とよぶのはこの理由によるのである.]

上の式(1)から,われわれは帰納的に $\Phi_n(x)$ を求めることができる.すなわち

$\varPhi_1(x)=x-1$ から出発して，n より小さい n のすべての約数 d に対して $\varPhi_d(x)$ がすでに得られたとすれば，それらの積を $h(x)$ として，(1) から

(2) $$x^n-1=\varPhi_n(x)h(x)$$

となる．そこで x^n-1 を $h(x)$ で割り算すれば $\varPhi_n(x)$ が得られる．さらにこの求め方から次のことがわかる．

"$\varPhi_n(x)$ は整係数の多項式で，主係数は 1 である．"

証明 n に関する帰納法による．$d<n, d|n$ であるすべての d に対して $\varPhi_d(x)$ が整係数のモニックであると仮定する．そうすれば (2) の $h(x)$ は整係数のモニックである．(2) は，x^n-1 の K 上の分解体 E において成り立つ等式であるが，x^n-1 も $h(x)$ も整係数であるから，商の一意性によって，この等式は K に含まれる素体において成立している．すなわち，K の標数が 0 ならば $\varPhi_n(x)\in\boldsymbol{Q}[x]$，$K$ の標数が p ならば $\varPhi_n(x)\in\boldsymbol{Z}_p[x]$ である．さらに前者の場合，$h(x)$ は原始多項式であるから，第 3 章 §12 問題 6 によって $\varPhi_n(x)\in\boldsymbol{Z}[x]$ となる．後者の場合は $\boldsymbol{Z}_p$ の元はすべて'整数'であるから問題はない．[**注意**：K の標数が p の場合にも，x^n-1 を $h(x)$ で割る演算は実質上 $\boldsymbol{Z}[x]$ における演算と全く同じである．ただ結果として得られる式の係数を $\bmod p$ で（すなわち $\boldsymbol{Z}_p$ の元として）考えるだけの違いにすぎない．]

なお第 1 章 §8 に定義した Möbius の関数 $\mu(n)$ を用いれば，(1) から次の式が得られる：

(3) $$\varPhi_n(x)=\prod_{d|n}(x^d-1)^{\mu(n/d)}.$$

(3) はいわゆる (1) の'反転公式'である．この式の証明は読者にまかせることにしよう (問題 1)．

例 2 (3) を用いて $\varPhi_{12}(x)$ を計算すれば

$$\begin{aligned}\varPhi_{12}(x)&=(x^{12}-1)^{\mu(1)}\cdot(x^6-1)^{\mu(2)}\cdot(x^4-1)^{\mu(3)}\\&\quad\cdot(x^3-1)^{\mu(4)}\cdot(x^2-1)^{\mu(6)}\cdot(x-1)^{\mu(12)}\\&=\frac{(x^{12}-1)(x^2-1)}{(x^6-1)(x^4-1)}=\frac{x^6+1}{x^2+1}\\&=x^4-x^2+1.\end{aligned}$$

円分多項式について，最後にもう 1 つ，次の有名な定理を述べておく．

定理 17 基礎体を $K=\boldsymbol{Q}$ とするとき，円分多項式 $\varPhi_n(x)$ は $\boldsymbol{Q}[x]$ において既

約である.

証明 この定理の証明にはいろいろな方法があるが，ここでは Dedekind による証明を述べる．ζ を任意に選んだ1の原始 n 乗根とし，ζ の $\boldsymbol{Q}$ 上の最小多項式を $f(x)$ とする．f は正の主係数をもつ整係数の原始多項式と仮定してよい．そのとき $\boldsymbol{Q}[x]$ において $f|\Phi_n$ であるが，Φ_n を f で割った商は整係数の多項式であるから(第3章§12問題6)，主係数を比較すれば，f の主係数は1であることがわかる．われわれは，1の'任意の'原始 n 乗根 ζ^i (ただし $(i,n)=1$) が f の根であることを証明しよう．これが証明されれば，($\boldsymbol{C}$ における) Φ_n のすべての1次因数が f の因数となるから，$\Phi_n|f$，したがって $f=\Phi_n$ となり，Φ_n の既約性が示されたことになる．

任意の原始 n 乗根 ζ^i が f の根であることの証明は次のようにする．まず i が n を割り切らない素数 p である場合を考える．もし ζ^p が f の根でないとすれば，ζ^p の $\boldsymbol{Q}$ 上の最小多項式 g は f と互いに素である．g も整係数のモニックと仮定してよい．f と g が互いに素で，さらに f,g ともに Φ_n の因数，したがって x^n-1 の因数であるから，$\boldsymbol{Q}[x]$ において x^n-1 は fg で整除され，

(4) $$x^n-1 = f(x)g(x)u(x)$$

となる．fg は原始多項式であるから(第3章補題O)，$u \in \boldsymbol{Z}[x]$ である(第3章§12問題6)．一方 $h(x)=g(x^p)$ とおけば，h は ζ を根にもつから，$f|h$，したがって

(5) $$h(x) = f(x)v(x)$$

となる．ここでも $v \in \boldsymbol{Z}[x]$ である．いま $\boldsymbol{Z}$ から $\boldsymbol{Z}_p = \boldsymbol{Z}/(p)$ への自然な準同型による $a \in \boldsymbol{Z}$ の像を $\bar{a}$ と書くこととし(すなわちここでは $\boldsymbol{Z}_p$ の'整数'を $\bar{a}$ と書くのである)，$\boldsymbol{Z}[x]$ の多項式 $w(x)=\sum a_i x^i$ に対して $\boldsymbol{Z}_p[x]$ の多項式 $\sum \bar{a}_i x^i$ を $\bar{w}(x)$ と書くことにする．(4), (5)にこの自然な準同型をほどこせば，それぞれ

(4′) $$x^n-1 = \bar{f}(x)\bar{g}(x)\bar{u}(x),$$
(5′) $$\bar{h}(x) = \bar{f}(x)\bar{v}(x)$$

が得られる．(今のわれわれの記法に忠実に従えば(4′)の1は $\bar{1}$ と書くべきである.) $\boldsymbol{Z}_p$ においては任意の元 $\bar{a}$ に対して $\bar{a}^p=\bar{a}$ が成り立つから，$g(x)=\sum c_i x^i$ とすれば，$h(x)=\sum c_i x^{ip}$，したがって

$$\bar{h}(x) = \sum \bar{c}_i x^{ip} = \sum \bar{c}_i{}^p x^{ip} = (\sum \bar{c}_i x^i)^p = \bar{g}(x)^p$$

となる(前節問題2参照). これを$(5')$に代入すれば

(6) $$\bar{g}(x)^p = \bar{f}(x)\bar{v}(x).$$

$\bar{f}$ の $\mathbf{Z}_p[x]$ における任意の1つの既約因数を $\bar{\varphi}$ とすれば, (6)から $\mathbf{Z}_p[x]$ において $\bar{g}^p$, したがって $\bar{g}$ も $\bar{\varphi}$ を因数にもつことがわかる. ($\bar{f}$ はモニックであるから, $\bar{f}$ は $\mathbf{Z}_p[x]$ において定数ではないことに注意せよ.) したがって $(4')$ により $x^n - 1$ は $\bar{\varphi}^2$ を因数にもつ. ゆえに $x^n - 1$ は $\mathbf{Z}_p$ のある拡大体において重根をもつことになるが, $p \nmid n$ であるから, これはわれわれがすでに知っている結果と矛盾する. これで ζ^p は f の根でなければならないことが証明された.

そこで上の ζ を ζ^p におきかえて考えれば, p' が n を割り切らない素数のとき, $\zeta^{pp'}$ も f の根であることがわかる. 以下帰納法によって, 一般に $p_1, \cdots, p_r$ が n を割り切らない素数ならば($p_1, \cdots, p_r$ のうちには同じものがあってもよい), $\zeta^{p_1 \cdots p_r}$ は f の根となることが証明される. したがって $(i, n) = 1$ であるような任意の整数 i に対して ζ^i は f の根である. 以上でわれわれの証明は完了した. (証明終)

系1 $K = \mathbf{Q}$ とし, K に1の原始 n 乗根 ζ を付加した体を $E = K(\zeta)$ とする. E は K の正規拡大で, E の K 上の次数は $\varphi(n)$ である.

系2 K, E, ζ は系1と同じ意味とする. そのとき, n と互いに素な任意の i に対し, $\sigma_i(\zeta) = \zeta^i$ となるような E の K 上の自己同型 σ_i がただ1つ存在する. 自己同型群 $G_{E/K}$ は法 n の既約剰余類群と同型である.

系1は定理から明らかである. 系2の証明は読者の練習問題に残しておくことにしよう(問題5). [法 n の既約剰余類群の定義については第3章§4(p. 122)をみよ.] 体 $E = K(\zeta) = \mathbf{Q}(\zeta)$ はしばしば**円分体**とよばれる.

問　題

1. 本節の公式(3)を証明せよ.
2. p を素数とする.
   (a) $\Phi_p(x) = x^{p-1} + x^{p-2} + \cdots + x + 1$ であることを示せ. [**注意**：上式の右辺の多項式が既約であることは第3章§12, 例4で示した. これは定理17の特別な場合であったのである.]

(b)　$\Phi_{p^n}(x) = \Phi_p(x^{p^{n-1}})$ を示せ.

3.　n が 1 より大きい奇数ならば $\Phi_{2n}(x) = \Phi_n(-x)$ であることを示せ. [ヒント：公式 (3) を用いてもよいが, 1 の原始 $2n$ 乗根は $\Phi_n(-x)$ の根であることを示した方が早い.]

4.　p が素数で $p \nmid n$ ならば $\Phi_n(x^p) = \Phi_{pn}(x)\Phi_n(x)$ であることを証明せよ.

5.　定理 17 の系 2 を証明せよ.

§13　可解群

Galois の理論を方程式論に応用するために, 本節では群論から 1 つの概念を補足説明する.

G を群とする. G の部分群の減少列
$$G = G_0 \supset G_1 \supset G_2 \supset \cdots \supset G_{r-1} \supset G_r = e \quad (e \text{ は単位群})$$
が G の **Abel 列**(または **Abel 鎖**)であるとは, 各 $i = 1, \cdots, r$ に対し G_i が G_{i-1} の正規部分群であって, かつ商群 G_{i-1}/G_i が可換群(Abel 群)となっていることをいう. Abel 列をもつような群を**可解群**という.

任意の可換群は可解群である. 実際 G が可換群ならば, G と e のみから成る列がすでに G の Abel 列となっているからである.

可解群を定義するのに, われわれはまた交換子群(第 2 章 §5, 例 3)の概念を用いることができる. 前と同じく群 G の交換子群を $D(G)$ で表わし, さらに'高次の交換子群' $D^2(G)$, $D^3(G)$, $\cdots$ を $D^2(G) = D(D(G))$, $D^3(G) = D(D^2(G))$, $\cdots$ によって帰納的に定義する. 便宜上 $D^0(G)$ は G 自身とする. 前にみたように $D^i(G) = D(D^{i-1}(G))$ は $D^{i-1}(G)$ の正規部分群である. また N を G の正規部分群とするとき, 商群 G/N が可換であるためには $N \supset D(G)$ であることが必要かつ十分である(第 2 章定理 4).

補題 N　G が可解群であるための必要十分条件は, ある正の整数 r に対して $D^r(G) = e$ が成り立つことである.

証明　ある $r \in \mathbf{Z}^+$ に対して $D^r(G) = e$ となるならば
$$G = D^0(G) \supset D^1(G) \supset \cdots \supset D^r(G) = e$$
が G の Abel 列となるから, G は可解である. 逆に G が可解であるとし,
$$G = G_0 \supset G_1 \supset G_2 \supset \cdots \supset G_r = e$$
を G の Abel 列とする. そのときまず G_0/G_1 が可換であるから, $G_1 \supset D(G)$ で

§13 可解群

ある．また，ある $i(\geqq 2)$ に対して $G_{i-1} \supset D^{i-1}(G)$ と仮定すれば，G_{i-1}/G_i が可換であるから，$G_i \supset D(G_{i-1}) \supset D(D^{i-1}(G)) = D^i(G)$ となる．ゆえにすべての i に対して $G_i \supset D^i(G)$，したがって $D^r(G) = e$ である．(証明終)

可解群の部分群や準同型像はまた可解群である．部分群についての証明は読者にゆずり(問題3)，ここでは準同型像に関する証明だけを述べておく．

補題O 可解群の準同型像は可解である．

証明 G を可解群とし，$f: G \to G'$ を全射準同型とする．そのとき，G' の任意の交換子 $a'b'a'^{-1}b'^{-1}$ は G のある交換子の像となる．実際 $a' = f(a)$，$b' = f(b)$ とすれば

$$a'b'a'^{-1}b'^{-1} = f(a)f(b)f(a)^{-1}f(b)^{-1} = f(aba^{-1}b^{-1})$$

となるからである．逆に G の任意の交換子の f による像はもちろん G' の交換子である．このことから直ちに $D(G)$ の f による像は $D(G')$ に等しいことがわかる．一般に $D^i(G)$ の像は $D^i(G')$ である．したがって $D^r(G) = e$ ならば $D^r(G') = e$ となる．(証明終)

われわれは次に対称群 S_n の可解性について論じよう．$n \leqq 4$ ならば S_n が可解であることは容易に証明される(問題 1, 2)．しかし $n \geqq 5$ の場合には対称群 S_n は可解ではない．この事実が "5次以上の一般方程式はべき根 (累乗根) によっては解けない" という有名な定理の基礎となるのである．$S_n (n \geqq 5)$ が非可解であることは次の補題から導かれる．

補題P $n \geqq 5$ とし，G を S_n の部分群とする．もし G がすべての 3-巡回置換を含むならば，$D(G)$ もすべての 3-巡回置換を含む．

証明 M を n 個の元をもつ集合とし，S_n を M 上の対称群とする．$(a\ b\ c)$ を任意の 3-巡回置換とする．$n \geqq 5$ であるから，M は a, b, c 以外の元 d, e を含む．そこで $\sigma = (a\ b\ d)$，$\tau = (a\ c\ e)$ とおけば，仮定により $\sigma, \tau \in G$ であって

$$\sigma\tau\sigma^{-1}\tau^{-1} = (a\ b\ d)(a\ c\ e)(a\ d\ b)(a\ e\ c) = (a\ b\ c).$$

ゆえに $(a\ b\ c)$ は $D(G)$ の元である．これでわれわれの主張が証明された．(証明終)

定理18 $n \geqq 5$ ならば対称群 S_n は可解でない．

証明 $G = S_n$ として補題Pを用いれば交換子群 $D(G)$ はすべての 3-巡回置換を含む．以下帰納法によって，任意の i に対し $D^i(G)$ はすべての 3-巡回置換

を含むことがわかる．ゆえに $D^i(G)$ はけっして $=e$ とはなり得ない．（証明終）

問　題

1. 対称群 S_3 は可解であることを示せ．
2. 対称群 S_4 は可解であることを示せ．
3. 可解群の部分群は可解であることを証明せよ．［ヒント：G を可解群，$G=G_0\supset G_1\supset\cdots\supset G_r=e$ を G の Abel 列とする．H を G の部分群とし，$H_i=H\cap G_i$ とおけば，$H=H_0\supset H_1\supset\cdots\supset H_r=e$ が H の Abel 列となる．それを示すために第2章，定理8を用いよ．］
4. N を G の正規部分群とするとき，N および G/N が可解ならば，G は可解であることを証明せよ．［ヒント：第2章，定理7を用いよ．］
5. p 群，すなわち位数が素数 p のべき p^n ($n\geq 1$) であるような群は可解であることを示せ．［ヒント：第2章§7例2によって，p 群 G の中心 Z は単位元以外の元を含む．そのことと前問を用い，指数 n に関する帰納法によれ．］
6. 任意の $i\in \mathbf{Z}^+$ に対して $D^i(G)$ は G の正規部分群であることを証明せよ．

§14　交代群の単純性

5次以上の方程式をべき根によって解くことの不可能性を示すためには，前節の定理18で十分である．しかし歴史上の重要性にもかんがみ，本節では，定理18よりさらに強い内容をもつ次の命題を証明しておくことにする．

定理19　$n\geq 5$ ならば交代群 A_n は単純である．

証明を述べる前に，定理19から定理18が導かれることを注意しておこう．実際，定理19によれば交代群 A_n ($n\geq 5$) は A_n 自身と単位群のほかには正規部分群をもたないから，A_n は Abel 列をもたない．（A_n は $n\geq 4$ ならば非可換である！）すなわち交代群 A_n ($n\geq 5$) は可解ではない．したがって対称群 S_n ($n\geq 5$) も可解でない（前節問題3）．

定理19の証明のためには置換についていくらかこまかい探索が必要である．はじめに2つの補題を述べておく．以下，普通のように n 文字 $1,2,\cdots,n$ の置換を考える．

補題 Q　交代群 A_n ($n\geq 3$) は $n-2$ 個の3-巡回置換

$$(1\ 2\ 3),\quad (1\ 2\ 4),\quad \cdots,\quad (1\ 2\ n)$$

によって生成される．

§14 交代群の単純性

証明 第2章§9問題10によって S_n は互換 $(1\ i)(2\leq i\leq n)$ から生成される. したがって A_n は積 $(1\ i)(1\ j)(i\geq 2, j\geq 2, i\neq j)$ から生成される. ここで, $j=2$ ならば

$$(1\ i)(1\ j) = (1\ i)(1\ 2) = (1\ 2\ i),$$

$i=2$ ならば

$$(1\ i)(1\ j) = (1\ 2)(1\ j) = (1\ j\ 2) = (1\ 2\ j)^2,$$

$i\geq 3, j\geq 3$ ならば

$$(1\ i)(1\ j) = (1\ j\ i) = (1\ 2\ i)^2(1\ 2\ j)(1\ 2\ i).$$

ゆえに A_n は $(1\ 2\ k)(3\leq k\leq n)$ の形の巡回置換によって生成される. (証明終)

補題 R $A_n(n\geq 3)$ の正規部分群 N が少なくとも1つの3-巡回置換を含むならば, $N=A_n$ である.

証明 必要があれば番号をつけかえて N は $\sigma=(1\ 2\ 3)$ を含むと仮定する. そのとき N は $\sigma^2=(1\ 3\ 2)$ を含み, さらに $k>3$ に対して

$$(3\ 2\ k)(1\ 3\ 2)(3\ 2\ k)^{-1} = (1\ 2\ k)$$

を含む. したがって前補題により $N=A_n$ となる. (証明終)

定理19の証明 $n\geq 5$ とし, N を A_n の単位群以外の正規部分群とする. そのとき N が 3-巡回置換を含むことを示せば, 補題Rによって $N=A_n$ となり, 定理の証明は完了する. σ を N に含まれる e 以外の任意の1つの元とする. σ を互いに素な巡回置換の積に分解し, その巡回因子について次のように場合を分けて考える.

1) σ が長さ >3 の巡回因子を含む場合:

$$\sigma = (1\ 2\ 3\ \cdots\ m)\sigma',\quad m>3$$

とする. ここにもちろん σ' は $(1\ 2\ 3\ \cdots\ m)$ 以外の巡回因子の積を表わすのである. N は正規部分群であるから $(1\ 2\ 3)\sigma(1\ 2\ 3)^{-1}$ を含み, したがって

$$\sigma^{-1}\cdot(1\ 2\ 3)\sigma(1\ 2\ 3)^{-1}$$

を含む. これを計算すると

$$\begin{aligned}
&\sigma^{-1}(1\ 2\ 3)\sigma(1\ 2\ 3)^{-1} \\
&= \sigma'^{-1}(m\ \cdots\ 3\ 2\ 1)(1\ 2\ 3)(1\ 2\ 3\ \cdots\ m)\sigma'(1\ 3\ 2) \\
&= (m\ \cdots\ 3\ 2\ 1)(1\ 2\ 3)(1\ 2\ 3\ \cdots\ m)(1\ 3\ 2) \\
&= (1\ 3\ m).
\end{aligned}$$

(互いに素な巡回置換は可換であることに注意せよ.) ゆえに N は 3-巡回置換を含む.

2) σ が長さ 3 の巡回因子を 2 個含む場合:
$$\sigma = (1\ 2\ 3)(4\ 5\ 6)\sigma'$$
とする. 前の場合と同じく $(2\ 3\ 4)\sigma(2\ 3\ 4)^{-1} \in N$ であるから,

$$\sigma^{-1}(2\ 3\ 4)\sigma(2\ 3\ 4)^{-1}$$
$$= \sigma'^{-1}(4\ 6\ 5)(1\ 3\ 2)(2\ 3\ 4)(1\ 2\ 3)(4\ 5\ 6)\sigma'(2\ 4\ 3)$$
$$= (4\ 6\ 5)(1\ 3\ 2)(2\ 3\ 4)(1\ 2\ 3)(4\ 5\ 6)(2\ 4\ 3)$$
$$= (1\ 2\ 4\ 3\ 6) \in N.$$

よって 1) の場合に帰着する.

3) σ が長さ 3 の巡回因子を 1 個だけ含み, 他の巡回因子がすべて互換である場合:
$$\sigma = (1\ 2\ 3)\sigma'$$
とし, σ' は (互いに素な) 互換の積であるとする. そのとき $\sigma'^2 = e$ であるから, $\sigma^2 = (1\ 2\ 3)^2 \sigma'^2 = (1\ 3\ 2) \in N$. すなわち N は 3-巡回置換を含む.

4) σ の巡回因子がすべて互換である場合:

σ は偶置換であるから, この場合 σ は少なくとも 2 つの互換を含む. そこで
$$\sigma = (1\ 2)(3\ 4)\sigma'$$
とし, ($\sigma' \neq e$ ならば) σ' の巡回因子もすべて互換であるとする.
$$(1\ 2\ 3)\sigma(1\ 2\ 3)^{-1} = \sigma_1$$
とおけば, $\sigma_1 \in N$ であるから,

$$\rho = \sigma\sigma_1$$
$$= (1\ 2)(3\ 4)\sigma'(1\ 2\ 3)(1\ 2)(3\ 4)\sigma'(1\ 3\ 2)$$
$$= (1\ 3)(2\ 4) \in N.$$

いま $n \geq 5$ であるから, A_n は置換 $(1\ 3\ 5)$ を含み, したがって
$$(1\ 3\ 5)\rho(1\ 3\ 5)^{-1} = \rho_1 \in N,$$
さらに
$$\rho\rho_1 = (1\ 3)(2\ 4)(1\ 3\ 5)(1\ 3)(2\ 4)(1\ 5\ 3)$$
$$= (1\ 3\ 5) \in N.$$

ゆえにこの場合も N は 3-巡回置換を含む. 以上ですべての場合が証明された.

問　題

1. $n \geq 2$, $n \neq 4$ ならば，対称群 S_n は S_n 自身，交代群 A_n および単位群 e のほかに正規部分群をもたないことを証明せよ．

§15 3次方程式の解法

本節以後，考える体の'標数は 0 であると仮定する．'

K を 1 つの体とする．K における 2 次式 x^2+ax+b の根 ξ は，よく知られているように，公式

$$\xi = \frac{-a \pm \sqrt{a^2-4b}}{2}$$

によって与えられる．

3 次式 $f(x)=x^3+a_1x^2+a_2x+a_3$ $(a_i \in K)$ についても，同様の'根の公式'を与えることができるであろうか？　計算を簡単にするため，$x=y-a_1/3$ と変数変換すれば，f は y^3+ay+b の形となる．この多項式の根 η に $-a_1/3$ を加えれば f の根 $\xi=\eta-a_1/3$ が得られるから，はじめから f は

$$f(x) = x^3+ax+b$$

の形であると仮定する．

いま f の K 上の分解体を E とし，E における f の根を α, β, γ とする．そのとき

$$x^3+ax+b = (x-\alpha)(x-\beta)(x-\gamma)$$

であるから，

(1) $$\begin{cases} \alpha+\beta+\gamma = 0, \\ \alpha\beta+\beta\gamma+\gamma\alpha = a, \\ \alpha\beta\gamma = -b. \end{cases}$$

また

$$D = \{(\alpha-\beta)(\beta-\gamma)(\gamma-\alpha)\}^2$$

は α, β, γ の対称式であるから，a, b の多項式として表わされる．実際に計算すれば

(2) $$D = -4a^3-27b^2.$$

この式の検証は読者のよい練習問題である．さらに分解体 E が $E=K(\alpha, \sqrt{D})$ で与えられることも容易に証明される．(§5 問題 5 参照)

さて根の公式を求めるために，われわれは次の式

(3) $$u = \alpha+\omega\beta+\omega^2\gamma, \qquad v = \alpha+\omega^2\beta+\omega\gamma$$

を導入する．ただし ω は1の原始3乗根，すなわち x^2+x+1 の根である．この式(3)は 'Lagrange の分解式' とよばれる．このとき

(4) $$\begin{cases} \alpha+\beta+\gamma = 0, \\ \alpha+\omega\beta+\omega^2\gamma = u, \\ \alpha+\omega^2\beta+\omega\gamma = v \end{cases}$$

を α, β, γ に関する連立1次方程式とみて解けば，直ちに次の式が得られる(問題1)．

(5) $$\begin{cases} \alpha = \dfrac{1}{3}(u+v), \\ \beta = \dfrac{1}{3}(\omega^2 u+\omega v), \\ \gamma = \dfrac{1}{3}(\omega u+\omega^2 v). \end{cases}$$

したがって α, β, γ を求めるには u, v を求めればよい．

そのために u^3+v^3, u^3-v^3 および uv を計算する．はじめの2つの計算には，等式

$$u^3+v^3 = (u+v)(u+\omega v)(u+\omega^2 v),$$
$$u^3-v^3 = (u-v)(u-\omega v)(u-\omega^2 v)$$

が利用される．これらの式を用いれば，容易に

(6) $$u^3+v^3 = 27\alpha\beta\gamma = -27b,$$
(7) $$u^3-v^3 = 3(\omega-\omega^2)(\alpha-\beta)(\alpha-\gamma)(\beta-\gamma)$$

であることがわかる(問題2)．そして

$$\omega = (-1+\sqrt{-3})/2, \quad \omega^2 = (-1-\sqrt{-3})/2, \quad \omega-\omega^2 = \sqrt{-3},$$
$$\delta = (\alpha-\beta)(\alpha-\gamma)(\beta-\gamma) = \sqrt{D}$$

であるから，(7)から

(8) $$u^3-v^3 = 3\sqrt{-3}\,\delta = \sqrt{-27D}$$

が得られる．一方 uv を計算すれば

§15 3次方程式の解法

$$uv = \alpha^2 + \beta^2 + \gamma^2 - \alpha\beta - \beta\gamma - \gamma\alpha$$

より

(9) $$uv = -3a$$

を得る(問題3).

(6), (8)によって

$$u^3 = \frac{1}{2}(-27b + \sqrt{-27D}), \quad v^3 = \frac{1}{2}(-27b - \sqrt{-27D}).$$

ゆえに $U=u/3$, $V=v/3$ とおけば, (2)より

$$U^3 = -\frac{b}{2} + \sqrt{\frac{a^3}{27} + \frac{b^2}{4}},$$
$$V^3 = -\frac{b}{2} - \sqrt{\frac{a^3}{27} + \frac{b^2}{4}}.$$

したがって

(10) $$\begin{cases} U = \sqrt[3]{-\dfrac{b}{2} + \sqrt{\dfrac{a^3}{27} + \dfrac{b^2}{4}}}, \\ V = \sqrt[3]{-\dfrac{b}{2} - \sqrt{\dfrac{a^3}{27} + \dfrac{b^2}{4}}}. \end{cases}$$

ここで U, V はそれぞれ3乗根として3つの値をとり得るが, (9)によって

(11) $$UV = -\frac{a}{3}$$

であるから, U, V のうち一方の値を定めれば他方の値は自然に定まる. いま(11)を満たすような U, V の値を1組定めたとすれば, (11)を満たす他の組は $\omega^2 U, \omega V$; および $\omega U, \omega^2 V$ であって, (5)により $f(x)=x^3+ax+b$ の3つの根は

(12) $\quad \alpha = U+V, \quad \beta = \omega^2 U + \omega V, \quad \gamma = \omega U + \omega^2 V$

で与えられる. これが **Cardano の公式** とよばれるものである.

以上で, 3次方程式 $x^3+ax+b=0$ の根も, その係数に四則とべき根をとる演算とを有限回ほどこすことによって, 一般的に表現し得ることがわかった. すなわち, 3次方程式も'代数的に一般に解ける'のである.

もし(基礎体 K にすでに1の原始3乗根 ω が付加されたものとして), (10)の3乗根に'多価性'を許すならば, われわれは $f(x)=x^3+ax+b$ の根を簡単に1つの式

(13) $$\sqrt[3]{-\frac{b}{2}+\sqrt{\frac{a^3}{27}+\frac{b^2}{4}}}+\sqrt[3]{-\frac{b}{2}-\sqrt{\frac{a^3}{27}+\frac{b^2}{4}}}$$

で表わすことができる.ただし(13)における2つの3乗根は独立にそれぞれ3つの値をとるのではなく,その積が $-a/3$ となるような'3組'の値をとるのである.

以上に述べたことから,また次のことがわかる. $K_0=K, K_1=K_0(\omega)$ とし,続いて $K_2=K_1(\lambda)$, ただし
$$\lambda^2=R, \qquad R=(a^3/27)+(b^2/4),$$
さらに $K_3=K_2(\rho), K_4=K_3(\sigma)$, ただし
$$\rho^3=(-b/2)+\lambda, \qquad \sigma^3=(-b/2)-\lambda$$
とすれば, $K=K_0\subset K_1\subset K_2\subset K_3\subset K_4$ であって, K 上の f の分解体 E は K_4 に含まれる.ここで $K_i (i\geq 2)$ は, K_{i-1} に K_{i-1} の元のべき根を付加した体(たとえば $K_2=K_1(\lambda)=K_1(\sqrt{R})$) である.

上にわれわれは3次方程式の解法を述べたが, 4次方程式についても,やはりその根は方程式の係数に有理演算およびべき根をとる演算を何回かほどこすことによって得られることが知られている.(4次方程式の解法はFerrariによるとされている.)しかしここでは4次方程式の解法にまでは立ち入らない.それについては,高木貞治,代数学講義(共立出版),第6章§35を参照されたい.

問　題

1. (4)から(5)が得られることを示せ.
2. u, v の定義の式(3)から,
$$u^3\pm v^3=(u\pm v)(u\pm\omega v)(u\pm\omega^2 v) \quad (複号同順)$$
を用いて, (6), (7)を導け.
3. (9)が成り立つことを確かめよ.

§16　べき根による方程式の可解性

前節に述べた3次方程式の解法の結果から類推して,一般にある多項式が'べき根によって解ける'ということの意味を次のように定式化することができ

る．簡単のため，ここでも考える体の標数は 0 であるとする．

K を(標数 0 の)体とし，Ω を K の拡大体とする．次の条件（i），(ii)を満たす Ω の部分体の列

$$K = K_0 \subset K_1 \subset K_2 \subset \cdots \subset K_{r-1} \subset K_r = \Omega$$

が存在するとき，Ω は K の**べき根による拡大**であるという．

（i）ある $n \in \mathbf{Z}^+$ が存在して，K_1 は K_0 に 1 の原始 n 乗根 ζ を付加した体 $K_1 = K_0(\zeta)$ である．

（ii）各 $i (1 \leq i \leq r-1)$ に対し，$K_{i+1} = K_i(\alpha_i)$，$\alpha_i^{d_i} = a_i \in K_i$ である．いいかえれば，K_{i+1} は，K_i 上の多項式 $x^{d_i} - a_i$ の根(a_i の d_i 乗根)を K_i に付加した体である．ただし $d_i = 2$ の場合を除き，$d_i | n (1 \leq i \leq r-1)$ とする．

$f \in K[x]$ を定数でない多項式とする．K のべき根による拡大体 Ω を適当にとれば，f の K 上の分解体 E が Ω に含まれるとき，f は K 上で**べき根によって解ける**という．

論理的要点を明確にするため，上記の概念に関連して，さらに一，二の定義を述べておく．体 F が K の正規拡大で Galois 群(自己同型群) $G_{F/K}$ が可換であるとき，F を K の **Abel 拡大**という．また K の拡大体 Ω に対して，部分体の列

$$K = K_0 \subset K_1 \subset K_2 \subset \cdots \subset K_r = \Omega$$

が存在し，各 $i (1 \leq i \leq r)$ に対して K_i が K_{i-1} の Abel 拡大となっているとき，Ω を K の**準 Abel 拡大**という．

定理 20 K のべき根による拡大体は K の準 Abel 拡大である．

証明には次の 2 つの補題を用いる．

補題 S ζ を 1 の原始 n 乗根とするとき，$F = K(\zeta)$ は K の Abel 拡大である．

証明 1 のすべての n 乗根は ζ^i の形に書かれるから，F は $x^n - 1$ の K 上の分解体であり，したがって K の正規拡大である．σ を $G = G_{F/K}$ の元とすれば，$\sigma(\zeta)^n = \sigma(\zeta^n) = \sigma(1) = 1$ であるから，$\sigma(\zeta)$ も 1 の n 乗根である．ゆえにある $r \in \mathbf{Z}$ によって $\sigma(\zeta) = \zeta^r$ と書かれる．同様に $\tau \in G$ とすれば，$\tau(\zeta) = \zeta^s$ となる $s \in \mathbf{Z}$ がある．したがって

$$\sigma\tau(\zeta) = \sigma(\zeta^s) = \sigma(\zeta)^s = \zeta^{rs}$$
$$= \zeta^{sr} = \tau(\zeta)^r = \tau(\zeta^r) = \tau\sigma(\zeta).$$

ゆえにすべての $z \in F$ に対して $\sigma\tau(z)=\tau\sigma(z)$, すなわち $\sigma\tau=\tau\sigma$ である. (証明終)

補題 T K は1の原始 n 乗根を含む体とし, $a \in K$, $a \neq 0$ とする. α を x^n-a の1つの根とし $F=K(\alpha)$ とする. そのとき F は K の Abel 拡大である.

証明 K が1の原始 n 乗根 ζ を含むから, F は $\alpha\zeta^i$ ($0 \leq i \leq n-1$) を含み, これらの n 個の元はすべて a の n 乗根, すなわち x^n-a の根である. したがって F は x^n-a の K 上の分解体となる. ゆえに F は K の正規拡大である. Galois 群 $G=G_{F/K}$ の可換性も前の補題と同様に示される. すなわち $\sigma \in G$ とすれば, $\sigma(\alpha)^n=\sigma(\alpha^n)=\sigma(a)=a$ であるから, ある $r \in \mathbf{Z}$ によって $\sigma(\alpha)=\alpha\zeta^r$ と書かれる. 同様に $\tau \in G$ ならば $\tau(\alpha)=\alpha\zeta^s$ である. あとの計算は前補題の証明にならえばよい. 読者みずからこころみられたい(問題1).

補題 S と補題 T から定理20が導かれることはわれわれの定義から明らかである. くわしくは読者の練習問題としよう(問題2).

われわれの目標である定理22を証明するためには, もう1つの重要な step が必要である.

定理 21 $f \in K[x]$ をべき根によって可解な多項式とする. そのとき, K のべき根による拡大体 Ω' で, f の K 上の分解体 E を含み, しかも K の正規拡大であるものが存在する. ──

この定理は次の補題 U から直ちに導かれる. 補題 U から定理21を証明することも練習問題とする(問題3).

補題 U Ω を K のべき根による拡大体とする. そのとき K のべき根による拡大体 Ω' で, 次の性質(a), (b)を満たすものが存在する. (a) Ω' は K 上で正規である. (b) K 上では恒等写像であるような Ω から Ω' への埋め込み τ が存在する.

証明 条件(i), (ii)を満たすような Ω の部分体の列を
$$K=K_0 \subset K_1 \subset \cdots \subset K_{r-1} \subset K_r = \Omega$$
とする. $r=1$ ならば, $K_1=\Omega$ 自身が K 上で正規であるから(補題S), 問題はない. そこで $r \geq 2$ とし, $r-1$ のときにはわれわれの主張が成り立つと仮定する. 記法を簡単にするため $K_{r-1}=F$ とおく. 帰納法の仮定によって, K のべき根による '正規な' 拡大体 F' で, 埋め込み $\rho: F \to F'$, $\rho|K=I_K$ をもつようなものが存在する. Ω は F に1つのべき根を付加したものであるから,

§16 べき根による方程式の可解性

$$\Omega = F(\alpha), \qquad \alpha^d = a \in F$$

と書くことができる．条件(ⅰ),(ⅱ)によって F は1のすべての d 乗根を含み，$\rho: F \to F'$ は埋め込みであるから，F' も同様である．$\rho: F \to F'$ による a の像を a' とする．F' は K の正規拡大であるから，$a' \in F'$ の K 上の最小多項式 $p = p(x)$ は F' において1次式の積に分解される．その分解を

$$p(x) = (x-a_1')(x-a_2')\cdots(x-a_s') \qquad (\text{ただし } a_1' = a')$$

とし，F' につぎつぎに $a'(=a_1')$ の d 乗根 α', a_2' の d 乗根 $\alpha_2', \cdots, a_s'$ の d 乗根 α_s' を付加して，べき根による単純拡大の列

$$F' \subset F'(\alpha') \subset F'(\alpha', \alpha_2') \subset \cdots \subset F'(\alpha', \alpha_2', \cdots, \alpha_s') = \Omega'$$
$$(\alpha'^d = a', \alpha_2'^d = a_2', \cdots, \alpha_s'^d = a_s')$$

を作る．もちろん Ω' も K のべき根による拡大体である．そして

$$g(x) = p(x^d) = (x^d - a_1')(x^d - a_2')\cdots(x^d - a_s')$$

とおけば，この多項式は Ω' において分解するから，Ω' は多項式 $g \in K[x]$ の F' 上の分解体である．しかも F' は K の正規拡大であるから，Ω' は K 上で正規となる．[なぜか？(問題4)] 一方 $\rho(F) = \bar{F}$ とすれば，$\Omega = F(\alpha)$ は F 上の $x^d - a$ の分解体，$\bar{F}(\alpha')$ は $\bar{F}$ 上の $x^d - a'$ の分解体であるから，定理7によって $\rho: F \to \bar{F}$ は同型写像 $\tau: \Omega = F(\alpha) \to \bar{F}(\alpha')$ に延長される．$\bar{F}(\alpha') \subset F'(\alpha') \subset \Omega'$ であるから，τ を Ω から Ω' への写像とみれば，$\tau: \Omega \to \Omega'$ は埋め込みである．以上で証明は完了した．(証明終)

最後に次の補題を述べておく．

補題 V Ω を K の正規な準 Abel 拡大とすれば，Galois 群 $G_{\Omega/K}$ は可解である．

証明 Ω は準 Abel 拡大であるから，Ω の部分体の列

(1) $$K = K_0 \subset K_1 \subset K_2 \subset \cdots \subset K_r = \Omega$$

で，各 $i\,(1 \leq i \leq r)$ に対し K_i が K_{i-1} の Abel 拡大であるようなものが存在する．Ω の K 上の自己同型群を $G = G_{\Omega/K}$ とし，さらに $G_i = G_{\Omega/K_i}\,(0 \leq i \leq r)$ とする．そうすれば，G_i は G の部分群で，(1)より

(2) $$G = G_0 \supset G_1 \supset G_2 \supset \cdots \supset G_r = e$$

となる．Ω はすべての K_i 上で正規であるが，K_i が K_{i-1} の正規拡大であるから，Galois 理論の基本定理(定理14)によって G_i は G_{i-1} の正規部分群である．

しかも $G_{K_i/K_{i-1}}$ は G_{i-1}/G_i と同型で，$G_{K_i/K_{i-1}}$ は可換であるから，G_{i-1}/G_i は可換である．ゆえに(2)は $G=G_{\Omega/K}$ の Abel 列となる．したがって G は可解である．(証明終)

多項式 $f \in K[x]$ の K 上の **Galois 群**というのは，f の K 上の分解体 E の Galois 群 $G_{E/K}$ のことである．これについて，以上の準備のもとに，次の定理 22 を証明することができる．

定理 22 $f \in K[x]$ がべき根によって解けるならば，f の K 上の Galois 群は可解である．

証明 f の K 上の分解体を E とする．定理 21 により，K のべき根による'正規な'拡大体 Ω で E を含むものが存在する．定理 20 によれば Ω は K の準 Abel 拡大でもあるから，補題 V によって Ω の K 上の自己同型群 $G=G_{\Omega/K}$ は可解である．そして

$$K \subset E \subset \Omega$$

であるから，$N=G_{\Omega/E}$ とすれば，N は G の部分群である．しかも E は K の正規拡大であるから，N は G の正規部分群で，f の Galois 群 $G_{E/K}$ は商群 G/N と同型である(定理 14)．補題 O によれば可解群の商群はまた可解であるから，Galois 群 $G_{E/K} \cong G/N$ は可解である．これで定理は証明された．(証明終)

実際には定理 22 はその逆も成り立つ．しかしこの逆の証明のためにはさらにいくらかの準備を要するので，その証明は本書では省略することにする．

定理 22 から，一般 n 次多項式 $(n \geq 5)$ の非可解性に関する有名な Abel の定理が次のようにして導かれる．

いま k を標数 0 の 1 つの体とし，k における'一般の' n 次式

(3) $$f(x) = x^n + b_1 x^{n-1} + b_2 x^{n-2} + \cdots + b_n$$

を考える．ここでわれわれが問題にするのは，'個々の'(あるいは'特定の') n 次式の可解性ではなく，'一般の' n 次式がつねにべき根によって解けるかどうかということである．したがって，(3)の係数 b_i は，k の元とみるよりも，k 上の'独立変数'と考えたほうが適当である．すなわち，$b_1, \cdots, b_n$ を n 個の変数として，(3)を体 $K=k(b_1, \cdots, b_n)$ 上の多項式と考えるのである．その場合，(3)を k 上の n 次の**一般多項式**という．以下，便宜上 b_i を $(-1)^i b_i$ におきかえて，一般多項式を

(3′) $$f(x) = x^n - b_1 x^{n-1} + b_2 x^{n-2} - \cdots + (-1)^n b_n$$

の形に書いておくことにする．

われわれは次に一般多項式 f の Galois 群を決定しよう．E を $K=k(b_1,\cdots,b_n)$ 上の f の分解体とし，E における f の根を $u_1,\cdots,u_n$ とする．そうすれば，E において，f は

$$f(x) = (x-u_1)(x-u_2)\cdots(x-u_n)$$

と分解され，

$$b_1 = \sum_i u_i, \quad b_2 = \sum_{i<j} u_i u_j, \quad \cdots, \quad b_n = u_1 u_2 \cdots u_n$$

となる．したがって $E=K(u_1,\cdots,u_n)=k(u_1,\cdots,u_n)$ である．

一方，上とは別個に $x_1,\cdots,x_n$ を k 上の n 個の独立変数として，k 上の $x_1,\cdots,x_n$ の有理式体を $\bar{E}=k(x_1,\cdots,x_n)$ とする．前のように (§8)，$a_1,\cdots,a_n$ を $x_1,\cdots,x_n$ の基本対称式とする．このとき $a_1,\cdots,a_n$ も'独立変数'であること，すなわち，$\varphi(b_1,\cdots,b_n)$ を n 変数 $b_1,\cdots,b_n$ の 0 でない多項式とすれば，$\varphi(a_1,\cdots,a_n)\not\equiv 0$ であることを証明しよう．そのために $\varphi(a_1,\cdots,a_n)$ において，おのおのの a_i を $x_1,\cdots,x_n$ で表わした式におきかえると

(4) $$\varphi(a_1,\cdots,a_n) = \varphi(\sum_i x_i, \sum_{i<j} x_i x_j, \cdots, x_1\cdots x_n).$$

この等式 (4) において，x_i に u_i を代入すれば，a_i は b_i でおきかえられるから，

(5) $$\varphi(b_1,\cdots,b_n) = \varphi(\sum_i u_i, \sum_{i<j} u_i u_j, \cdots, u_1\cdots u_n).$$

もし $\varphi(a_1,\cdots,a_n)=0$ ならば，$x_1,\cdots,x_n$ は独立変数であるから，(4) の右辺を $x_1,\cdots,x_n$ の多項式として整理した結果は'多項式として'$=0$ とならなければならない．したがって (5) の右辺も当然 0 となり，よって $\varphi(b_1,\cdots,b_n)=0$ となる．これは仮定に反するから，$\varphi(a_1,\cdots,a_n)\not\equiv 0$，ゆえに $a_1,\cdots,a_n$ は k 上の独立変数である．

そこで $\bar{K}=k(a_1,\cdots,a_n)$ とすれば，各 b_i に a_i を対応させることによって，$K=k(b_1,\cdots,b_n)$ から $\bar{K}=k(a_1,\cdots,a_n)$ への同型写像 σ が得られる．σ による $f(x)$ の像は

$$\bar{f}(x) = x^n - a_1 x^{n-1} + a_2 x^{n-2} - \cdots + (-1)^n a_n$$

で，$\bar{E}=k(x_1,\cdots,x_n)$ は $\bar{K}$ 上の $\bar{f}$ の分解体である．ゆえに定理 7 により，σ は $E=k(u_1,\cdots,u_n)$ から $\bar{E}=k(x_1,\cdots,x_n)$ への同型写像 $\tilde{\sigma}$ に延長される．$\tilde{\sigma}$ は f の

根の全体を $\bar{f}$ の根の全体にうつすから，必要があれば番号をつけかえて u_i は x_i にうつされるとしてよい．したがって $u_1,\cdots,u_n$ もまた k 上の '独立変数' である．

このことから，定理13によって，一般多項式 f の Galois 群 $G_{E/K}$ は n 次の対称群 S_n に同型であることがわかる．定理18によって，$n\geqq 5$ ならば S_n は可解ではない．ゆえに定理22から次の **Abel の定理** が得られる．

定理23 k を標数 0 の体とし，$n\geqq 5$ とすれば，k 上の n 次の一般多項式はべき根によっては解けない．

問　題

1. 補題 T の証明を完成せよ．
2. 定理20の証明を完成せよ．
3. 補題 U から定理21を導け．
4. F を K の正規拡大とし，$g\in K[x]$ とする．F 上で g の分解体 Ω を作れば，Ω は K の正規拡大であることを証明せよ．ただし，K の標数は 0 とする．

§17　定規とコンパスによる作図

本章の最後に，いわゆる '作図問題' について述べておく．

ここで '作図' というのは '定規とコンパスによる作図' である．すなわち，与えられたデータから定規とコンパスだけを用いてどのような図形を作図し得るかについて調べるのが，われわれの課題である．たとえば次のような作図については，われわれはすでに中学校において学んでいる．与えられた点を通り与えられた直線に平行または垂直な直線をひくこと；与えられた線分を n 等分すること；与えられた角を二等分すること；与えられた角に等しい角を与えられた半直線を 1 辺としてつくること；与えられた線分を 1 辺として，与えられた三角形に相似な三角形をつくること；…

いま 1 つの平面 π が与えられたとし，われわれは作図問題に要求されている幾何図形の作図をこの平面の上で行なうものとする．まず平面 π 上に直交する 2 直線をひき，それらを座標軸と定めておく．またもちろん作図の基準となる 1 つの線分――単位の長さの線分――が与えられていると仮定する．さらにこ

こでは，われわれに所与のデータはこの単位の長さだけであって，他のデータは与えられていないものとする．要求された幾何図形を π 上に作る問題は，原理的には，π 上にいくつかの点を決定する問題に帰着させられる．(たとえば正 n 角形を作図する問題は，単位円の n 等分点をみいだす問題と同等である．) したがって，与えられた作図問題が解決可能であるか不能であるかを知るためには，定規とコンパスによって，平面 π 上にどのような点を作図することができるかを調べればよい．

そのために次の概念から出発する．実数 a が**作図可能**であるとは，長さ $|a|$ の線分を作図することができることをいう．a, b が作図可能ならば，容易に示されるように，$a \pm b$, ab および a/b (ただし $b \neq 0$) も作図可能である (問題1). したがって作図可能な実数全体の集合を Ω とすれば，Ω は実数体 $\boldsymbol{R}$ の部分体をなし，有理数体 $\boldsymbol{Q}$ を含んでいる．(もちろん'長さ'の作図は，われわれの作図の主舞台である平面 π とは別のところで行なってよい．得られた結果を π の上に移すことは簡単である．) もし π 上の点 (a, b) が'作図可能な点'ならば，明らかに a, b は作図可能な実数であり，逆もまた真である．すなわち，点 (a, b) が作図可能であるためには，両座標 a, b がともに Ω の元であることが必要かつ十分である．

ところで，作図可能な実数または作図可能な点というのは，有理数体 $\boldsymbol{Q}$ から出発して，定規とコンパスを用いる操作を'有限回'行なって得られるものである．このことを以下さらに分析的に考察してみよう．

いま F を $\boldsymbol{R}$ の1つの部分体とし，F に属する実数はすべて作図可能である，すなわち $F \subset \Omega$ であると仮定する．このことを簡単に体 F は**作図可能**であるということにする．また F の元を座標にもつ π 上の点を 'F 内の点' とよび，F 内の2点を結んで得られる π 上の直線を 'F 内の直線'，F 内の1点を中心とし他の F 内の点を通る π 上の円を 'F 内の円' とよぶことにする．明らかに，F 内の直線は $a, b, c \in F$ として $ax+by+c=0$ の形の方程式で表わされ，F 内の円は $d, e, f \in F$ として $x^2+y^2+dx+ey+f=0$ の形の方程式で表わされる．これらの直線や円の交点として，F 内の点のほかにどのような点が生じ得るかを考察しよう．

F 内の2直線の交点は明らかにまた F 内の点である．しかし，F 内の直線

$ax+by+c=0$ と F 内の円 $x^2+y^2+dx+ey+f=0$ との交点は(両者が交わるものとすれば)必ずしも F 内の点ではない.実際,上の2つの方程式から x, y のいずれかを消去すれば他方についての2次方程式が得られるから,交点の座標は F の元あるいは F のある2次の拡大体 F' の元である.すなわち交点は,F あるいは F' 内の点となる.2円 $x^2+y^2+d_1x+e_1y+f_1=0$, $x^2+y^2+d_2x+e_2y+f_2=0$ の交点についても同様である.なぜなら,この2円の交点は,第一の円と直線 $(d_1-d_2)x+(e_1-e_2)y+(f_1-f_2)=0$ との交点にほかならないからである.このようにして,もし F 内の点でない F' 内の1つの点,いいかえれば F に属さない F' の1つの元 ξ が作図されたとすれば,F と F' の間には中間体は存在しないから,$F'=F(\xi)$,したがって $F'\subset\Omega$ となる.すなわち F' も作図可能な体である.

以上で次のことがわかった.

"F が作図可能な体であるとき,F 内の直線と円,または F 内の2円の交点は,F または F のある2次の拡大体 F' 内の点である.またこのとき体 F' も作図可能である."

F のかわりに F' を考えれば,F' 内の直線と円からは,F' または F' のある2次の拡大体 F'' 内の点が導かれる.もし実数 w が作図可能ならば,基礎体 $\boldsymbol{Q}$ から出発して,このような2次の拡大を何回かくり返して得られる体の中に,w を含むものが存在しなければならない.すなわち,w が作図可能であるためには,

(1) $\quad\quad\quad\quad \boldsymbol{Q}=F_0\subset F_1\subset F_2\subset\cdots\subset F_r=E\subset\boldsymbol{R}$,
(2) $\quad\quad\quad\quad (F_i:F_{i-1})=2 \quad\quad (i=1,\cdots,r)$

であるような体の列で,$w\in E$ となるものが存在することが必要である.

逆に(1),(2)を満たすような体の列で,$w\in E$ となるものが存在するならば,w は作図可能である.それを示すには,一般に F が作図可能な体ならば,その任意の2次の拡大体 F'(ただし $F'\subset\boldsymbol{R}$)も作図可能であることを示せばよい.その証明は簡単である.実際,F の2次の(実の)拡大体 F' は F のある正の元 c によって $F'=F(\sqrt{c})$ と表わされ,$\sqrt{c}$ は作図可能であるからである(問題2).

以上で次の定理が証明された.

定理24 実数 w が作図可能であるためには,

$$Q = F_0 \subset F_1 \subset F_2 \subset \cdots \subset F_r = E \subset \boldsymbol{R},$$
$$(F_i : F_{i-1}) = 2 \qquad (i=1, \cdots, r)$$

を満たす体の列で，$w \in E$ となるものが存在することが必要かつ十分である．

上の定理は，作図可能な複素数についても，形式上全く同様に成り立つ．ただし，複素数 $\alpha = a+bi$ が**作図可能**であるというのは，実部 a，虚部 b がともに作図可能であることをいう．作図可能な複素数全体の集合は複素数体 $\boldsymbol{C}$ の部分体をなし，前のように作図可能な実数全体の体を Ω とすれば，それは $\Omega(i)$ である．また前述の平面 π を複素平面とみれば，作図可能な点がすなわち作図可能な複素数(を表わす点)にほかならない．

複素数の作図可能性についても定理 24 と類似の次の定理 24′ が成り立つことは，作図可能な複素数 $a+bi$ の平方根

$$(3) \qquad \sqrt{a+bi} = \pm\left(\sqrt{\frac{a+\sqrt{a^2+b^2}}{2}} \pm i\sqrt{\frac{-a+\sqrt{a^2+b^2}}{2}}\right)$$

が作図可能であることに注意すれば，容易に結論される．定理 24′ のくわしい証明は読者にまかせよう(問題 4)．[**注意**：(3)の右辺の 4 つの平方根は通常の用法通り負でない実数の負でない平方根を表わしている．また括弧の中の複号 $\pm$ は虚部 b の符号に応ずる．(問題 3 参照)]

定理 24′ 複素数 α が作図可能であるためには，

$$Q = K_0 \subset K_1 \subset K_2 \subset \cdots \subset K_r = E \subset \boldsymbol{C},$$
$$(K_i : K_{i-1}) = 2 \qquad (i=1, \cdots, r)$$

を満たす体の列で，$\alpha \in E$ となるものが存在することが必要かつ十分である．

系 複素数 α が作図可能ならば $(\boldsymbol{Q}(\alpha) : \boldsymbol{Q}) = 2^p$ である．

証明 α が作図可能ならば，定理 24′ のような体の列が存在し，$(E : \boldsymbol{Q}) = (K_r : \boldsymbol{Q}) = 2^r$ である．$\boldsymbol{Q}(\alpha) \subset E$，したがって $(\boldsymbol{Q}(\alpha) : \boldsymbol{Q})$ は $(E : \boldsymbol{Q})$ の約数であるから，これも 2 のべきでなければならない．(証明終)

定理 24′ とその系の応用を二，三述べておこう．これらはいずれも古典的で有名な例である．

例 1 (角の三等分問題) $60°$ の角を三等分することは(定規とコンパスによっては)作図不可能である．

証明 もし $60°$ が三等分できるならば，長さ $\alpha = \cos 20°$ が作図できるはずで

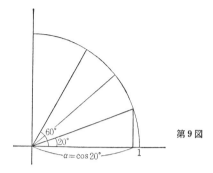

第9図

ある.（第9図参照）

加法定理や倍角の公式を用いれば，直ちに公式 $\cos 3\theta = 4\cos^3\theta - 3\cos\theta$ が得られるから，$\theta = 20°$ とすれば，$\cos 3\theta = \cos 60° = 1/2$ に注意して，$\alpha = \cos 20°$ に関する3次方程式

$$8\alpha^3 - 6\alpha - 1 = 0$$

が得られる．しかし多項式 $8x^3 - 6x - 1$ は $\boldsymbol{Q}[x]$ において既約であるから(問題5)，$(\boldsymbol{Q}(\alpha):\boldsymbol{Q})=3$ である．ゆえに定理 24′ の系によって $\alpha = \cos 20°$ は作図不可能である．

例2（立方体倍積問題または 'Delos 島の問題'） 与えられた立方体の2倍の体積をもつ立方体を作図することは不可能である．

証明 与えられた立方体の1辺の長さを単位の長さにとれば，問題は $\alpha^3 = 2$ を満たす α を作図することに帰する．しかるに $x^3 - 2$ は $\boldsymbol{Q}[x]$ において既約であるから，やはり定理 24′ の系によって α は作図不可能である．(Delos 島の問題というのは古代ギリシャにおける問題で，Apollo の神が，立方体状の祭壇を同じ形状のままで2倍の量にせよと要求したことに由来するとされている．例1の角の三等分の問題もギリシャ以来の難問で，これらの作図不可能性の証明は Wantzel によって 1837 年に与えられた.)

例3（正 n 角形の作図） 正 n 角形を作図することは，1 の原始 n 乗根

$$\zeta = e^{2\pi i/n} = \cos\frac{2\pi}{n} + i\sin\frac{2\pi}{n}$$

を作図することと同等である．$E = \boldsymbol{Q}(\zeta)$ とおけば，定理 17 の系 1 によって $(E:\boldsymbol{Q})=\varphi(n)$ であるから，もし正 n 角形を作図することが可能ならば $\varphi(n)$ は 2 の

べきでなければならない．逆に $\varphi(n)=2^\nu$ ならば，ζ は作図可能であることを証明しよう．$E=\boldsymbol{Q}(\zeta)$ は $\boldsymbol{Q}$ の正規拡大で，自己同型群 $G=G_{E/\boldsymbol{Q}}$ はこの場合位数 2^ν の群であるから，§13問題5によって G は可解である．したがって G の Abel 列

(4) $$G = G_0 \supset G_1 \supset G_2 \supset \cdots \supset G_r = e$$

が存在する．G_{i-1}/G_i は Abel 群で $o(G_{i-1}/G_i)=2^\mu$ であるが，もし $\mu>1$ ならば G_{i-1}/G_i は位数が2である部分群 H/G_i (ただし $G_{i-1}\supset H\supset G_i$) をもつから(第2章§8問題11，または第2章定理18の系1)，はじめから Abel 列(4)において商群 G_{i-1}/G_i はどれも位数2の群(したがって $r=\nu$)であると仮定してよい．そこで各 G_i の固定体を K_i とすれば，

$$\boldsymbol{Q} = K_0 \subset K_1 \subset K_2 \subset \cdots \subset K_r = E$$

という拡大体の列が得られ，$(K_i : K_{i-1})=2\,(i=1,\cdots,r)$ であるから，E したがって ζ は作図可能である．すなわち

  "正 n 角形は $\varphi(n)$ が2のべきであるときまたそのときに限って作図可能である．"

$\varphi(n)$ が2のべきとなるための条件を具体的に求めておこう．n の相異なる素数への分解を

$$n = 2^e p_1^{e_1} p_2^{e_2} \cdots p_s^{e_s} \qquad (p_i \text{ は奇の素数})$$

とすれば，

$$\varphi(n) = 2^{e-1} p_1^{e_1-1}(p_1-1) p_2^{e_2-1}(p_2-1) \cdots p_s^{e_s-1}(p_s-1)$$

であるから(第1章定理10)，$\varphi(n)$ が2のべきとなるためには，

$$e_1 = e_2 = \cdots = e_s = 1,$$
$$p_i - 1 = 2^{\mu_i} \qquad (i=1,\cdots,s)$$

であることが必要十分である．すなわち，n が

$$n = 2^e p_1 p_2 \cdots p_s$$

の形に素因数分解され，$e\geqq 0$ は任意で，(もし奇の素因数をもつならば)各 p_i が $2^{\mu_i}+1\,(\mu_i\geqq 1)$ の形の素数であることが必要十分である．第1章§5問題9によって，$2^\mu+1$ の形の数が素数となるためには，μ 自身がまた2のべきであることが必要であり，したがって各 p_i は

$$2^{2^\rho}+1$$

の形をしていなければならない．第1章§5 p.19の注意2に述べたように，$\rho=0,1,2,3,4$ に対しては，上の数は

$$3,\quad 5,\quad 17,\quad 257,\quad 65537$$

となり，これらはいずれも素数であるが，これら以外にも素数となる場合があるかどうかはまだ知られていない．

上記の素数 p に対する正 p 角形のうち，正17角形の作図法は，1796年に当時18歳であった青年 Gauss が発見した．その作図法については，たとえば高木貞治，初等整数論講義(共立出版)，第1章§17を参照されたい．

問　題

1. 実数 a,b が作図可能ならば $a\pm b$, ab および a/b $(b\ne 0)$ も作図可能であることを示せ．
2. 正の実数 c が作図可能ならば $\sqrt{c}$ も作図可能であることを示せ．
3. 複素数 $a+bi$ の平方根が(3)で与えられることを証明せよ．
4. 定理 24′ をくわしく証明せよ．
5. 多項式 $8x^3-6x-1$ は $\boldsymbol{Q}[x]$ において既約であることを示せ．
6. 実数 $\alpha=2\cos(2\pi/7)$ の $\boldsymbol{Q}$ 上の最小多項式は x^3+x^2-2x-1 であることを証明せよ．
7. 20° の角を作ることは正18角形の作図と同じであることに注意して，本節の例3から例1を導け．
8. 本節の意味で複素数 α が作図可能であるためには，$(E:\boldsymbol{Q})$ が2のべきであるような $\boldsymbol{Q}$ の正規拡大 $E(\subset \boldsymbol{C})$ で α を含むものが存在することが必要かつ十分である．このことを証明せよ．

第6章 実数，複素数

§1 順序環

本書の第1章で整数について述べた．また第3章§6で，整数から有理数を構成する方法を，より一般的な形で示した．実数や複素数についてはいくつかのことを既知と仮定して論じてきたが，まだその厳密な構成法を述べてはいなかった．この章では，実数体 $\boldsymbol{R}$ および複素数体 $\boldsymbol{C}$ が，どのようにして有理数から論理的に構成されるかを示そう．

まず順序環の定義からはじめる．

R を1つの可換環($\neq 0$)とする．R の部分集合 P が R の**順序づけ**(ordering)であるとは，P が次の2つの条件を満足することをいう．

Ord 1 R の任意の元 x に対し，$x \in P$, $x=0$, $-x \in P$ のいずれか1つしかも1つだけが成り立つ．

Ord 2 $x, y \in P$ ならば $x+y \in P$, $xy \in P$.

R に1つの順序づけ P が与えられたとき，R を**順序環**(ordered ring)とよび，P をその**正の部分**，P の元を R の**正の元**という．$-P=\{x \mid -x \in P\}$ は**負の部分**，その元は**負の元**とよばれる．Ord 1, 2 によって，順序環 R の0以外の任意の元は正あるいは負のいずれかであり，2つの正の元の和および積は正の元である．

"正の元と負の元の積は負である．2つの負の元の積は正である．"

証明 たとえば $x \in P$, $-y \in P$ ならば，$x(-y)=-xy \in P$. したがって xy は負である．

上記のことから特に，"順序環は整域である"ことがわかる．また"任意の $x \in R$, $x \neq 0$ に対して x^2 は正である"こともわかる．

特に $1=1^2$ であるから，単位元1は正である．したがってまた Ord 2 により，$1+1, 1+1+1, \cdots$ はすべて正となる．ゆえに"順序環の標数は0である．"

順序環 R が体であるとき，R を**順序体**という．その場合，x を R の 0 でない元とすれば，"x の正負と x^{-1} の正負とは一致する．" 実際，もし x, x^{-1} の一方

が正，他方が負ならば，$xx^{-1}=1$ が負となって，上述のことと矛盾する．

ふたたび R を一般の順序環とし，P をその正の部分とする．$x,y \in R$ に対し，$y-x \in P$ のとき $x<y$（または $y>x$）と定義する．特に，$x>0$ は x が正であること，$x<0$ は x が負であることを意味する．また，定義から直ちに，不等式に関する次のような常用の法則が導かれる．

(1) 任意の $x,y \in R$ に対し
$$x<y, \quad x=y, \quad x>y$$
のいずれか１つしかも１つだけが成り立つ．

(2) $x<y$, $y<z$ ならば，$x<z$.

(3) $x<y$, $z>0$ ならば，$xz<yz$.

(4) $x<y$ ならば，$x+z<y+z$.

たとえば(3)は次のように示される．$y-x>0$, $z>0$ であるから，Ord 2 によって $(y-x)z>0$, すなわち $yz-xz>0$. ゆえに $xz<yz$.

逆に，上の(1)-(4)を満たす関係 $<$ が可換環 R に与えられたとしよう．そのとき，$P=\{x|x>0\}$ とおけば，P は R の順序づけとなり，$x<y$ は $y-x \in P$ と同等となる．（この意味で法則(1)-(4)を'順序環の公理'に採用することもできる．）この証明は読者の練習問題に残しておこう(問題 1)．

(5) R が順序体で，$x<y$, $x>0$, $y>0$ ならば，$y^{-1}<x^{-1}$.

この証明も練習問題とする(問題 2)．

通常のように，$x<y$ または $x=y$ であることを $x \leqq y$ と書く．もちろん，上の法則(2),(3),(4)は $<$ を $\leqq$ におきかえても成り立つ．

R を整域とし，P_1, P_2 を R の２つの順序づけとする．このとき，もし $P_1 \subset P_2$ ならば，明らかに $P_1=P_2$ である．（証明せよ！）

例 1 整数の環 $\mathbf{Z}$ の順序づけは一意的である．すなわち，$\mathbf{Z}$ を順序環とする方法は通常の方法以外にない．

証明 普通の意味の正の整数の全体を今までのように $\mathbf{Z}^+$ とする．P を $\mathbf{Z}$ の任意の順序づけとすれば，すでに注意したように $1, 1+1, 1+1+1, \cdots$ はすべて P の元でなければならないから，$\mathbf{Z}^+ \subset P$, したがって $\mathbf{Z}^+ = P$ である．

R, R' を整域とし，R は R' の部分環であるとする．P' が R' の順序づけならば，$P=P' \cap R$ は明らかに R の順序づけである．逆に P が R の順序づけであ

るとき，R' の順序づけ P' で $P=P'\cap R$ となるものが存在するならば，P' を P の R' への**延長**という．容易にわかるように，R' の順序づけ P' が P の延長であるためには，$P\subset P'$ となっていることが必要かつ十分である．

定理1 R を順序環とし，P をその正の部分とする．また K を R の商の体とする．そのとき，P は一意的に K の順序づけ P_K に延長される．

証明 K の 0 以外の元 x は，R の 0 でない元 a, b によって $x=a/b$ と表わされる．必要があれば分母子に -1 を掛けて，$b>0$ と仮定してよい．このとき分子 a の正負は x に対して一意的に定まる．実際，
$$x = a/b = a'/b' \qquad (b>0, b'>0)$$
において，もし $a>0$, $a'<0$ ならば，$ab'=a'b$ の左辺は正，右辺は負という矛盾が生ずるからである．そこで，R の正の元 a, b によって a/b と表わされる K の元の全体を P_K とすれば，いま注意したことから，P_K は Ord 1 を満たすことがわかる．P_K が Ord 2 を満たすことも直ちに検証される．さらに $P\subset P_K$ であること，すなわち P_K が P の延長であることも明らかである．逆に P' が K の順序づけで，P の延長であるとしよう．そのとき $a, b\in P$ ならば，a, b さらに b^{-1} は P' の元でなければならないから，$ab^{-1}=a/b\in P'$, したがって $P_K\subset P'$ となる．ゆえに $P_K=P'$ でなければならない．（証明終）

例2 有理数体 **Q** は通常の方法またその方法のみによって順序体となる．

このことは例 1 と定理 1 からわかる．2 通り以上の順序づけを許す体の例については，節末の練習問題 7 を参照されたい．

R を順序環とする．R の元 x に対し，**絶対値** $|x|$ を
$$x\geqq 0 \quad \text{ならば} \quad |x|=x,$$
$$x<0 \quad \text{ならば} \quad |x|=-x$$
と定義する．これについてもよく知られた常用の法則が成り立つ．たとえば

(6) 任意の x に対して $|x|\geqq 0$ で，$|x|=0$ となるのは $x=0$ のときまたそのときに限る．

(7) $|xy|=|x||y|$.

(8) $|x+y|\leqq |x|+|y|$.

はじめの 2 つは明らかであろう．(8) を示すために，まず
$$|x|\geqq x, \quad |x|\geqq -x$$

に注意する．これも絶対値の定義から明らかである．そこで $|x|\geq x$, $|y|\geq y$ より
$$|x|+|y| \geq x+y.$$
一方 $|x|\geq -x$, $|y|\geq -y$ より
$$|x|+|y| \geq -(x+y).$$
そして $|x+y|$ は $x+y$ または $-(x+y)$ のいずれかである．ゆえに(8)が成り立つ．

問　題

1. 不等式に関する法則(1)–(4)のあとに述べたことを証明せよ．
2. 法則(5)を証明せよ．
3. 定理1の証明における P_K が Ord 1, 2 を満たすことをくわしく確かめよ．
4. R を順序環とし，$a, b \in R$ とする．次のことを示せ．
   (a) $a \geq 0$, $b \geq 0$, $a^2 \geq b^2$ ならば，$a \geq b$ である．
   (b) $n \in \mathbf{Z}^+$ が奇数ならば，$a > b$ と $a^n > b^n$ とは同等である．
5. R を順序環とする．任意の $x, y \in R$ に対し
$$|-x| = |x|,$$
$$|x-y| \leq |x|+|y|,$$
$$|x|-|y| \leq |x \pm y|$$
であることを示せ．
6. K を順序体とする．多項式環 $K[t]$ の0でない多項式で，その主係数が正であるもの，すなわち
$$f = a_0 + a_1 t + \cdots + a_n t^n, \quad a_n > 0$$
の形の多項式全体の集合を P とする．P は $K[t]$ の順序づけであることを示せ．
7. $K = \mathbf{Q}(\sqrt{2}) = \{a+b\sqrt{2} \mid a, b \in \mathbf{Q}\}$ とし，$>$ を K における通常の意味の順序とする．$a-b\sqrt{2} > 0$ であるような K の元 $a+b\sqrt{2}$ 全体の集合を P とすれば，P は通常の順序とは異なる K の順序づけを定義することを示せ．

§2　Archimedes 的順序体，完備性

K を順序体とする．前節に述べたように K の標数は0であるから，K は有理数体 $\mathbf{Q}$ と同型な部分体を含む．以下ではその部分体を $\mathbf{Q}$ と同一視して，$K \supset \mathbf{Q}$ と考える．前節の例2によって $\mathbf{Q}$ はただ1つの順序づけ（通常の順序づけ）

§2 Archimedes的順序体，完備性

をもち，K の順序づけは当然その延長となっている．

順序体 K が次の性質(A)をもつとき，K は **Archimedes的順序体** とよばれる．

(A) 任意の $x \in K$ に対し，$x < n$ を満たす $n \in \mathbf{Z}^+$ が存在する．

例1 $\mathbf{Q}$ はもちろん Archimedes 的順序体である．

例2 K を任意の順序体とし，$E = K(t)$ を K 上の変数 t の有理式体とする．多項式環 $K[t]$ に前節問題6のようにして順序づけ P を定義し，さらにそれを定理1によって $E = K(t)$ の順序づけ P_E に延長する．このようにして得られる順序体 E は Archimedes 的ではない．実際，たとえば多項式 $f(t) = t$ はすべての正の整数より '大きい'．

K を Archimedes 的順序体とし，$\varepsilon \in K$，$\varepsilon > 0$ とする．そのとき，$\varepsilon^{-1} < n$ を満たす $n \in \mathbf{Z}^+$ をとれば，$1/n < \varepsilon$ である．すなわち，K の任意の正の元に対し，それより小さい正の有理数が存在する．このことは，次の定理2のように，もっと一般化される．それを示すために，まず次のことに注意しておく．K を Archimedes 的順序体，x を K の1つの元とすれば，$m < x < n$ を満たす整数 m, n がともに存在し(なぜか？)，したがってまた，$x < n$ である $n \in \mathbf{Z}$ のうちに最小の数，$m < x$ である $m \in \mathbf{Z}$ のうちに最大の数が存在する．(証明せよ．)

定理2 K を Archimedes 的順序体とし，$a, b \in K$，$a < b$ とする．そのとき $a < r < b$ を満たす $r \in \mathbf{Q}$ が存在する．

証明 まず，$1/(b-a) < n$ を満たす1つの $n \in \mathbf{Z}^+$ をとる．次に，$na < k$ を満たす $k \in \mathbf{Z}$ の最小の数を m とし，$m/n = r$ とおく．m の定め方によって
$$m - 1 \leq na < m$$
であるから，$na < m$ より $a < m/n = r$．他方
$$n(b-a) > 1, \quad na \geq m - 1$$
であるから，
$$nb = n(b-a) + na > m,$$
ゆえに $b > m/n = r$．これで $a < r < b$ が証明された．(証明終)

上の定理2の性質を，Archimedes 的順序体における有理数の**稠密性**という．

ふたたび K を順序体とし，S を K の空でない部分集合とする．K の元 a が S の**上界**であるとは，S のすべての元 x に対して $x \leq a$ が成り立つことをいう．

S の上界が存在するとき，S は(K において)**上に有界**であるといわれる．[**注意**：K が Archimedes 的であることは，"$\boldsymbol{Z}^+$ が K において上に有界でない"ということにほかならない．] S が上に有界であって，S の上界のうちに最小の元が存在するとき，それを S の**最小上界**または**上限**(supremum)という．すなわち，K の元 b が S の上限であるとは，b が S の上界であって，S の任意の上界 a に対して $b \leqq a$ が成り立つことを意味する．もし b_1, b_2 がともに S の上限ならば，$b_1 \leqq b_2$ かつ $b_2 \leqq b_1$ であるから，$b_1 = b_2$ となる．すなわち，上限は(存在すれば)一意的に定まる．S の上限を $\sup S$ で表わす．

上界および最小上界と双対的に**下界**および**最大下界**が定義される．(読者は自身でその定義を述べてみよ．) S の最大下界を S の**下限**(infimum)ともいい，$\inf S$ で表わす．

明らかに，S の上限が存在すれば，$-S = \{x \mid -x \in S\}$ の下限が存在して，

(1) $$\inf(-S) = -\sup S$$

である．

K を Archimedes 的順序体とする．K が次の性質(W)をもつとき，K は**完備な Archimedes 的順序体**とよばれる．

(W) K において上に有界な空でない任意の部分集合は(K の中に)上限をもつ．(Weierstrass)

このとき，(1)から明らかに，K において下に有界な空でない任意の部分集合は下限をもつ．

注意 実は性質(W)には，Archimedes の性質(A)が自然に含まれている．そのことは次のように証明される．いま，順序体 K が性質(W)をもつとする．そのとき，もし(A)が成り立たないとすれば，$\boldsymbol{Z}^+$ は K において上に有界となるから，(W)によって $\sup \boldsymbol{Z}^+ = a$ が存在する．上限の定義によって $a-1$ は $\boldsymbol{Z}^+$ の上界ではないから，$a-1 < n$ を満たす $n \in \boldsymbol{Z}^+$ がある．したがって

$$a < n+1$$

となるが，$n+1$ も $\boldsymbol{Z}^+$ の元であるから，これは a が $\boldsymbol{Z}^+$ の上界であることに反する．これで矛盾が証明された．

例3 有理数体 $\boldsymbol{Q}$ は完備ではない．

実際，たとえば $x > 0$, $x^2 < 2$ であるような有理数全体の集合を S とすれば，

S は Q において上に有界であるが，上限をもたない．このくわしい証明は読者の練習問題に残しておこう(問題 3).

もし読者が，解析学の基礎を厳密な形で学んでいるならば，上の性質(W)は解析学の諸理論の出発点であることを知っているであろう．ここでわれわれに課せられた問題は，有理数体 Q を'完備化'して，この性質(W)をもつ順序体を実際に構成することである．この解答を与えるのが，§4 に述べる実数体 R の構成である．

問　　題

1. 例 2 をくわしく考えよ．
2. 本節の式(1)を証明せよ．
3. 例 3 に述べたことを次のような順序で証明せよ．
(a)　$S=\{x\,|\,x\in Q, x>0, x^2<2\}$ は Q において上に有界である．
(b)　a を >0 である任意の有理数とし，
$$a' = \frac{3a+4}{2a+3}$$
とおく．そのとき
$$a^2>2 \quad \text{ならば}, \quad a>a', \quad a'^2>2;$$
$$a^2<2 \quad \text{ならば}, \quad a<a', \quad a'^2<2$$
である．
(c)　S は Q において上限をもたない．[ヒント：(b)の結果を利用せよ．]

§3　完備性の他の条件

前節に述べた順序体の完備性の条件(W)は，他にもいろいろな形にいいかえられる．この節では，そのうちの 1 つとして Cauchy の性質について述べよう．(解析学の基礎にくわしい読者は，節末の定理 4 を除き，本節を skip してもよい．)

K を 1 つの順序体とする．写像
$$f: Z^+ \to K$$
は K における元の**列**とよばれる．$f(n)=x_n$ とするとき，この列を
$$(x_1, x_2, x_3, \cdots),$$

または $(x_n)_{n\geq 1}$, 略して (x_n) と書く.

列 (x_n) が**有界**であるとは, 集合 $\{x_n | n \in \mathbf{Z}^+\}$ が上にも下にも有界であることをいう. 明らかに, それは, ある $c \in K$, $c > 0$ が存在して, すべての $n \in \mathbf{Z}^+$ に対し $|x_n| \leq c$ が成り立つことと同等である.

列 (x_n) に対して, 次の性質 $(*)$ を満たす元 $a \in K$ が存在するとき, (x_n) は $(K$ において) **収束**するという.

$(*)$ 任意の $\varepsilon \in K$, $\varepsilon > 0$ に対し, ある $N \in \mathbf{Z}^+$ が存在して, すべての整数 $n \geq N$ に対し $|x_n - a| < \varepsilon$ が成り立つ.

(x_n) が収束列であるとき, 上の性質 $(*)$ を満たす元 a は一意的に定まる. 実際 $b \in K$ も $(*)$ を満たすならば, 与えられた $\varepsilon > 0$ に対し, $n \geq N_1$ である限り $|x_n - b| < \varepsilon$ となるような $N_1 \in \mathbf{Z}^+$ がある. したがって $n \geq \max\{N, N_1\}$ に対して

$$|a-b| = |(x_n-b)-(x_n-a)| \leq |x_n-b| + |x_n-a| < 2\varepsilon.$$

これが任意の $\varepsilon > 0$ に対して成り立つから, $a = b$ でなければならない. この一意的に定まる元 a を収束列 (x_n) の**極限**という.

次に **Cauchy 列**を定義しよう. それは次の性質 $(*')$ を満たすような列 (x_n) である.

$(*')$ 任意の $\varepsilon \in K$, $\varepsilon > 0$ に対し, ある $N \in \mathbf{Z}^+$ が存在して, すべての整数 $m, n \geq N$ に対して

$$|x_m - x_n| < \varepsilon$$

が成り立つ.

Cauchy 列の概念には極限の概念が直接的には関与していないことに注意しておこう.

補題 A Cauchy 列は有界である.

証明 (x_n) を Cauchy 列とすれば, ある $N \in \mathbf{Z}^+$ が存在して, $m, n \geq N$ ならば $|x_m - x_n| < 1$ が成り立つ. したがって特に, すべての $n \geq N$ に対して $|x_n - x_N| < 1$, よって

$$|x_n| = |(x_n - x_N) + x_N| \leq |x_n - x_N| + |x_N| < |x_N| + 1.$$

ゆえに $c = \max\{|x_1|, \cdots, |x_{N-1}|, |x_N| + 1\}$ とおけば, すべての $n \in \mathbf{Z}^+$ に対して $|x_n| \leq c$ となる. (証明終)

§3 完備性の他の条件

補題 B (x_n) が収束すれば，(x_n) は Cauchy 列である．

証明 (x_n) の極限を a とすれば，与えられた $\varepsilon \in K$, $\varepsilon > 0$ に対し，$N \in \mathbf{Z}^+$ が存在して，すべての $n \geq N$ に対し $|x_n - a| < \varepsilon/2$ が成り立つ．したがって $m \geq N$, $n \geq N$ ならば

$$|x_m - x_n| = |(x_m - a) - (x_n - a)|$$
$$\leq |x_m - a| + |x_n - a| < (\varepsilon/2) + (\varepsilon/2) = \varepsilon. \quad \text{（証明終）}$$

上の補題 B の逆はもちろん一般の順序体においては成り立たない．しかし次の命題が成立する．

定理 3 K が完備な Archimedes 的順序体ならば，K の任意の Cauchy 列は収束する．

証明 (x_n) を K の Cauchy 列とする．補題 A により，すべての $n \in \mathbf{Z}^+$ に対し

$$-c \leq x_n \leq c$$

となるような $c \in K$, $c > 0$ がある．いま $n \in \mathbf{Z}^+$ を固定して集合 $\{x_n, x_{n+1}, \cdots\}$ を考えれば，(W) によってその下限が存在する．それを

$$y_n = \inf\{x_n, x_{n+1}, x_{n+2}, \cdots\}$$

とする．明らかに $-c \leq y_1 \leq y_2 \leq y_3 \leq \cdots \leq c$ であり，ふたたび (W) により，

$$a = \sup\{y_1, y_2, y_3, \cdots\}$$

が存在する．この a が (x_n) の極限となることを示そう．

$\varepsilon \in K$, $\varepsilon > 0$ とする．(x_n) は Cauchy 列であるから，すべての $m, n \geq N$ に対して

$$|x_m - x_n| < \varepsilon/3$$

となるような $N \in \mathbf{Z}^+$ がある．また a の定義から，$a - (\varepsilon/3) < y_{n_1} \leq a$ を満たす n_1 があるが，$n \geq n_1$ ならばつねに $a - (\varepsilon/3) < y_n \leq a$ であるから，整数 n_2 を，$n_2 \geq N$, かつ

$$|y_{n_2} - a| < \varepsilon/3$$

となるようにとることができる．さらに y_{n_2} の定義から，$n_3 \geq n_2$, かつ $y_{n_2} \leq x_{n_3} < y_{n_2} + (\varepsilon/3)$, したがって

$$|x_{n_3} - y_{n_2}| < \varepsilon/3$$

となるような整数 n_3 が存在する．ゆえに $n \geq N$ ならば

$$|x_n-a| = |(x_n-x_{n_3})+(x_{n_3}-y_{n_2})+(y_{n_2}-a)|$$
$$\leqq |x_n-x_{n_3}|+|x_{n_3}-y_{n_2}|+|y_{n_2}-a|$$
$$< (\varepsilon/3)+(\varepsilon/3)+(\varepsilon/3) = \varepsilon.$$

これで a は (x_n) の極限であることが証明された．(証明終)

定理3では，われわれは順序体 K について，性質(W)から次の性質(C)が導かれることを示したのである．

(C) K の任意の Cauchy 列は収束する．

この逆に，Archimedes の性質(A)を仮定すれば，(C)から(W)が導かれることを証明しよう．[注意：前節に述べたように(W)から(A)は自然に出てくるから，結局，順序体 K について，命題(W)は "(A)かつ(C)" という命題と同等となるのである．]

定理4 順序体 K が性質(A)および(C)をもつならば，K において性質(W)が成り立つ．

証明 S を K の空でない上に有界な部分集合とする．そのとき任意の $n \in \mathbf{Z}^+$ に対し，$S_n=\{nx\,|\,x\in S\}$ ももちろん上に有界である．したがって性質(A)により，S_n の上界となるような整数が存在する．そのような整数全体の集合を T_n とする．T_n は整数の集合として下に有界である．なぜなら，x を S の1つの元とし，$k<nx$ を満たす $k\in \mathbf{Z}$ をとれば，すべての $y\in T_n$ に対して $k<y$ となるからである．よって T_n には最小の整数が存在する．それを y_n とし，$z_n=y_n/n$ とおく．すべての $x\in S$ に対し $nx\leqq y_n$ であるから，$x\leqq y_n/n=z_n$，したがって z_n は S の上界である．一方 y_n の定義によって，$y_n-1<nx_n$，すなわち
$$z_n-(1/n) < x_n$$
となるような S の元 x_n が存在する．

われわれは (z_n) が K の Cauchy 列であることを証明しよう．$\varepsilon>0$ を K の与えられた正の元とし，$N\in \mathbf{Z}^+$ を，$N>\varepsilon^{-1}$ すなわち $1/N<\varepsilon$ となるようにとる．$m,n\geqq N$ とし，たとえば $z_m\geqq z_n$ とする．そのとき，もし $z_m-(1/m)\geqq z_n$ ならば，$x_m>z_n$ となるが，これは z_n が S の上界であることに反するから，
$$z_m-(1/m) < z_n \leqq z_m,$$
したがって
$$|z_m-z_n| < 1/m \leqq 1/N < \varepsilon.$$

ゆえに (z_n) は Cauchy 列である.

性質(C)によって (z_n) の極限 a が存在する.この a が S の上限となることを証明しよう.まず a が S の上界であることを示そう.もし $a<x$ となる $x \in S$ が存在したとすれば,$\varepsilon'=x-a>0$ であるから,十分大きい n に対して $|z_n-a|<\varepsilon'$ が成り立つ.これより

$$z_n-a < x-a,$$

したがって $z_n<x$ となる.これは z_n が S の上界であることに反する.次に,$b<a$ である K の元 b は S の上界とはなり得ないことを示そう.$\varepsilon''=(a-b)/2$ とおけば,$\varepsilon''>0$ であるから,十分大きい n に対して $|z_n-a|<\varepsilon''$,したがって $z_n > a-\varepsilon''$,ゆえに

$$z_n-b > (a-b)-\varepsilon'' = \varepsilon''$$

が成り立つ.そこで,$1/n<\varepsilon''$ となるように n をとれば

$$b < z_n - \frac{1}{n} < x_n.$$

ゆえに b は S の上界ではない.以上で,a は S の最小上界,すなわち上限であることが証明された.(証明終)

注意 性質(W)と違って性質(C)は(A)を含んでいない.トポロジーで距離空間について一般に用いられる用語との整合性からいえば,'完備'という語はむしろ性質(C)を満たす順序体に対して用いたほうが適当である.そうすれば,'完備' と 'Archimedes的' の 2 語にそれぞれ独立な意味が生ずる.

§4 実数体の構成

前節までを準備として,いよいよ実数の構成にとりかかる.実数の構成には,よく知られた Dedekind の '切断' による方法があり,実際にはおそらくこれが最も簡単であろう.しかし本書では,これまでに展開してきた代数系の一般理論を継承する立場から,もう少し代数的な,Cantor 流の構成法を述べることにする.有理数の切断によって実数を定義する方法については,たとえば高木貞治,解析概論(岩波)の付録[1]を参照されたい.

われわれは有理数体 Q から出発し,Q におけるすべての Cauchy 列を考察する.有理数の Cauchy 列全体の集合を以後 R で表わそう.R の元 $\alpha=(a_n)$,

$\beta=(b_n)$ に対し,和および積を
$$\alpha+\beta=(a_n+b_n), \quad \alpha\beta=(a_nb_n)$$
によって定義する.これについて,まず次のことが成り立つ.

補題 C Cauchy 列の和や積はまた Cauchy 列である.この加法と乗法について R は可換環をなす.

証明 $\alpha=(a_n)$, $\beta=(b_n)$ を 2 つの Cauchy 列とする.和の場合は簡単であるから,ここでは積 $\alpha\beta=(a_nb_n)$ が Cauchy 列であることの証明を述べよう.補題 A によって,すべての $n\in \mathbf{Z}^+$ に対し $|a_n|\leqq A$, $|b_n|\leqq B$ となるような正の有理数 A, B がある.$C=\max\{A, B\}$ とする.ε を与えられた正の有理数とすれば,適当に $N_1, N_2\in \mathbf{Z}^+$ をとって,

$m, n\geqq N_1$ ならば $|a_m-a_n|<\varepsilon/2C$,

$m, n\geqq N_2$ ならば $|b_m-b_n|<\varepsilon/2C$

が成り立つようにすることができる.そこで $N=\max\{N_1, N_2\}$ とすれば,すべての $m, n\geqq N$ に対して

$$\begin{aligned}|a_mb_m-a_nb_n|&=|a_m(b_m-b_n)+b_n(a_m-a_n)|\\&\leqq |a_m||b_m-b_n|+|b_n||a_m-a_n|\\&<C\cdot\frac{\varepsilon}{2C}+C\cdot\frac{\varepsilon}{2C}=\varepsilon.\end{aligned}$$

ゆえに $\alpha\beta=(a_nb_n)$ は Cauchy 列である.

補題の残りの部分の証明は全く routine である.くわしくは読者の練習問題としよう (問題 1).

補題 C の可換環 R は,第 3 章 §1,例 4 の意味の環 $M(\mathbf{Z}^+, \mathbf{Q})$ の部分環であることに読者は注意されたい.もちろん,この環の零元は列 $(0,0,0,\cdots)$,単位元は列 $(1,1,1,\cdots)$ である.

補題 B によって,$\mathbf{Q}$ の中に極限をもつ有理数列はすべて R の元である.特に,0 に収束するような R の元 $\alpha=(a_n)$ を**零列**という.すなわち,$\alpha=(a_n)$ が零列であるとは,次のことを意味する:任意の $\varepsilon\in \mathbf{Q}$, $\varepsilon>0$ に対し,ある $N\in \mathbf{Z}^+$ が存在して,すべての $n\geqq N$ に対し $|a_n|<\varepsilon$ が成り立つ.

補題 D $\alpha=(a_n)$ を Cauchy 列とすれば,次の 3 つの場合のいずれか 1 つしかも 1 つだけが起こる.

（ⅰ） α は零列である．

（ⅱ） ある有理数 $c>0$ と $N\in \mathbf{Z}^+$ とが存在して，すべての $n\geqq N$ に対し $a_n\geqq c$ が成り立つ．

（ⅲ） ある有理数 $c>0$ と $N\in \mathbf{Z}^+$ とが存在して，すべての $n\geqq N$ に対し $a_n\leqq -c$ が成り立つ．

証明 （ⅰ），（ⅱ），（ⅲ）のどの 2 つの場合も両立し得ないことは明らかである．逆にいずれかの場合が必ず起こることを示すために，$\alpha=(a_n)$ は（ⅱ），（ⅲ）のどちらの性質ももたないと仮定する．そのとき α が零列であることをいえば，われわれの主張は証明されたことになる．$\varepsilon>0$ を任意に与えられた正の有理数とする．$\alpha=(a_n)$ は Cauchy 列であるから，ある $N_0\in \mathbf{Z}^+$ が存在して，すべての $m,n\geqq N_0$ に対し

$$|a_m-a_n| < \varepsilon/2$$

が成り立つ．また α は（ⅱ）を満たさないと仮定したから，$n_1\geqq N_0$ である整数 n_1 で $a_{n_1}<\varepsilon/2$ となるものが存在する．同様に α は（ⅲ）を満たさないと仮定したから，$n_2\geqq N_0$ かつ $a_{n_2}>-\varepsilon/2$ となる整数 n_2 がある．よって $n\geqq N_0$ ならば，

$$a_n = (a_n-a_{n_1})+a_{n_1}$$
$$\leqq |a_n-a_{n_1}|+a_{n_1}<(\varepsilon/2)+(\varepsilon/2)=\varepsilon,$$
$$a_n = (a_n-a_{n_2})+a_{n_2}$$
$$\geqq -|a_n-a_{n_2}|+a_{n_2}>(-\varepsilon/2)+(-\varepsilon/2)=-\varepsilon.$$

ゆえに $|a_n|<\varepsilon$. すなわち $\alpha=(a_n)$ は零列である．（証明終）

叙述を簡明にするため，Cauchy 列 $\alpha=(a_n)$ が補題 D の性質（ⅱ）をもつとき α を**正列**，性質（ⅲ）をもつとき α を**負列**ということにする．補題 D によって，任意の Cauchy 列は零列，正列，負列のいずれかである．零列全体の集合を J とすれば，次のことが成り立つ．

補題 E J は R の極大イデアルである．

証明 J が R のイデアルであることの証明は容易である．この証明は読者にまかせることにする（問題 2）．$J\neq R$ であることも明らかである．J の極大性を示すために，I を，$J\subset I$ かつ $J\neq I$ である R のイデアルとする．$\alpha=(a_n)$ を J に含まれない I の 1 つの元とする．α は零列ではないから，補題 D によって，ある有理数 $c>0$ と正の整数 N とが存在して，すべての $n\geqq N$ に対し $|a_n|\geqq c$

が成り立つ．特に $n\geq N$ ならば $a_n \neq 0$ である．そこで $n<N$ に対しては $b_n=1$，$n\geq N$ に対しては $b_n=a_n^{-1}$ とおいて，列 $\beta=(b_n)$ を定める．すぐ後に示すように β は Cauchy 列，すなわち R の元である．したがって $\beta\alpha\in I$ であるが，β の定め方から明らかに，列 $e-\beta\alpha$ は零列となる．ただし e は R の単位元 $(1,1,1,\cdots)$ である．これより $e\in I$ であることがわかり，したがって $I=R$ となる．

残るところは $\beta=(b_n)$ が Cauchy 列であることの証明である．$\varepsilon>0$ を与えられた正の有理数とする．α は Cauchy 列であるから，正の整数 N_1 を，$N_1\geq N$，かつ

$$m,n\geq N_1 \quad \text{ならば} \quad |a_m-a_n|<c^2\varepsilon$$

となるようにとることができる．そうすれば，$m,n\geq N_1$ のとき

$$|b_m-b_n|=\left|\frac{1}{a_m}-\frac{1}{a_n}\right|=\frac{|a_n-a_m|}{|a_m||a_n|}<\frac{c^2\varepsilon}{c^2}=\varepsilon.$$

ゆえに β は Cauchy 列である．（証明終）

補題 E と第 3 章定理 6 の系によって，商環 R/J は体となる．この体を $\boldsymbol{R}$ で表わし，その元を**実数**という．定義によって，おのおのの実数は R の元 α のイデアル J を法とする剰余類である．以下それを $\bar{\alpha}$ と書くことにする．（もちろんこの記法は複素数の共役とは無関係である．）

われわれは次のようにして，自然に，$\boldsymbol{Q}$ の $\boldsymbol{R}$ への埋め込みを定義することができる．すなわち，$\boldsymbol{Q}$ の元 a に Cauchy 列 $(a,a,a,\cdots)$ を対応させる写像と，自然な準同型 $R\to R/J(=\boldsymbol{R})$ との合成

$$a\mapsto \overline{(a,a,a,\cdots)}$$

を考えるのである．これが $\boldsymbol{Q}$ の $\boldsymbol{R}$ への埋め込み（単射準同型）であることは直ちに検証される．以後 $\overline{(a,a,a,\cdots)}$ を簡単に a^* と表わす．これは '$\boldsymbol{R}$ の中の有理数' である．もちろん a^* を a と同一視することもできるが，混乱を避けるため，しばらくの間は両者を区別して考えることにする．

次に $\boldsymbol{R}$ の順序づけを定義しよう．そのためには次の補題が必要である．

補題 F $\alpha,\beta\in R$, $\alpha\equiv\beta \pmod{J}$ とする．そのとき，α が正列ならば β も正列であり，α が負列ならば β も負列である．

この証明は簡単であるから読者にまかせよう（問題 3）．

A を実数とし，$A=\bar{\alpha}$, $\alpha\in R$ とする．補題 F によって，α が正列であるかど

うかは，α のとり方には関係なく A のみによって定まる．正列 α によって $A=\bar{\alpha}$ と表わされる実数の全体を P とする．

補題 G P は R の順序づけである．

証明 任意の Cauchy 列は零列，正列，負列のいずれかであり，$\alpha=(a_n)$ が負列ならば $-\alpha=(-a_n)$ は正列である．また α, β が正列ならば，容易に示されるように，$\alpha+\beta$, $\alpha\beta$ も正列である．これより P が R において Ord 1, Ord 2 を満たすことがわかる．くわしい検証は読者にまかせよう (問題 4)．

以上で R に順序体としての構造が与えられた．あとに残されているのは，これが完備な Archimedes 的順序体であるということの証明である．その証明は次のような段階を経て遂行される．

補題 H $\alpha=(a_n)$ を有理数の Cauchy 列とし，$b, c \in \boldsymbol{Q}$ とする．ある $N \in \boldsymbol{Z}^+$ が存在して，すべての $n \geq N$ に対し
$$(1) \qquad c \leq a_n \leq b$$
が成り立つとする．そのとき $A=\bar{\alpha}$ とすれば，R において
$$(2) \qquad c^* \leq A \leq b^*$$
が成り立つ．

証明 定義によって $b^*=\bar{\beta}$, $\beta=(b,b,b,\cdots)$ である．$\alpha-\beta=(h_n)$ とおけば，(1) によってすべての $n \geq N$ に対し $h_n=a_n-b \leq 0$ であるから，$\alpha-\beta$ は正列ではない．したがって R における順序の定義から，$\overline{\alpha-\beta}=\bar{\alpha}-\bar{\beta}\leq 0$, すなわち $\bar{\alpha}\leq\bar{\beta}$, ゆえに $A \leq b^*$ である．同様にして $c^* \leq A$ も証明される．これで (2) が導かれた．

補題 I 順序体 R は Archimedes 的である．

証明 A を任意の実数とし，$A=\bar{\alpha}$, $\alpha=(a_n)$ とする．補題 A によって，すべての n に対し $a_n \leq r$ となる有理数 r が存在し，したがってまた，すべての n に対し $a_n \leq z$ となる整数 z が存在する．そこで補題 H を用いれば，$A \leq z^*$. ゆえに R は Archimedes 的である．

補題 J $\alpha=(a_n)$ を有理数の Cauchy 列とし，$A=\bar{\alpha}$ とする．A は R において列 (a_n^*) の極限である．

証明 ε を任意の正の '実数' とする．R は Archimedes 的であるから，$0<\varepsilon_1^*<\varepsilon$ を満たす '有理数' ε_1 が存在する．$\alpha=(a_n)$ は有理数の Cauchy 列であるから，この ε_1 に対し，適当に $N \in \boldsymbol{Z}^+$ をとれば，すべての $m, n \geq N$ に対して

$|a_m-a_n|\leq \varepsilon_1$ が成り立つ．いま，$m\geq N$ である1つの整数 m を固定して，$a_m=b$ とおく．そうすれば，任意の $n\geq N$ に対し $|b-a_n|\leq \varepsilon_1$，すなわち
$$b-\varepsilon_1 \leq a_n \leq b+\varepsilon_1$$
であるから，補題 H によって，$\boldsymbol{R}$ において
$$b^*-\varepsilon_1^* \leq A \leq b^*+\varepsilon_1^*$$
が成り立つ．したがって $|b^*-A|\leq \varepsilon_1^*$，ゆえに
$$|b^*-A|<\varepsilon$$
である．$b=a_m$ であったから
$$|a_m^*-A|<\varepsilon.$$
この不等式は結局すべての $m\geq N$ に対して成り立つ．ゆえに A は列 (a_n^*) の極限である．[**注意**：この証明には delicate な個所がある．それは正の‘実数’ε を正の‘有理数’ε_1 におきかえて論ずるところである．こうした議論はなぜ必要か？]

補題 K　順序体 $\boldsymbol{R}$ の任意の Cauchy 列は収束する．

証明　(A_n) を実数の Cauchy 列とする．(ε_n) を任意に定めた正の有理数の零列とする．（たとえば $\varepsilon_n=1/n$ とすればよい．）補題 J によって，おのおのの n に対し，
$$|A_n-a_n^*|<\varepsilon_n^*$$
となるような $a_n\in \boldsymbol{Q}$ をとることができる．このとき (a_n) は $\boldsymbol{Q}$ の Cauchy 列となることを示そう．ε を任意の正の‘有理数’とする．(A_n) は $\boldsymbol{R}$ の Cauchy 列であるから，ある $N\in \boldsymbol{Z}^+$ が存在して，すべての $m,n\geq N$ に対し
$$|A_m-A_n|<\varepsilon^*/3$$
が成り立つ．また (ε_n) は零列であるから，適当な $N_1\geq N$ をとって，$n\geq N_1$ ならば $\varepsilon_n<\varepsilon/3$ となるようにすることができる．そうすれば，$m,n\geq N_1$ のとき
$$\begin{aligned}|a_m^*-a_n^*| &= |(a_m^*-A_m)+(A_m-A_n)+(A_n-a_n^*)| \\ &\leq |a_m^*-A_m|+|A_m-A_n|+|A_n-a_n^*| \\ &< (\varepsilon^*/3)+(\varepsilon^*/3)+(\varepsilon^*/3)=\varepsilon^*.\end{aligned}$$
ゆえに $\alpha=(a_n)$ は有理数の Cauchy 列である．そこで $A=\bar{\alpha}$ とする．補題 J により A は (a_n^*) の極限であるから，上に与えた ε に対し，整数 $N_2\geq N_1$ を，$n\geq N_2$ ならば $|a_n^*-A|<\varepsilon^*/3$ となるようにとることができる．したがって，$n\geq$

N_2 ならば
$$|A_n - A| \le |A_n - a_n{}^*| + |a_n{}^* - A| < \frac{\varepsilon^*}{3} + \frac{\varepsilon^*}{3} < \varepsilon^*.$$
ゆえに A は (A_n) の極限である．(証明終) [**質問**：上の証明の最後の部分では，正の'有理数' ε に対して $|A_n - A| < \varepsilon^*$ が成り立つことを示したのである．これで証明が完成している理由は何か？]

われわれは補題 I で R が性質(A)をもつこと，補題 K で R が性質(C)をもつことを示した．以上でわれわれの目標であった次の定理の証明が完了したのである．

定理 5 実数体 R は完備な Archimedes 的順序体である．

問　　題

1. 補題 C の証明を完結せよ．
2. 零列全体の集合 J は，Cauchy 列全体が作る可換環 R のイデアルであることを示せ．
3. 補題 F を証明せよ．
4. 補題 G をくわしく証明せよ．
5. a を任意の正の実数とすれば，$b^2 = a$ となるような実数 b が存在することを示せ．[ヒント：$x \ge 0$, $x^2 \le a$ を満たす実数全体の上限を b とせよ．もし $b^2 < a$ または $b^2 > a$ ならば矛盾が起こることを示せ．]

§5 実数体の性質

前節でわれわれは実数体 R を構成し，それが完備な Archimedes 的順序体であることを示した．本節ではこの体について，さらに二, 三の重要な事実を補足しよう．

記述の便宜上，本節でも前節で用いた記法や語法をそのまま踏襲することにする．

はじめに 2 つの簡単な命題を挙げておく．

(i) K を順序体とし，$(a_n), (b_n)$ を K の元の列とする．$(a_n), (b_n)$ がそれぞれ K の元 a, b に収束するならば，$(a_n + b_n)$ は $a + b$ に，$(a_n b_n)$ は ab に収束する．

(ii) K を Archimedes 的順序体とすれば，K の任意の元は K の適当な有理数列の極限となる．

これらの命題の証明は読者にまかせる(問題1, 2). (ii)の証明には, K における有理数の稠密性が用いられることを注意しておこう.

K, K' を順序体とし, $\varphi: K \to K'$ を埋め込みとする. φ が**順序を保存する**とは, $a > 0$ である K の任意の元 a に対して $\varphi(a) > 0$ が成り立つことをいう. §1 の語法を用いれば, これは, K' に与えられている順序づけが, φ によって K から $\varphi(K)$ に自然に誘導される順序づけの延長となっていることを意味する. したがって, $\varphi: K \to K'$ が順序を保存する埋め込みならば, K は K' の部分体 $\varphi(K)$ と'順序体として同型'である.

いま, K を1つの Archimedes 的順序体とする. a を K の任意の元とすれば, (ii) によって a を極限にもつような K の有理数列 (a_n) がある. $\alpha = (a_n)$ は $\boldsymbol{Q}$ の Cauchy 列であるから, その $\mathrm{mod}\, J$ の類 $A = \bar{\alpha}$ は $\boldsymbol{R}$ の元である. $\alpha' = (a_n')$ を同じく a に収束する K の有理数列とすれば, $\alpha - \alpha' = (a_n - a_n')$ は零列となるから, $\overline{\alpha - \alpha'} = \bar{\alpha} - \bar{\alpha'} = 0$, すなわち $\bar{\alpha} = \bar{\alpha'}$ である. したがって $A = \bar{\alpha}$ は a に対して一意的に定まる. それゆえ,

$$a \mapsto A$$

により, K から $\boldsymbol{R}$ への写像 φ を定義することができる. これが体としての準同型であることは (i) から直ちにわかる. φ が順序を保存することを示すために, $a \in K$, $a > 0$ とし, $a/2 > c > 0$ を満たす有理数 c をとる. (a_n) を a に収束する K の有理数列とすれば, 十分大きい n に対して $|a_n - a| < c$ が成り立ち, したがって $a_n \geq a - |a_n - a| > 2c - c = c$ が成り立つ. ゆえに $\alpha = (a_n)$ は正列である. よって $\varphi(a) = A = \bar{\alpha} > 0$ となる. 以上で

$$\varphi: K \to \boldsymbol{R}$$

は順序を保存する埋め込みであることがわかった.

上では K を任意の Archimedes 的順序体と仮定した. さらに K が'完備'であると仮定しよう. その場合には, $\boldsymbol{R}$ の任意の元 $A = \bar{\alpha}$, $\alpha = (a_n)$ に対して, Cauchy 列 (a_n) は K の中に極限 a をもつ. [**注意**: (a_n) は'$\boldsymbol{Q}$ の' Cauchy 列であるが, K の Archimedes 性によって, それは K の元の列としてもやはり Cauchy 列である!] この a に対して $\varphi(a) = A$ が成り立つから, この場合 φ は全射である. よって次の定理が証明された.

定理6 任意の Archimedes 的順序体 K は実数体 $\boldsymbol{R}$ のある部分体と(順序

体として)同型である．特に K が完備な Archimedes 的順序体ならば，K は R と同型である．

すなわち，実数体 R は "完備な Archimedes 的順序体として特徴づけられる" のである．

われわれは前に有理数体 Q の順序づけは一意的であることをみた．実数体 R についても同じ結論が得られることを，次に証明しよう．P を前節の意味の R の正の部分とし，P' を R の任意の順序づけとする．P の任意の元 x は，前節問題 5 によって平方数 $x=z^2$ の形に書かれる．そして平方数 $z^2(z \neq 0)$ は任意の順序づけに対して '正' であるから，$x=z^2 \in P'$ となる．したがって $P \subset P'$，ゆえに $P=P'$ である．これで次の定理が証明された．

定理 7 実数体 R はただ 1 通りの方法によって順序づけられる．R の正の数の全体は (0 以外の) すべての平方数の集合と一致する．

問　題

1. 本節の命題 (i) を証明せよ．

2. 命題 (ii) を証明せよ．

3. 実数体 R の (体としての) 自己同型は恒等写像のほかにないことを示せ．［ヒント：f を R の自己同型とすれば，f は平方数を平方数にうつす．したがって定理 7 により f は R の順序を保存する．］

4. $f: R \to R$ は加法群としての準同型で，条件

$$(*) \qquad x>0 \quad \text{ならば} \quad f(x)>0$$

を満たすとする．そのとき，ある正の実数 c が存在して，すべての $x \in R$ に対し $f(x)=cx$ であることを示せ．

§6 複　素　数

K を順序体とすれば，任意の $a \in K$ に対して $a^2 \geqq 0$ であるから，$a^2+1>0$ である．したがって，多項式 x^2+1 (x は変数) は K の中には根をもたない．特に $K=R$ の場合もそうである．しかし，R の適当な拡大体をつくれば，その体の中でこの多項式が根をもつようにすることができる．その方法はすでにわれわれは知っている．すなわち，多項式環 $R[x]$ の，イデアル (x^2+1) を法とする商環 $R[x]/(x^2+1)$ をつくればよいのである．この体を C で表わし，その元を**複素**

数という.

$C=R[x]/(x^2+1)$ において, 多項式 x の $\mathrm{mod}\,(x^2+1)$ の類を i で表わせば, $i^2=-1$ であって, C は R に x^2+1 の根 i を付加した体 $C=R(i)$ となる. その任意の元は実数を係数とする 'i の1次式' $a+bi$ の形に一意的に書かれる. これが複素数の通常の表示である. 複素数の和, 差, 積の計算は, イデアル (x^2+1) を法とする多項式の計算と同じである. これから次のよく知られた法則が得られる:

$$(a+bi)\pm(c+di) = (a\pm c)+(b\pm d)i,$$
$$(a+bi)(c+di) = (ac-bd)+(ad+bc)i.$$

商 $(a+bi)/(c+di)$ $(c+di\neq 0)$ を計算するためには, まず

$$(c+di)(c-di) = c^2+d^2$$

に注意する. $c+di\neq 0$ ならば, この右辺 c^2+d^2 は正の実数である. したがって $(a+bi)/(c+di)$ は次のように計算される:

$$\frac{a+bi}{c+di} = \frac{(a+bi)(c-di)}{(c+di)(c-di)}$$
$$= \frac{(ac+bd)+(bc-ad)i}{c^2+d^2}.$$

われわれはすでに商 $(a+bi)/(c+di)$ の存在を知っているから, このように効率的な計算ができるのである. 以上で, 高校までの課程で学んだ複素数とその四則について, 合理的な意味づけが与えられた.

複素数の構成には, また, 次のようにもっと初等的な方法を用いることもできる. すなわち, 形式的に2つの実数の組 (a,b) を複素数と名づけ, これらの組の間で加法, 乗法を

(1)
$$\begin{cases} (a,b)+(c,d) = (a+c, b+d), \\ (a,b)(c,d) = (ac-bd, ad+bc) \end{cases}$$

と定義する. この加法および乗法について, 組 (a,b) の全体が1つの体をなすことは容易に検証される. この体を C で表わすのである. (C は集合としては $R\times R$ にほかならない.) この体の零元は $(0,0)$, 単位元は $(1,0)$ であり, 零元でない元 (c,d) の乗法に関する逆元は

$$(c,d)^{-1} = \left(\frac{c}{c^2+d^2}, \frac{-d}{c^2+d^2}\right)$$

§6 複　素　数

である．特に $(0,1)$ を i で表わすと，われわれの乗法の定義によって
$$i^2 = (-1, 0)$$
となる．また任意の (a, b) が
$$(a, b) = (a, 0) + (0, b) = (a, 0) + (b, 0)i$$
と表わされることも直ちにわかる．そこで最後に $a \mapsto (a, 0)$ が $\boldsymbol{R}$ から $\boldsymbol{C}$ への埋め込みであることに注意して，$(a, 0)$ を実数 a と同一視する．そうすれば，任意の複素数は $a+bi$ の形に表わされ，$i^2=-1$ であって，(1)に与えた加法，乗法の定義は通常の形に還元される．もちろん，上記の方法も前に述べたものと本質的に変わりはないが，体の拡大の一般理論に直接には依存していない点で，より簡明である．

複素数の絶対値や共役については，これまで本書の各所で断片的に触れてきた．以下ではこれらのことをもう一度とりまとめて述べておこう．

複素数 $\alpha = a+bi$ に対して
$$\bar{\alpha} = a - bi$$
をその**共役**という．$\bar{\bar{\alpha}}=\alpha$, $\overline{\alpha+\beta}=\bar{\alpha}+\bar{\beta}$, $\overline{\alpha\beta}=\bar{\alpha}\bar{\beta}$ であるから，
$$\alpha \mapsto \bar{\alpha}$$
は複素数体 $\boldsymbol{C}$ の '対合的な' 自己同型である．（集合 X の置換 f が対合的であるとは，$f^2 = f \circ f$ が X の恒等写像に等しいことをいう．）この自己同型の '固定体' は実数体 $\boldsymbol{R}$ であって，任意の $\alpha \in \boldsymbol{C}$ に対し $\alpha+\bar{\alpha}$, $\alpha\bar{\alpha}$ は実数である．$\alpha\bar{\alpha}=a^2+b^2$ の負でない平方根
$$|\alpha| = \sqrt{\alpha\bar{\alpha}} = \sqrt{a^2+b^2}$$
は α の**絶対値**とよばれる．$\alpha \neq 0$ ならば，$\alpha^{-1}=\bar{\alpha}/|\alpha|^2$ である．また実数のときと同様に，複素数についても
$$|\alpha\beta| = |\alpha||\beta|,$$
$$|\alpha+\beta| \leq |\alpha|+|\beta|$$
が成り立つ．この証明は容易である．

われわれはまた，複素数 $\alpha=a+bi$ を平面上の点 (a, b) として，幾何学的に表示することができる．そのとき，絶対値 $|\alpha|$ は原点 O と点 α との距離を表わす．$\alpha \neq 0$ のとき，動径 Oα が実軸の正の向きとなす角は α の**偏角**とよばれる．それを $\arg \alpha$ で表わす．$|\alpha|=r$, $\arg \alpha = \theta$ とすれば（第10図），α は

$$\alpha = r(\cos\theta + i\sin\theta)$$
と書かれる．これを α の**極表示**という．

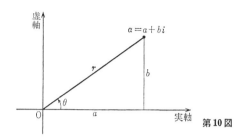

第10図

偏角について成り立つ重要な法則は
$$\arg(\alpha\beta) = \arg\alpha + \arg\beta$$
である．この証明は第2章§6(p.70)で述べた．ただし偏角は 2π の整数倍の差を除いて定まるから，上の式は正確には 'mod 2π の合同式' の意味で成り立つのである．特に $n \in \mathbf{Z}^+$ とすれば
$$\arg(\alpha^n) = n\arg\alpha$$
である．

　以上でわれわれは，実数および複素数の性質を，解析学の出発点となるところまで述べ終った．もちろん，これ以上進んで解析学の理論の基礎的な部分を厳密に展開することは，本書の役割ではない．さしあたり以下では，次節で '代数学の基本定理' の証明を述べるために必要な事項だけを注意しておくことにする．[実際には，上記の部分でも，われわれはすでに解析学の分野に入り込んでいるのである．すなわち，われわれは上で無造作に複素数の極表示を導入したが，われわれの定義は幾何学的な直観に依存しており，解析学的な吟味を経ていない．しかし，'角' や '三角関数' に厳密な定義を与えることは，本書のような書物ではなく，解析学の書物に課せられている仕事である．]

　次節で用いるのは特に次の2つのことである．
　　"任意の複素数 $\alpha \neq 0$ と任意の $n \in \mathbf{Z}^+$ に対して
　　(2) $$z^n = \alpha$$
　　を満たす複素数 z が存在する．"
この命題を証明するには極表示を用いるのがよい．与えられた複素数 α の極

表示を，前のように
$$\alpha = r(\cos\theta + i\sin\theta)$$
とし，z の極表示を
$$z = \rho(\cos\varphi + i\sin\varphi)$$
とする．そうすれば
$$z^n = \rho^n(\cos n\varphi + i\sin n\varphi)$$
であるから，(2)が成り立つためには $\rho^n = r$, $n\varphi = \theta$ であればよい．したがって，(2)の1つの解は

(3) $$z = \sqrt[n]{r}\left(\cos\frac{\theta}{n} + i\sin\frac{\theta}{n}\right)$$

で与えられる．もちろん $\sqrt[n]{r}$ は正の実数 r の正の n 乗根を表わすのである．

注意 (2)の解は(3)だけではない．φ としては，一般に $n\varphi = \theta + 2k\pi$ ($k \in \mathbf{Z}$) を満たす φ，すなわち
$$\varphi = \frac{\theta}{n} + k\frac{2\pi}{n}$$
をとることができるからである．これらの φ のうち 2π を法として合同でないものは n 個存在し，それらは $k = 0, 1, \cdots, n-1$ の n 個の値によって与えられる．したがって，α の n 乗根は
$$z = \sqrt[n]{r}\left[\cos\left(\frac{\theta}{n} + \frac{2k\pi}{n}\right) + i\sin\left(\frac{\theta}{n} + \frac{2k\pi}{n}\right)\right]$$
$$(k = 0, 1, \cdots, n-1)$$
である．——

"複素平面の有界閉集合(コンパクトな集合) A の上で連続な実数値関数は，A の上で最大値および最小値をとる．"

これは解析学においてきわめて基本的な命題である．読者はあらゆる解析学の書物の中にその証明をみいだすことができる．たとえば，三村征雄，微分積分学I(岩波全書)の第3章，第5章をみられたい．

問　題

1. 複素数 α, β に対して $|\alpha + \beta| \leqq |\alpha| + |\beta|$ を示せ．
2. α, β が複素数で，$|\alpha| < 1$ かつ $|\beta| < 1$ ならば

$$\left|\frac{\alpha-\beta}{1-\bar{\alpha}\beta}\right|<1$$

であることを示せ.

3. $\alpha_i\,(i=1,\cdots,n)$ を $|\alpha_i|\leqq 1$ である複素数とし, $t_i\,(i=1,\cdots,n)$ を, $t_i\geqq 0$, $t_1+t_2+\cdots+t_n=1$ であるような実数とする. そのとき

$$|t_1\alpha_1+t_2\alpha_2+\cdots+t_n\alpha_n|\leqq 1$$

であることを示せ.

4. -1 の 4 つの 4 乗根を求めよ.

5. 本節で複素数の n 乗根の存在を示すときに, 正の実数 a に対してその正の n 乗根 $\sqrt[n]{a}$, すなわち $b^n=a$ を満たす正の実数 b が存在することを用いた. §4 問題 5 のヒントに述べた方法にならって, このことを証明せよ.

§7 基本定理の証明

本節では '代数学の基本定理' の証明を述べる. 前節でも予告したように, この証明は解析学における二, 三の基本的な命題に依存している. より代数的な (また, より技巧的な) 証明については, たとえば, 弥永・小平, 現代数学概説 I (岩波) の第 8 章 §4 を参照されたい.

まず次の補題を証明する.

補題 L $g\in C[t]$ を変数 t の複素係数多項式とし, $\deg g\geqq 1$ とする. もし $g(0)\neq 0$ ならば,

(1) $$|g(z_0)|<|g(0)|$$

となるような複素数 z_0 が存在する.

証明 $g(0)=a\neq 0$ とする. 仮定によって $g(t)$ は定数ではないから, a 以外の項を含む. $g(t)$ を '昇べきの順' に整理したとき, 定数項 a の次にはじめて 0 でない係数をもつ項を bt^e とする. すなわち

$$g(t)=a+bt^e+ct^{e+1}+\cdots.$$

bt^e から先の項を bt^e で括って, これを

$$g(t)=a+bt^e(1+h(t)) \qquad (a\neq 0,\, b\neq 0)$$

の形に書く. $h(t)$ は $t\varphi(t)$ の形の多項式であるから, 変数 t に複素数 z を代入した値 $h(z)$ は, $z\to 0$ のとき 0 に近づく. したがって, 実数 $\delta>0$ を,

$$|z|<\delta \quad \text{ならば} \quad |h(z)|<1$$

となるようにとることができる．次に，実数 λ を，$0<\lambda<1$，かつ $\lambda|a/b|<\delta^e$ となるように選ぶ．そのとき，z_0 を

(2) $$z_0{}^e = -\lambda \frac{a}{b}$$

を満たす複素数とすれば，この z_0 に対して (1) が成り立つのである．実際，(2) によって

$$\begin{aligned} g(z_0) &= a + b z_0{}^e (1 + h(z_0)) \\ &= a - \lambda a (1 + h(z_0)) \\ &= (1-\lambda)a - \lambda a h(z_0) \end{aligned}$$

であるから，$0<\lambda<1$ に注意すれば

$$|g(z_0)| \leqq (1-\lambda)|a| + \lambda |a| |h(z_0)|.$$

また z_0 と λ のとり方から $|z_0|^e < \delta^e$，すなわち $|z_0| < \delta$ であるから，$|h(z_0)| < 1$，したがって

$$|g(z_0)| < (1-\lambda)|a| + \lambda |a| = |a|.$$

これで (1) が証明された．（証明終）

代数学の基本定理　$f \in \boldsymbol{C}[t]$ を定数でない多項式とすれば，f は $\boldsymbol{C}$ の中に根をもつ．

証明　$f(t) = a_0 + a_1 t + \cdots + a_n t^n$ $(a_n \neq 0, n \geq 1)$ とする．まず，$|f(z)|$ $(z \in \boldsymbol{C})$ は $|z| \to \infty$ のとき $\to \infty$ となることに注意する．このことは，$f(z)$ を

$$f(z) = z^n \left(\frac{a_0}{z^n} + \frac{a_1}{z^{n-1}} + \cdots + \frac{a_{n-1}}{z} + a_n \right)$$

と変形してみればわかる．実際 $|z| \to \infty$ のとき，括弧の中は a_n に近づき，一方 $|z^n| \to \infty$ であるからである．したがって，実数 $R > 0$ を

$$|z| > R \quad \text{ならば} \quad |f(z)| > |a_0|$$

となるようにとることができる．次に，閉円板 $|z| \leqq R$ 上で写像

$$z \mapsto |f(z)|$$

を考える．これは連続な実数値関数であるから，この閉円板において最小値をとる．$|z| \leqq R$ 上で $|f(z)|$ が最小値をとる点を α とする．$|z| > R$ に対しては $|f(z)| > |a_0| = |f(0)| \geqq |f(\alpha)|$ であるから，$|f(\alpha)|$ は全平面 $\boldsymbol{C}$ における $|f(z)|$ の最小値である．多項式 $f(t)$ を '$t - \alpha$ の多項式' に書き直して

$$f(t) = b_0 + b_1(t-\alpha) + \cdots + b_n(t-\alpha)^n \qquad (b_n = a_n \neq 0)$$

とする．$g(t) = b_0 + b_1 t + \cdots + b_n t^n$ とおけば，任意の $z \in \boldsymbol{C}$ に対して $g(z) = f(z+\alpha)$，特に $g(0) = f(\alpha)$ である．したがって $|g(z)|$ は原点 0 において最小値をとる．そこで補題 L を用いれば，$g(0) = 0$ でなければならないことがわかる．ゆえに $f(\alpha) = 0$ で，α は f の根である．以上でわれわれの定理が証明された．（証明終）

注意 上の証明の基本のアイデアは，$|f(z)|$ が最小となる点 α の存在を示し，もし $f(\alpha) \neq 0$ ならば $|f(\alpha)|$ よりさらに小さい絶対値をとる点が存在することを示して（補題 L），矛盾を導こうというのである．基本定理の証明および補題 L で，点 α を原点 0 に移動させて論じているのは，単に記述を簡単にするための技巧であって，原点 0 に特別な意味があるわけではない．

本節の最後に，実係数の多項式の $\boldsymbol{R}[t]$ における因数分解について一言つけ加えておこう．一般に，複素係数（変数は t）の多項式

$$f(t) = a_0 + a_1 t + \cdots + a_n t^n$$

に対し，

$$\bar{f}(t) = \bar{a}_0 + \bar{a}_1 t + \cdots + \bar{a}_n t^n$$

とおけば，$f \mapsto \bar{f}$ は多項式環 $\boldsymbol{C}[t]$ の自己同型である．したがって，f の $\boldsymbol{C}[t]$ における因数分解を

$$f(t) = c(t-\alpha_1)(t-\alpha_2)\cdots(t-\alpha_n)$$

とすれば，

$$\bar{f}(t) = \bar{c}(t-\bar{\alpha}_1)(t-\bar{\alpha}_2)\cdots(t-\bar{\alpha}_n)$$

となる．すなわち，f の根が $\alpha_1, \alpha_2, \cdots, \alpha_n$（ただし $\deg f = n$）ならば，$\bar{f}$ の根は $\bar{\alpha}_1, \bar{\alpha}_2, \cdots, \bar{\alpha}_n$ である．特に f が実係数の場合には，$f = \bar{f}$ であるから，$\alpha_1, \cdots, \alpha_n$ と $\bar{\alpha}_1, \cdots, \bar{\alpha}_n$ とは全体として一致する．このことから，もし α が f の実数でない根（'虚根'）ならば，共役 $\bar{\alpha}$ も f の根であって，しかも α と $\bar{\alpha}$ は f の根として同じ重複度をもつことがわかる．いいかえれば，$f \in \boldsymbol{R}[t]$ の $\boldsymbol{C}[t]$ における因数分解には，因数 $t-\alpha$ と $t-\bar{\alpha}$ とが同じ回数現われる．したがって，これらの因数を 1 つずつ対にしてまとめることができる．$\alpha = a+bi\,(a,b \in \boldsymbol{R},\,b \neq 0)$ とすれば，

(3) $$(t-\alpha)(t-\bar{\alpha}) = (t-a)^2 + b^2$$

で，これは実係数の多項式である．もちろんこの多項式は $\boldsymbol{R}[t]$ において既約

§7 基本定理の証明

である．以上で $R[t]$ の既約多項式は，1次式，または(定数因数を除き)(3)の右辺の形の2次式であることがわかった．これで第3章§11の定理15が証明されたのである．

問　題

1. g を複素係数の定数でない多項式とし，$g(0) \neq 0$ とする．また $\varepsilon > 0$ を任意に与えられた正の実数とする．そのとき
$$|z_0| < \varepsilon, \quad |g(z_0)| < |g(0)|$$
を満たす複素数 z_0 が存在することを証明せよ．

2. 前問と同じく，g を複素係数の定数でない多項式とし，ε を正の実数とする．
$$|z_0| < \varepsilon, \quad |g(z_0)| > |g(0)|$$
を満たす複素数 z_0 が存在することを示せ．

付録　自　然　数

§1　Peanoの公理と帰納的定義

整数から，有理数，さらに実数，複素数を構成する過程については，本書の本文で述べた．この付録では，逆にもっと基礎にさかのぼり，自然数に関する公理を与えて，自然数および整数のよく知られた性質を，その公理から導くことにする．

直観的にいえば，自然数の集合 $N=\{0,1,2,\cdots\}$ は，'最初の数' 0 から出発して，つぎつぎに 'つぎの数' $1,2,3,\cdots$ を作ることによって構成される体系である．いいかえれば，集合 N は，元 0 と

$$0 \xmapsto{\sigma} 1 \xmapsto{\sigma} 2 \xmapsto{\sigma} 3 \xmapsto{\sigma} 4 \xmapsto{\sigma} \cdots$$

であるような写像 $\sigma: N \to N$ とから全体が決定される．このことを定式化して述べたのが次の **Peanoの公理**である．

自然数の体系とは，次の公理を満足するような，集合 N，その1つの元 0 および写像 $\sigma: N \to N$ の組 $(N, 0, \sigma)$ である．N の元を**自然数**という．

N1　$\sigma: N \to N$ は単射である．

N2　0 は $\sigma(N)$ には含まれない．すなわち，任意の $n \in N$ に対して $\sigma(n) \neq 0$．

N3　S が N の部分集合で，$0 \in S$ かつ $\sigma(S) \subset S$ (すなわち $n \in S$ である任意の n に対して $\sigma(n) \in S$) ならば，$S = N$ である．

上のN3は**数学的帰納法の公理**とよばれる．$n \in N$ に対して $\sigma(n)$ はその**後継者**，写像 σ は**後継者写像**とよばれる．

補題A　任意の $n \in N$ に対して $\sigma(n) \neq n$ である．

証明　$\sigma(n) \neq n$ であるような $n \in N$ の全体を S とすれば，N2によって $0 \in S$ である．また $n \in S$ ならば，N1によって $\sigma(\sigma(n)) \neq \sigma(n)$ であるから，$\sigma(n) \in S$ である．すなわち S は帰納法の公理N3の条件を満たす．ゆえに $S = N$ である．(証明終)

補題B　$n \in N$，$n \neq 0$ ならば，$\sigma(m) = n$ となる $m \in N$ が存在する．

§1 Peanoの公理と帰納的定義

証明 $S=\{0\}\cup \sigma(N)$ とおけば，直ちにわかるように S は N3 の条件を満たし，したがって $S=N$ である．ゆえに N の 0 以外の元は $\sigma(N)$ に含まれる．(証明終)

N から 0 をとり除いた集合を Z^+ とすれば，補題 B によって，σ は N から Z^+ への全単射を与えることがわかる．

次の定理はいわゆる**帰納的定義**の原理について述べたものである．

定理1 X を 1 つの集合とし，X の 1 つの元 x_0 と写像 $\varphi: X\to X$ とが与えられたとする．そのとき，次の性質 (i), (ii) をもつような写像 $f: N\to X$ がただ1つ存在する．（第11図参照）

(i) $f(0)=x_0$．

(ii) すべての $n\in N$ に対して $f(\sigma(n))=\varphi(f(n))$．

$$\begin{array}{ccccccc}
0 & \longmapsto & \cdots \longmapsto & n & \stackrel{\sigma}{\longmapsto} & \sigma(n) & \longmapsto \cdots \\
{\scriptstyle f}\downarrow & & & {\scriptstyle f}\downarrow & & {\scriptstyle f}\downarrow & \\
x_0 & \longmapsto & \cdots \longmapsto & f(n) & \underset{\varphi}{\longmapsto} & \varphi(f(n)) & \longmapsto \cdots
\end{array}$$

第11図

証明 f の一意性は明らかである．実際 $f: N\to X$, $f': N\to X$ がともに性質 (i), (ii) をもつならば，$f(n)=f'(n)$ であるような n 全体の集合 S は公理 N3 の条件を満たし，したがって $S=N$，ゆえに $f=f'$ である．

f の存在を示すために，$N\times X$ の部分集合 A で次の条件 (a), (b) を満たすものを考える．

(a) $(0, x_0)\in A$．

(b) $(n, x)\in A$ ならば $(\sigma(n), \varphi(x))\in A$．

記述の便宜上，このような集合 A を (x_0, φ)-集合とよぶことにする．もちろん $N\times X$ 自身は 1 つの (x_0, φ)-集合である．いま，すべての (x_0, φ)-集合の共通部分，すなわち，どの (x_0, φ)-集合にも属するような $N\times X$ の元全体の集合を B とすれば，直ちにわかるように B も条件 (a), (b) を満たす．したがって B 自身 1 つの (x_0, φ)-集合で，これは '最小の' (x_0, φ)-集合である．

そこで N の各元 n に対し，$(n, x)\in B$ となるような $x\in X$ 全体の集合を X_n とする．われわれは，どの $n\in N$ に対しても X_n はただ 1 つの元から成る集合

であることを証明しよう．そのために，X_n がただ1つの元から成る集合であるような $n \in \boldsymbol{N}$ の全体を S とし，S が帰納法の公理N3の条件を満足することを証明する．まず $0 \in S$ であることは次のようにして示される．条件(a)によって $(0, x_0) \in B$，したがって $x_0 \in X_0$ であるが，もし X_0 が x_0 以外の元 y を含むならば，B から $(0, y)$ をとり除いた集合 B' も明らかに条件(a), (b)を満たし，よって B' も (x_0, φ)-集合となる．しかしこれは B の最小性に反するから，X_0 は x_0 以外の元を含み得ない．ゆえに $X_0 = \{x_0\}$，したがって $0 \in S$ である．次に，ある自然数 k に対して $k \in S$，すなわち X_k がただ1つの元 u から成る集合 $\{u\}$ であると仮定する．そのとき条件(b)によって $(\sigma(k), \varphi(u)) \in B$ であるが，もし $X_{\sigma(k)}$ が $\varphi(u)$ 以外の元 z を含むならば，B から $(\sigma(k), z)$ をとり除いた集合 B'' が条件(a), (b)を満たし（読者はくわしく考えよ！），ふたたび B の最小性に反する．ゆえに $X_{\sigma(k)} = \{\varphi(u)\}$，したがって $\sigma(k) \in S$ である．

以上で S は公理N3の条件を満足することが証明された．よって $S = \boldsymbol{N}$ であり，任意の $n \in \boldsymbol{N}$ に対して集合 X_n はただ1つの元から成る．そこで $X_n = \{x_n\}$ とし，$f(n) = x_n$ によって写像 $f: \boldsymbol{N} \to X$ を定義すれば，f が定理の性質(i), (ii)をもつことは，その定義から明らかである．以上で証明は完了した．（証明終）

定理1から特にPeanoの公理の'完全性'が導かれる．すなわち，公理N1, N2, N3を満たすような体系 $(\boldsymbol{N}, 0, \sigma)$ は，次の系のように，本質的にはただ1つしか存在しないのである．

系 $(\boldsymbol{N}, 0, \sigma)$ とともに，集合 $\boldsymbol{N}'$，$\boldsymbol{N}'$ の1つの元 $0'$ および写像 $\sigma': \boldsymbol{N}' \to \boldsymbol{N}'$ の組 $(\boldsymbol{N}', 0', \sigma')$ も公理N1, N2, N3を満たすとすれば，$\boldsymbol{N}$ から $\boldsymbol{N}'$ への全単射 f で，$f(0) = 0'$，また，すべての $n \in \boldsymbol{N}$ に対し $f(\sigma(n)) = \sigma'(f(n))$ であるものが一意的に存在する．

証明 定理1の X, x_0, φ をそれぞれ $\boldsymbol{N}', 0', \sigma'$ にとれば，系に述べた性質をもつような写像 $f: \boldsymbol{N} \to \boldsymbol{N}'$ が一意的に存在することがわかる．$(\boldsymbol{N}, 0, \sigma)$ と $(\boldsymbol{N}', 0', \sigma')$ の役割を交換して考えれば，同様にして，$f'(0') = 0$，また，任意の $n' \in \boldsymbol{N}'$ に対し $f'(\sigma'(n')) = \sigma(f'(n'))$ を満たす写像 $f': \boldsymbol{N}' \to \boldsymbol{N}$ が存在する．このとき $g = f' \circ f$ は $\boldsymbol{N}$ から $\boldsymbol{N}$ への写像で，$g(0) = 0$，$g(\sigma(n)) = \sigma(g(n))$ を満たすから，定理1の一意性によって $g = f' \circ f$ は $\boldsymbol{N}$ の恒等写像である．同様に $f \circ f'$ は $\boldsymbol{N}'$ の恒

等写像で，したがって $f: N \to N'$ は全単射である．（証明終）

§2 自然数の加法，乗法

定理1を用いて，次のように自然数の加法，乗法を定義することができる．

定理2 m を与えられた自然数とするとき，

$(A\,1)_m$ $\qquad\qquad\qquad f_m(0) = m,$

$(A\,2)_m$ $\qquad\qquad\qquad f_m \circ \sigma = \sigma \circ f_m$

を満たす写像 $f_m: N \to N$ が一意的に存在する．

証明 定理1の X, x_0, φ をそれぞれ N, m, σ として定理1を適用すればよい．（証明終）

任意の $m, n \in N$ に対し，$f_m(n)$ を m, n の和とよび，$m+n$ と書く．条件 $(A\,1)_m$, $(A\,2)_m$ によって

(1) $\qquad\qquad\qquad m+0 = m,$

(2) $\qquad\qquad\qquad m+\sigma(n) = \sigma(m+n)$

である．また N の恒等写像 I_N は明らかに $(A\,1)_0$, $(A\,2)_0$ を満たすから，$f_0 = I_N$, よってすべての n に対し

(3) $\qquad\qquad\qquad 0+n = n$

となる．さらに，与えられた m に対し $h = \sigma \circ f_m$ とおけば

$$h(0) = \sigma(f_m(0)) = \sigma(m),$$
$$h \circ \sigma = (\sigma \circ f_m) \circ \sigma = \sigma \circ (f_m \circ \sigma) = \sigma \circ (\sigma \circ f_m) = \sigma \circ h$$

であるから，$h = \sigma \circ f_m$ は $(A\,1)_{\sigma(m)}$, $(A\,2)_{\sigma(m)}$ を満たす．ゆえに $f_{\sigma(m)} = \sigma \circ f_m$, したがってすべての n に対し

(4) $\qquad\qquad\qquad \sigma(m)+n = \sigma(m+n)$

である．これらの等式 (1), (2), (3), (4) から，加法に関する通常の法則は容易に導かれる．すなわち

"自然数の加法は交換律，結合律を満たす．"

証明 まず，交換律

(5) $\qquad\qquad\qquad m+n = n+m$

を証明しよう．いま n は任意に固定されているものとして，(5) を満たすような m 全体の集合を S とする．(1), (3) によって $0 \in S$ である．また $m \in S$ ならば，

(2), (4) によって
$$\sigma(m)+n = \sigma(m+n) = \sigma(n+m) = n+\sigma(m)$$
となるから，$\sigma(m) \in S$ である．ゆえに $S = \mathbf{N}$ となり，(5) はすべての $m \in \mathbf{N}$ に対して成り立つ．次に結合律

(6) $\qquad (m+n)+k = m+(n+k)$

を証明しよう．証明は上と同じく 'm に関する帰納法' による．$m=0$ のとき，(6) は (3) から導かれる．また，ある m に対して (6) が成り立つならば，(4) によって
$$(\sigma(m)+n)+k = \sigma(m+n)+k = \sigma((m+n)+k)$$
$$= \sigma(m+(n+k)) = \sigma(m)+(n+k)$$
であるから，$\sigma(m)$ に対しても (6) が成り立つ．これで結合律も証明された．(証明終)

$\sigma(0)$ (0 の後継者) を 1 で表わせば，(1), (2) によって

(7) $\qquad \sigma(n) = n+1$

である．すなわち，後継者写像 σ は，'1 を加える写像' $n \mapsto n+1$ にほかならない．

定理 3 m を与えられた自然数とし，f_m を定理 2 の意味の写像とする．そのとき

(M 1)$_m$ $\qquad g_m(0) = 0,$
(M 2)$_m$ $\qquad g_m \circ \sigma = f_m \circ g_m$

を満たす写像 $g_m : \mathbf{N} \to \mathbf{N}$ が一意的に存在する．

証明 定理 1 の X, x_0, φ として $\mathbf{N}, 0, f_m$ を考えればよい．(証明終)

$g_m(n)$ を m, n の**積**とよび，mn と書く．(M 1)$_m$, (M 2)$_m$ (および加法の交換律) によって

(8) $\qquad m0 = 0,$
(9) $\qquad m \cdot \sigma(n) = m(n+1) = mn+m$

である．値 0 の定値写像は (M 1)$_0$, (M 2)$_0$ を満たすから，g_0 はその定値写像に等しく，したがって

(10) $\qquad 0n = 0$

となる．また与えられた m に対し，$h(n) = mn+n$ によって写像 $h : \mathbf{N} \to \mathbf{N}$ を定

義すれば，容易に示されるように h は $(M1)_{\sigma(m)}$, $(M2)_{\sigma(m)}$ を満たすから（読者は検証せよ！），$h=g_{\sigma(m)}$, したがって
(11) $$\sigma(m)\cdot n = (m+1)n = mn+n$$
である．

"自然数の乗法は交換律，結合律を満たす．また加法と乗法の間に分配律が成り立つ．"

証明 この命題は，加法の場合と同様に，上の等式(8), (9), (10), (11)から帰納法によって導かれる．証明の要領は前と同様であるから，詳細は読者にゆだねよう．証明は

交換律 $\qquad mn = nm,$
分配律 $\qquad m(n+k) = mn+mk,$
結合律 $\qquad (mn)k = m(nk)$

の順に行なうとよい．結合律の証明には分配律が用いられるからである．（なお，交換律は m に関する帰納法で，分配律および結合律は k に関する帰納法で証明するとよい．）

最後に，任意の $n \in \boldsymbol{N}$ と $\sigma(0)=1$ に対して
(12) $$n1 = n, \quad 1n = n$$
が成り立つことに注意しておく．実際(11)で $m=0$ とおけば，(10)によって $0n=0$ であるから，$1n=n$ となる．$n1=n$ についても同様である．

注意 上では定理2または定理3の条件を満たす写像（加法と乗法）の存在を，定理1の一般的原理から導いた．加法や乗法の定義だけならば，多くの書物にみられるように，もっと直接的な記述を与えることもできるが，一般的原理から導出すれば，理論はより透明である．また，この原理（定理1）の証明には，巧妙な集合論的論法の好個の一例がみられる．（実際には，より広い応用のためには，定理1よりさらに一般化された形の命題が必要である．）

§3 自然数の大小

自然数の間に大小を定義するために，まず次の補題を用意する．本節でも m, n 等の文字はいつも自然数を表わす．

補題C $k \neq 0$ ならば，任意の n に対して $n+k \neq n$, $n+k \neq 0$ である．

証明 n に関する帰納法による. $n=0$ のときは $0+k=k \neq 0$. また, ある n に対して $n+k \neq n$, $n+k \neq 0$ ならば, $\sigma(n)+k=\sigma(n+k) \neq \sigma(n)$, $\sigma(n)+k=\sigma(n+k) \neq 0$. これで補題は証明された. (証明終)

定理4 任意の $m, n \in \mathbf{N}$ に対して, 次の3つの場合のいずれか1つしかも1つだけが成り立つ.

(i) ある $k \in \mathbf{N}$, $k \neq 0$ が存在して $m=n+k$.

(ii) $m=n$.

(iii) ある $l \in \mathbf{N}$, $l \neq 0$ が存在して $n=m+l$.

証明 (i), (ii), (iii) のどの2つの場合も両立し得ないことは補題Cから明らかである. いずれかの場合が成り立つことを示すために, n を1つの与えられた自然数とし, n との間に (i), (ii), (iii) のいずれかが成り立つような $m \in \mathbf{N}$ の全体を S とする. $0 \in S$ は明らかである. 次に m を S の1つの元とすれば, $\sigma(m)$ も S の元であることを証明しよう. m について (i) すなわち $m=n+k$ が成り立つならば, $\sigma(m)=\sigma(n+k)=n+\sigma(k)$, $\sigma(k) \neq 0$, また (ii) が成り立つならば $\sigma(m)=\sigma(n)=n+1$. ゆえにこれらの場合には $\sigma(m)$ について (i) が成り立つ. また m について, (iii) すなわち $n=m+l$, $l \neq 0$ が成り立つならば, $l \neq 0$ であるから補題Bによって $l=\sigma(l')$ となる $l' \in \mathbf{N}$ が存在し, $n=m+\sigma(l')$, したがって $n=\sigma(m)+l'$ となる. ゆえにこの場合には $\sigma(m)$ について (ii) または (iii) が成り立つ. 以上で $\sigma(m) \in S$ であることが証明された. ゆえに帰納法によって $S=\mathbf{N}$ であり, 定理の証明は完了した. (証明終)

自然数 m, n に対し, $n=m+l$ となる自然数 $l \neq 0$ が存在するとき, n は m より**大きい** (m は n より**小さい**) といい, $n>m$ または $m<n$ と書く. 定理4は, 任意の $m, n \in \mathbf{N}$ に対して

$$m>n, \quad m=n, \quad m<n$$

のいずれか1つしかも1つだけが成り立つことを示している.

"$m<n$, $n<k$ ならば $m<k$ である."

証明 定義と補題Cから明らかである.

通常のように $m<n$ または $m=n$ であるとき $m \leqq n$ と書く. 定義によって $m \leqq n$ であることは, $m+l=n$ を満たす $l \in \mathbf{N}$ が存在することと同等である. 明らかに任意の $n \in \mathbf{N}$ に対して $0 \leqq n$ であるから, 0 は $\mathbf{N}$ の最小元である.

"$m<n$ ならば $\sigma(m)=m+1\leq n$ である."

証明　定理4の証明の最後の部分で示したように，$n=m+l$, $l=\sigma(l')$ とすれば，$n=\sigma(m)+l'$, したがって $\sigma(m)\leq n$ である．(証明終)

上の命題は $\sigma(m)=m+1$ が m の'直後の元'であることを示している．この命題を用いて，次のように $\boldsymbol{N}$ の**整列性**を証明することができる．(第1章では，われわれは，この整列性を整数に関する議論の出発点としたのであった．)

定理5　$\boldsymbol{N}$ の任意の空でない部分集合 S は最小元をもつ．

証明　S のすべての元 x に対して $n\leq x$ となるような自然数 n の全体を T とする．そうすれば $0\in T$, また $T\neq \boldsymbol{N}$ である．(実際 x を S の1つの元とすれば，$\sigma(x)=x+1$ は T には属さない．) したがって帰納法の公理 N3 により，$m\in T$, $\sigma(m)\notin T$ であるような m が存在する．$m\in T$ であるから，すべての $x\in S$ に対して $m\leq x$ であるが，もし $m\notin S$ ならば，すべての $x\in S$ に対して $m<x$, したがって上の命題により $\sigma(m)\leq x$ となる．しかしこれは $\sigma(m)\notin T$ であることに反する．ゆえに $m\in S$ であって，m は S の最小元である．(証明終)

終りに，自然数の加法，乗法は大小の順序を保存すること(加法，乗法の'単調性')をみておこう．このことからまた，加法，乗法に関する簡約律も導かれる．

"$m<n$ ならば，任意の k に対して $m+k<n+k$ である."

証明　$n=m+z$, $z\neq 0$ ならば，$n+k=(m+k)+z$ である．

"自然数の加法について簡約律が成り立つ．すなわち，$m+k=n+k$ ならば $m=n$."

証明　前命題から明らかである．

乗法についてはまず次のことに注意する．

"$m\neq 0$, $n\neq 0$ ならば $mn\neq 0$ である."

証明　$m\neq 0$, $n\neq 0$ であるから，ある $m',n'\in \boldsymbol{N}$ によって $m=\sigma(m')=m'+1$, $n=\sigma(n')=n'+1$ と表わされ，
$$mn = m'n'+m'+n'+1.$$
したがって $mn\geq 1$, すなわち $mn\neq 0$.

"$m<n$, $k\neq 0$ ならば，$mk<nk$ である．"

証明　$n=m+z$, $z\neq 0$ とすれば，$nk=(m+z)k=mk+zk$ で，前命題より zk

$\not= 0$. ゆえに $mk < nk$.

"自然数の乗法についても 0 でない因数については簡約律が成り立つ. すなわち $mk=nk$, $k \not= 0$ ならば $m=n$."

証明 上の命題から明らかである.

§4 整数の構成

前節までにみてきたことから, N は, 加法群という性質を除けば, 可換環(あるいはむしろ整域)の性質をすべてそなえていることがわかる. しかし, 加法に関する逆元の存在, あるいは減法の可能性は, N においては満たされていない. 実際, $m, n \in N$ に対し, N の範囲で $m-n$, すなわち $n+x=m$ を満たす x が求められるのは, $m \geqq n$ である場合に限るからである. この欠陥を補うために, 次のようにして整数の環 Z が構成される.

まず集合 $N \times N$ において, その元 (m,n), (m',n') に対し, $m+n'=m'+n$ であるとき $(m,n) \sim (m',n')$ として関係 $\sim$ を定義する. これが $N \times N$ における同値関係であることは直ちに証明される. $N \times N$ をこの同値関係 $\sim$ によって類別して, 類全体の集合を Z とする. また (m,n) を含む類を $[m,n]$ と書くことにする. 定義から明らかに, 与えられた $m, n \in N$ に対し, 定理4の3つの場合, すなわち, (i) $m=n+k$, $k \not= 0$, (ii) $m=n$, (iii) $n=m+l$, $l \not= 0$, のそれぞれの場合に応じて

$$[m,n] = [k,0],$$
$$[m,n] = [0,0],$$
$$[m,n] = [0,l]$$

となる. すなわち Z の任意の元は $[k,0]$, $[0,0]$, $[0,l]$ のいずれかの形に表現される. ただし k や l は 0 でない自然数である. この形の表現を'簡約形'とよぶことにすれば, 明らかに Z の任意の元の簡約形は一意的に定まる.

次に Z において, 加法, 乗法を, それぞれ

(1) $\qquad [m_1,n_1]+[m_2,n_2] = [m_1+m_2, n_1+n_2],$
(2) $\qquad [m_1,n_1][m_2,n_2] = [m_1 m_2+n_1 n_2, m_1 n_2+n_1 m_2]$

と定義する. もちろんこのとき, この定義が類の代表のとり方には依存しないことを確かめておかなければならない. 加法についての検証は簡単である. 乗

§4 整数の構成

法については
$$[m_1, n_1] = [m_1', n_1'], \quad [m_2, n_2] = [m_2', n_2'],$$
すなわち $m_1+n_1'=m_1'+n_1$, $m_2+n_2'=m_2'+n_2$ とすれば,
$$(m_1+n_1')m_2+(m_1'+n_1)n_2+m_1'(m_2+n_2')+n_1'(m_2'+n_2)$$
$$= (m_1'+n_1)m_2+(m_1+n_1')n_2+m_1'(m_2'+n_2)+n_1'(m_2+n_2').$$
この両辺から共通項を簡約すれば
$$m_1m_2+n_1n_2+m_1'n_2'+n_1'm_2' = m_1'm_2'+n_1'n_2'+m_1n_2+n_1m_2,$$
これは
$$[m_1m_2+n_1n_2, m_1n_2+n_1m_2] = [m_1'm_2'+n_1'n_2', m_1'n_2'+n_1'm_2']$$
を意味する. これで乗法の場合も検証された.

$\boldsymbol{Z}$ が上に定義した加法と乗法について可換環をなすことの証明は, 退屈ではあるが routine である. この証明は読者にまかせることにする. この環 $\boldsymbol{Z}$ の零元は $[0,0]=[n,n]$, 単位元は $[1,0]$ である. また $[m,n]$ の加法に関する逆元は $[n,m]$ である. 環 $\boldsymbol{Z}$ の元を**整数**とよぶ.

いま $\boldsymbol{N}$ から $\boldsymbol{Z}$ への写像 φ を
$$n \mapsto [n, 0]$$
によって定義すれば, 明らかに φ は単射で,
$$\varphi(m+n) = \varphi(m)+\varphi(n), \quad \varphi(mn) = \varphi(m)\varphi(n)$$
である. そこで $[n,0]$ を n と同一視すれば, $\boldsymbol{N} \subset \boldsymbol{Z}$ となる. 前にいったように $\boldsymbol{Z}$ の任意の元(すなわち任意の整数)の簡約形は $[n,0], [0,0], [0,n]$ (n は 0 でない自然数)のいずれかであって, $[0,n]=-[n,0]$ であるから, 上のように $[n,0]$ と n を同一視すれば, 任意の整数は $n, 0, -n$ のいずれかの形に(一意的に)書かれることになる. 0 以外の自然数 n を**正の整数**, $-n$ を**負の整数**とよぶことにすれば, $\boldsymbol{Z}$ は $\boldsymbol{N}$ に負の整数全体をつけ加えた集合である. また最初に導入した記号 $[m,n]$ は
$$[m,n] = [m,0]+[0,n] = m-n$$
であるから, '$\boldsymbol{Z}$ の範囲における' m, n の差を表わしている.

注意1 整数の加法, 乗法の定義 (1), (2) はこの結果を予期してなされたものである. たとえば, 可換環 $\boldsymbol{Z}$ において $(m_1-n_1)(m_2-n_2)$ を展開すれば $(m_1m_2+n_1n_2)-(m_1n_2+n_1m_2)$ となる.

注意 2 はじめに $-n$(ただし $n \in \mathbf{N}$, $n \neq 0$)を形式的な記号と考え,これらの記号全体を $\mathbf{N}$ につけ加えた集合を $\mathbf{Z}$ として,その中で適当に加法,乗法を定義することによって整数の環 $\mathbf{Z}$ を構成することもできる.そのほうが $\mathbf{Z}$ の構成法としてはずっと簡単であるが,他方その方法によるときには,加法,乗法の定義を場合分けして行なう必要がある.(本節の用語でいえば '簡約形' の間だけで加法,乗法を定義することになるからである.)また加法の結合律や分配律などの証明が意外に面倒になる.それに対して上記の構成法は幾分冗長であるが,演算法則の検証などについては労力が節約される.一長一短というべきであろう.――

最後に,$\mathbf{Z}$ は順序環であることに注意しておく.実際,正の整数,すなわち 0 以外の自然数全体の集合を $\mathbf{Z}^+$ とすれば,われわれの加法,乗法の定義によって,$\mathbf{Z}^+$ は第 6 章 §1 に述べた順序づけの公理 Ord 1, Ord 2 を満たしているからである.(正の整数,負の整数の語はこの順序づけにもとづく.)この順序づけから得られる $\mathbf{Z}$ の元の大小が §3 に定義した自然数の大小の延長となっていることも明らかであろう.

補　　遺

　この補遺では，校正中に気づいたことなどで本文中に補充し得なかったことを二，三書き加える．

　1）**p. 2**　本文中に述べたように，$S' \subset S$ という記号は $S'=S$ である場合も除外しない．これは中学や高校における慣行的な用法とは異なっている．中学や高校の教科書では，集合の包含記号には主として $\subseteq$ が用いられ，$S' \subset S$ という記号は 'S' が S の真部分集合である' という意味に用いられる．しかし，より進んだ課程の数学書では，このような用法に従っているものは比較的少数であって，大半は本書と同様の用法に従っている．

　2）**p. 40**　写像 $f: S \to S'$ の像 $f(S)$ は 'f の値域' ともよばれる．

　3）**p. 41**　本書では，写像の終集合を定義域と同じく重視するから，$\boldsymbol{R}$ から $\boldsymbol{R}$ への写像と考えた $x \mapsto x^2$ と，$\boldsymbol{R}$ から $\boldsymbol{R}'$ への写像とみなした $x \mapsto x^2$ とは '同じもの' ではない．すなわち，本書の立場で 2 つの写像 f, g が '等しい' というのは，f, g の定義域と終集合とがそれぞれ一致し，両者の定義域の任意の元 x に対して $f(x)=g(x)$ が成り立つ，ということを意味するのである．しかし，'写像の相等' の前提条件として，'終集合の一致' にあまり固執するのも現実的ではない．解析学などでは，通常，写像の終集合について，もう少し融通性のある見方がとられている．

　4）**p. 45**　加法群は単に '加群' ともよばれる．後の 16) を参照．

　5）**p. 51**　補題 D で述べた部分群の条件 (2), (3) は，

　(2')　$a, b \in H$ ならば $ab^{-1} \in H$

というただ 1 個の条件におきかえることができる．実際，H が補題 D の (1) と上の (2') とを満たすならば，まず (2') において $a=e$ とおくことにより "$b \in H$ ならば $b^{-1} \in H$" が得られ，したがってまた，$a, b \in H$ ならば，$a, b^{-1} \in H$, $ab = a(b^{-1})^{-1} \in H$ となる．

　6）**p. 62**　本書では G の交換子群 (commutator subgroup) を $D(G)$ で表わしたが，これは交換子群のことをしばしば '導群' (derived subgroup) ともよぶからである．伝統的には，G の交換子群は簡単に G' と書かれるが，本書では

この記法を避けた．''にこのような特定の意味を与えると，一般的な記述における記号が制約され，不自由になるからである．

7) **p. 69, 70** ここで複素平面についての説明を与えたのは，本書の原稿を書いた時点(昭和49, 50年)では，高校の数学の指導要領から複素平面が除かれていたことによる．他日，複素平面が高校の指導要領に復活する可能性もあるので，念のために書き添えておく．

8) **p. 70** 偏角の記号 $\arg z$ の arg は argument の略である．

9) **p. 107** べきについて '$a^2, a^3, \cdots$ が定義される' と書いたが，$a^0=1, a^1=a$ とすることはいうまでもない．もちろん，1 は R の単位元である．

10) **p. 111** Bourbaki, Éléments de mathématique の邦訳 '数学原論' (以下単に数学原論という)では，整域は '整環' とよばれている．

11) **p. 115** 例 7 (p. 113-114) の Q を本書では四元数環とよんだが，普通には '四元数体'(くわしくは Hamilton の四元数体)とよばれる．例 7 でみたようにこの環は斜体をなしているからである．四元数環の語は，これとは少し違った意味に(もっと一般的な意味に)用いられることがある．

12) **p. 131** '分数体' の語は数学原論でも用いられている．

13) **p. 141** 単項イデアル整域または主イデアル整域は，数学原論では簡単に '主環' という名称を与えられている．英語では principal ideal domain である．

14) **p. 143, 144** Euclid 整域の定義を p. 144 の問題 5 で与えたが，そこでは大きさの関数 d について，性質(∗)だけを要請した．通常の定義では，d はさらに条件

(∗′) 0 でない任意の $a, b \in R$ に対して $d(ab) \geq d(a)$

を満たすことが要請される．(もちろん，$\boldsymbol{Z}$ における絶対値，$K[x]$ における次数，$\boldsymbol{Z}[i]$ におけるノルムなどは，この条件を満たしている．) しかし，"Euclid 整域は単項イデアル整域である" という命題の証明には，条件(∗′)は別に必要ではない．

15) **p. 159** 一意分解整域は unique factorization domain の直訳である．より慣用的な用語は '素元分解整域' または '素元分解環' であろう．

16) **p. 200** 例 3 に述べたように，任意の加法群は $\boldsymbol{Z}$-加群である．$\boldsymbol{Z}$-加群

を省略した意味で，加法群のことを単に'加群'ともいう．英語では，加法群は additive group, 加群は module である．

17) **p. 204** 数学原論では単項加群のかわりに'単生加群'という語を用いている．

18) **p. 219** ここでは例2の命題を定理14の応用として導いた．しかし，この命題はもっと直接的にも容易に証明される．たとえば，第2章§8，問題12を用いればよい．

19) **p. 231** ここでは定数でない多項式についてその根を考えているが，f が定数である場合には，$f \neq 0$ ならばもちろんどの元も f の根ではなく，他方 $f=0$ ならばすべての元が f の根である．些細なことながら，このことに留意しておかないと，p. 248 あたりの議論に多少の間隙が生ずる．

20) **p. 243** 多項式 f が L で分解するとき，L を f の分解体といい，本書の意味の分解体を'最小分解体'とよんでいる書物もある．なお，岩波の数学辞典では'最小分裂体'という語が用いられている．

21) **p. 256** 本書では無限次の代数拡大や超越拡大（超越元を含む拡大）の理論は扱わない．Galois 拡大についても，本書で扱うのは有限次数の場合だけである．

22) **p. 277** ζ_n を1の原始 n 乗根とするとき，$E_n = \boldsymbol{Q}(\zeta_n)$ を，くわしくは'円の n 分体'という．E_n およびその部分体を総称して，円分体または'円体'という．（これは本文で述べたよりも広義の定義である．）円体は有理数体 $\boldsymbol{Q}$ の Abel 拡大（p. 287 参照）であるが，逆に $\boldsymbol{Q}$ の任意の Abel 拡大は円体であることが知られている．

23) **p. 283-285** 3次方程式

(1) $$x^3 + ax + b = 0$$

の根について，単に Cardano の公式を導出するだけならば，次のようにもっと簡単な記述を与えることができる．すなわち

(2) $$x = U + V$$

とおいて，これを(1)に代入すれば
$$U^3 + V^3 + (3UV + a)(U + V) + b = 0.$$
したがって $U^3 + V^3 + b = 0$, $3UV + a = 0$, すなわち

(3) $$U^3+V^3=-b, \quad UV=-a/3$$

となるように U, V を定めて，その値を(2)に代入すれば，(1)を満たす x が得られる．(3)から，U^3, V^3 は2次方程式

(4) $$t^2+bt-\frac{a^3}{27}=0$$

の2根である．そこで(4)の2根を求めて，その3乗根をとれば，p. 285 の式(10)が得られる．——このようにして簡単に Cardano の公式が導かれるけれども，上記の解法ははなはだ技巧的で自然性がない．よって本文では，Lagrange の分解式を導入して，解法の合理性に多少の示唆を与えようとしたのであるが，分解式の由来までは説く余裕がなかった．この点については，高木先生の代数学講義，第6章の記述がくわしい．

24) **p. 323** 断わるまでもないが，閉円板 $|z| \leq R$ とあるのは，より正確に書けば，集合 $\{z \mid z \in C, |z| \leq R\}$ のことである．

25) **p. 328** このページに Peano の公理の'完全性'という語があるが，一般に，ある公理系が完全あるいは'範疇的'(categorical)であるとは，その公理系のモデルがすべて同型であることをいうのである．たとえば，群や環の公理系はもちろん完全ではないが，完備な Archimedes 的順序体の公理系——順序体の公理系に p. 304 の公理(W)(あるいは p. 303 の(A)と p. 308 の(C))を合わせたもの——は完全な公理系である．（第6章定理6参照）

26) **p. 327, 331** p. 331 の注意にコメントしたように，p. 327 の定理1は帰納的定義の最も単純な場合である．この定理では，たとえば，"$a_0=1, a_{n+1}=a_n+n^2$ によって数列 (a_n) を定義する"というようなきわめて簡単な場合でも，すでに処理できないから，応用範囲ははなはだ狭小であるといわざるを得ない．より一般な帰納的定義については，次のような命題がある．

X, Y を集合，$h: X \to Y, g: N \times Y \times X \to Y$ を与えられた写像とする．そのとき，次の性質(i), (ii)をもつような写像 $f: N \times X \to Y$ がただ1つ存在する．

(i) $f(0, x)=h(x)$,

(ii) $f(n+1, x)=g(n, f(n, x), x)$.——

著者は，この命題の形を，一橋大学の永島孝氏から御教示いただいた．証明は定理1の証明と実質的に同じ手法によってなされるから，読者みずからここ

ろみられたい．

　（**付記**）　以上の補遺に，さらに1項目，p. 101の第2章定理18の精密化をつけ加える．これを追記するのは，この精密化が本文に述べた証明を少し精細にすることによって得られる上に，p. 103の定理19(c)の一般化ともなっているからである．

　27)　**p. 101**　定理18は次のように精密化される．（この修正に応じ，p. 103の定理19の叙述および証明の方法にも整合的な修正がなされるべきであるが，ここでは下記の修正だけにとどめる．）

　定理18′　p が素数で $p^\alpha | o(G)$ ならば，G は位数 p^α の部分群をもち，そのような部分群の個数を d とすれば，$d \equiv 1 \pmod{p}$ である．

　証明　p. 101のように $o(G) = p^\alpha m$ とし，$m = p^r s, (p, s) = 1$ とする．また，前と同じく G の p^α 個の元から成る部分集合の全体を $\mathcal{M}$ とする．$\mathcal{M}$ の元の個数は $\binom{p^\alpha p^r s}{p^\alpha}$ である．$\mathcal{M}$ の元のうち，G の部分群であるものの全体を $H_1, \cdots, H_d$ とする．p. 102のようにして，G の $\mathcal{M}$ への作用 $(a, M) \mapsto aM$ を定義すれば，各 H_i の推移類 $\mathcal{M}_i$ は H_i の左剰余類の全体となるから，$\mathcal{M}_i$ の元の個数は $p^r s$ である．したがって $\bigcup_{i=1}^d \mathcal{M}_i$ の元の個数は $p^r s d$ に等しい．次に $\mathcal{M}$ から $\bigcup_{i=1}^d \mathcal{M}_i$ をとり除いた残りを $\mathcal{M}^*$ とし，$\mathcal{M}^*$ を上記の作用に関し推移類に分割して，推移類の任意の1つを $\mathcal{M}'$ とする．M' を $\mathcal{M}'$ の代表とし，その安定部分群を K とすれば，$\mathcal{M}'$ の元の個数は $(G:K)$ に等しい．x を M' の1つの固定した元とすれば，任意の $a \in K$ に対して $aM' = M'$，したがって $ax \in M'$ であるから，$a \mapsto ax$ は K から M' への単射である．よって $o(K) \leq p^\alpha$ であるが，もし $o(K) = p^\alpha$ ならば，$a \mapsto ax$ は K から M' への全単射となるから，$M' = Kx$，したがって $M' = x \cdot x^{-1} Kx$ となる．$x^{-1}Kx$ は上記の H_i のいずれかに等しいから，これは M' が $\bigcup_{i=1}^d \mathcal{M}_i$ に属することを意味し，$M' \in \mathcal{M}^*$ であることに反する．よって $o(K) < p^\alpha$ であり，これより $(G:K)$ は p^{r+1} で割り切れることがわかる．すなわち $\mathcal{M}'$ の元の個数は p^{r+1} の倍数である．このことは $\mathcal{M}^*$ のすべての推移類についていえるから，$\mathcal{M}^*$ の元の個数は p^{r+1} の倍数である．したがって，u をある整数として

(1) $$\binom{p^\alpha p^r s}{p^\alpha} = p^r s d + p^{r+1} u$$

が成り立つ．

以上の結論を特に G が位数 $p^\alpha m = p^\alpha p^r s$ の巡回群である場合に適用すれば，その場合は $d=1$ であるから，$u' \in \mathbf{Z}$ として

(2) $$\binom{p^\alpha p^r s}{p^\alpha} = p^r s + p^{r+1} u'$$

となる．ゆえに，一般の場合にもどれば，(1) と (2) から

$$p^r s d + p^{r+1} u = p^r s + p^{r+1} u'$$

が得られる．この両辺を p^r で割れば $sd \equiv s \pmod{p}$ が得られ，$(s,p)=1$ であるから $d \equiv 1 \pmod{p}$ となる．もちろん，この結果には $d \neq 0$ であることも含まれている．以上で定理 18′ の証明が完了した．（証明終）

最後に，上記の証明にも関連する記法上の注意を 1 つ述べておく．本書では有限群 G の位数を $o(G)$ で表わしたが，これを $|G|$ と書くことも多い．この記号は，群でない集合に対しても用いられる．すなわち，一般に有限集合 S に対して，その元の個数を $|S|$ で表わすのである．（無限集合 S に対しても，その濃度を $|S|$ と書くことがある．）上記の定理 18′ の証明などの場合，この記法は，記述の簡略化のために役立つであろう．

問 題 解 答

第1章 §2

7. (a) $f(x)=\left(\dfrac{b+x}{n}\right)^n-\left(\dfrac{b}{n-1}\right)^{n-1}x$ とおいて，微分せよ．そうすれば，$f(x)$ は $x=b/(n-1)$ において最小値 0 をとることが容易に示される．

   (b) (a)の不等式で $b=a_1+\cdots+a_{n-1}$, $x=a_n$ とおけ．

第1章 §3

1. (a) 69 (b) 33

4. $(a,bc)=d$, $(a,c)=d_1$ とする．定理4の系の証明でみたように d は a,c の公約数となるから $d|d_1$．一方 d_1 は明らかに a,bc の公約数であるから $d_1|d$．ゆえに $d=d_1$．

第1章 §5

3. $a=\dbinom{p}{r}$ とおけば $p|r!a$, $(r!,p)=1$．そこで定理4を用いる．

4. 有理数の根を $x=k/l$, $(k,l)=1$ とすれば，
$$k^n+a_1k^{n-1}l+\cdots+a_{n-1}kl^{n-1}+a_nl^n=0.$$
したがって k^n は l の倍数となる．そして $(k^n,l)=1$ であるから，$l=1$ でなければならない．

6. $\tau(58800)=90$, $\sigma(58800)=219108$.

11. $a_1a_2\cdots a_n=a_iA_i\,(i=1,\cdots,n)$ とおけば，$(A_1,A_2,\cdots,A_n)=1$ である．したがって $x_1A_1+x_2A_2+\cdots+x_nA_n=1$ となるような整数 $x_1,x_2,\cdots,x_n$ が存在する．

13. $mS=\dfrac{m}{a_1}+\cdots+\dfrac{m}{a_i}+\cdots+\dfrac{m}{a_n}$ の右辺の項のうち，$\dfrac{m}{a_i}$ を除けばみな整数であるが，m は p^h では割り切れないから $\dfrac{m}{a_i}$ は整数ではない．

14. 前問の応用．(a) $2^h\leqq n<2^{h+1}$ であるような 2^h をとれば，$1,2,\cdots,n$ のうち 2^h 以外の数は 2^h では割り切れない．(b) $3^h\leqq 2n-1<3^{h+1}$ であるような 3^h をとれば，$1,3,\cdots,2n-1$ のうち 3^h 以外の数は 3^h では割り切れない．

16. $p<2^{n+1}$ であるから，$p=2^{\nu_0}+2^{\nu_1}+\cdots+2^{\nu_t}\,(0\leqq\nu_0<\nu_1<\cdots<\nu_t\leqq n)$ と表わすことができ，$2^{\nu_0},2^{\nu_1},\cdots,2^{\nu_t},p,2p,\cdots,2^{n-1}p$ の総和は a となる．ゆえに a は準完全数である．また a の真の約数は $b=2^k\,(0\leqq k\leqq n)$ あるいは $b=2^kp\,(0\leqq k\leqq n-1)$ の形であるが，前者については $\sigma(b)=2^{k+1}-1<2b$，後者については $k+1\leqq n$ と仮定 $2^n<p$ から $\sigma(b)=(2^{k+1}-1)(p+1)<2b$．したがって b は準完全数ではあり得ない．

17. 次のような組を作ればよい.
$$0, \ 1, \ \ 2, \ \cdots, \ n-1;$$
$$0, \ n, \ \ 2n, \ \cdots, \ (n-1)n;$$
$$0, \ n^2, \ 2n^2, \ \cdots, \ (n-1)n^2;$$
$$\cdots\cdots\cdots\cdots\cdots\cdots$$
$$0, \ n^{m-1}, \ 2n^{m-1}, \ \cdots, \ (n-1)n^{m-1}.$$

18. $1, 2, \cdots, n$ のうち, p^h で割り切れ p^{h+1} では割り切れない整数の個数を a_h とすれば, 求める数は
$$a_1 + 2a_2 + 3a_3 + \cdots\cdots$$
である. $b_h = a_h + a_{h+1} + a_{h+2} + \cdots$ とおけば, これは
$$b_1 + b_2 + b_3 + \cdots\cdots$$
に等しく, b_h は 1 から n までのうちの p^h の倍数の個数であるから $[n/p^h]$ に等しい.

19. 305

第1章 §6

9. $a=0$ の場合は明らかである. $0 < a \leq p-1$ のときは, a 個の合同式
$$p-1 \equiv -1 \ (\mathrm{mod}\ p), \quad p-2 \equiv -2 \ (\mathrm{mod}\ p), \quad \cdots, \quad p-a \equiv -a \ (\mathrm{mod}\ p)$$
を辺々掛け合わせれば, $\binom{p-1}{a}a! \equiv (-1)^a a! \ (\mathrm{mod}\ p)$. この両辺を p と互いに素な $a!$ で約せばよい.

10. 100 を法として $2^{10} = 1024 \equiv 24$, $24^2 \equiv -24$, $25^2 \equiv 25$. したがって
$$(2^{100}-1)^{99} \equiv (24^{10}-1)^{99} \equiv (-25)^{99} \equiv -25 \equiv 75.$$
ゆえに余りは 75.

第1章 §7

1. 解をもつならば, 明らかに $d|b$ でなければならない. 逆に $d|b$ とし, $a = a_1 d$, $b = b_1 d$, $m = m_1 d$ とおけば, $(a_1, m_1) = 1$ で, x が与えられた合同式を満たすことは, x が $a_1 x \equiv b_1 \ (\mathrm{mod}\ m_1)$ を満たすことと同等となる. 後者は定理8によって m_1 を法として1つの解 $x \equiv x_1 \ (\mathrm{mod}\ m_1)$ をもつ. ゆえに与えられた合同式は, m を法として d 個の解
$$x \equiv x_1; \ x_1 + m_1; \ x_1 + 2m_1; \ \cdots; \ x_1 + (d-1)m_1 \ (\mathrm{mod}\ m)$$
をもつ.

2. (a) 第1の合同式を満たす $x = b_1 + m_1 t$ を第2の合同式に代入すれば, 問題1によって, これは $d|(b_2-b_1)$ であるときに限って解をもち, その解は $t \equiv t_0 \ (\mathrm{mod}\ m_2/d)$ の形で与えられる. よって, 与えられた2つの合同式を同時に満たす x は, t' を任意の整数として

$$x = b_1 + m_1\Big(t_0 + \frac{m_2}{d}t'\Big) = x_0 + [m_1, m_2]t'; \ x_0 = b_1 + m_1 t_0$$

の形で与えられる.

(b) 解の存在を仮定した場合, 連立合同式

$$x \equiv b_1 \pmod{m_1}, \qquad x \equiv b_2 \pmod{m_2}$$

の解は, (a)により $x \equiv b_2' \pmod{[m_1, m_2]}$ の形で与えられ, さらに

$$x \equiv b_2' \pmod{[m_1, m_2]}, \qquad x \equiv b_3 \pmod{m_3}$$

の解は $x \equiv b_3' \pmod{[m_1, m_2, m_3]}$ の形で与えられる. 以下同様.

3. (a) $x \equiv 18 \pmod{35}$ (b) $x \equiv 94 \pmod{111}$
 (c) $x \equiv 210 \pmod{333}$ (d) $x \equiv 17 \pmod{250}$
 (e) $x \equiv 99; \ 206; \ 313 \pmod{321}$ (f) $x \equiv 3; \ 40; \ 77; \ 114; \ 151 \pmod{185}$

4. $x = 201 + 583t$, $y = 27 + 80t$; t は任意の整数.

5. $x \equiv 112b_1 - 48b_2 - 63b_3 \pmod{336}$, $x \equiv 235 \pmod{336}$.

6. $x \equiv 91 \pmod{120}$

7. $x \equiv 1; \ 2 \pmod{5}$

8. $x \equiv 2; \ 4 \pmod{7}$

9. $x \equiv 2; \ 32 \pmod{35}$

第1章 §8

3. $\sum_{d|n} \mu(d) G\Big(\frac{n}{d}\Big) = \sum_{d|n} \mu(d) \Big(\sum_{\delta | (n/d)} F(\delta)\Big) = \sum_{\delta | n} \Big(\sum_{d | (n/\delta)} \mu(d)\Big) F(\delta)$ であるが, 定理11によって $\sum_{d|(n/\delta)} \mu(d)$ は $\delta = n$ の場合だけ1に等しく他の場合は0に等しい. ゆえに上の和は $F(n)$ に等しい.

7. 前半は容易. 後半は問題3の反転公式と $\mu(n)$ の乗法性から導かれる.

第1章 §9

2. $(a, p) = 1$ とすれば, Fermatの定理により $a^{p-1} = 1 + N_1 p$, N_1 は整数, と表わされる. これよりつぎつぎに $a^{p(p-1)} = 1 + N_2 p^2$, $a^{p^2(p-1)} = 1 + N_3 p^3$, $\cdots$, $a^{p^{\alpha-1}(p-1)} = 1 + N_\alpha p^\alpha$ (N_2, $\cdots$, N_α は整数)となることがわかる. ゆえに

$$a^{\varphi(p^\alpha)} \equiv 1 \pmod{p^\alpha}.$$

そこで m の標準分解を $m = p_1^{\alpha_1} \cdots p_k^{\alpha_k}$ とし, $(a, m) = 1$ とすれば, $\varphi(m) = \varphi(p_1^{\alpha_1}) \cdots \varphi(p_k^{\alpha_k})$ であるから, $a^{\varphi(m)} \equiv 1 \pmod{p_1^{\alpha_1}}, \cdots, a^{\varphi(m)} \equiv 1 \pmod{p_k^{\alpha_k}}$. ゆえに $a^{\varphi(m)} \equiv 1 \pmod{m}$.

第2章 §2

2. まず G 3′ によって存在する b は $ab = e$ をも満たすことを示そう. G 3′ によって, b

346   問 題 解 答

に対し $cb=e$ を満たす $c \in G$ がある．したがって $ab=e(ab)=(cb)(ab)=c((ba)b)=c(eb)$
$=cb=e$．これよりまた $ae=a(ba)=(ab)a=ea=a$．すなわち G 2, G 3 が成り立つ．

3. a_0 を G の 1 つの元とすれば，$a_0 x=a_0$ となるような $x \in G$ がある．G の任意の元 a は $a=va_0$ の形に表わされるから，$ax=(va_0)x=v(a_0 x)=va_0=a$．すなわち，すべての $a \in G$ に対して $ax=a$ が成り立つ．同様にして，$ya=a$ がすべての $a \in G$ に対して成り立つような G の元 y が存在する．特に $x=yx=y$．この元を e とすれば，e は G の単位元である．また任意の $a \in G$ に対し $aw=e$, $za=e$ となる $w,z \in G$ が存在し，$w=ew=(za)w=z(aw)=ze=z$．ゆえに $w=z$ は a の逆元である．

4. a を固定するとき，$u \mapsto au$ によって定義される写像 $G \to G$ は，簡約律によって単射である．G は有限集合であるから，これは全射ともなり，それゆえ，任意の $b \in G$ に対して $au=b$ となる $u \in G$ が存在する．同様に $va=b$ となる $v \in G$ も存在する．

9. 単位元は ϕ，A の逆元は A．

10. L 1 によって a/a は G の一定の元である．それを e とすれば，L 2, L 3 によって $a/e=a$, $e/(b/c)=c/b$ であり，また定義によって $b^{-1}=e/b$, $ab=a/b^{-1}$ である．特に $e^{-1}=e/e=e$, $(b^{-1})^{-1}=e/b^{-1}=e/(e/b)=b/e=b$．したがって $ae=a/e^{-1}=a/e=a$, $ea=e/a^{-1}=a$, $aa^{-1}=a/(a^{-1})^{-1}=a/a=e$, $a^{-1}a=a^{-1}/a^{-1}=e$．すなわち G 2, G 3 が成り立つ．また $a/b=a/(b^{-1})^{-1}=ab^{-1}$ であるから，L 3, L 4 はそれぞれ

(1) $\qquad (bc^{-1})^{-1}=cb^{-1},$

(2) $\qquad (ac^{-1})(bc^{-1})^{-1}=ab^{-1}$

と書きかえられる．(2) で $a=x$, $b=e$, $c=y^{-1}$ とおけば

(3) $\qquad (xy)y^{-1}=x.$

次に (2) で $a=xy$, $b=z^{-1}$, $c=y$ とおけば，

$$((xy)y^{-1})(z^{-1}y^{-1})^{-1}=(xy)z.$$

(1), (3) によってこの左辺は $x(yz)$ に等しい．ゆえに G 1 も成り立つ．

第 2 章 §3

5. S の元の積の全体 H は乗法に関して閉じているから，補題 E によって G の部分群となる．しかも $S \subset H$ であるから $H=G$．

10. 真部分群は，位数 2 のものが 5 個，位数 4 のものが 3 個．

11. 真部分群は，位数 2 のものが 7 個，位数 3 のものが 1 個，位数 4 のものが 3 個，位数 6 のものが 3 個．

12. $ji=-k$, $kj=-i$, $ik=-j$．真部分群は $\{1,-1\}$, $\{1,i,-1,-i\}$, $\{1,j,-1,-j\}$, $\{1,k,-1,-k\}$．

第2章 §4

2. $(G:H)=r$, $(H:K)=s$ とし，G における H を法とする相異なる左剰余類を a_1H, $\cdots$, a_rH；H における K を法とする相異なる左剰余類を b_1K, $\cdots$, b_sK とすれば，a_ib_jK ($i=1,\cdots,r$; $j=1,\cdots,s$) が G における K を法とする相異なる左剰余類の全体となる．

3. H における $H \cap K$ を法とする左剰余類全部の集合を Q，G における K を法とする左剰余類全部の集合を Q' とすれば，$a(H \cap K) \mapsto aK$ ($a \in H$) は Q から Q' への単射となる．

第2章 §5

3. HK の元 hk, $h'k'$ ($h, h' \in H$; $k, k' \in K$) に対し，$hk = h'k'$ が成り立つためには，ある $u \in H \cap K$ によって $h' = hu$, $k' = u^{-1}k$ と表わされることが必要かつ十分である．

4. 仮定および前問によって $o(G) \geqq o(H)o(K)/o(H \cap K) > o(G)/o(H \cap K)$ であるから，$o(H \cap K) > 1$.

11. 問題の仮定が成り立つならば，任意の $a, b \in G$ に対して当然 $(aH)(bH) = abH$ でなければならない．したがって特に $HbH = bH$．ゆえに $Hb \subset bH$，$b^{-1}Hb \subset H$．すなわち H は補題 G の条件を満たす．

12. (b) $a \in N(S)$, $x \in C(S)$ とし，s を S の任意の元とする．$sa = as'$ となる S の元 s' が存在するから，
$$s(axa^{-1}) = (sa)(xa^{-1}) = a(s'x)a^{-1}$$
$$= a(xs')a^{-1} = (ax)(s'a^{-1}) = (axa^{-1})s.$$
ゆえに $axa^{-1} \in C(S)$．

第2章 §6

3. 写像 $z \mapsto z/|z|$ を考えよ．

4. φ を X から X' への全単射とすれば，写像 $f \mapsto \varphi \circ f \circ \varphi^{-1}$ が $S(X)$ から $S(X')$ への同型写像となる．

5. $H = \{x \mid x \in G, f(x) = g(x)\}$ とおけば，H は S を含む G の部分群となる．

6. 仮定によって $a \equiv b \pmod{N}$ ならば $f(a) = f(b)$ である．それゆえ，$aN \mapsto f(a)$ によって G/N から G' への写像 g を定義することができる．これが準同型であることは直ちに証明される．

第2章 §7

2. 任意の $a, b \in G$ および任意の $f \in \text{Aut}(G)$ に対して，$\sigma_e = I_G$, $\sigma_a \circ \sigma_b = \sigma_{ab}$, $\sigma_a^{-1} = \sigma_{a^{-1}}$, $f \circ \sigma_a \circ f^{-1} = \sigma_{f(a)}$.

3. 写像 $a \mapsto \sigma_a$ を考えよ．

4. 位数2の群.

5. 加法群 $\mathbf{Q}$ の自己同型は，a を0でない有理数として $f_a(x)=ax$ の形の写像である．そして $a \mapsto f_a$ は乗法群 $\mathbf{Q}^*$ から $\mathrm{Aut}(\mathbf{Q})$ への同型写像を与える．

10. f が単位元以外の元を固定しなければ，容易に示されるように，写像 $a \mapsto a^{-1}f(a)$ ($a \in G$) は単射となる．G は有限集合であるから，これは全射となり，したがって G の任意の元 x は $x=a^{-1}f(a)$ の形に書かれる．これより $f(x)=f(a)^{-1}a=x^{-1}$. これが自己同型であることは G が非可換であることに矛盾する．

第2章 §8

5. $(ab)^l=e$ とすれば $(ab)^{ln}=a^{ln}=e$ であるから $m|ln$. $(m,n)=1$ であるから $m|l$. 同様にして $n|l$. したがって $mn|l$ となる．逆に $mn|l$ ならば明らかに $(ab)^l=e$.

12. n の標準分解を $n=p_1^{\alpha_1}\cdots p_k^{\alpha_k}$ とすれば，$1\leqq s\leqq k$ である任意の s に対して $p_s^{\alpha_s}|n_i$ となる n_i が少なくとも1つ存在する．そこで $n_i=\delta p_s^{\alpha_s}$, $a_i^{\delta}=b_s$ とおけば $o(b_s)=p_s^{\alpha_s}$. このように各 s ($1\leqq s\leqq k$) に対し $o(b_s)=p_s^{\alpha_s}$ となる b_s が存在し，$b_1,\cdots,b_k$ はどの2つも互いに可換であるから，$a=b_1\cdots b_k$ とおけば，問題5によって $o(a)=n$.

13. G のすべての元の位数の最小公倍数を n とすれば，前問によって $o(a)=n$ となる G の元 a が存在する．したがって $o(G)\geqq n$. 一方 G のすべての元 x に対して $x^n=e$ であるから，仮定によって $o(G)\leqq n$. ゆえに $o(G)=n$ で，G は a によって生成される巡回群である．

15. $o(b)=31$.

16. $o(G)=m$ とすれば $rn+sm=1$ となる整数 r,s が存在する．これを用いて，$x \mapsto x^n$ が単射であることを示せ．

第2章 §9

2. (a) r

3. (a) $r_1,\cdots,r_k$ の最小公倍数．

5. (a) $(1\ 3\ 6\ 7\ 2)(4\ 5)$ (b) $(1\ 3\ 5\ 6)(2\ 4)$

6. (c) 単位群，S_4 のほか，$\{e,(1\ 2)(3\ 4),(1\ 3)(2\ 4),(1\ 4)(2\ 3)\}$ および交代群 A_4.

8. (a) $(1\ 5)(2\ 3\ 6)$ (b) $(9\ 4\ 2)(3\ 1\ 6\ 8)$

9. $\rho=(1\ 3\ 5\ 2\ 4)$

12. $\sigma=(1\ 2\ \cdots\ n)$, $\tau=(1\ 2)$ とし，σ,τ で生成される S_n の部分群を H とする．$\sigma\tau\sigma^{-1}=(2\ 3), \sigma^2\tau\sigma^{-2}=(3\ 4),\cdots$ であるから，H は $\tau_i=(i,i+1)$ ($i=1,\cdots,n-1$) を含み，したがってまた $\tau_2(1\ 2)\tau_2^{-1}=(1\ 3), \tau_3(1\ 3)\tau_3^{-1}=(1\ 4),\cdots$ を含む．ゆえに問題10によって $H=S_n$.

13. (b) $r\cdot(n-r)!$ [この結果は(a)と定理14,補題Jからわかる.]

(c) $1,2,\cdots,r$ を固定するような置換 ρ は $(n-r)!$ 個存在し,それらが $(1\ 2\ \cdots\ r)$ と可換であることは明らかである.また $(1\ 2\ \cdots\ r)^i$ $(i=0,1,\cdots,r-1)$ も $(1\ 2\ \cdots\ r)$ と可換である.そして $(1\ 2\ \cdots\ r)^i\rho$ の形の元は全部で $r\cdot(n-r)!$ 個存在するから,(b)によってこれらが $(1\ 2\ \cdots\ r)$ と可換な元の全体をつくす.

14. (a) $n!/8\cdot(n-4)!$

(b) $\rho, (1\ 2)\rho, (3\ 4)\rho, (1\ 2)(3\ 4)\rho, (1\ 3)(2\ 4)\rho, (1\ 4)(2\ 3)\rho, (1\ 3\ 2\ 4)\rho, (1\ 4\ 2\ 3)\rho$; ただし ρ は $1,2,3,4$ を固定するような任意の置換.

15. (a) 分解型が $[1,1,1,1,1], [2,1,1,1], [3,1,1], [2,2,1], [4,1], [3,2], [5]$ である7つの共役類 $C_1, C_2, C_3, C_4, C_5, C_6, C_7$ をもち,それらに含まれる元の個数はそれぞれ $1, 10, 20, 15, 30, 20, 24$.

(b) A_5 は上記の共役類 C_1, C_3, C_4, C_7 の和集合であるが,C_1, C_3, C_4 は A_5 においてもそのままそれぞれ1つの共役類をなす.しかし C_7 は A_5 においてそれぞれ12個の元をもつ2つの共役類 C_7', C_7'' に分割される.その一方は

$$(1\ \sigma(2)\ \sigma(3)\ \sigma(4)\ \sigma(5)),$$

他方は

$$(1\ \rho(2)\ \rho(3)\ \rho(4)\ \rho(5))$$

の形の巡回置換の全体から成る.ただし,σ, ρ はそれぞれ $\{2,3,4,5\}$ の任意の偶置換,奇置換である.

第2章 §10

3. G/H から G/K への G-同型 φ があるとき,φ によって H に aK が対応するとすれば,$x \in H$ であるときまたそのときに限って $xaK=aK$ が成り立つ.これより $H=aKa^{-1}$ が得られる.逆に $H=aKa^{-1}$ ならば,G-集合 G/K の元 aK の安定部分群 $\{x \mid xaK=aK\}$ は H に等しいから,定理16によって G/H と G/K は G-同型である.

6. $n=1$ のときは明らかである.$n>1$ のとき,$o(G)=p^n$, H を G の位数 p^{n-1} の部分群とすれば,補題Nの仮定が満たされるから,H は e 以外の G の正規部分群 N を含み,帰納法の仮定によって H/N は G/N の正規部分群となる.

第2章 §11

4. 位数 p, q の真部分群がそれぞれ1個.
5. 位数 p の真部分群が $p+1$ 個.
11. G が H, K の直積に分解されるならば,当然(i)が成り立ち,また G の各元 $z=xy$; $x \in H, y \in K$ に x を対応させる写像 f は(ii)を満たす.逆に(i),(ii)が成り立つならば,

G は H と $\operatorname{Ker} f = K$ との直積に分解される．

第2章 §12

1. もし位数6の部分群をもつとすれば，それは A_4 の正規部分群でなければならない．しかし A_4 の共役類は1個，3個，4個，4個の元から成るから，位数6の正規部分群は存在しない．（あるいは§10の問題7を用いてもよい．）

3. P を G の p Sylow 部分群とすれば，定理8によって $(PN:N)=(P:P\cap N)$ で，左辺は p と互いに素，右辺は p のべきであるから，この値は1に等しい．したがって $N \supset P$．

4. 定理 19(a), (b) による．

5. p. 104 例1の論法にならえ．

6. p. 104 例2の論法にならえ．

7. $o(G)=p^2q$ とする．もし G の p Sylow 部分群も q Sylow 部分群も正規でないならば，$1 \neq 1+kp|p^2q$，$1 \neq 1+lq|p^2q$ を満たす整数 k,l がある．これは $1+kp=q$，$1+lq=p^2$ を意味し，$p=2$，$q=3$ のときにのみ整数解をもつ．よってこの場合以外は G は正規な Sylow 部分群を含む．$p=2$，$q=3$，$o(G)=12$ の場合，G の3 Sylow 部分群 P が正規でないとすれば，定理17の系によって，表現 $G \to S(G/P)$ は忠実である．$S(G/P) \cong S_4$ で，S_4 の位数12の部分群は A_4 のみであるから，G は A_4 に同型となるが，A_4 の2 Sylow 部分群 $\{e,(1\,2)(3\,4),(1\,3)(2\,4),(1\,4)(2\,3)\}$ は正規である．ゆえに $o(G)=12$ の場合も，G は正規な2 Sylow 部分群または正規な3 Sylow 部分群を含む．

第3章 §1

1. 単位元は値1の定値写像．

7. $x^2=x$，$y^2=y$，$(x+y)^2=x^2+xy+yx+y^2=x+y$ より，$xy+yx=0$．特に $y=1$ とおけば $x=-x$．ゆえに $xy=-yx=yx$．

第3章 §2

1. a を単元とし，$ab=0$ とすれば，$b=1b=(a^{-1}a)b=a^{-1}(ab)=a^{-1}0=0$．したがって a は左零因子ではあり得ない．同様に右零因子でもあり得ない．

2. f を $M(S,R)$ の0でない元とする．もし，すべての $x \in S$ に対して $f(x) \neq 0$ ならば，$g(x)=f(x)^{-1}$ によって定義される写像 g が f の逆元となる．また，ある $x_0 \in S$ に対して $f(x_0)=0$ ならば，g を

$$g(x) = \begin{cases} 0 & (x \neq x_0 \text{ のとき}), \\ 1 & (x = x_0 \text{ のとき}) \end{cases}$$

と定義すれば，$g \neq 0$，$fg=gf=0$ となる．

問 題 解 答

4. a が左右いずれの零因子でもないとすれば，R から R への写像 $x \mapsto ax$ および $x \mapsto xa$ はともに単射で，R は有限集合であるから，これらは全射となる．したがって $ab=1, ca=1$ を満たす $b, c \in R$ が存在し，$c = c1 = c(ab) = (ca)b = 1b = b$．ゆえに a は単元で，$b = c$ がその逆元である．

5. (i) から (ii)，(ii) から (iii) は直ちに導かれる．また (iii) を仮定すれば，$ba \neq 1$ であるから，$ba = 1 + u$ とおけば $u \neq 0$．そこで $b' = b + u$ とおけば，b' は b と異なる元で，$ab' = 1$ となる．

6. 単元は $\pm 1, \pm i$ の 4 つ．

8. (b) もし $x + y\sqrt{2}$ が単元で
$$(1) \quad 1 < x + y\sqrt{2} < \omega = 1 + \sqrt{2}$$
ならば，$x^2 - 2y^2 = \pm 1$ であるから
$$(2) \quad -1 < x - y\sqrt{2} < 1.$$
(1), (2) を加えて $0 < 2x < 2 + \sqrt{2}$．これより $x = 1$．したがって (1) より $0 < y\sqrt{2} < \sqrt{2}$．これは不合理であるから，1 と ω の間に単元は存在しない．このことから，任意の正の単元 ζ はある $n \in \mathbf{Z}$ によって $\zeta = \omega^n$ と表わされることがわかる．なぜなら，もしそうでなければ，$\omega^n < \zeta < \omega^{n+1}$ を満たす n が存在し，$1 < \zeta/\omega^n < \omega$ (ζ/ω^n は単元) となって矛盾するからである．ζ が負の単元ならば，$-\zeta$ は正の単元であるから，ある n によって $\zeta = -\omega^n$ となる．

15. 可換環ではあるが，整域ではない．

16. R2 (乗法の結合律)，R3 (分配律) の検証は容易．R4 の単位元は
$$\delta(x) = \begin{cases} 1 & (x = e \text{ のとき}), \\ 0 & (\text{それ以外のとき}) \end{cases}$$
によって定義される写像 δ である．G と R の可換性からこの環の可換性が導かれることも直ちに確かめられる．零因子の存在については，たとえば，f を値 1 の定値写像，g を $\sum_{x \in G} g(x) = 0$ を満たすような零写像でない写像とすれば，$f * g = g * f = 0$ となる．

第 3 章 §3

5. $1 = a + a'$ となるような $a \in J$, $a' \in J'$ が存在し，
$$1 = (a + a')^3 = a^3 + 3a^2 a' + 3aa'^2 + a'^3.$$
ここで $a^3 + 3a^2 a' \in J^2$, $3aa'^2 + a'^3 \in J'^2$．

11. $f \in J_n$, $h \in R$ とすれば，Leibniz の公式によって
$$(fh)^{(k)} = \sum_{r=0}^{k} \binom{k}{r} f^{(r)} h^{(k-r)}$$
であるから，$0 \leq k \leq n$ に対して $(fh)^{(k)}(0) = 0$ となる．したがって $fh \in J_n$．[Leibniz の

公式を用いなくても，積の微分法の公式 $(fg)'=f'g+fg'$ を知っていれば，帰納法によって本問を証明することができる.]

第3章 §4

3. $a^n-1=m$ とおけば，$(a,m)=1$ であるから，$a^{\varphi(m)}\equiv 1 \pmod{m}$ であるが，法 m に関する a の剰余類の既約剰余類群における位数は明らかに n である．よって $n|\varphi(m)$.

4. $p|\varphi(n)$ であるから，第2章定理18の系1によって，法 n の既約剰余類群は位数 p の元を含む．

第3章 §5

6. $S+J$ が R の部分環，$S\cap J$ が S のイデアルであることは容易にわかる．また $\varphi:R\to R/J$ を標準的準同型とすれば，$\varphi(S+J)=\varphi(S)$ で，$\varphi|(S+J)$ の核は J，$\varphi|S$ の核は $S\cap J$ である．よって $(S+J)/J$，$S/(S\cap J)$ はともに $\varphi(S)$ と同型になる．

9. J が R の極大イデアルならば，定理6の系によって R/J は体であり，したがって整域である．

10. 写像 $f\mapsto f(x_0)$ は $M(S,K)$ から K への全射準同型で，その核が J である．したがって $M(S,K)/J\cong K$．そして K が体であるから，定理6の系によって J は $M(S,K)$ の極大イデアルである．

11. 前問と同様，写像 $f\mapsto f(c)$ が R から $\boldsymbol{R}$ への全射準同型で，その核が J_c であることに注意すればよい．

12. J を R の極大イデアルとする．J の各元 f に対して $f(x)=0$ であるような区間 $[0,1]$ の点 x 全体の集合を $N(f)$ とする．連続関数の性質により $N(f)$ は $[0,1]$ の閉集合である．また J は R の単元を含まないから，任意の $f\in J$ に対して $N(f)\neq\phi$ である．$f_1,\cdots,f_n$ を J の任意の有限個の元とし，$\varphi=f_1^2+\cdots+f_n^2$ とおく．φ も J の元で，明らかに $N(\varphi)=N(f_1)\cap\cdots\cap N(f_n)$ であるから，$N(f_1)\cap\cdots\cap N(f_n)\neq\phi$ である．すなわち閉集合族 $\{N(f)\}_{f\in J}$ は有限交差性をもつ．$[0,1]$ はコンパクトであるから，すべての $N(f)$ に共通な点 c が存在する．したがって $J\subset J_c$ で，J の極大性により $J=J_c$ となる．

15. (b) f が逆元 h をもつならば，$f(1)h(1)=e(1)=1$ であるから $f(1)\neq 0$．逆に $f(1)\neq 0$ ならば，$h(1)=f(1)^{-1}$ とおき，$n>1$ に対して

$$(*) \qquad \sum_{xy=n, y<n} f(x)h(y)+f(1)h(n)=0$$

により帰納的に $h(n)$ を定めれば，$h=f^{-1}$ となる．

(c) f,g がともに乗法的ならば，$(m,n)=1$ のとき

$$(f*g)(mn)=\sum_{xy=mn} f(x)g(y)$$

$$= \sum_{x_1y_1=m, x_2y_2=n} f(x_1x_2)g(y_1y_2)$$
$$= \sum_{x_1y_1=m, x_2y_2=n} f(x_1)f(x_2)g(y_1)g(y_2)$$
$$= \Big(\sum_{x_1y_1=m} f(x_1)g(y_1)\Big)\Big(\sum_{x_2y_2=n} f(x_2)g(y_2)\Big)$$
$$= (f*g)(m) \cdot (f*g)(n).$$

また $h=f^{-1}$ については，$m=1$ または $n=1$ ならば $h(mn)=h(m)h(n)$ は明らかであるから，$m>1$, $n>1$ とし，$y_1|m$, $y_2|n$, $y_1y_2<mn$ のときは $h(y_1y_2)=h(y_1)h(y_2)$ が成り立つと仮定する．そのとき（*）によって

$$h(mn) = -\sum_{xy=mn, y<mn} f(x)h(y)$$
$$= -\sum_{x_1y_1=m, x_2y_2=n, y_1y_2<mn} f(x_1x_2)h(y_1y_2)$$
$$= -\sum_{x_1y_1=m, x_2y_2=n, y_1y_2<mn} f(x_1)f(x_2)h(y_1)h(y_2)$$
$$= -\sum_{x_1y_1=m, x_2y_2=n} f(x_1)f(x_2)h(y_1)h(y_2) + h(m)h(n)$$
$$= -(f*h)(m) \cdot (f*h)(n) + h(m)h(n)$$
$$= h(m)h(n).$$

(d) 問題中に定義した μ について，第1章定理11のように，$n>1$ ならば $\sum_{d|n}\mu(d)=0$ となるが，これは $n>1$ のとき $(\partial*\mu)(n)=0$ であることを意味する．

22. $f(ab)=f(a)f(b)\neq f(b)f(a)$ である a,b と $f(cd)=f(d)f(c)\neq f(c)f(d)$ である c,d とが存在したとする．もし，ある x に対して $f(ax)=f(x)f(a)\neq f(a)f(x)$ ならば，
$$f(a(b+x)) = f(ab)+f(ax) = f(a)f(b)+f(x)f(a)$$
は，
$$f(a)f(b+x) = f(a)f(b)+f(a)f(x),$$
$$f(b+x)f(a) = f(b)f(a)+f(x)f(a)$$
のいずれとも等しくない．したがって，すべての $x\in R$ に対して
$$f(ax) = f(a)f(x).$$
同様に，すべての $x\in R$ に対して
$$f(xb) = f(x)f(b),$$
$$f(cx) = f(x)f(c),$$
$$f(xd) = f(d)f(x).$$
そこで $f((a+c)(b+d))=f(ab+ad+cb+cd)$ を考えれば，
(*) $\quad f((a+c)(b+d)) = f(ab)+f(ad)+f(cb)+f(cd)$
であるが，
$$f(a+c)f(b+d) = f(a)f(b)+f(a)f(d)+f(c)f(b)+f(c)f(d)$$
は（*）と第4項において異なり，

$$f(b+d)f(a+c) = f(b)f(a) + f(d)f(a) + f(b)f(c) + f(d)f(c)$$
は($*$)と第1項において異なる．これで矛盾が示された．

第3章 §6

5. R の商の体 K において $a/b=u$ は $u^m=1$, $u^n=1$ を満たす．よって乗法群 K^* における u の位数 s は (m,n) の約数で，$(m,n)=1$ であるから $s=1$．

第3章 §7

4. $g(x)=1+b_1x+\cdots+b_{n-1}x^{n-1}$ に対して $fg=1$ となるならば，$a+b_1=0$, $ab_1+b_2=0$, $\cdots$, $ab_{n-2}+b_{n-1}=0$, $ab_{n-1}=0$ より，$b_1=-a$, $b_2=a^2$, $\cdots$, $b_{n-1}=(-1)^{n-1}a^{n-1}$, $ab_{n-1}=(-1)^{n-1}a^n=0$ となる．逆に $a^n=0$ ならば，上のように $b_1,\cdots,b_{n-1}$ を定めるとき $fg=1$ である．

第3章 §8

3. 本文の定義の意味で $\alpha=a+b\rho$ のノルムは $N(\alpha)=a^2-ab+b^2$ となり，$\mathbf{Z}[i]$ の場合と同様の除法の定理が成り立つ．

4. $\alpha=a+b\sqrt{2}$ に対してノルムを $N(\alpha)=a^2-2b^2$ と定義すれば，余りに関する条件を $|N(\delta)|<|N(\beta)|$ として，$\mathbf{Z}[i]$ の場合と同様の除法の定理が成り立つ．

第3章 §9

3. 前問2と定理6の系による．

5. (a) x^2+3x+1 (b) $x-1$

9. 第1章§5問題11, 12と同様．すなわち $g=p_i^{\alpha_i}P_i$ $(i=1,\cdots,k)$ とおけば，$(P_1,\cdots,P_k)=1$ であるから，$s_1P_1+\cdots+s_kP_k=f$ を満たす s_i があり，これを g で割れば
$$\varphi = \frac{s_1}{p_1^{\alpha_1}} + \cdots + \frac{s_k}{p_k^{\alpha_k}}.$$
この各項を真分数式と多項式の和に分ければ，求める表現を得る．一意性の証明は容易．

10. 第1章§5問題15と同様．

第3章 §10

2. $x\equiv 5, 8 \pmod{13}$

3. $4\pm 9i$, $-4\pm 9i$, $9\pm 4i$, $-9\pm 4i$.

6. $m=2^x3^y5^z7^w$ とおき，ある $\alpha\in\mathbf{Z}[i]$ に対して $m=N(\alpha)$ となるとする．3および7は

$Z[i]$ の素数で，α を $Z[i]$ の中で素元分解したとき $3, 7$ がそれぞれ'べき' $3^r, 7^s$ ($r, s \in N$) で現われるとすれば，$2r = y, 2s = w$, したがって y, w は偶数でなければならない．逆に y, w が偶数ならば，$r = y/2, s = w/2$ として

$$\alpha = (1+i)^x 3^r (2+i)^z 7^s$$

とおけば，$m = N(\alpha)$ となる．すなわち $m = a^2 + b^2$ と表わされるための必要十分条件は y, w が偶数であることである．

第3章 §11

4. (a) $(x-1)(x^2+x+1)$,
$$(x-1)\left(x - \frac{-1+\sqrt{3}i}{2}\right)\left(x - \frac{-1-\sqrt{3}i}{2}\right).$$
 (b) $(x^2 - \sqrt{2}x + 1)(x^2 + \sqrt{2}x + 1)$,
$$\left(x - \frac{1+i}{\sqrt{2}}\right)\left(x - \frac{1-i}{\sqrt{2}}\right)\left(x - \frac{-1+i}{\sqrt{2}}\right)\left(x - \frac{-1-i}{\sqrt{2}}\right).$$
 (c) $(x^2 - 2x + 5)(x^2 + 2x + 5)$,
$$\{x-(1+2i)\}\{x-(1-2i)\}\{x-(-1+2i)\}\{x-(-1-2i)\}.$$

5. $a = 3, 5, 6$ に対して既約．

6. $a = 2, 3, 4, 5$ に対して既約．

7. $a = 2, 5$.

8. $x^3 - x = x(x-1)(x+1)$,
 $x^3 - x - 1 = (x+2)(x^2 - 2x + 3)$,
 $x^3 - x - 3 = (x-3)(x^2 + 3x + 1)$,
 $x^3 - x - 4 = x^3 - x + 3 = (x+3)(x^2 - 3x + 1)$,
 $x^3 - x - 6 = x^3 - x + 1 = (x-2)(x^2 + 2x + 3)$.

9. $p = 2$, $p = 4n+1$ のときは可約，$p = 4n+3$ のときは既約．

10. 与えられた多項式を f とすれば，$f(0) = 1$, $f(1) = 1$ であるから，f は1次の因数をもたない．また，Z_2 における既約な2次式は $x^2 + x + 1$ であるが，
$$f = (x^2 + x + 1)(x^4 + x^2) + 1$$
であるから，f は2次の既約な因数ももたない．さらに既約な3次式は $x^3 + x^2 + 1$ と $x^3 + x + 1$ であるが，
$$f = (x^3 + x^2 + 1)x^3 + (x^2 + 1)$$
$$= (x^3 + x + 1)(x^3 + x^2 + x + 1) + x^2$$
であるから，f は3次の因数ももたない．

第3章 §12

1. もし $(2, x)$ が単項イデアル (f) となるならば,$f|2$, $f|x$ より $f=\pm1$ である.したがって $1=2g(x)+xh(x)$ を満たす $g, h \in \mathbf{Z}[x]$ が存在するが,この式で $x=0$ を代入すれば $1=2g(0)$.これは矛盾である.

6. $f=a\tilde{f}$, $a\in \mathbf{Z}$,$\tilde{f}$ は原始多項式,とする.また $h=(c/d)\tilde{h}$, $c, d\in\mathbf{Z}$, $\tilde{h}$ は原始多項式,とする.そうすれば $ad\cdot\tilde{f}=c\cdot g\tilde{h}$ より $c=\pm ad$.ゆえに $c/d=\pm a\in\mathbf{Z}$ で,$h=\pm a\tilde{h}$ は整係数の多項式である.

7. $cx-b\in\mathbf{Z}[x]$(ただし $(c,b)=1$)が f の 1 次の因数ならば,$c|a_n$, $b|a_0$, $f(b/c)=0$ である.

9. 定理 18 により $x^m-(p_1\cdots p_r)$ は $\mathbf{Q}$ において既約で,したがって特に 1 次の因数をもたない.

10. (a) $(x+3)(x^2-2x-5)$
 (b) $(x^2-x+1)(x^2+x+1)$
 (c) $(x^2-2x+2)(x^2+2x+2)$

14. $f(x-1)=\dfrac{(x-1)^p+1}{(x-1)+1}=\dfrac{(x-1)^p+1}{x}$
$=x^{p-1}-\binom{p}{1}x^{p-2}+\binom{p}{2}x^{p-3}-\cdots-\binom{p}{p-2}x+p.$

これに Eisenstein の規準を適用すればよい.または $f(-x)$ に例 4 を適用せよ.

15. f が $\mathbf{Z}_2$ において既約であることは §11 問題 10 と同様にして証明される.もし f が $\mathbf{Z}[x]$ において $f=gh$, $\deg g\geqq 1$, $\deg h\geqq 1$ と分解されるならば,$f\equiv gh \pmod 2$ となるが,これは f の $\mathbf{Z}_2$ における既約性に反する.

17. $a=0, 2, -1$.
 $a=0$ のとき,$(x-1)(x^4+x^3+x^2+x+1)$,
 $a=2$ のとき,$(x+1)(x^4-x^3+x^2-x-1)$,
 $a=-1$ のとき,$(x^2-x+1)(x^3+x^2-1)$.

第3章 §13

3. K の標数が 2 のときは $x^2+y^2-1=x^2+y^2+1=(x+y+1)^2$ となる.

5. n に関する帰納法による.K 上の,x_{11} 以外の n^2-1 個の変数の多項式環を R とし,

$$\tilde{D}=\begin{vmatrix} x_{22}\cdots x_{2n} \\ \cdots\cdots\cdots \\ x_{n2}\cdots x_{nn} \end{vmatrix}$$

とおけば,$D=x_{11}\tilde{D}+E$; $\tilde{D}, E\in R$ である.帰納法の仮定によって $\tilde{D}$ は R において既約で,このことから容易に D は $R[x_{11}]$ の多項式として '原始' であることがわかる.

第4章 §1

6. $x=1, -1/3$.

9. p.172 の (5) により $nx=(n1)x$ で, $x\neq 0$ であるから, $nx=0$ となるための条件は $n1=0$. これは $n\equiv 0 \pmod{p}$ と同等.

10. K の標数が 2 でなければ 1 次独立である. K の標数が 2 のときは 1 次従属. たとえば $y_1+y_2+y_3=0$.

11. K の標数が 3 のときである.

17. 前半は両辺とも $\langle e_2 \rangle$. 後半は, 左辺は $\langle e_1+e_2 \rangle$, 右辺は $\{0\}$.

18. $x=x_2=x_1+x_3$ を $(W_1+W_3)\cap W_2$ の元とする. ただし $x_i \in W_i$ $(i=1,2,3)$ である. $(-x_1)+x_2=x_3 \in (W_1+W_2)\cap W_3$ であるから, 仮定によって

$$(-x_1)+x_2=x_3=y_1+y_2, \quad y_1\in W_1\cap W_3, \quad y_2\in W_2\cap W_3$$

と書かれ,

$$x=x_1+x_3=(x_1+y_1)+y_2,$$
$$x_1+y_1=x_2-y_2\in W_1\cap W_2, \quad y_2\in W_2\cap W_3.$$

したがって $x\in (W_1\cap W_2)+(W_3\cap W_2)$.

第4章 §2

2. $n+1$.

3. もし V の中に存在する 1 次独立な元の個数が上に有界ならば, その最大値を n とし, $v_1,\cdots,v_n$ を 1 次独立な元とすれば, 補題 B によって V のすべての元は $v_1,\cdots,v_n$ の 1 次結合となる. したがって V は有限生成である.

4. $\dim V=n$ とすれば, 部分空間 W の中に n 個より多くの 1 次独立な元は存在しないから, $\dim W\leq n$. もし $\dim W=n$ ならば, W の基底 $\{v_1,\cdots,v_n\}$ は定理 3 によりそのまま V の基底となる. したがってその場合は $W=V$.

5. $A_1=(-1/2, 1/2, 1/2)$, $A_2=(1/2, -1/2, 1/2)$, $A_3=(1/2, 1/2, -1/2)$.

6. $(x_1+x_2+\cdots+x_n, x_2+\cdots+x_n, \cdots\cdots, x_{n-1}+x_n, x_n)$.

7. p^n 個.

8. K^n において

$$A_1=\begin{bmatrix}a_{11}\\ \vdots \\ a_{n1}\end{bmatrix}, \quad \cdots\cdots, \quad A_n=\begin{bmatrix}a_{1n}\\ \vdots \\ a_{nn}\end{bmatrix}$$

とおけば, 第 1 の条件は $A_1,\cdots,A_n$ が K^n を生成すること, 第 2 の条件は $A_1,\cdots,A_n$ が K 上で 1 次独立であることを表わす.

9. $A_1,\cdots,A_n$ は K^m の基底 $\{A_1,\cdots,A_n,\cdots,A_m\}$ に拡張され, $\{e_1,\cdots,e_m\}$ を標準基底とす

れば，どの e_i も $A_1, \cdots, A_n, \cdots, A_m$ の1次結合となる．このことから，L^m においても $A_1, \cdots, A_n, \cdots, A_m$ は生成元，したがって基底となることがわかる．

10. 前問の対偶．
11. $2n$．

第4章 §3

3. f の像を W' とすれば，定理7によって，f が単射準同型ならば $\dim V = \dim W' \leqq \dim W$，$f$ が全射準同型ならば $\dim V \geqq \dim W' = \dim W$．

4. 同じく定理7の応用．

5. $\{e_1, \cdots, e_n\}$ を K^n の標準基底とし，$f(e_i) = a_i$ $(i=1, \cdots, n)$，$A = (a_1, \cdots, a_n)$ とおけば，任意の $x = x_1 e_1 + \cdots + x_n e_n$ に対して，$\lambda(x) = x_1 \lambda(e_1) + \cdots + x_n \lambda(e_n) = a_1 x_1 + \cdots + a_n x_n = A \cdot x$．

10. 問題9，定理6，および商空間の次元に関する公式を用いよ．

第4章 §4

7. $V = K^n$ の標準基底を $\{e_1, \cdots, e_n\}$ とし，$v_i = e_i - e_{i+1}$ $(1 \leqq i \leqq n-1)$，$v_n = e_n$ とすれば，$\{\lambda_1, \cdots, \lambda_n\}$ は基底 $\{v_1, \cdots, v_n\}$ の双対基底である．

8. $\dim (M^\perp)^\perp = \dim V - \dim M^\perp = \dim V - (\dim V - \dim M) = \dim M$ であって，また明らかに $(M^\perp)^\perp \supset M$ であるから，$(M^\perp)^\perp = M$．他方も同様．

10. N_1, N_2 を双対空間 V^* の部分空間とすれば，$(N_1 + N_2)^\perp = N_1^\perp \cap N_2^\perp$ であることは前問と同様にしてわかる．この両辺の直交空間をとって，$N_1 = M_1^\perp, N_2 = M_2^\perp$ とおけ．

12. V/H の基底を $\{\bar{x}_0\}$ とすれば，任意の $\bar{x}$ は一意的に $\bar{x} = a \bar{x}_0$ $(a \in K)$ と書かれる．ただし $\bar{x}$ は自然な準同型 $V \to V/H$ による $x \in V$ の像である．そこで $\lambda: V \to K$ を $\lambda(x) = a$ と定義すればよい．

13. $\mu = 0$ の場合は明らかである．そうでないとき，$\mu(x_0) \neq 0$ である x_0 をとれば，任意の x に対して $\mu[x - (\mu(x)/\mu(x_0)) x_0] = 0$ であるから，$\lambda[x - (\mu(x)/\mu(x_0)) x_0] = 0$．したがって $c = \lambda(x_0)/\mu(x_0)$ とおけば $\lambda(x) = c \mu(x)$．

14. $n = 1$ のときは前問．$n \geqq 2$ のとき，もし $\mu_1(x) = \cdots = \mu_{n-1}(x) = 0$ であるすべての x に対して $\mu_n(x) = 0$ となるならば，問題は $n-1$ の場合に還元される．そこで，$\mu_j(x_n) = 0$ $(j \neq n)$，$\mu_n(x_n) \neq 0$ を満たす x_n が存在すると仮定する．同様に，各 i に対し，$\mu_j(x_i) = 0$ $(j \neq i)$，$\mu_i(x_i) \neq 0$ を満たす x_i の存在を仮定する．そのとき，任意の x に対し

$$y = x - \sum_{i=1}^{n} \frac{\mu_i(x)}{\mu_i(x_i)} x_i$$

とおけば，すべての i に対し $\mu_i(y) = 0$ となるから，$\lambda(y) = 0$．すなわち $c_i = \lambda(x_i)/\mu_i(x_i)$

とおけば, $\lambda(x) = \sum c_i \mu_i(x)$.

第4章 §5

2. J を $M_n(K)$ のイデアルとし, $A=(a_{ij})$ を零行列でない J の元, $a_{i_0 j_0} \neq 0$ とすれば, 前問の(b)より $E_{i_0 i_0} A E_{j_0 j_0} = a_{i_0 j_0} E_{i_0 j_0} \in J$, よって $E_{i_0 j_0} \in J$. したがってまた, 任意の i, j に対して $E_{i i_0} E_{i_0 j_0} E_{j_0 j} = E_{ij} \in J$. ゆえに $J = M_n(K)$.

5. V, W, Z をベクトル空間とし, A, B をそれぞれ線型写像 $f: V \to W$, $g: W \to Z$ の表現行列と考える. $(g \circ f)(V) \subset g(W)$ であるから, $\mathrm{rank}(g \circ f) \leq \mathrm{rank}\, g$. また $\mathrm{Ker}\, f \subset \mathrm{Ker}(g \circ f)$ であるから, $\dim(\mathrm{Ker}\, f) \leq \dim(\mathrm{Ker}(g \circ f))$. そして
$$\dim V = \mathrm{rank}\, f + \dim(\mathrm{Ker}\, f),$$
$$\dim V = \mathrm{rank}(g \circ f) + \dim(\mathrm{Ker}(g \circ f))$$
であるから, $\mathrm{rank}(g \circ f) \leq \mathrm{rank}\, f$.

6. 前問の解のように A, B を $f: V \to W$, $g: W \to Z$ の表現行列とする. ただし $\dim V = n$, $\dim W = m$, $\dim Z = l$ とする. $g \circ f = 0$ であるから, $f(V) \subset \mathrm{Ker}\, g$, したがって $\mathrm{rank}\, f \leq \dim(\mathrm{Ker}\, g) = m - \mathrm{rank}\, g$.

第4章 §6

5. 写像 $f \mapsto f(1)$ が $\mathrm{Hom}_R(R, M)$ から M への $(Z\text{-})$ 同型写像となる.

12. φ_2^* が単射であることの証明は容易. $\mathrm{Im}\, \varphi_2^* \subset \mathrm{Ker}\, \varphi_1^*$ も容易に示される. $\mathrm{Ker}\, \varphi_1^* \subset \mathrm{Im}\, \varphi_2^*$ を示すために, $f_2 \in \mathrm{Hom}(M_2, N)$ とし, $f_2 \in \mathrm{Ker}\, \varphi_1^*$, すなわち $f_2 \circ \varphi_1 = 0$ とする. そのとき $\mathrm{Im}\, \varphi_1 \subset \mathrm{Ker}\, f_2$, したがって $\mathrm{Ker}\, \varphi_2 \subset \mathrm{Ker}\, f_2$ であるから, $x_3 \in M_3$ に対し, $x_3 = \varphi_2(x_2)$ を満たす $x_2 \in M_2$ をとって, $f_3(x_3) = f_2(x_2)$ とおけば, 右辺は x_2 のとり方には関係なく x_3 のみによって定まり, $f_3 \in \mathrm{Hom}(M_3, N)$, $f_2 = f_3 \circ \varphi_2$, すなわち $f_2 \in \mathrm{Im}\, \varphi_2^*$ となる.

14. (ⅰ)から(ⅱ),(ⅲ)は容易に導かれる.[(ⅰ)から(ⅲ)を導くには問題9を用いよ.] 逆に,(ⅱ)が成り立てば $M = \mathrm{Im}\, f \oplus \mathrm{Ker}\, f'$,(ⅲ)が成り立てば $M = \mathrm{Ker}\, g \oplus \mathrm{Im}\, g'$ となる.

第4章 §8

4. 任意の $x \in N$ は
$$x = \sum_{i=1}^{r} c_i(a_i e_i) = \sum_{i=1}^{r} (c_i a_i) e_i$$
と表わされるから, 任意の $\lambda \in L^*$ に対して
$$\lambda(x) = \sum_{i=1}^{r} (c_i a_i) \lambda(e_i).$$

そして $a_1|a_i$ $(1\leq i\leq r)$ であるから，$a_1|\lambda(x)$．これより容易に $A\cup\{0\}=(a_1)$ であることがわかる．

第4章 §9

4. N が直和因子ならば $L=N\oplus N'$ とするとき，$L/N\cong N'$ で，定理10により N' は自由加群である．逆に L/N が自由であるとする．定理11のように L の基底 $\{e_1,\cdots,e_n\}$, N の基底 $\{a_1e_1,\cdots,a_re_r\}$ をとれば，
$$L/N \cong \left(\bigoplus_{i=1}^{r} R/(a_i)\right)\oplus R\oplus\cdots\oplus R$$
となるから，すべての $i(=1,\cdots,r)$ に対して $(a_i)=R$ でなければならない．したがって $a_1=\cdots=a_r=1$ と仮定することができ，$N'=\langle e_{r+1},\cdots,e_n\rangle_R$ とおけば，$L=N\oplus N'$ となる．

5. G を素数べき位数の巡回部分群の直積に分解したとき，p_i のべきを位数とする巡回群の積が p_i Sylow 部分群 P_i となる．

6. 巡回群については，位数の任意の約数に対して，その約数を位数とする部分群が存在する．そのことと定理15を用いよ．

8. 次の7通り．$(2,2,2,2,2)$ 型，$(2,2,2,2^2)$ 型，$(2,2,2^3)$ 型，$(2,2^2,2^2)$ 型，$(2,2^4)$ 型，$(2^2,2^3)$ 型，(2^5) 型．

10. 22個．

11. n の標準分解が $n=p_1p_2\cdots p_k$ ならば，G は位数 p_i の巡回群 $(1\leq i\leq k)$ の直積であるから，本節の例2(あるいは第2章§8問題12)によって位数 n の元が存在する．(または第2章§11例2を用いてもよい．)

12. 不変因子は n, 単因子は $(p_1^{e_1},\cdots,p_k^{e_k})$．

13. (a) $\boldsymbol{Z}/(4)\oplus\boldsymbol{Z}/(24)$

(b) $\boldsymbol{Z}/(100)\oplus\boldsymbol{Z}/(100)$

(c) $\boldsymbol{Z}/(2)\oplus\boldsymbol{Z}/(20)\oplus\boldsymbol{Z}/(120)\oplus\boldsymbol{Z}/(600)$

第4章 §10

1. 定理13による．

2. (b) 巡回 R-加群 $R/(a)$ の部分加群は $(b)\supset(a)$ を満たすイデアル (b) によって $(b)/(a)$ と表わされる．したがって，$R/(a)$ が単純加群であるためには，(a) が R の極大イデアルであること，すなわち $a=p$ が R の素元であることが必要かつ十分である．

3. f を $\mathrm{End}_R(M)$ の0でない元とすれば，$f(M)$ は M の0でない部分加群となるから，$f(M)=M$, すなわち f は全射である．他方 $\mathrm{Ker}\,f$ は M に等しくない M の部分加群であるから，$\mathrm{Ker}\,f=\{0\}$, すなわち f は単射である．したがって f は R-同型写像で，

問 題 解 答　　　　361

$\text{End}_R(M)$ の中に逆元をもつ.

第5章 §1
4. $(\boldsymbol{Q}(\sqrt{2}):\boldsymbol{Q})=2.$
5. $(\boldsymbol{Q}(\sqrt{2},\sqrt{3}):\boldsymbol{Q})=4.$
6. $\alpha=\sqrt{2}+\sqrt{3}$ とおけば, $\sqrt{2}=(\alpha^3-9\alpha)/2$, $\sqrt{3}=(11\alpha-\alpha^3)/2$.
7. $(\boldsymbol{Q}(\sqrt{2},\sqrt[3]{5}):\boldsymbol{Q})=6.$

第5章 §2
3. n に関する帰納法による.
4. 2, 2, 3.

第5章 §3
1. (a) 2　　(b) 3　　(c) 4　　(d) 2
2. $p=2$ または $p\equiv 1\pmod{4}$ ならば 1, $p\equiv 3\pmod{4}$ ならば 2.
3. $\boldsymbol{Z}_3$ において x^4+1 は $(x^2+x-1)(x^2-x-1)$ と分解される. したがって $(\boldsymbol{Z}_3(\alpha):\boldsymbol{Z}_3)=2.$
4. $\boldsymbol{Z}_5$ において x^4+1 は $(x^2+2)(x^2-2)$ と分解される. したがって $(\boldsymbol{Z}_5(\alpha):\boldsymbol{Z}_5)=2.$
6. $\sqrt{2}=\frac{1}{2}(\alpha^3-3\alpha^2-6\alpha+8)$, $\sqrt{3}=-\frac{1}{2}(\alpha^3-3\alpha^2-8\alpha+10)$.
7. (a) x^4-2x^2+9　　(b) x^2+2　　(c) x^4-2　　(d) x^6+4
8. $7^3=343.$
9. (a) $4\alpha^2+3\alpha$　　(b) $2\alpha^2+\alpha+2$　　(c) 2

第5章 §4
4. $f\in E_0[x]$ を定数でない多項式とすれば, E は代数的閉体であるから, f は E の中に根 α をもつ. α は E_0 に関し代数的で, E_0 は K の代数拡大であるから, 補題 F によって α は K 上で代数的である. したがって $\alpha\in E_0$ となる.
6. (b) $\cos 1°=\alpha$, $\sin 1°=\beta$ とおけば, (a) の整係数多項式 g_n を用いて $g_{90}(\alpha)=0$. したがって α は $\boldsymbol{Q}$ 上で代数的, ゆえにまた $\beta=g_{89}(\alpha)$ も $\boldsymbol{Q}$ 上で代数的である.

第5章 §5
2. n に関する帰納法による. $\alpha\in E$ を f の 1 つの根とし, $K_1=K(\alpha)$ とすれば, K_1 において $f=(x-\alpha)f_1$, $\deg f_1=n-1$ となり, E は K_1 上の f_1 の分解体に等しい. そして

$(K_1 : K) \leq n$, $(E : K_1) \leq (n-1)!$ であるから，$(E : K) \leq n!$.

3. (a) x^4+1 は $\mathbf{Q}[x]$ において既約で，$\alpha=(1+i)/\sqrt{2}$ とすれば，x^4+1 の 4 つの根は $\pm\alpha$, $\pm\alpha^3$ となる．したがって $E=\mathbf{Q}(\alpha)$ が x^4+1 の分解体で，$(E:\mathbf{Q})=4$.

(b) $x^4+x^2+1=(x^2-x+1)(x^2+x+1)$ で，その 4 根は $(1\pm\sqrt{3}i)/2$, $(-1\pm\sqrt{3}i)/2$ で与えられる．よって $\alpha=\sqrt{3}i=\sqrt{-3}$ とおけば，$E=\mathbf{Q}(\alpha)$ が分解体となり，$(E:\mathbf{Q})=2$.

(c) x^4-2 は $\mathbf{Q}$ 上で既約で，その 4 根は $\pm\sqrt[4]{2}$, $\pm\sqrt[4]{2}\,i$ であるから，分解体は $E=\mathbf{Q}(\sqrt[4]{2},i)$. そして $(\mathbf{Q}(\sqrt[4]{2}):\mathbf{Q})=4$, また $i\notin\mathbf{Q}(\sqrt[4]{2})$ であるから $(E:\mathbf{Q}(\sqrt[4]{2}))=2$, よって $(E:\mathbf{Q})=8$.

(d) 分解体は $E=\mathbf{Q}(\sqrt{2},\sqrt{3})$ で，$(E:\mathbf{Q})=4$.

4. 例 2 にならって証明される．

5. (a) $x^3+ax+b=(x-\alpha)(x-\beta)(x-\gamma)$ より
$$\alpha+\beta+\gamma=0, \quad \alpha\beta+\beta\gamma+\gamma\alpha=a, \quad \alpha\beta\gamma=-b.$$
ゆえに $\beta+\gamma=-\alpha$, $\beta\gamma=a-\alpha(\beta+\gamma)=a+\alpha^2$, したがって
$$(*) \qquad (\alpha-\beta)(\alpha-\gamma)=\alpha^2-(\beta+\gamma)\alpha+\beta\gamma=a+3\alpha^2.$$
よって
$$D=-(a+3\alpha^2)(a+3\beta^2)(a+3\gamma^2).$$
この式を展開して
$$\alpha^2+\beta^2+\gamma^2=(\alpha+\beta+\gamma)^2-2(\alpha\beta+\beta\gamma+\gamma\alpha)=-2a,$$
$$\alpha^2\beta^2+\beta^2\gamma^2+\gamma^2\alpha^2=(\alpha\beta+\beta\gamma+\gamma\alpha)^2-2\alpha\beta\gamma(\alpha+\beta+\gamma)=a^2,$$
$$(\alpha\beta\gamma)^2=b^2$$
を代入すればよい．

(b) $\delta=\sqrt{D}=(\alpha-\beta)(\alpha-\gamma)(\beta-\gamma)$ とおけば $(*)$ より $\beta-\gamma=\delta/(a+3\alpha^2)$. これと $\beta+\gamma=-\alpha$ より $\beta,\gamma\in\mathbf{Q}(\alpha,\delta)$ であることがわかる．したがって $E\subset\mathbf{Q}(\alpha,\delta)$. 逆の包含関係は明らかであるから $E=\mathbf{Q}(\alpha,\delta)$.

6. 求める条件は $\sqrt{D}\in\mathbf{Q}(\alpha)$ であるが，この場合 $(\mathbf{Q}(\sqrt{D}):\mathbf{Q})$ は $(\mathbf{Q}(\alpha):\mathbf{Q})=3$ の約数で，$(\mathbf{Q}(\sqrt{D}):\mathbf{Q})=1$ または 2 であるから，$(\mathbf{Q}(\sqrt{D}):\mathbf{Q})=1$, すなわち $\sqrt{D}\in\mathbf{Q}$ でなければならない．ゆえに求める条件は $\sqrt{D}\in\mathbf{Q}$.

7. (a) $D=81=(\pm 9)^2$ であるから $(E:\mathbf{Q})=3$.

(b) $D=-140$, $\sqrt{D}\notin\mathbf{Q}$ であるから $(E:\mathbf{Q})=6$.

8. x^2-2, x^2-3 はそれぞれ $\mathbf{Z}_5$ において既約であるが，α を x^2-2 の 1 つの根とすれば，2α が x^2-3 の根となるから，$E=\mathbf{Z}_5(\alpha)$ が $(x^2-2)(x^2-3)$ の分解体となる．したがって $(E:\mathbf{Z}_5)=2$.

第5章 §6

3. 微分の性質から,帰納法によって,任意の $g \in K[x]$ に対し $D(g^k) = kg^{k-1}D(g)$ であることがわかる. 特に $D(x^k) = kx^{k-1}D(x)$. したがって任意の $f = \sum a_k x^k$ に対し, $D(f) = \sum a_k D(x^k) = \sum k a_k x^{k-1} D(x) = f' \cdot D(x)$.

第5章 §7

2. S の固定体を K とし,E の K 上の自己同型群を G' とすれば,$G' \supset S$ であるから,$G' \supset G$. したがって G の固定体も K に等しい.

3. G の固定体を K_0 とすれば,$K_0 \supset K$ であるから,$(E:K_0)$ は有限,したがって定理9により $o(G)$ も有限で,定理10により $(E:K_0) = o(G)$. そして $(E:K_0)$ は $(E:K)$ の約数であるから $o(G) | (E:K)$.

5. $p(\alpha) = 0$ で σ_i は K 上の自己同型であるから $p(\sigma_i(\alpha)) = 0$, ゆえに $\alpha_1, \alpha_2, \cdots, \alpha_r$ はすべて p の根である. したがって $f = p$.

6. すべての $n \in \mathbf{Z}$ に対し $\sigma^n \varphi(x) = \varphi(x+n)$ であるから,σ で生成される $E = \mathbf{Q}(x)$ の自己同型群 G は無限巡回群で,したがって定理9により $(E:K) = \infty$ となる. もし定数でない有理式 $t = f(x)/g(x)$ (f, g は互いに素な多項式で少なくとも一方の次数は ≥ 1) が K に含まれるとすれば,$K \supset \mathbf{Q}(t)$ であるが,x は $\mathbf{Q}(t)$ 上で方程式 $f(x) - tg(x) = 0$ を満たすから,$\mathbf{Q}(t)$ 上で代数的,したがって K 上で代数的となる. しかしこれは $(E:K) = \infty$ に反する.

7. $E = \mathbf{Z}_p(x)$ とし,σ の固定体を K とする. σ^p は E の恒等写像であるから,σ で生成される自己同型群 G は位数 p の巡回群,したがって $(E:K) = p$ である. 第3章§5問題17または本章の§11補題M(あるいはむしろ補題Mのあとの注意)によって,$(x+1)^p = x^p + 1$ であるから,多項式 $t = x^p - x$ は σ によって不変で,したがって $K \supset \mathbf{Z}_p(t)$. 一方 x は $\mathbf{Z}_p(t)$ において方程式 $x^p - x - t = 0$ を満たすから,$(E:\mathbf{Z}_p(t)) \leq p$. ゆえに $K = \mathbf{Z}_p(t)$ である.

第5章 §8

1. $G = G_{E/K}$ の固定体を K_0 とすれば,$K_0 \supset K$ で,定理10により $(E:K_0) = o(G)$, したがって仮定により $(E:K_0) = (E:K)$, ゆえに $K_0 = K$ となる.

4. (a) $a_1^2 - 2a_2$
　　(b) $a_1^3 - 3a_1 a_2 + 3a_3$
　　(c) $a_1^2 a_2^2 - 4a_1^3 a_3 + 18 a_1 a_2 a_3 - 4a_2^3 - 27 a_3^2$

第5章 §9

1. $Q(\sqrt[3]{2})$ の Q 上の自己同型は恒等写像のほかにない．（§7 例2 参照）

2. $E=Q(\sqrt{2},\sqrt{3})$ は $(x^2-2)(x^2-3)$ の Q 上の分解体であるから，正規拡大である．$(E:Q)=4$ で，自己同型群は $G=\{e,\sigma,\tau,\sigma\tau\}$；ただし

	e	σ	τ	$\sigma\tau$
$\sqrt{2}$	$\sqrt{2}$	$\sqrt{2}$	$-\sqrt{2}$	$-\sqrt{2}$
$\sqrt{3}$	$\sqrt{3}$	$-\sqrt{3}$	$\sqrt{3}$	$-\sqrt{3}$

$\sigma^2=\tau^2=e,\ \sigma\tau=\tau\sigma$

G の部分群は G,e のほかに

$$H_1=\{e,\sigma\},\quad H_2=\{e,\tau\},\quad H_3=\{e,\sigma\tau\}.$$

これらに対応する体はそれぞれ $M_1=Q(\sqrt{2})$，$M_2=Q(\sqrt{3})$，$M_3=Q(\sqrt{6})$．

3. $E=K(\sqrt[3]{2},\omega)$（ただし $K=Q,\ \omega=(-1+\sqrt{3}i)/2$），$(E:K)=6$．自己同型群は $G=\{e,\sigma,\sigma^2,\tau,\sigma\tau,\sigma^2\tau\}$；ただし

	e	σ	σ^2	τ	$\sigma\tau$	$\sigma^2\tau$
$\alpha=\sqrt[3]{2}$	α	$\alpha\omega$	$\alpha\omega^2$	α	$\alpha\omega$	$\alpha\omega^2$
ω	ω	ω	ω	ω^2	ω^2	ω^2

$\sigma^3=e,\ \tau^2=e,$
$\tau\sigma=\sigma^2\tau$
$(G\cong S_3)$

部分群は G,e のほかに，$H=\{e,\sigma,\sigma^2\}$，$H_1=\{e,\tau\}$，$H_2=\{e,\sigma\tau\}$，$H_3=\{e,\sigma^2\tau\}$．

4. H,H_1,H_2,H_3 に対応する体はそれぞれ $M=K(\omega)$，$M_1=K(\alpha)$，$M_2=K(\alpha\omega^2)$，$M_3=K(\alpha\omega)$．これらのうち $K=Q$ 上で正規であるものは $M=K(\omega)$．

5. $H=\{e,\sigma^2\}$ の固定体を M とすれば，$(M:K)=(G:H)=4$ であって，$\alpha^2=\sqrt{2},i$ はいずれも σ^2 によって固定されるから，$M\supset K(\sqrt{2},i)$．そして $(K(\sqrt{2},i):K)=4$ であるから，$M=K(\sqrt{2},i)$．

上記の証明は結果が与えられた上でのことであるが，'発見的な' 解法としては次のようにすればよい．

$K(\alpha)$ の K 上の基底は $1,\alpha,\alpha^2,\alpha^3$，また E の $K(\alpha)$ 上の基底は $1,i$ であるから，E の K 上の基底は

$$1,\ \alpha,\ \alpha^2,\ \alpha^3,\ i,\ i\alpha,\ i\alpha^2,\ i\alpha^3$$

で与えられる．したがって E の任意の元 θ は，$c_i\in K(=Q)$ として

(*) $\quad \theta=c_0+c_1\alpha+c_2\alpha^2+c_3\alpha^3+c_4i+c_5(i\alpha)+c_6(i\alpha^2)+c_7(i\alpha^3)$

と書かれる．これに σ^2 をほどこせば，$\sigma^2(\alpha)=-\alpha$，$\sigma^2(i)=i$ であるから，

$$\sigma^2(\theta)=c_0-c_1\alpha+c_2\alpha^2-c_3\alpha^3+c_4i-c_5(i\alpha)+c_6(i\alpha^2)-c_7(i\alpha^3).$$

よって θ が σ^2 で固定されるための条件は $c_1=c_3=c_5=c_7=0$．ゆえに $\{e,\sigma^2\}$ の固定体 M は $c_0+c_2\alpha^2+c_4i+c_6(i\alpha^2)$ の全体から成る．すなわち $M=K(\alpha^2,i)=K(\sqrt{2},i)$．

6. 後半だけ示す．E の元 θ を前問の解の $(*)$ のように書き，$\sigma\tau(\alpha)=i\alpha$, $\sigma\tau(i)=-i$ を用いて，θ が $\sigma\tau$ によって不変な条件を求めると，$c_1=c_5$, $c_3=-c_7$, $c_2=c_4=0$. ゆえに $\{e,\sigma\tau\}$ の固定体 M は
$$c_0+c_1(1+i)\alpha+c_3(1-i)\alpha^3+c_6(i\alpha^2)$$
$$=c_0+c_1(1+i)\alpha+\frac{1}{2}c_6((1+i)\alpha)^2-\frac{1}{2}c_3((1+i)\alpha)^3$$
の形の元全体から成る．ゆえに $M=K((1+i)\alpha)$.

7. G の $(G,e$ 以外の$)$ 部分群は
$$H_1=\{e,\sigma^2\},\ H_2=\{e,\tau\},\ H_3=\{e,\sigma\tau\},\ H_4=\{e,\sigma^2\tau\},\ H_5=\{e,\sigma^3\tau\},$$
$$G_1=\{e,\sigma,\sigma^2,\sigma^3\},\ G_2=\{e,\sigma^2,\tau,\sigma^2\tau\},\ G_3=\{e,\sigma^2,\sigma\tau,\sigma^3\tau\}.$$
これらの部分群に対応する体を前2問と同様にして求め，図表によって示すと次のようになる．ただし $\alpha=\sqrt[4]{2}$, $\alpha^2=\sqrt{2}$ である．

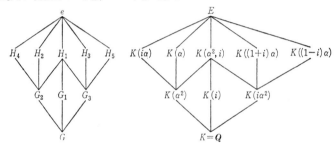

また上表の $(K,E$ を除く$)$ 8個の中間体のうち，K の正規拡大であるものは $K(i)$, $K(\alpha^2)=K(\sqrt{2})$, $K(i\alpha^2)=K(\sqrt{2}i)$ および $K(\alpha^2,i)=K(\sqrt{2},i)$.

8. $E=K(\alpha)$ で α は K 上の既約な2次式 $f(x)=x^2+ax+b$ の根である．K の標数が2でないから，f は分離的で，E は α とともに f の他の根も含むから，f の K 上の分解体である．ゆえに E は K の正規拡大である．

9. $Z_2(x)$ の $Z_2(x^2)$ 上の自己同型は恒等写像のほかにない．

10. たとえば，$Q(\sqrt{2})$ は Q の正規拡大，また $Q(\sqrt[4]{2})$ は $Q(\sqrt{2})$ の正規拡大であるが，$Q(\sqrt[4]{2})$ は Q 上で正規ではない．

第5章 §10

1. 補題 L の証明のように E は K のある正規拡大に含まれる．

2. (a) $\gamma-\sqrt{2}=i$ の両辺を2乗して変形すれば $\gamma^2+3=2\sqrt{2}\gamma$, ゆえに
$$\sqrt{2}=\frac{\gamma^2+3}{2\gamma}\in Q(\gamma).$$
したがってまた $i=\gamma-\sqrt{2}\in Q(\gamma)$.

(b) $\gamma-\sqrt{2}=\sqrt[3]{2}$ の両辺を3乗して変形すれば $\gamma^3+6\gamma-2=(3\gamma^2+2)\sqrt{2}$, ゆえに
$$\sqrt{2}=\frac{\gamma^3+6\gamma-2}{3\gamma^2+2}\in \boldsymbol{Q}(\gamma).$$
したがってまた $\sqrt[3]{2}=\gamma-\sqrt{2}\in \boldsymbol{Q}(\gamma)$.

3. $E=\boldsymbol{Q}(\sqrt[3]{2},\omega)$ である. $\gamma=\sqrt[3]{2}+\omega$ とおき, 前問と同様 $\gamma-\omega=\sqrt[3]{2}$ の両辺を3乗し, $\omega^2=-\omega-1$ を用いて変形すれば, $\gamma^3-3\gamma-3=(3\gamma^2+3\gamma)\omega$. よって $\omega\in \boldsymbol{Q}(\gamma)$.

4. $E=\boldsymbol{Q}(\sqrt[4]{2},i)$ である. $\gamma=\sqrt[4]{2}+i$ とおき, $\gamma-i=\sqrt[4]{2}$ の両辺を4乗して変形すれば $\gamma^4-6\gamma^2-1=(4\gamma^3-4\gamma)i$.

5. $E=\boldsymbol{Q}(\alpha,\beta)=\boldsymbol{Q}(\sqrt[4]{2},\sqrt[4]{2}i)=\boldsymbol{Q}(\sqrt[4]{2},i)$ は x^4-2 の $\boldsymbol{Q}$ 上の分解体で, $(E:\boldsymbol{Q})=8$ である. 一方 $\gamma=\alpha+\beta=(1+i)\sqrt[4]{2}$ を4乗すれば $\gamma^4=-8$ となるから, γ の $\boldsymbol{Q}$ 上の次数は8より小さい. したがって $\boldsymbol{Q}(\gamma)\ne E$. ($\boldsymbol{Q}(\gamma)$ が E に等しくないことは §9問題6でも示されている.)

第5章 §11

3. $K=\mathrm{GF}(p^r), (E:K)=n$ とすれば, $E=\mathrm{GF}(p^{rn})$ で, E の1つの原始根を ε とすれば $E=\boldsymbol{Z}_p(\varepsilon)$, したがって $E=K(\varepsilon)$.

4. $\alpha\mapsto\alpha^{p^n}$ は明らかに K からそれ自身への単射準同型で, K が有限集合であるから全射となる.

5. K 上の任意の既約多項式 f が分離的であることをいえばよい. もし f が非分離的なら, $f(x)=g(x^p)$ となる $g\in K[x]$ が存在するが, $g(x)=\sum c_i x^i$ とし, $b_i\in K$, $b_i^p=c_i$ とすれば, $f(x)=g(x^p)=\sum b_i^p x^{ip}=(\sum b_i x^i)^p$. これは f が既約であることに反する.

9. $K=\mathrm{GF}(p^n)$ は $\boldsymbol{Z}_p=\mathrm{GF}(p)$ の正規拡大で, σ を $\sigma(\alpha)=\alpha^p$ で定義される自己同型とすれば, 自己同型群 $G=G_{K/\boldsymbol{Z}_p}$ は σ で生成される位数 n の巡回群である. n の正の約数 m のおのおのに対し, G は σ^m で生成される位数 n/m の部分群 G_m をただ1つもち, G の部分群はそのようなものだけに限る. G_m に対応する体 (G_m の固定体) K_m は $\sigma^m(\alpha)=\alpha$ すなわち $\alpha^{p^m}=\alpha$ を満たす α の全体から成り, $(K_m:\boldsymbol{Z}_p)=(G:G_m)=m$, したがって $K_m=\mathrm{GF}(p^m)$ である.

10. $f\in \boldsymbol{Z}_p[x]$ を n 次の既約多項式, K_0 を $\boldsymbol{Z}_p$ に f の根 α_0 を付加した体とすれば, $K_0=\mathrm{GF}(p^n)$ であるから, $\boldsymbol{Z}_p$ 上では恒等写像であるような同型写像 $\sigma:K_0\to K$ が存在する. $\sigma(\alpha_0)=\alpha$ とすれば, α は f の K 内の根である.

11. $\binom{n}{r}$ $(0<r<n)$ がすべて偶数であることは, $\boldsymbol{Z}_2[x]$ において $(x+1)^n=x^n+1$ が成り立つことを意味する. $n=2^k$ ならばたしかにこの等式は成り立つ. また n が2のべきでないとき, $n=2^k l$, l は3以上の奇数, とすれば,

問 題 解 答　　　367

$$(x+1)^n = (x^{2^k}+1)^l = x^{2^k l} + x^{2^k(l-1)} + \cdots + 1 \neq x^n + 1.$$

12. n を2進法で表わして $n = 2^{\nu_1} + 2^{\nu_2} + \cdots + 2^{\nu_t}$ ($\nu_i \in \mathbf{Z}$, $0 \leq \nu_1 < \nu_2 < \cdots < \nu_t$) とする．印刷の便宜上 $2^{\nu_i} = \mu_i$ とすれば，$\mathbf{Z}_2[x]$ において

$$(*) \qquad (x+1)^n = (x+1)^{\mu_1}(x+1)^{\mu_2}\cdots(x+1)^{\mu_t}$$
$$= (x^{\mu_1}+1)(x^{\mu_2}+1)\cdots(x^{\mu_t}+1)$$
$$= \sum x^\lambda.$$

ここに最終辺の和は $\mu_1, \mu_2, \cdots, \mu_t$ のいくつかの和であるような λ にわたる．$\binom{n}{r}$ ($0 \leq r \leq n$) のうち奇数であるものの個数は，展開式 ($*$) における係数1の項の個数に等しく，上記のことからそれは $\{\mu_1, \mu_2, \cdots, \mu_t\}$ の部分集合全部の個数，すなわち 2^t に等しい．

第5章 §12

1. 第1章 §8問題3と同様．すなわち

$$\prod_{d|n}(x^d-1)^{\mu(n/d)} = \prod_{d|n}(x^{n/d}-1)^{\mu(d)} = \prod_{d|n}\left(\prod_{\delta|(n/d)}\Phi_\delta(x)\right)^{\mu(d)}$$
$$= \prod_{\delta|n}\Phi_\delta(x)^{m(\delta)}, \quad m(\delta) = \sum_{d|(n/\delta)}\mu(d).$$

第1章定理11によって $m(\delta)$ の値は $\delta = n$ のときだけ1に等しく他の δ に対しては0に等しい．ゆえに上の積は $\Phi_n(x)$ に等しい．

2. 公式(3)から直ちに出る．

3. ζ を1の原始 $2n$ 乗根とすれば $\zeta^n = -1$，したがって $(-\zeta)^n = 1$ で，$-\zeta$ は1の原始 n 乗根である．そして n は3以上の奇数であるから，$\varphi(n)$ は偶数，よって $\Phi_n(-x)$ の主係数は1である．

4. ζ を $\Phi_n(x^p)$ の根とすれば，ζ^p は1の原始 n 乗根であるから，1の pn 乗根の群における ζ^p の位数は n である．したがって ζ の位数は pn または n である．逆に ζ が1の原始 pn 乗根または原始 n 乗根ならば，ζ^p は1の原始 n 乗根，したがって ζ は $\Phi_n(x^p)$ の根となる．ゆえに $\Phi_n(x^p) = \Phi_{pn}(x)\Phi_n(x)$ が成り立つ．

5. $E = K(\zeta)$ の $K = \mathbf{Q}$ 上の自己同型 σ による ζ の像はやはり1の原始 n 乗根であるから，n と互いに素なある i によって $\sigma(\zeta) = \zeta^i$ と書かれる．逆に $(n, i) = 1$ ならば，補題Hによって $\sigma_i(\zeta) = \zeta^i$ を満たす $\sigma_i \in G = G_{E/K}$ がただ1つ存在し，(i を $\bmod n$ の類の意味として) $i \mapsto \sigma_i$ は既約剰余類群から G への同型写像を与える．

第5章 §13

1. $S_3 \supset A_3 \supset e$ は S_3 の Abel 列である．
2. $S_4 \supset A_4 \supset \{e, (1\ 2)(3\ 4), (1\ 3)(2\ 4), (1\ 4)(2\ 3)\} \supset e$ は S_4 の Abel 列である．
3. G, H, G_i, H_i をヒントに述べた意味とすれば，H_{i-1} は G_{i-1} の部分群，G_i は G_{i-1} の

正規部分群で，$H_i = H_{i-1} \cap G_i$ となる．したがって第2章定理8により H_i は H_{i-1} の中で正規で，$H_{i-1}/H_i \cong H_{i-1}G_i/G_i$．この右辺は G_{i-1}/G_i の部分群であるから可換．

4. $G/N = G'$ とおき，G' の Abel 列を

(1) $\qquad G' = G_0' \supset G_1' \supset \cdots \supset G_r' = e,$

N の Abel 列を

(2) $\qquad N = N_0 \supset N_1 \supset \cdots \supset N_s = e$

とする．$f: G \to G'$ を自然な準同型とし，$f^{-1}(G_i') = G_i$ とおけば，(1)から列

(3) $\qquad G = G_0 \supset G_1 \supset \cdots \supset G_r = N$

が得られ，第2章定理7によって G_i は G_{i-1} の中で正規で，$G_{i-1}/G_i \cong G'_{i-1}/G'_i$，したがって G_{i-1}/G_i は可換である．ゆえに(3)と(2)を接合した列

$$G = G_0 \supset G_1 \supset \cdots \supset G_r = N = N_0 \supset N_1 \supset \cdots \supset N_s = e$$

は G の Abel 列となる．

5. $Z = N$ として前問を適用すればよい．

第5章 §16

1. $\sigma\tau(\alpha) = \sigma(\alpha\zeta^s) = \sigma(\alpha)\sigma(\zeta^s) = \alpha\zeta^r \cdot \zeta^s = \alpha\zeta^s \cdot \zeta^r = \tau(\alpha)\tau(\zeta^r) = \tau(\alpha\zeta^r) = \tau\sigma(\alpha)$．

4. F を $f \in K[x]$ の K 上の分解体とすれば，Ω は $fg \in K[x]$ の K 上の分解体となる．

第5章 §17

6. $\zeta = e^{2\pi i/7}$ とおけば，$\alpha = \zeta + \bar\zeta = \zeta + \zeta^{-1}$ である．ζ は方程式

$$\zeta^6 + \zeta^5 + \zeta^4 + \zeta^3 + \zeta^2 + \zeta + 1 = 0$$

を満たすが，この式を ζ^3 で割れば

$$(\zeta^3 + \zeta^{-3}) + (\zeta^2 + \zeta^{-2}) + (\zeta + \zeta^{-1}) + 1 = 0.$$

ここで $\zeta^2 + \zeta^{-2} = \alpha^2 - 2$, $\zeta^3 + \zeta^{-3} = \alpha^3 - 3\alpha$．これを上式に代入すれば $\alpha^3 + \alpha^2 - 2\alpha - 1 = 0$.

第6章 §1

4. (b) "$a > b$ ならば $a^n > b^n$" を示せばよい．$a > b \geq 0$ のときは明らかである．$a \geq 0$, $b < 0$ の場合は $a^n \geq 0$, $b^n < 0$ となる．$0 > a > b$ の場合は $(-b) > (-a) > 0$ であるから $(-b)^n > (-a)^n$，そして n が奇数であるから $(-b)^n = -b^n$, $(-a)^n = -a^n$．ゆえに $a^n > b^n$．

第6章 §4

2. 零列の和が零列であることは明らかである．また $\alpha = (a_n)$ を零列，$\gamma = (c_n)$ を任意のCauchy列とすれば，補題Aによって $|c_n| \leq C$ $(n = 1, 2, \cdots)$ を満たす $C > 0$ があり，任意の $\varepsilon > 0$ に対し，$n \geq N$ ならば $|a_n| < \varepsilon/C$ となる $N \in \mathbb{Z}^+$ がある．よって $n \geq N$ な

らば $|c_n a_n| < C \cdot (\varepsilon/C) = \varepsilon$. すなわち $\gamma\alpha$ は零列である.
5. $x \geq 0$, $x^2 \leq a$ である実数全体の集合を S とし，ヒントのようにその上限を b とする. もし $b^2 < a$ ならば，$\delta > 0$ を，$\delta < 1$ かつ $\delta < (a-b^2)/(2b+1)$ であるようにとれば，$(b+\delta)^2 = b^2 + \delta(2b+\delta) < b^2 + \delta(2b+1) < a$，したがって $b+\delta \in S$ となる. これは b が S の上界であることに反する. また $b^2 > a$ ならば，$\delta > 0$ を，$\delta < (b^2-a)/(2b)$ であるようにとれば，$(b-\delta)^2 = b^2 - 2b\delta + \delta^2 > b^2 - 2b\delta > a$ となる. これは b が '最小の' 上界であることに反する. したがって $b^2 = a$ でなければならない.

第6章 §5

2. $a \in K$ に対し，$|a - a_n| < 1/n$ $(n=1, 2, \cdots)$ を満たす $a_n \in \boldsymbol{Q}$ をとれば，a は (a_n) の極限となる.
3. ヒントのように f は $\boldsymbol{R}$ の順序を保存し，またもちろん $\boldsymbol{Q}$ 上では恒等写像である. したがって，実数 x と $r < x < s$ を満たす任意の $r, s \in \boldsymbol{Q}$ に対し $r < f(x) < s$. ゆえに $f(x) = x$.
4. $f(1) = c$ とおけば，$r \in \boldsymbol{Q}$ に対し $f(r) = cr$ となることは routine な議論でわかる. 条件 $(*)$ より $c > 0$ で，また $x < y$ ならば $f(x) < f(y)$. これより前問と同様にして結論が得られる.

第6章 §6

3. $\max |\alpha_i| = A$ とすれば，$|t_1\alpha_1 + \cdots + t_n\alpha_n| \leq t_1|\alpha_1| + \cdots + t_n|\alpha_n| \leq (t_1 + \cdots + t_n)A = A \leq 1$.
4. $\dfrac{1+i}{\sqrt{2}}, \dfrac{-1+i}{\sqrt{2}}, \dfrac{-1-i}{\sqrt{2}}, \dfrac{1-i}{\sqrt{2}}$.

第6章 §7

1. 補題 L の証明で，実数 λ を，さらに条件 $\lambda|a/b| < \varepsilon^e$ を満たすようにとればよい.
2. $g(0) = a \neq 0$ の場合は，補題 L の証明の(2)のかわりに，z_0 を
$$z_0^e = \lambda \frac{a}{b}$$
を満たす複素数とすればよい. ただし λ は，$\lambda > 0$, $\lambda|a/b| < \delta^e$, $\lambda|a/b| < \varepsilon^e$ を満たす実数とする. 実際そのとき
$$g(z_0) = (1+\lambda)a + \lambda a h(z_0)$$
であるから，
$$|g(z_0)| \geq (1+\lambda)|a| - \lambda|a||h(z_0)|$$
$$> (1+\lambda)|a| - \lambda|a| = |a|.$$

また $g(0)=0$ の場合は，$g(t)=t^e h(t)$ ($e>0$, h は $h(0)\neq 0$ である多項式) と表わされ，原点の '近傍' において $h(z)\neq 0$ である．

索　引

ア行

Abel(アーベル)拡大　287
　　準——　287
Abel 群　46
Abel の定理　292
Abel 列(Abel 鎖)　278
R-加群　199
Eisenstein(アイゼンシュタイン)の規準　164
値(写像の)　39
余り　6
Archimedes(アルキメデス)的順序体　303
　　完備な——　304
安定部分群　93

位数　47, 79
　　無限——　79
一意分解整域　159
1次形式　183
1次結合　173, 200
1次従属　173, 205
1次独立　173, 205
1対1の写像　40
1のべき根(累乗根)　273
一般多項式　290
イデアル　117
　　極大——　126
　　主——　141
　　素——　128
　　単項——　117
　　左——　116
　　右——　117
　　両側——　117
　　零——　118

Wilson(ウィルソン)の定理　154, 233

上への写像　40
埋め込み　130
　　——可能　130
運動　53
　　——群　54

n 乗根　273
　　原始——　273
延長(写像の)　43
　　——(順序づけの)　301
円分体　277
円分多項式(円周等分多項式)　274

Euler(オイラー)の関数　33
Euler の定理　37

カ行

解空間　197
階数(行列の)　196
　　——(自由加群の)　206
　　——(線型写像の)　195
　　——(有限型加群の)　214
Gauss(ガウス)の整数(環)　142
Gauss 平面　69
下界　304
　　最大——　304
可解群　278
可換　46
　　——環　107
　　——群　46
　　——体　112
可換群(Abel 群)の基本定理　218
可逆行列　194
可逆元　112
核(準同型写像の)　68, 124
拡大(写像の)　43
拡大(体の)　229
　　——次数　229

――体　229
　Abel――　287
　Galois――　256
　準 Abel――　287
　準 Galois――　256
　正規――　256
　代数――　240
　単純――　230
　非分離――　250
　分離――　250
　べき根による――　287
　有限――　229
加群　199
　自由――　205
　巡回――　204
　商――　200
　双対――　208
　単項――　204
　ねじれ――　212
　左(R-)――　199
　部分――　200
　右(R-)――　199
　有限生成の(有限型の)――　204
下限　304
加法群　45
可約(多項式が)　146
Cardano(カルダノ)の公式　285
Galois(ガロア)拡大　256
　準――　256
Galois 群　261, 290
Galois 体　270
Galois 理論の基本定理　264
環　107
　――準同型(写像)　123
　可換――　107
　四元数――　115
　自己準同型――　109
　順序――　299
　商――　119
　剰余――　119
　(全)行列――　194
　多項式――　138
　Boole――　111
　部分――　113
　有理整数――　108
完全(線型写像の列が)　204
完全剰余系　25
完全数　18
完備な Archimedes 的順序体　304
簡約律　49

軌跡(G-集合の)　92
　――分解等式　94
奇置換　84
基底　177, 205, 220
　標準――　178, 205
帰納的定義　327
基本対称式　260
既約(加群が)　224
既約剰余系　33
既約剰余類　33
　――群　122
既約多項式　146
逆元　46, 112
逆写像　42
逆像　42
共通部分　2
行(ベクトル)　192
共役　75, 77
　――部分群　77
　――類　75
共役(複素数)　113, 319
行列　191
　――環　194
　――の成分　192
　可逆――　194
　正則――　194
　正方――　192
　単位――　194
　表現――　192
極限　306
極大(左,右)イデアル　126
極表示　70, 320

空集合　1
偶置換　84

索引　　　　　　　　　　　　　373

群　45
　Abel——　46
　運動——　54
　可解——　278
　可換——　46
　加法——　45
　Galois——　261, 290
　交換子——　62
　交代——　84
　四元数——　57
　自己同型——　74, 250, 251
　巡回——　78
　商——　63
　乗法——　45
　剰余——　63
　対称——　48
　単位——　47
　単純——　71
　置換——　56
　トーラス——　71
　二面体——　56
　p——　76
　部分——　51
　有限——　47

形式的べき級数　138
係数環　138
元　1
原始 n 乗根　273
原始根　232, 270
原始多項式　159

交換子　62
　——群　62
後継者　326
　——写像　326
合成写像　43
合成数　14
交代群　84
合同　23, 54
　——式　27
恒等写像　41
公倍数　13

　最小——　13
公約数(公約元)　9, 146
　最大——　9, 146
Cauchy(コーシー)列　306
互換　82
互除法(Euclid の)　11, 151
固定群　93
固定体　251
根(多項式の)　156

サ 行

サイクル　85
最小公倍数　13
最小上界　304
最小多項式　228, 235
再双対空間　189
最大下界　304
最大公約数(最大公約元)　9, 146
作図可能　293, 295
座標　171, 178
　——ベクトル　178
作用(群の集合への)　91

G-集合　91
　推移的——　92
　等質——　92
G-同型写像　92
次元　179
　無限——　180
　有限——　179
四元数環　115
四元数群　57
自己準同型(写像)　108, 187, 201
　——環　109
自己同型(写像)　74, 123
　——群　74, 250, 251
　内部——　75
始集合　39
指数　58
次数　27, 138, 229, 237
自然数　3, 326
実数　312
　——体　112

——値関数　39
自明な解　174
写像　39
　　1対1の——　40
　　上への——　40
　　逆——　42
　　合成——　43
　　恒等——　41
　　定値——　40
斜体　112
主イデアル　141
——整域　141
Schur(シューア)の補題　224
自由加群　205
周期　79
自由元　205
集合　1
重根　231
終集合　39
収束　306
重複度　217, 231
主係数　139
縮小(写像の)　43
主項　139
準 Abel 拡大　287
巡回域　85
巡回加群　204
巡回群　78
巡回置換　85
　　——の長さ　85
準 Galois 拡大　256
準完全数　21
順序を保存する(埋め込みが)　316
順序環　299
順序体　299
　　Archimedes 的——　303
順序づけ　299
準同型　67
　　——像　71
　　全射——　67, 123
　　単射——　67, 123
準同型写像　65, 123, 182, 201
　　——の核　68, 124

自然な——　66, 124
標準的——　66, 124
準同型定理(加群の)　201
　　——(環の)　125
　　——(群の)　69
　　——(ベクトル空間の)　185
上界　303
　　最小——　304
商加群　200
商環　119
商空間　185
商群　63
上限　304
商の体　131, 133
乗法群　45
乗法的(整数論的関数が)　36, 129
剰余　6
剰余環　119
剰余群　63
剰余類　25, 58
　　既約——　33
　　左——　58
　　右——　58
除法の定理　5, 140
Jordan(ジョルダン)の標準形　228
Sylow(シロー)の定理　101, 103
Sylow 部分群　102
真部分群　52
真部分集合　1
シンメトリー　54

推移的(作用, 置換表現が)　92
　　——G-集合　92
推移類　85, 92
　　——分解等式　94
数学的帰納法　3, 4, 326
スカラー　170, 199
　　——倍　170, 199

整域　111
　　主イデアル——　141
　　単項イデアル——　141
正規拡大　256

索　引

正規化群　65, 76
正規部分群　60
整数　335
　　——部分　22
整数論的関数　33, 129
　　——の反転公式　36, 129
　　乗法的——　36, 129
整数論の基本定理　15
生成　53, 117, 173, 200
　　——系　53
　　——元　53, 78
正則行列　194
正の部分(順序環の)　299
成分　171, 192
正方行列　192
整列性　3, 333
積(自然数の)　330
　　——(集合の)　2
絶対値(順序環の元の)　301
　　——(複素数の)　47, 69, 319
全行列環　194
線型環　188
線型空間　170
線型形式　183, 188, 208
線型結合　173
線型写像　182, 201
線型従属　173
線型独立　173
線型変換　187
全射　40
　　——準同型　67, 123
全単射　40

素イデアル　128
素因数分解　15
像　39, 40
双対加群　208
双対基底　188
双対空間　188
　　再——　189
束縛元　205
束縛部分　212
素元　145

素数　14
素体　229
素べき巡回加群　216

タ　行

体　112
　円分——　277
　可換——　112
　拡大——　229
　Galois——　270
　実数——　112
　順序——　299
　商の——　131, 133
　素——　229
　複素数——　112
　部分——　113
　分解——　243
　分数——　131, 133
　有限——　268
　有理関数——　150, 259
　有理式——　150, 259
　有理数——　112
対称群　48
　n次の——　48, 81
対称式の基本定理　261
対称有理式　259
代数　188
代数学の基本定理　157, 323
代数的(拡大体の元が)　235
代数(的)拡大(体)　240
代数的数　242
代数的数体(代数体)　242
代数的閉体　157
代入　139
代表(類の)　23
互いに素　12, 85, 147
多項式　138, 167
　　——環　138
　　——関数　135
　　——写像　135
　　——の根　156
　　一般——　290
　　円分——　274

既約——　146
　原始——　159
　最小——　228, 235
　導——　247
　同次——　169
単位行列　194
単位群　47
単位元　46, 107
単因子　217
単元　112
単項イデアル　117
　——整域　141
単項加群　204
単根　231
単射　40
　——準同型　67, 123
　自然な——　41
単純(加群が)　224
単純拡大　230
単純群　71

置換　48
　——群　56
　——の標準分解　86
　——の符号　83
　——の分解型　87
　奇——　84
　偶——　84
　巡回——　85
置換表現　90
　忠実な——　90
中間体　261
中心　61
中心化群　65
超越数　242
超越的(拡大体の元が)　235
超平面　191
直既約(加群が)　224
直交空間　190
直積(環の)　129
　——(群の)　96, 99
　——(集合の)　2
　——因子　101

　——分解　97, 99
直和(加群の)　201
　——因子　203
　——分解　202

対ごとに素　12

定義域　39
定数　139
定値写像　40
添加　230

同型　67, 123, 184
　——写像　67, 123, 183
同次多項式　169
等質 G-集合　92
導多項式　247
同値(置換表現が)　92
同値関係　22
同値類　23
同伴　145
トーラス群　71

ナ 行

内部自己同型　75
　——群　77

二項演算　40
二項係数　8
二項算法　40
二項定理　8, 111
二重帰納法　7
二面体群　56

ねじれ加群　212
ねじれがない(加群が)　213
ねじれ元　205
ねじれ部分　212

ノルム　142, 198

ハ 行

倍元　144

索引　　　　　　　　　　377

倍数　9

p 群　76
非可換体　113
左イデアル　116
左移動　89
左合同　57
左剰余類　58
左正則表現　91
非分離的　249, 250
非分離(的)拡大(体)　250
表現行列　192
表現ベクトル　193
標準基底　178, 205
標準分解(整数の)　16
　——(置換の)　86
標数　127

Boole(ブール)環　111
Fermat(フェルマー)数　19
Fermat の定理　37
付加　230
複素数　317
　——体　112
　——値関数　39
　共役——　113, 319
複素平面　69
符号(置換の)　83
不定元　138
負の部分(順序環の)　299
部分加群　200
部分環　113
部分空間　172
部分群　51
　共役——　77
　Sylow——　102
　真——　52
　正規——　60
部分斜体　113
部分集合　1
　真——　1
部分体　113
部分分数分解　152

不変因子　214
分解型(置換の)　87
分解する(多項式が)　243
分解体　243
分解不能(加群が)　224
分割(整数の)　87
　——数　87
分数式　150
分数体　131, 133
分離的　249, 250
分離(的)拡大(体)　250

Peano(ペアノ)の公理　326
べき根によって解ける(多項式が)　287
べき根による拡大　287
べき零　120
ベクトル　170, 171
　——空間　170
　——の座標(成分)　171
　行——　192
　表現——　193
　列——　192
偏角　69, 319
変数　138

法　23, 57
補加群　203
補間公式　234
補間法　234

マ 行

交わり　2

右イデアル　117
右移動　95
右合同　58
右剰余類　58
右正規表現　95

無限位数　79
無限次元　180

Möbius(メービウス)の関数　35

Mersenne(メルセンヌ)数　19

モニック　139

ヤ 行

約元　144
約数　9
　真の——　18

有界　304, 306
Euclid(ユークリッド)整域　143
Euclid の互除法　11, 151
有限型　204
有限群　47
有限(次)拡大(体)　229
有限次元　179
有限生成　177, 204
有限体　268
有理関数体　150, 259
有理式　150, 259
　——体　150, 259
　対称——　259
有理数　19
　——体　112
　——の稠密性(Archimedes 的順序体
　　における)　303
有理整数環　108

要素　1

容量(多項式の)　159

ラ 行

両側イデアル　117

類　23
　——等式　76
　——別　23
　共役——　75
　剰余——　25, 58
　推移——　85, 92
　同値——　23

零イデアル　118
零因子　111
零化域　212
零環　111
零元　107
零写像　108
零列　310
列(元の)　305
列(ベクトル)　192

ワ 行

和(自然数の)　329
和集合　2
割り切れる　9, 144

松坂和夫

1927-2012 年．1950 年東京大学理学部数学科卒業．武蔵大学助教授，津田塾大学助教授，一橋大学教授，東洋英和女学院大学教授などを務める．
著書に，本シリーズ収録の『集合・位相入門』『線型代数入門』『代数系入門』『解析入門』のほか，『数学読本』『代数への出発』(以上，岩波書店)，『現代数学序説――集合と代数』(ちくま学芸文庫)など．

松坂和夫 数学入門シリーズ 3
代数系入門

1976 年 5 月 27 日	初版第 1 刷発行
2018 年 5 月 15 日	初版第 43 刷発行
2018 年 11 月 6 日	新装版第 1 刷発行
2024 年 12 月 5 日	新装版第 7 刷発行

著 者　松坂和夫
発行者　坂本政謙
発行所　株式会社 岩波書店
　　　　〒101-8002 東京都千代田区一ツ橋 2-5-5
　　　　電話案内 03-5210-4000
　　　　https://www.iwanami.co.jp/

印刷・三秀舎　表紙・半七印刷　製本・中永製本

Ⓒ 高安光子 2018
ISBN 978-4-00-029873-5　Printed in Japan

松坂和夫
数学入門シリーズ（全6巻）

松坂和夫著　菊判並製

高校数学を学んでいれば，このシリーズで大学数学の基礎が体系的に自習できる．わかりやすい解説で定評あるロングセラーの新装版．

1	集合・位相入門 現代数学の言語というべき集合を初歩から	340 頁	定価 2860 円
2	線型代数入門 純粋・応用数学の基盤をなす線型代数を初歩から	458 頁	定価 3850 円
3	代数系入門 群・環・体・ベクトル空間を初歩から	386 頁	定価 3740 円
4	解析入門 上	416 頁	定価 3850 円
5	解析入門 中	402 頁	定価 3850 円
6	解析入門 下 微積分入門からルベーグ積分まで	444 頁	定価 3850 円

――――――岩波書店刊――――――

定価は消費税10％込です
2024年12月現在

新装版 数学読本(全6巻)

松坂和夫著　菊判並製

中学・高校の全範囲をあつかいながら，大学数学の入り口まで独習できるように構成．深く豊かな内容を一貫した流れで解説する．

1	自然数・整数・有理数や無理数・実数などの諸性質，式の計算，方程式の解き方などを解説．	226 頁	定価 2310 円
2	簡単な関数から始め，座標を用いた基本的図形を調べたあと，指数関数・対数関数・三角関数に入る．	238 頁	定価 2640 円
3	ベクトル，複素数を学んでから，空間図形の性質，2次式で表される図形へと進み，数列に入る．	236 頁	定価 2750 円
4	数列，級数の諸性質など中等数学の足がためをしたのち，順列と組合せ，確率の初歩，微分法へと進む．	280 頁	定価 2970 円
5	前巻にひきつづき微積分法の計算と理論の初歩を解説するが，学校の教科書には見られない豊富な内容をあつかう．	292 頁	定価 2970 円
6	行列と1次変換など，線形代数の初歩をあつかい，さらに数論の初歩，集合・論理などの現代数学の基礎概念へ．	228 頁	定価 2530 円

―――――― 岩波書店刊 ――――――

定価は消費税 10% 込です
2024 年 12 月現在